炼化设备可靠性维修

韩建宇　编著

中国石化出版社
·北京·

内容提要

本书系统全面介绍了可靠性数学和设备可靠性基本理论，重点介绍了如何将这些理论应用在石油化工检维修领域；包括可靠性数学、以可靠为中心的维修、典型设备、装置的可靠性分析，所涉及的设备涵盖机械、电气、仪表及其可靠性分析。内容深入浅出、突出实用性。

本书可供从事企业设备管理、设计、维护工程技术人员参考，也可以作为高等院校相关专业研究生、本科生的学习参考用书。

图书在版编目(CIP)数据

炼化设备可靠性维修/韩建宇编著. —北京：
中国石化出版社，2023.8
ISBN 978 - 7 - 5114 - 7219 - 9

Ⅰ.①炼… Ⅱ.①韩… Ⅲ.①石油炼制 –
化工设备 – 可靠性 – 维修 Ⅳ.①TE96

中国国家版本馆 CIP 数据核字(2023)第 153821 号

中国石化出版社出版发行

地址:北京市东城区安定门外大街 58 号
邮编:100011　电话:(010)57512500
发行部电话:(010)57512575
http://www.sinopec-press.com
E-mail:press@sinopec.com
北京富泰印刷有限责任公司印刷
全国各地新华书店经销
*
787 毫米×1092 毫米 16 开本 23 印张 576 千字
2023 年 12 月第 1 版　2023 年 12 月第 1 次印刷
定价:128.00 元

前　言

以可靠性为中心的维修理论产生于20世纪五六十年代，90年代逐渐成熟，2000年在工程实现中获得更加广泛的应用。该理论进入我国较晚，工程上的应用最初涉及国防、核电、航空领域，近年来受到其他领域，如石油、轨道交通、汽车等的重视，发展较快。由于各行业的特点和需求不同，在发展该理论过程中必须结合自身的特点去探索不同的方法。

近年来，我国石油化工领域以可靠性为中心的维修理论越来越受到重视，但与国外相比，起步较晚，对该理论的理解不深入，企业实践处于探索阶段，发展处于初级阶段。本书主要介绍在石油化工领域如何理解与开展以可靠性为中心的维修，重点介绍基础理论及常用方法。若只介绍维修策略的选择，会使读者知其然不知其所以然；若只注重可靠性数学的讲解，对于现场技术人员来说实用性不够。所以，本书将可靠性策略的选择与可靠性数学相融合，结合石油化工行业的实践，使读者全面了解以可靠性为中心的维修的内涵，为企业可靠性实践提供参考。本书试图使读者不需要事先具备数学及可靠性专业知识就能读懂绝大部分内容，因此，对涉及复杂的数学、统计学知识部分只是进行了简单的介绍，对基本概念及基本方法进行比较详细的介绍，对不同标准方法的优缺点进行了客观阐述。

本书在编写过程中参考了多个相关标准，将它们与可靠性有关的内容进行了梳理、整合，在收集大量工程案例的基础上，对同类失效模式进行了原因分析。

本书分为6章，第1章主要针对可靠性数学，介绍可靠性数学如何从简单的数理统计发展到系统模型，使读者理解可靠性数学的发展脉络，掌握基本统计建模方法。第2章主要介绍了以可靠性为中心的基本理论，对国内外不同标准有关可靠性内容进行了介绍。第3章阐述了石油化工领域可靠性的实践，该章为通用设备部分。第4章以装置为单位讲解如何进行可靠性分析。第5章、第6章叙述了更加专业的电气设备、仪表的可靠性分析。

由于石油化工行业涉及的设备类型很多，工艺流程复杂，应用环境不同，因此，本书只能从主要设备类别上去分析共性的问题，企业从业者一定要结合企业自身的生产实践来分析。

可靠性理论在不断发展完善，面临着很多新的问题和挑战，如共因失效问题还未得到很好的解决，需要研究人员不断探索。本书提供的是基本分析思路方法和分析方法，是具有行业特点的入门级别的书籍。

本书虽然是从石油化工行业的视角进行以可靠性为中心维修的介绍，但其基本原理方法可为其他行业的从业人员提供参考，也适用于高年级本科生或研究生教学。

最后，向在本书撰写过程中提供帮助的同事、朋友，特别是中国石化茂名石化公司机动管理团队表示衷心的感谢！广东石油化工学院宣征南教授也为此书付出了大量的心血，在此一并感谢。

由于作者水平有限，书中难免存在错误和不足之处，敬请广大读者批评指正！

目　录

第1章　可靠性概念及可靠性数学

1.1　设备可靠性的基本概念

可靠性理论和方法应用领域十分广泛，涉及各行各业。本书论述的是石油化工生产领域的设备可靠性。

与其他领域不同，石油化工是流程化生产工业，系统性更强。流程化的生产企业是指企业生产从原材料投入到产品产出按照一定的工艺流程、通过众多不同的设备、经过不同工序连续不间断生产出产品的企业。因为产品生产需要很多设备连续地生产出来，一旦某个设备有故障停止运行，将意味着整个生产线停产，造成的损失不仅是生产不出产品那么简单，大量残留在生产线上的半成品可能会因此质量降级甚至报废，造成巨大的经济损失。石油化工行业处理的介质一般都是易燃、易爆、有毒等危险介质，一旦设备出现事故，不只是引起经济损失，甚至可能引发安全、环境事故，造成恶劣的社会影响。因此，设备可靠运行是平稳生产基础的概念，在石油化工企业中的认识更加深刻。然而，什么是设备的可靠性，可靠性参数指标是什么，设备的可靠性如何提高，靠维修能提高设备的可靠性吗？大多数操作人员甚至是企业设备管理工作者对这些问题也不一定能真正深入地理解，而这确是本书需要解决的问题。

根据 GB/T 6583《质量管理和质量保证　术语》规定，产品的可靠性是指：产品在规定的条件下、在规定的时间内完成规定功能的能力。GB/T 6583《质量管理和质量保证　术语》是产品质量标准，这里的产品包括设备，该标准对应的是设备的制造企业，重点在设备的设计和制造的质量控制方面。而本书重点放在设备维修上，维修是从设备使用方的角度考虑的，以此观点维修的不仅是设备，还包括元器件、零部件、总成、机器、设备、系统等，即包含所有能够进行维修的部分。对设备的使用者来说，将 GB/T 6583《质量管理和质量保证　术语》对可靠性的定义中的产品换成设备则仍然适用，则设备的可靠性定义就是指在规定条件下和规定时间内设备完成规定功能的能力，或指在规定的时间内，设备完成规定任务的无故障工作的可能性。

对设备维修来说首先要明确两个概念：设备固有可靠性和使用可靠性。

固有可靠性是指设备在设计、制造过程中赋予的固有属性。设备的设计之初会确定一个可靠性目标，实际生产出来的设备其可靠性可能高于这个目标，也有可能低于这个目标，但设备一旦制造出来它的可靠性就确定了，这是设备固有的特性，因此叫作设备的固有可靠性，它是设备所能达到的最高极限；再好的设备维修也只能恢复设备的固有可靠性水平，不可能再提高设备的可靠性。如欲进一步提高设备的可靠性不能在设备维修范围内解决问题，而是要对设备进行技术改造，在改造的范围内寻求解决方案。

设备使用可靠性是指设备在实际使用过程中表现出来的可靠性，即除固有可靠性的影响因素外，还要考虑安装、操作使用、维修保障等方面因素的影响。设备维修只能恢复设备的固有可靠性，在企业里，技术改造与设备维修实际上是两个成本渠道，设备维修费用进入企业当期成本，而技术改造是对设备的投资，进入固定资产，逐年摊销。

设备的可靠性是设备维修管理人员描述设备状态最重要的指标，但以上的描述只是定性描述，应用起来不够具体，必须使之数量化，这样才能进行精确的描述和比较。

1.2　设备可靠性的度量

1.2.1　可靠度及可靠度函数

设备的可靠性用设备的可靠度 R 来衡量，R 是英文可靠性(reliability)的缩写。设备可靠度的学术定义是指设备在规定条件下和规定时间内，完成规定功能的概率。这样听起来与可靠性的概念差不多，只是将"能力"换成"概率"，正因为这两个字把可靠性与数学联系起来。可靠性应用的最初数学基础是数理统计的一个分支，叫作可靠性数学。可靠性数学理论大约起源于 20 世纪 30 年代，最早被研究的领域之一就是机器维修问题。第二次世界大战前后，由于军事技术对于复杂设备可靠性的要求开始真正受到重视，从 20 世纪 50 年代至今，可靠性理论以惊人的速度发展，特别是在军工、航天、核电的高可靠性要求上。随着可靠性理论的日趋完善，用到的数学工具也越来越多，越来越深刻，可靠性数学已成为可靠性理论最重要的基础理论之一。

学术上可靠度的定义在工程应用时仍复杂，简单地说，设备的可靠度就是设备完成其功能的概率，或完成其功能的可能性。设备可靠度用 R 表示，由于设备可靠性与时间相关联，因此，设备可靠度函数用 $R(t)$ 表示。它表示一组设备，运行一段时间 t 后，未发生故障的设备占全部设备的百分率。因此，可靠度的取值范围为：

$$0 \leqslant R(t) \leqslant 1 \tag{1-1}$$

设备可靠性数据应从设备可靠性实验中得到。可靠性实验有很多种，以长寿命非结尾寿命实验，即实验一直进行到全部实验样品都失效才截止的实验为例。如取一批 100 台同样的设备来做可靠性实验。100 台设备同时开始工作，每台设备发生失效停止运行后退出实验，一直到最后一台设备失效停止工作为止，假如运行至 1000h，记录下每台设备失效的时间，然后用时间做横轴，用在运行设备数与总设备数的比值做竖轴画出图表，得到可靠度与运行时间的关系曲线。

对于一般的表达式，假设规定设备的运行时间为 t，设备的寿命为 T，在一批设备中，有的设备寿命 $T > t$，有的 $T \leqslant t$，从概率论角度可以将设备可靠度表示为 $T > t$ 的概率，即设备在 t 时刻以前都正常(不失效)的概率，叫作可靠度函数，且是累积频率函数。

$$R(t) = P(T \geqslant t)(0 \leqslant t \leqslant \infty) \tag{1-2}$$

式中，P 为概率。上述例子中运行时间 t 远大于所有参加实验设备的寿命 T，对应的可靠度曲线见图 1-1。

由图 1 - 1 可知, 在设备运行开始时所有的设备都完好, 可靠度为 1, 运行到最后所有的设备都不完好, 可靠度为 0, 设备在 100 ~ 300h 的时间段内, 损坏最快, 可靠度迅速减小, 大于 300h 后可靠度降低的速度放缓, 最后衰减的速度更缓, 总有很少的一些设备运行到最后。这是大部分设备失效的规律。

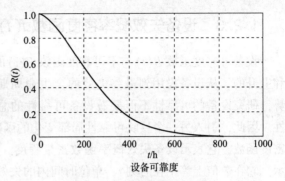

图 1 - 1　设备可靠度曲线

图 1 - 1 中, 在某一时间点对应的数据是在这个时间点的可靠度, 可靠度与时间的函数是可靠度函数。

1.2.2　设备的不可靠度及不可靠度函数

与可靠度相对应的是设备的不可靠度, 表示设备在规定的条件下和规定的时间内不能完成功能失效的概率, 用 F 来表示。与可靠性与运行时间有对应关系一样, 不可靠度也与运行时间相关, 其函数关系为不可靠度函数(也称为积累失效概率函数), 表示为:

$$F(t) = P(T \leqslant t) \quad (0 \leqslant t \leqslant \infty) \qquad (1 - 3)$$

不可靠度函数计算式为设备从 0 时刻开始实验(或工作)到 t 时刻, 失效总数 $n(t)$ 与初始实验(或工作)设备总数 N 之比, 即:

$$F(t) = \frac{n(t)}{N} \qquad (1 - 4)$$

在这里需要注意两个概念, 不管是可靠度、不可靠度或下面将要介绍的失效概率都是概率的概念, 概率就是可能性, 数值是从 0 到 1。第二个概念是累积的概念, 它们虽然都是时间的函数, 但都是到某一时刻, 或大于某一时刻即($T < t$, 或 $T > t$)的概率, 如当 $t =$ 10h 的可靠性是指当设备连续运行 10h 的可靠性。

不可靠度函数 $F(t)$ 与可靠度 $R(t)$ 的关系式为:

$$F(t) = 1 - R(t) \qquad (1 - 5)$$

即不可靠度与可靠度呈互补关系, 见图 1 - 2。

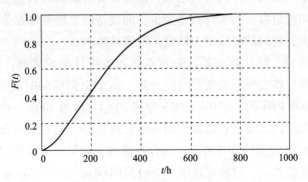

图 1 - 2　设备不可靠度曲线

1.2.3　设备失效概率密度函数 $f(t)$

设备可靠度函数 $R(t)$ 与不可靠度函数 $F(t)$ 的曲线分别是随着运行时间增加单调下降和上升的。从设备投用到最终失效的全生命周期来看，反映出设备可靠与不可靠的总趋势，研究设备的可靠性不但要看设备可靠性的总趋势，还要研究设备可靠性的局部差异性。因此，引入另一个反映可靠性局部变化的函数——设备失效概率密度函数，简称失效密度函数，它表示设备失效概率函数密集程度，或者失效概率函数的变化率，用 $f(t)$ 表示。它在数值上等于在时刻 t，单位时间内的失效数 $\Delta n/\Delta t$ 与初始实验（或工作）参与实验设备总数 N 的比值，即：

$$f(t) = \frac{\Delta n}{N\Delta t} \tag{1-6}$$

当 N 很大时，也可用微分的形式来表示，即：

$$f(t) = \lim_{\Delta t \to 0}\frac{\Delta n}{N\Delta t} = \frac{1}{N}\frac{\mathrm{d}n}{\mathrm{d}t} = \frac{\mathrm{d}\frac{n}{N}}{\mathrm{d}t} = \frac{\mathrm{d}F(t)}{\mathrm{d}t} = -\frac{\mathrm{d}R(t)}{\mathrm{d}t} \tag{1-7}$$

从式（1-7）可看出，故障（失效）概率密度函数 $f(t)$ 是对不可靠度函数 $F(t)$ 求导，或对可靠度函数 $R(t)$ 求导的负数。

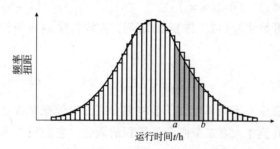

图 1-3　设备失效概率密度曲线

如果仍然用上述的实验，记录实验开始至结束 1000h 内，每个小时内失效的设备数，然后除以实验设备总数 100 为纵坐标，以运行时间为横坐标，作出的图为这个实验的失效概率密度曲线 $f(t)$，见图 1-3。

它与横坐标轴之间的面积恰好等于 1，即故障（失效）概率密度这个随机变量在 $(0,\infty)$ 范围内的概率等于 1。用积分式表示为：

$$\int_0^{\infty} f(t)\mathrm{d}t = \int_0^t f(t)\mathrm{d}t + \int_t^{\infty} f(t)\mathrm{d}t = F(t) + R(t) = 1 \tag{1-8}$$

为什么要引出这个函数呢？因为当已知一组寿命实验数据时，想要从这组数据中得到某些想要的信息，如这组数据的平均数是多少，即设备的平均寿命是多少，它的分布是什么样的，方差是多少，这时就要应用失效概率密度函数 $f(t)$。

计算平均数很容易，但计算方差、分布函数就是统计学的范畴，要用到统计学的知识。实际应用时，首先将实验寿命按照时间分组，假如上例实验时间是 1000h，即假定最后一台设备是第 1000h 损坏的。将 0~1000h 分成 10 组，即每 100h 一个组，然后计算每个时间段损坏的设备数除以实验设备总数，即该组失效数/N，会得到一条曲线，这条曲线反映设备故障（失效）概率密度的分布情况，即分布曲线，如果实验数量多也可以将组数再细分，如 100 组，实验数越多，组数可越细。当时间间隔 dt 和失效数 dn 均无限小时，曲线就是失效概率密度函数 $f(t)$ 了。从这条曲线就可看出失效大概的分布情况，各种可靠性实验的明显区别，详细的分布情况需要通过计算方差等参数来量化。

1.2.4　失效率及失效率函数

某个设备故障率高或者故障率低，都是对某设备故障率直观笼统的模糊描述，并不严谨。其实在可靠性统计中故障率或失效率是有明确定义的。失效率(Failure Rate)又称为故障率，用 λ 表示，其定义为工作到某时刻 t 时尚未失效的设备，在该时刻 t 以后的下一个单位时间内发生失效的概率。失效率的观测值即为在某时刻 t 以后的下一个单位时间内失效的设备数与工作到该时刻尚未失效的设备数之比。由于它是与运行时间 t 相关的变量，因此其函数关系为失效率函数，表示为 $\lambda(t)$。

设有 N 台设备，从 $t=0$ 开始工作，到时刻 t 时设备的失效数为 $n(t)$，而到时刻 $(t+\Delta t)$ 时设备的失效数为 $n(t+\Delta t)$，即在 $[t,\ t+\Delta t)$ 时间区间内有 $\Delta n(t)=n(t+\Delta t)-n(t)$ 台设备失效，则定义该设备在时间区间 $[t,\ t+\Delta t)$ 内的平均失效率为：

$$\overline{\lambda}(t)=\frac{n(t+\Delta t)-n(t)}{[N-n(t)]\Delta t}=\frac{\Delta n(t)}{[N-n(t)]\Delta t} \tag{1-9}$$

当设备数 $N\to\infty$，时间区间 $\Delta t\to 0$ 时，则有瞬时失效率或简称失效率函数的表达式为：

$$\lambda(t)=\lim_{\substack{N\to\infty\\\Delta t\to 0}}\overline{\lambda}(t)=\lim_{\substack{N\to\infty\\\Delta t\to 0}}\frac{\Delta n(t)}{[N-n(t)]\Delta t} \tag{1-10}$$

失效率是设备可靠性常用的数量特征之一，失效率越高，则可靠性越低。失效率的单位多用每千小时百分之几，即用 $\%/10^3\text{h}=10^{-5}/\text{h}$ 表示。对于可靠度高，失效率低的设备，则采用 $\text{Fit}(\text{Failure Unit})=10^{-9}/\text{h}=10^{-6}/10^3\text{h}$ 为单位。有时不用时间的倒数而用其相当的"动作次数""转速""距离"等的倒数更合适。

现场人员发现在一段时间内经常发生设备失效事故时，说故障率高，往往是指这段时间发生的设备失效数与这段时间开始时的工作设备数之比，其实在可靠性理论中是不可靠度的概念。在可靠性理论中，故障率(失效率概率)是指在某时刻后单位时间内失效的设备数与工作到该时刻尚未失效的设备数之比。即从现在开始下一时刻设备失效出现的概率。

1.2.5　可靠度、不可靠度、故障(失效)概率密度与失效率之间的函数关系

前面介绍了可靠度函数 $R(t)$、不可靠度函数 $F(t)$、设备失效概率密度函数 $f(t)$ 及失效率函数 $\lambda(t)$。以下讨论它们之间的关系。

它们之间的关系可以从失效率公式的讨论中推导出来，上述失效率的定义还可理解为：失效率 $\lambda(t)$ 是设备运行到某一时刻 t 为止，尚未发生失效的可靠度 $R(t)$ 在下一单位时间内可能发生故障的条件概率。换句话说，$\lambda(t)$ 表示在某段时间 t 内完成工作的百分率 $R(t)$ 在下一个瞬间将以何种比率发生失效。因此，失效率函数的表达式为：

$$\lambda(t)=\frac{\mathrm{d}F(t)/\mathrm{d}t}{R(t)}=\frac{-\mathrm{d}R(t)/\mathrm{d}t}{R(t)}=\frac{f(t)}{R(t)} \tag{1-11}$$

或

$$\lambda(t)=\frac{-\mathrm{d}\ln R(t)}{\mathrm{d}t} \tag{1-12}$$

由式(1-12)可知，$\lambda(t)$是瞬时失效率(或瞬时故障率，风险函数)，也称为$R(t)$条件下的$f(t)$。当可靠度函数$R(t)$或不可靠度函数$F(t)=1-R(t)$已求出，则可求出$\lambda(t)$。反之，如果失效率函数$\lambda(t)$已知，也可求得$R(t)$，即：

$$\int_0^t \lambda(t)\,\mathrm{d}t = -\int \mathrm{d}\ln R(t) = -\ln R(t) \tag{1-13}$$

所以

$$R(t) = \exp\left[-\int_0^t \lambda(t)\,\mathrm{d}t\right] \tag{1-14}$$

即可靠度函数$R(t)$是把$\lambda(t)$由0至t进行积分之后作为指数的指数型函数。

当$\lambda(t)=\lambda=\mathrm{const}$时，

$$R(t) = \mathrm{e}^{-\lambda t} \tag{1-15}$$
$$F(t) = 1 - \mathrm{e}^{-\lambda t} \tag{1-16}$$

这是可靠性多种不同分布中为指数分布的一种特殊形式，是常见的一种设备失效分布类型。

可靠度函数$R(t)$与不可靠度函数$F(t)$、失效概率密度函数$f(t)$的关系见图1-4。

失效率函数与其他函数曲线的关系与失效概率密度分布类型有关，随着不同的失效概率密度函数分布变化而不同。图1-5所示为失效概率密度分布分别为指数分布和正态分布的可靠度、失效概率密度分布、失效率关系，更详细的关系将在后面的失效概率密度曲线分布类型小节中进行讨论。

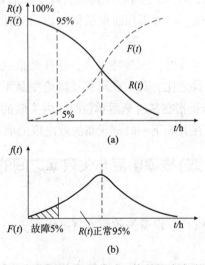

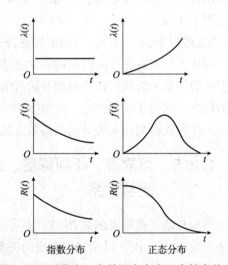

图1-4　可靠度、不可靠度、失效概率密度关系　　图1-5　可靠度、失效概率密度、失效率关系

1.2.6　平均寿命 θ

前面介绍了可靠性的各种函数及它们之间的关系，它们的横轴都为运行时间t，即寿命。在设备的寿命指标中，最常用的是平均寿命。在可靠性函数关系曲线中，寿命分布的中心是平均寿命，它是表征寿命分布特性最重要的参数。

平均寿命是指设备寿命的平均值，具体设备的寿命是指它的无故障运行时间。平均寿命对不可修复或不值得修复的设备与可修复的设备有不同的含义。对于不可修复的设备，其寿命是指设备发生失效前的工作时间。平均寿命是指该设备从开始使用到失效前的工作时间(或工作次数)的平均值，或称为失效前平均时间，通常记作 MTTF(Mean Time To Failure)。对可修复的设备，寿命是指两次相邻故障(该故障导致设备功能失效)间的工作时间，而不是指设备的报废时间。因此，对这类设备的平均寿命是指平均无故障工作时间，或称为平均故障间隔时间，记作 MTBF(Mean Time Between Failures)。但是，不管哪类设备，平均寿命在理论上的意义是类似的，其数学表达式内容也是一致的。假设被实验设备数量为 N，对不可修复设备，设备的寿命分别为 t_1、t_2、$\cdots t_n$，即 t_i，则它们的平均寿命为各寿命的平均值，即：

$$\theta = \frac{1}{N} \sum_{i=1}^{N} t_i \tag{1-17}$$

对可修复设备：

$$\theta = \frac{1}{\sum\limits_{i=1}^{N} n_i} \sum_{i=1}^{N} \sum_{j=1}^{n_i} t_{ij} \tag{1-18}$$

式中，n_i 为第 i 台设备的失效数；t_{ij} 为第 i 台设备从第 $j-1$ 次失效到第 j 次失效的工作时间。

当失效概率密度函数 $f(t)$ 已知，且连续分布，那么，总体的平均寿命 θ 可按式(1-19)计算：

$$\theta = \int_0^\infty tf(t)\,\mathrm{d}t = \int_0^\infty R(t)\,\mathrm{d}t \tag{1-19}$$

式中的寿命 θ 就是 MTTF 或 MTBF。由此可见，在一般情况下，对可靠性函数 $R(t)$ 在从 0 到 ∞ 的时间上进行积分计算，就可求出设备总体平均寿命。

当 $\lambda(t) = \lambda = \mathrm{const}$ 时，式(1-15)给出了 $R(t) = \mathrm{e}^{-\lambda t}$，将它代入式(1-19)，得：

$$\theta = \int_0^\infty R(t)\,\mathrm{d}t = \int_0^\infty \mathrm{e}^{-\lambda t}\mathrm{d}t = \frac{1}{\lambda}$$

即

$$\theta = \frac{1}{\lambda} \tag{1-20}$$

平均寿命与可靠性虽然密切相关，但不是同一概念，不能混为一谈。不能认为可靠性高，寿命就长；也不能认为寿命长的可靠性就必然高。这与使用要求有关，通常所指的高可靠性是指设备完成要求任务的把握性特别高；而长寿命是指要求设备可以用很长的时间工作且性能良好。如海底电缆线、长输管线要求使用 20 年以上且性能良好，体现为长寿命；导弹工作时间不一定长，但在工作时间内(几秒、几分或半小时)要求高度可靠性，万无一失，这就体现为高可靠性。

平均寿命只是体现寿命的平均程度，要想看出寿命其他的特性还要用其他参数。

1.2.7　寿命方差和寿命均方差(标准差)

当描述可靠性函数曲线时，平均寿命是一批设备各个设备寿命的平均值，它只能反映这批设备寿命分布的中心位置，即曲线的中心位置，而不能反映各设备寿命与此中心位置的偏离程度，即曲线的宽度方向的大体位置。寿命方差和均方差用来反映设备寿命离散程度的特征值。这是统计学的概念，将统计学横轴变量方差中 x 用寿命 t 来替代。

寿命方差为：

$$D(t) = \sigma(t)^2 = \frac{1}{N}\sum_{i=1}^{N}(t_i - \theta)^2 \qquad (1-21)$$

寿命均方差（标准差）为：

$$\sigma(t) = \sqrt{\frac{1}{N}\sum_{i=1}^{N}(t_i - \theta)^2} \qquad (1-22)$$

1.2.8 可靠性函数其他寿命

1.2.8.1 可靠寿命

如前所述，设备的可靠度与其使用期限有关。换言之，可靠度是工作寿命 t 的函数，可用可靠度函数 $R(t)$ 表示。因此，当 $R(t)$ 与运行时间 t 关系为已知时，就可求得任意时间 t 的可靠度。反之，若确定了可靠度，也可求出相应的工作寿命（时间 t），可靠寿命（可靠度寿命）是指可靠度为给定值 R 时的工作寿命，并以 t_R 表示。

1.2.8.2 中位寿命

可靠度 $R=50\%$ 时的寿命称为中位寿命，用 $t_{0.5}$ 表示。当设备工作到中位寿命 $t_{0.5}$ 时，设备中将有半数失效，即可靠度与累积失效概率均等于 0.5。

1.2.8.3 特征寿命

可靠度 $R=e^{-1}$ 时的可靠寿命称为特征寿命，用 $T_{e^{-1}}$ 表示。

设备的寿命如果服从指数分布或者韦布尔（Weibull）分布，则 MTBF 或 MTTF 刚好在不可靠度函数（累积失效概率函数）$F(t)$ 为 $1-1/e$，即可靠度为 0.368 或不可靠度（累积失效概率）为 0.632 时的寿命。而如果寿命服从的是正态分布，则 MTBF 或 MTTF 等于在 $F(t)=0.5$ 时的寿命，与中位寿命重合。

[例1] 若已知某设备的失效率为常数 $\lambda(t)=\lambda=0.25\times10^{-4}h^{-1}$，可靠度函数 $R(t)=e^{-\lambda t}$。求可靠度 $R=99\%$ 的相应可靠寿命 $t_{0.99}$。

解：因 $R(t)=e^{-\lambda t}$，故有 $R(t_R)=e^{-\lambda t_R}$。

两边取对数

$\ln R(t_R) = -\lambda t_R$，得：

$$t_R = -\frac{\ln R(t_R)}{\lambda} = -\frac{\ln R(t_{0.99})}{\lambda} = -\frac{\ln(0.99)}{0.25\times10^{-4}} = 402h$$

中位寿命：

$$t_{0.5} = -\frac{\ln R(t_{0.5})}{\lambda} = -\frac{\ln(0.5)}{0.25\times10^{-4}} = 27725h$$

特征寿命：

$$T_{e^{-1}} = -\frac{\ln(e^{-1})}{\lambda} = -\frac{\ln(0.3679)}{0.25 \times 10^{-4}} = 4000h$$

从上例可看出，可靠度越大，即可靠性越高，相对应的寿命越短。

1.3 与维修性有关统计尺度简介

设备失效后需要靠维修来恢复其固有的可靠性，对可修复设备，从设备的全生命周期来看，设备维修时间的长短直接影响设备运行的时间，因此，有必要介绍设备的维修性统计尺度。

1.3.1 设备的维修度

设备的维修性可用其维修度 M(Maintainability) 来衡量。维修度的定义是：对可能维修的设备在发生故障或失效后，在规定条件下和规定时间内完成修复的概率。由于维修度也是用概率表示设备易于维修的性能的，或者，维修度是用概率表征设备的维修难易程度的，完成维修的概率与时间关联，是对时间累积的概率，因此，维修度也是时间（维修时间）τ 的函数，故又称为维修度函数 $M(\tau)$。

由于前面讨论可靠性函数时用 t 表示运行时间或寿命，因而在这里用 τ 表示维修时间。维修度函数 $M(\tau)$ 表示当 $\tau = 0$ 时，处于失效状态的所有设备（假如有 100 台设备），在经过 τ 时刻维修后（假如有 100 个维修小组同时维修）有多少恢复到正常功能的累积概率。

设备可靠性的分布要应用设备的平均故障时间，同样，设备的维修度也要应用设备的平均修理时间。设备的平均修理时间用 MTTR(Mean Time To Repair) 表示，是指可修复的产品的平均修理时间[总维修活动时间(h)/维修次数]。

与可靠性分布函数相比，设备的维修度函数分布类型比较简单。一般设备的维修度 $M(\tau)$ 服从指数分布或对数正态分布。若服从指数分布时，则：

$$M(\tau) = 1 - e^{-\mu\tau} \qquad (1-23)$$

式中，μ 为修复率，或写成 $\mu(\tau)$，1/h。

由维修度指数分布的公式可知：当维修时间 $\tau \to \infty$ 时，维修度 $M(\tau)$ 为 1，百分之百能维修；当维修时间 τ 为 0 时，维修度 $M(\tau)$ 为 0，不可维修。

修复率 $\mu(\tau)$ 是指"维修时间已达到某一时刻但尚未修复的设备在该时刻后的单位时间完成修理的概率"，可表示为：

$$\mu(\tau) = \frac{dM(\tau)}{d\tau} \cdot \frac{1}{1-M(\tau)} = \frac{m(\tau)}{1-M(\tau)} \qquad (1-24)$$

式中，$m(\tau)$ 为维修时间的概率密度函数。

$$m(\tau) = \frac{dM(\tau)}{d\tau} \qquad (1-25)$$

当 $M(\tau)$ 服从指数分布如式(1-23)所示时，则修复率是平均修理时间 MTTR 的倒数，即：

$$\mu = \frac{1}{MTTR} \tag{1-26}$$

将式(1-25)与式(1-7)对比：

$$m(\tau) = \frac{dM(\tau)}{d\tau}; \ f(t) = \frac{dF(t)}{dt} = -\frac{dR(t)}{dt}$$

式(1-24)与式(1-11)对比：

$$\mu(\tau) = \frac{dM(\tau)}{d\tau} \cdot \frac{1}{1-M(\tau)} = \frac{m(\tau)}{1-M(\tau)}; \ \lambda(t) = \frac{dF(t)/dt}{R(t)} = \frac{-dR(t)/dt}{R(t)} = \frac{f(t)}{R(t)}$$

式(1-16)与式(1-23)对比：

$$F(t) = 1 - e^{-\lambda t}; \ M(\tau) = 1 - e^{-\mu\tau}$$

及式(1-26)与式(1-20)对比：

$$\mu = \frac{1}{MTTR}; \ \theta = \frac{1}{\lambda}$$

通过比较可以发现，可靠性与维修性研究中各项参数是一一相对应的。

设备由于失效而停止使用的总时间(包括维修时间在内)的平均值，称为平均不能工作时间或平均休止时间、平均停机时间，记为 MDT(Mean Down Time)，有时可用 MDT 代替 MTTR。

维修度除与设备的固有质量有关外，还与其有关的人的因素有关。要提高维修度，就要重视这些因素，它们被称为维修三要素。

(1)设备结构维修的方便性。在设备的设计阶段要考虑可维修性，即在设备的结构设计时，要想方设法使设备在发生故障后，容易发现、便于检查、易于修复，维修性设计应考虑设备的"接近性"好，即检查和维修人员应极易接近该设备的被检查、被维修部分，方便工作。

(2)修理人员的修理技能。

(3)维修系统的效能。其包括备件的供应、维修工具及设备的效能和维修系统的管理水平等。也就是说，维修度还受到维修系统的效能和修理技能的影响，这些是不可忽视的，否则将使维修度失去比较的标准。

1.3.2 设备的有效度

可靠度与维修度合起来的尺度又称为有效度或可利用度(或利用率)，有效度是综合可靠度与维修度的广义可靠性尺度。

有效度(Availability)或称可利用度，是指"能维修的设备在规定的条件下使用时，在某时刻 t 具有维持其功能的概率"。显然该参数针对的是可维修设备，对不可维修设备，有效度就等于可靠度。有效度可分为：瞬时有效度、稳态有效度、平均有效度。稳态有效度(Steady Availability)或称为时间有效度(Time Availability)，又称作可工作时间比(Up Time Ratio，UTR)。由于人们最关心的是设备长时间使用的有效度，因此稳态有效度是经常使用的，它也可以用式(1-27)表达：

$$A = \frac{[可工作时间]}{[可工作时间] + [不能工作时间]} \tag{1-27}$$

或表达为：

$$A = \frac{U}{U + D} \qquad (1-28)$$

式中，U 为可以维修设备能正常工作的平均时间，h；D 为设备不能工作的平均时间，h。

或表达为：

$$A = \frac{\text{MTBF}}{\text{MTBF} + \text{MTTR}} \qquad (1-29)$$

式中，MTBF 为平均无故障工作时间；MTTR 为平均修理时间。

当可靠度 $R(t)$、维修度 $M(\tau)$ 均为指数分布，则将式（1-26）、式（1-20）代入式（1-29）得到：

$$A = \frac{\text{MTBF}}{\text{MTBF} + \text{MTTR}} = \frac{\mu}{\mu + \lambda} \qquad (1-30)$$

式中，μ 为修复率；λ 为失效率。

由式（1-30）可知，增大有效度 A 的途径是增大 $MTBF$ 并减小 $MTTR$。

固有有效度（Inherent Availability）

$$A_i = \frac{[\text{工作时间}]}{[\text{工作时间}] + [\text{实际不能工作时间}]} = \frac{MTBF}{MTBF + MADT} \qquad (1-31)$$

式中，MADT 为平均实际不能工作时间；MTBF 为平均无故障工作时间。

这是事后维修的公式，若是预防性维修，则式（1-31）中的 MTBF 应以 MTTM 或 MT-BO 代替：

MTTM（Mean Time To Maintenance）为平均维修时间；

MTBO（Mean Time Between Over）为两次维修间的平均时间。

或将固有有效度表达为：

$$A(t_1, t_2) = \frac{\text{MTBM}}{\text{MTBM} + \overline{M}} \qquad (1-32)$$

式中，MTBM 为两次维修间平均时间；$\overline{M}$ 为平均维修时间。

工作有效度（Operational Availability）：

$$A_0 = \frac{[\text{工作时间}]}{[\text{工作时间}] + [\text{总不能工作时间}]} \qquad (1-33)$$

使用有效度（Use Availability）：

$$A_\mu = \frac{[\text{工作时间}] + [\text{停机时间}]}{[\text{工作时间}] + [\text{总不能工作时间}] + [\text{停机时间}]} \qquad (1-34)$$

对上述各种有效度，不宜统称为有效度，而应具体说明是何种形式的有效度，并根据系统、机器、设备等的不同情况而选用其中一种。

已知有效度是可靠度与维修度的综合，这里再进一步用数学表达的方法来说明它们之间的关系，若给定某设备的使用时间为 t，维修所容许的时间为 τ（τ 应远小于 t），若该设备的可靠度为 $R(t)$，维修度为 $M(\tau)$，则其有效度 $A(t, \tau)$ 可表达为：

$$A(t, \tau) = R(t) + [1 - R(t)]M(\tau) \qquad (1-35)$$

由式(1-35)可见，为得到高有效度，应做到高可靠度和高维修度，当可靠度偏低时，有人会用提高维修度的方法来得到所需的有效度，但这样就会经常发生故障，而使维修费用增加。

系统有效性(System Effectiveness)是综合有效度 A、可靠度 R、完成功能概率 P(或能力 C 或设计适用性 D)等的一个综合尺度，是系统开始使用时的有效度、使用期间的可靠度和功能的乘积，系统有效性 E 可表达为：

$$E = A \cdot R \cdot P \tag{1-36}$$

如果还考虑费用，则可用费用有效性的尺度，这时如果采用[费用]/E，[费用]/MTBF作为费用有效性的尺度，则希望达到最小，而采用 E/[费用]时则希望达到最大。

1.4 失效率的类型与可靠性

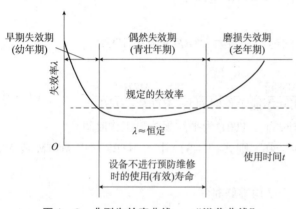

图1-6 典型失效率曲线——"浴盆曲线"

如果以失效率(单位时间内发生失效的比率)来描述产品失效的发展过程，在不进行预防性维修的情况下，设备的失效率 λ 与其工作(使用)时间 t 之间具有典型的失效率曲线，见图1-6。因为这种曲线的形状与浴盆相似，故称为"浴盆曲线"。

按照"失效率曲线"的形状，即按照产品失效的发展过程，可将整个失效过程分为以下三个时期：

(1)早期失效期(递减型)

在设备的使用初期，由于设计和制造上的缺陷而导致失效容易暴露，设备的早期失效率很高。随着使用时间延长，失效率则很快下降。设备的早期失效期相当于人的幼年期。如果在设备出厂前，进行旨在剔除这类缺陷的"老练"过程，即进行可靠性实验，在设备以后的使用中，可使失效率大体保持恒定值。

(2)偶然失效期(恒定型)

在理想的情况下，设备在发生磨损或老化以前，应是无"失效"的，但是由于制作的隐藏缺陷、装配的隐性缺陷、环境的偶然变化、操作时的人为偶然差错，或者由于管理不善造成的"潜在缺陷"，仍有设备的偶然失效。设备的偶然失效率是随机分布的、很低的和基本上是恒定的，故又称为随机的失效期。偶然失效期相当于人的"青壮年期"，这一时期是产品的最佳工作时期。偶然失效率的倒数即为无失效的平均时间。

(3)磨损失效期(递增型)

经过偶然失效期后，设备中的元件已到了寿命终止期，于是失效率开始急剧增加，标志着设备已进入"老年期"，这时的失效称为磨损失效，又称为耗损失效。如果有些设备在进入磨损失效期之前，进行必要的预防维修，它的失效率仍可保持在偶然失效率附近，从而能延长设备的偶然失效期。

可靠度函数、失效概率密度函数与失效率函数曲线之间，以及与"浴盆曲线"三个阶段期间相对应关系见图1-7~图1-9。

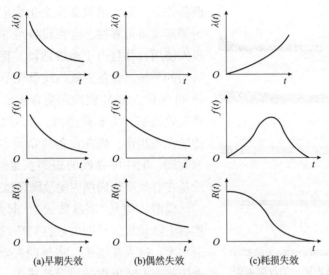

(a)早期失效　　　　　(b)偶然失效　　　　　(c)耗损失效

图1-7　失效率、失效概率密度和可靠度函数

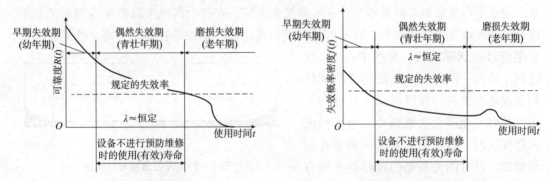

图1-8　"浴盆曲线"的可靠度函数　　　　**图1-9　"浴盆曲线"的失效概率密度函数**

在早期失效期，失效率$\lambda(t)$随着时间的延长而下降。由于这种失效率函数形态的特点，设备在开始使用时失效率是高的，容易发生失效故障，可靠度函数$R(t)$与失效概率密度函数$f(t)$均随着运行时间t下降很快，但越往后剩下的设备越可靠而不易发生故障，可靠度与失效概率密度函数下降趋于平缓。

在中期即偶发期，失效故障发生的形式是随机的，失效率$\lambda(t)$为常数，曲线为平直的，但可靠度$R(t)=e^{-\lambda t}$，呈最简单的指数分布，与失效概率密度一样均是随着运行时间降低的，这是可靠度最典型的形式。因为在任何时间失效故障的发生率都是相同的，所以失效故障是无法预测的。在这个时期可靠度函数$R(t)$与失效概率密度函数$f(t)$与早期失效期的发展趋势一样均随着运行时间t下降，但下降速度与其相比放缓。

在耗损失效期，失效率函数随着时间的增长而上升。常见于滚动轴承等机械零件的磨损，这种情况的失效概率密度函数$f(t)$的形态接近于正态分布，呈中间高、两边低的情况。可靠度函数$R(t)$出现先降低放缓，然后出现拐点，逐渐加快降低。

上述设备失效率及曲线是基于大量设备运行过程中没有人为干预的情况下，从设备开

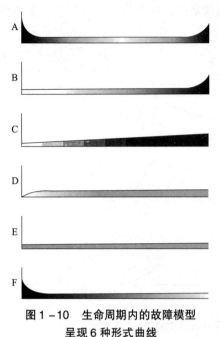

图1-10 生命周期内的故障模型
呈现6种形式曲线

始运行一直到设备失效的整个生命周期统计画出的。而实际由于现代设备产品更新换代加快，使用设备并不一定要求设备在全生命周期内运行，有时为提高设备可靠性，会在设备可靠性最高的时间段投入使用，并且由于维修活动，特别是预防性维修活动的干预，设备失效曲线呈现不同的变化。20世纪90年代，RCM创始人莫布雷创立RCM，提出了将失效概率分为6种类型，见图1-10。他认为与传统设备相比，现在设备复杂得多，随着科学技术的发展、配件可靠性的提高、维修方法的改变等，设备在有效生命周期内的故障模型呈现6种形式。

模型A就是"浴盆曲线"，起始段失效率较高，然后下降较快，早期失效区后失效率恒定，最后逐渐加大，进入耗损区。在早期失效区，设备失效是由于制造安装操作等质量造成的，随着管理水平的提高和对发现问题的整改，失效概率逐渐减小，到某一定水平后失效概率恒定不变，进入偶然失效区，在这个区域失效概率达到最低水平，降低的程度取决于管理水平，以及外部环境，在这段时间如果管理水平高，外界影响低，甚至可以达到零失效，见图1-11。在这两个阶段，以时间为基础的预防性检修是没有意义的，即以时间为基础的预防性检修不能降低失效概率。当运行进入耗损区时，故障率随着时间的增长逐渐增加，以时间为基础的检修就变得有

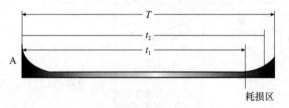

图1-11 A型曲线与耗损区

意义。因为在这个区域，失效概率由低向高发展，发展的速度与时间的关系与失效概率函数相关，有这些函数关系，可以预测什么时候失效概率发展到不可接受的水平。确定在这个水平相对应的时间，可以做到预防性检修。若要保证设备的失效率在最低的水平，甚至降到零，即可靠性在最高的水平甚至到100%，则应在t_1时间内进行检修，否则应在t_2时间进行检修，具体时间可根据失效率上升程度或可靠性降低到接受的水平进行选择。具体如何判定到什么水平是可接受的标准，将在第2章进行详细介绍。

模型B显示了失效率恒定并逐渐加大，最后为耗损区。其实B是A型去掉早期失效区的曲线。一般设备或部件都是A型的"浴盆曲线"，虽然现在计算机仿真技术及工艺控制技术提高，早期失效率大幅降低，但大多数设备或部件早期的失效区是在出厂前完成的，如离心泵出厂前的实验台测试，机械密封出厂前的实验台运行测试等需要在出厂前消除，使产品运行在失效率最低的平稳运行区。

模型C显示了失效率缓慢增加，而没有明显的耗损区。其实C型也是A型的变种，即设备的使用期限去掉早期失效区、耗损区，在中间段运行，在设备运行到耗损区之前就更换掉了，特别是现在科学技术进步很快，有些设备设计寿命远远短于技术进步更新换代

的周期，设备虽然还能运行，但已到了淘汰的年龄，如国家强制淘汰的高耗能电机变压器等。这类设备的特点是设备这个期间运行比较稳定，没到耗损期，随着运行时间增加，老化程度也增加，故障率呈缓慢增长状态。

模型 D 显示了当设备刚出厂投入运行时，失效率较低，而后迅速增加到一个稳定水平。D 型是比较少见的类型，实际是 C 型的变种，应用的时间段与 C 型相同，只不过投用时失效率最低甚至为零，但投用后迅速上升到某一个失效率后恒定不变。可以理解为，一种可靠性非常高的设备，在某因素的影响下失效率迅速提高，但提高的幅度不大，失效率停在某一个固定水平上。

模型 E 表明在整个设备寿命期间内失效率均恒定不变(随机失效)。模型 E 也是 C 型的变种，所不同的是失效率不随着时间老化，引起失效的原因大多由各种与时间无关的随机事件所组成。也可以看作是 A 型的中间阶段，即偶然失效期，实际是将设备全生命周期中失效最低的时间段投入参与生产运行。如航天飞机发动机必须保证在发射过程时间段百分之百的可靠性。在石油化工行业中由于介质的特殊性也要保证设备高可靠性低失效率运行。

模型 F 起始时早期失效率较高，而后其失效率逐渐下降到一个稳定水平或升高极其缓慢的水平上。模型 F 是 A 型的变种，是 A 型保留早期故障，而不在耗损区时间段运行而形成的类型。

其中 A、B、C 为与运行时间相关失效模型，D、E、F 为与运行时间不相关失效模型。

1.5 可靠性实验统计与推断

1.5.1 可靠性函数分布研究的意义

上节论述了设备的失效模型，在 6 种失效模型中与工龄相关的类型只有 A、B、C 3 种，可靠性分布主要研究设备在运行期间的失效规律特别是耗损区的分布规律，从而为预防性维修确定检修时机奠定基础。即当失效率上升到某个不可接受的值时，我们要知道什么时候故障率将达到这个值。上述模型耗损区如果都与图 1 – 12 相同，耗损区与整个生命周期的比重较小，t_1/T 接近 1（T 为全寿命，t_1 为最大估计 100% 可靠性寿命），设备投入运行后很快进入故障率稳定区域，稳定的区域很长，耗损区很短，出现缺陷后很快出现功能失效的情况，通过预防性维修对延长的设备使用寿命的贡献很有限。但很多情况与如图 1 – 13 所示的一样，耗损区分布较广，在整个生命周期中占比大，可通过预防性维修延长设备的使用寿命。即使耗损区很短，了解耗损区的分布规律，对具有安全环境等重要后果影响失效故障模式进行预防性维修非常有意义。

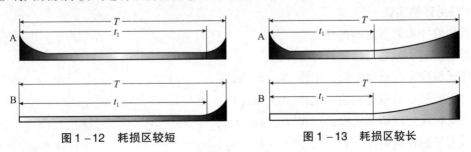

图 1 – 12 耗损区较短　　　　　　　图 1 – 13 耗损区较长

上面的讨论都是基于已知设备失效率(故障率)函数 $\lambda(t)$ 进行的，通过 $\lambda(t)$ 可推导出失效概率密度分布函数 $f(t)$，进而得到可靠度函数 $R(t)$ 和不可靠度函数 $F(t)$，得到某一时间点的可靠度和不可靠度。因而研究可靠性函数分布情况对预防性维修是非常重要的，知道其分布规律，才能决定在哪个时间点进行维修更合适，避免或降低设备失效带来的安全或经济上的损失。

1.5.2 设备的可靠性实验

前面为将可靠性解释清楚，提到可靠性、不可靠性，故障率、平均寿命等概念和数学公式，并用可靠性分布图等对其用途加以说明，这些分布图是如何得到的呢？从本节开始介绍可靠性分布的统计分析方法。

要想进行预防性检修就要知道可靠性分布规律，可靠性分布规律要通过可靠性数据进行数量统计分析才能得到。可靠性数据最可靠的来源就是进行设备的可靠性寿命实验，对实验数据进行统计分析，得到可靠性指标。

机械设备的寿命实验按照实验加载情况及周期的长短可分为工作寿命实验和加速寿命实验。工作寿命实验按照寿命的完成方式又分为完全寿命实验和截尾寿命实验。

1.5.2.1 完全寿命实验

完全寿命实验是指实验进行到所有参加实验的设备全部失效为止，一般机械设备的疲劳实验就属于这一种，要投入较多的费用和时间。

1.5.2.2 截尾寿命实验

截尾寿命实验又称为不完全寿命实验。按照停止实验的依据又分为：

(1)定时截尾实验

实验进行到规定的时间时停止，这里参与实验样本数 N 及实验时间 t_0 为定值，而样本的失效数 n 是随机变量，规定的 t_0 应保证被实验样本有足够的失效数 n_0。

(2)定数截尾实验

定数截尾实验是指事先规定实验截尾的故障数 n，当实验故障数达到规定的 n 时停止实验。

按照是否替换失效样本来区分，截尾寿命实验又可分为：有替换实验和无替换实验。

(1)有替换实验

在实验中即时将失效样本用另一样本替换后继续实验，以充分利用实验台并保持正在进行实验的样本数 N 不变。

(2)无替换实验

将失效样本取下后不再补充。

综上所述，截尾寿命实验可细分为：

①无替换定时截尾实验，记作$[N，无，t_0]$；

②无替换定数截尾实验，记作$[N，无，n]$；

③有替换定时截尾实验，记作$[N，有，t_0]$；

④有替换定数截尾实验，记作$[N，有，n]$。

截尾实验主要用于电子产品，也用于滚动轴承的寿命实验，在一般机械产品的可靠性实验中则很少应用。采用截尾实验占用的实验台较多，但可节省更多的实验时间。

1.5.2.3　加速寿命实验

在正常工作条件下进行的寿命实验，包括完全寿命实验和截尾寿命实验，均为基本的可靠性实验方法。但这种实验方法对长寿命产品来说，需要花费很长的实验时间。为缩短实验周期，快速地对产品可靠性作出评价，可采用加速寿命方法。

加速寿命实验，即在保持产品原有的失效机理、故障模式和不增加新的失效因素的前提下，提高实验应力、强化实验条件，使受实验样本加速失效，以便在较短时间内对产品在正常工作条件下的可靠性或寿命特征作出预测和评估。

根据实验时应力的施加方式，加速寿命实验分为：恒定应力加速寿命实验、步进应力加速寿命实验和序进应力加速寿命实验。

(1)恒定应力加速寿命实验

将 n 个试件分成 h 组，第 1 组固定在应力水平 S_1 上，第 2 组固定在应力水平 S_2 上，…，第 h 组固定在应力水平 S_h 上做寿命实验。设 S_0 为正常工作应力，则应，$S_0 < S_1 < S_2 < \cdots < S_h$，并使最高应力水平不致改变试件的失效机理。实验应做到使各组均有一定数量的试件失效为止。

(2)步进应力加速寿命实验

实验开始时将全部试样在应力水平 $S_1 (S_1 > S_0$——正常工作条件下的应力水平)下进行实验，到 t_1 时刻把应力水平提高到 S_2，到 t_2 时刻再将应力水平提高到 S_3，并依次步进加大应力水平，继续实验那些未失效的试件，一直到一定数量的样品发生失效为止，这种实验方法的优点是试件少，实验周期短，但外推的精度差。

(3)序进应力加速寿命实验

实验应力随着时间按线性或其他规律连续增长的寿命实验。这种方法的优点是试件可更少，实验周期更短，但需专门的程序控制加载设备。

对应于上述一般机械产品的加速寿命实验方法，汽车及其零部件在台架上进行的加速寿命实验可以有定载荷幅值的简单重复加载，预定程序加载或随机加载等方法。后者是以汽车行驶在有典型路面的路段上的加载实验。

1.5.3　可靠性实验寿命的概率分布

设备的可靠性寿命服从于某种概率分布规律，本节介绍可靠性实验统计常用的几种概率分布及其特性。

1.5.3.1　可靠性实验样本数量的确定

确定可靠性实验样本数量先要了解什么是总体、个体和样本以及它们之间的关系。考察对象的全体称为总体或母体，总体中每个考察对象或成员称为个体。例如，考察某厂生产的同一型号的设备或部件(我们经常用灯泡或轴承来举例)的使用寿命时，该厂生产的所有设备(轴承)的使用寿命为总体，每台设备(轴承)的使用寿命为一个个体。当总体中所含个体总数有限时，称为有限总体，反之，称为无限总体。工程上全面了解总体的情况，往往难以办到，如不可能对所有设备（轴承）进行实验，记录每一个设备（轴承）的使用寿命。所以，常通过观测部分个体以获得总体的信息。而这部分被观测的个体就是样本。样本是观测或调查的一部分个体，从总体中被抽取的考察对象的集体叫作总体的一个样本，而样本中个体的数目叫作样本容量。

在数理统计中，要用样本来对母体的各种特征进行推断，因此从母体中抽出的每一个样本要有代表性。样本的代表性在数理统计中就是指样本与母体有相同的分布。

样本个数是指从一个总体中可能抽取的样本（样本总体）个数，也称为样本可能数目。一个总体有多少样本，则样本统计量就有多少种取值，从而就形成统计量的分布。有两种方法确定样本容量，具体如下。

(1)根据允许的抽样误差的范围确定样本容量

什么是抽样误差？抽样误差与样本量之间存在什么关系？首先，抽样误差。可靠性分析研究某类设备可靠性，所有的设备构成总体，但是我们没有足够的精力调查所有的设备运行情况，出于成本考虑也没有必要。只能调查一部分，这一部分就是样本。样本能代表总体吗？要看二者之间的差异，这个差异叫作抽样误差。当然，抽样误差越小越好。其次，抽样误差和样本量之间的关系。之所以会存在抽样误差，是因为只调查总体中的一部分样本，样本包含的个体越少，则抽样误差越大。样本包含的个体就是样本量，若描述得更确切些，可用公式表示，不同的抽样方法，对应的公式不同，样本平均数与样本成数（比例）的公式不同，但大体都是相似的，在可靠性研究中主要计算设备的平均寿命，应用样本平均数的抽样分布，由于可以假定某类设备个数无限大，用简单随机抽样法比较合适。在简单随机抽样中，样本量 N 与抽样误差 E 的关系为：

$$E = Z_{\alpha/2} \frac{\sigma}{\sqrt{N}}, \quad N = \frac{(Z_{\alpha/2})^2 \sigma^2}{E^2} \qquad (1-37)$$

式中，α 为显著性水平，$1-\alpha$ 为置信度。置信度是指当以样本估计总体时，能够正确估计概率的大小。例如，当置信水平 $1-\alpha$ 为 95% 时，表示正确估计的概率是 95%。$Z_{\alpha/2}$ 是正态分布条件下与置信水平相联系的系数，置信水平取 95%，则 $Z_{\alpha/2}=1.96$。

(2)经验方法

对于大型、复杂且价格高的机械设备，参加实验的设备数量可以少些，而对于重要的且价格又不高的设备，参加实验的设备数量尽量要多些。投试样本数 N 可按式(1-38)算出：

当 $N>20$ 时：

$$N = \frac{n}{F(t)} \qquad (1-38)$$

当 $N\leqslant20$ 时：

$$N = \frac{n}{F(t)} - 1 \qquad (1-39)$$

式中，n 为结束实验时被试样本失效个数；$F(t)$ 为结束实验时的失效概率。

1.5.3.2 可靠性寿命概率分布类型及分布函数

前面介绍了寿命的失效概率密度函数，虽然设备的可靠性函数及不可靠性函数可直观表现出可靠性及不可靠性随着时间变化的规律，在这几种函数中，失效概率密度分布函数最能反映失效特性，如果已知失效概率密度分布函数，则相应的可靠度函数、不可靠性函数及各种寿命特征值均可求得。即使具体的分布函数尚不清楚，但只要已知失效概率密度分布函数的类型，即可通过参数估计求得这些分布的参数估计值或数字特征量的估计值，从而掌握分布函数或各种可靠性特征量。

失效分布的类型多种多样。分布类型与设备的失效机理、失效形式，以及其应用类型有关。

(1)离散型变量的分布

离散变量是指其变量数值只能用自然数或整数单位计算的情况。如一次掷 20 个硬币，k 个硬币正面朝上。描述离散型随机变量的统计分布为离散型变量分布。在可靠性统计分布中有很多问题是离散性变量问题，如有 20 台设备，问在某一时刻有 k 台设备故障的概率问题。在该例中 k 是随机变量，k 的取值只能是自然数 0, 1, 2, …, 20, 而不能取小数、无理数……因而该例 k 是离散型随机变量。离散型变量可靠性常用的分布有伯努利分布、二项分布、泊松分布等。

①伯努利分布

伯努利分布[也称分布或(0-1)分布]是数理统计分布的基础，为纪念瑞士科学家雅各布·伯努利(Jakob Bernoulli)而命名。伯努利分布(Bernoulli distribution)是一个离散型概率分布，其分布数学模型的随机实验只有相互对立的两种实验结果，1 表示成功，出现的概率为 p(其中 $0 < p < 1$)。0 表示失败，出现的概率为 $q = 1 - p$。如正、反；对、错；正常、失效；合格、不合格；击中、没击中等的概率，用 0, 1 来代表。

伯努利实验是单次随机实验，其概率函数为：

$$P(x) = p^x (1-p)^{1-x} = \begin{cases} p & \text{if} \quad x = 1 \\ q & \text{if} \quad x = 0 \end{cases} \qquad (1-40)$$

其期望值为：
$$E(x) = \sum xP(x) = 0 \times q + 1 \times p = p \qquad (1-41)$$

其方差为：
$$D(X) = p(1-p) = pq \qquad (1-42)$$

最典型的就是抛硬币实验，一次抛硬币实验，只有两种结果，正面朝上或正面朝下，概率是固定的，而为什么成功的概率为 p 是由硬币本身的性质决定的，由于硬币两面对称，它正面朝上和朝下的概率各为 50%。在现实生活中，p 可能是 0～1 中的任意一个值，如果把抛硬币变成抛一个扁平的不规则形状的鹅卵石，正面朝上的概率就不一定是 50% 了。这个概率也是由鹅卵石本身性质决定的。鹅卵石不规则面朝上的概率并不像硬币那样好确定，但可以用实验的方法来近似确定，多抛几次如 10 次、100 次，统计正面朝上的次数占总次数的比例，抛的次数越多越接近实际值。

把这些概念应用到设备可靠性的讨论上，如某一台设备在运行一段时间后只有两种可能，能继续运行对应"成功"，不能继续运行对应"失效"，它也是一次伯努利实验。

设备失效的概率 p 是由设备本身的性质决定的，设备的失效概率可以用实验的方法统计，可以用一台设备(如果是可修复的)实验多次，也可以用多台一样的设备同时进行实验。对机械设备来说，选择设备运行一段时间后统计设备正常运行、失效的概率是伯努利实验。它与时间无关，或者说它主要描述某时间节点的概率，它与实验次数或实验台数有关。多做几次在某时间点设备运行、失效的实验，如做 100 次，或同时有 100 台设备做实验，能统计出在某时间点设备失效的概率 p。但换一个时间点，设备失效概率可能就不同了，那是另一种伯努利实验。

②二项分布

单个伯努利实验是没有意义的，然而，当反复进行伯努利实验时，观察这些实验有多少次是成功的，多少次是失败的，事情就变得有意义了，这些累计记录包含很多潜在的非常有用的信息。

在概率论中，把在同样条件下重复进行实验的数学模型称为独立实验模型，进行 n 次实验，若任何一次实验中各结果发生的可能性都不受其他次实验结果发生情况的影响，则称这 n 次实验是相互独立的。特别地，当每次实验只有两种可能结果时，称为 n 重伯努利实验。因而引出二项分布。

二项分布即在每次实验中只有两种可能的结果，而且两种结果发生与否互相对立，并且相互独立，与其他各次实验结果无关，事件发生与否的概率在每一次独立实验中都保持不变，则这一系列实验总称为 n 重伯努利实验(两点分布实验)。

事件发生与否的概率 p 在每一次独立实验中都保持不变，这点很重要，这个概率就是伯努利实验的概率，它是由被实验物体性质决定的，它应该是 n 重伯努利实验前已知道的结果。

考察由 n 次随机实验组成的随机现象，它满足以下条件：

a. 重复进行 n 次随机实验；

b. n 次实验相互独立；

c. 每次实验仅有两种可能结果；

d. 每次实验成功的概率为 p，失败的概率为 $1-p$。

在上述 4 个条件下，求在 n 次独立的重复实验中出现 X 次成功的概率，变量 X 表示 n 次独立重复实验中成功出现的次数，显然 X 是可以取 0，1，$\cdots$，x，$\cdots n$ 等 $n+1$ 个值的离散随机变量，这个分布称为二项分布，记为 $b(n,p)$。其概率是从 n 个不同的元素中取出 x 个组合数，它的计算公式为：

$$P(X=x)=C_n^x p^x (1-p)^{n-x}=\binom{n}{x}p^x (1-p)^{n-x}; \quad x=0,1,2,\cdots,n \quad (1-43)$$

式中，

$$\binom{n}{x}=\frac{n!}{x!(n-x)!}$$

二项分布的均值：

$$E(X)=np \quad (1-44)$$

二项分布的方差：

$$D(X)=np(1-p) \quad (1-45)$$

二项分布的标准差：

$$\sigma=\sqrt{np(1-p)} \quad (1-46)$$

注意，二项分布与伯努利分布不同，伯努利变量 X 只有两个：0，1。对应的是"成功"和"失败"，而二项分布的变量 X 有 n 个，代表的是在 n 次伯努利实验中，成功出现的次数。不但数量不同，代表的参数事件也不相同。二项分布中变量 X 的意义可用以下例子说明。

掷硬币实验：

有 10 个硬币掷一次，或 1 个硬币掷 10 次。问 5 次正面向上的概率是多少？

解：根据题意 $n = 10$，由于是投硬币实验，我们知道每次投硬币正面朝上的概率与朝下的概率相等，是 50%，则 $p = q = 1/2$，$x = 5$ 代表 5 次正面朝上，代入式(1 - 43)计算，得 5 次正面向上的概率为 0.24609。

上面这个问题可转换成设备可靠性问题：

如某工厂设备同时独立工作，每台设备在运行到某一时间"失效"的概率相同，为 p。上述问题相当于求同时工作的 10 台设备，在某一时刻有 5 台设备失效的概率是多少？

上述设备问题对照二项分布的条件：

a. 10 台设备，每台设备是相同的则相当于做重复性 10 次随机实验，可以扩展到 n 次；

b. 每台设备工作都是并行的，即都是相互独立的，符合 n 次实验相互独立的假定；

c. 每次实验仅有两个可能结果相当于设备只有"失效""运行"两种选择；

d. 每台设备在同一时间"失效"的概率为 p，"运行"的概率为 $1 - p$，相当于每次实验成功的概率为 p，失败的概率为 $1 - p$。这个是事先预知的(注意由于是失效实验，失效表示"成功"，运行表示"失败")。

条件完全满足。

用更抽象的描述说明，X 表示 n 次独立重复实验中成功出现的次数。在上述例子中重复实验是在一个时间区间完成的，如运行到某一时刻的时间，但在二项分布变量中没有这个时间的变量，它关注的是实验事件本身的结果，而与实验过程无关。

分别计算出在这一时刻 1 台设备到 10 台设备失效的概率，分别计算 $X = 0$，1，2，3，4，5，6，7，8，9，10 的概率，画图 1 - 14，即二项分布($n = 10$，$p = q = 0.5$)曲线，横轴表示失效的设备数，纵轴表示失效设备数对应的概率。

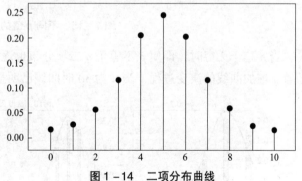

图 1 - 14　二项分布曲线

上例中将一般性问题转化为设备的可靠性问题。

再将上例扩展到普遍性、可靠性问题，从二项分布的定义中知道，变量 X 表示 n 次独立重复实验中成功出现的次数，显然 X 是可以取 0，1，…，n 等 $n + 1$ 个值的离散随机变量，且它的概率函数随 X 的随机变量也是随机函数。那么 X 轴代表次数，即 n 次实验中 X 次成功的概率，由于要考虑普遍性，将 Y 轴描述为实验成功 X 次的概率。但如果实验是验证设备失效的，实验成功定义为设备运行至某时间点失效（注意由于是失效实验，失效表示"成功"，运行表示"失败"）。n 次独立的重复实验，可以理解为 n 台设备同时工作做运行实验，或同样的设备做 n 次运行实验，每台设备运行至某个时间点失效的概率为 p，则计算这个时间点有 X 台设备失效的概率。X 轴代表的意义改为 n 次实验中有 X 次设备失效，Y 轴表示相应的概率。

需要注意的是，二项分布与实验时间无关，每项实验的时间由实验方案决定，是已知量，它不出现在概率的计算公式中，实验要得到的是实验本身"成功""失败"的概率结果。在设备运行失效实验中，二项分布的先决条件是已知每台设备在某一个时间点成功的概率为 p。计算在某一个时间点发生 X 台设备失效的概率。

二项分布的用途广泛，如在产品的质量检验或可靠性抽样检验、设备可靠性计算时经常使用。像上例一样，工厂可能有多台相同的设备，如在石油化工厂中有大量的离心泵，仪表中有大量相同型号的变送器，一块电路板有大量的焊点等，如果它们同时投用，运行至某一时刻的可靠性已知并相同，计算这批设备的可靠性，此时用二项分布计算很适用。

图 1-14 中显示二项分布左右对称，这是因为 $p = q = 0.5$ 所致（$q = 1 - p$），若 $p \neq q$ 就不对称了。$p < 0.5$ 峰值向左偏移，$p > 0.5$ 则峰值向右偏移，见图 1-15。

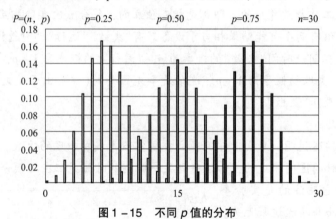

图 1-15　不同 p 值的分布

当 n 趋于无穷时，即使 p 不等于 q 二项分布也逐渐趋向于正态分布。图 1-16 所示为随着 n 增加曲线的演变过程，当 n 为 30 时曲线已明显为正态分布曲线。

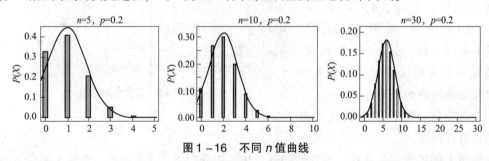

图 1-16　不同 n 值曲线

③泊松分布（Poisson）

泊松分布也是一种统计与概率学里常见到的离散概率分布，大概在伯努利分布发现 40 多年后，由法国数学家西莫恩·德尼·泊松（Simeon-Denis Poisson）在 1838 年发表。

　　什么是泊松分布？当二项分布的 n 很大而 p 很小时，并且 $np = \mu > 0$ 为常数，泊松分布可作为二项分布的近似，通常当 $n \geqslant 20$，$p \leqslant 0.05$ 时，就可用泊松公式近似地计算。

　　实际上，泊松分布正是由二项分布推导而来的。

　　泊松分布是为解决离散情况下的泊松过程而发明的，什么是离散情况下的泊松过程呢？最经典的例子是排队问题，如在等公交车排队，只有一个队伍，0 时刻是没有人的，来了 1 个人，那么就变成 1 个人了，状态更新为 1，过了段时间又来了 1 个人，就变成 2 个人，状态又更新 1 次，一直这样重复下去。你可以在一个数轴上标上 t_1，t_2，……表示每个人来的时间，分别对应状态 1，2，……

　　泊松过程具有独立增量性，也就是说，第 2 个人来的时间和第 1 个人来的时间之间没有任何关系，而且第 1 个人在 t 时刻来的概率和第 2 个人在 $t_1 + t$ 时刻来的概率相同。就是假定每个状态更新的时间间隔是随机的。

　　从上面的例子归纳，泊松分布问题是：如果知道某事件在某段时间的平均单位时间的概率，求单位时间内发生该事件的次数概率。该事件发生的次数变量用 x 表示，y 就是发生 x 次的概率。这个单位时间是一个相对概念，可以是 1s，也可以是 1min、1h、1d 等。

　　把排队问题换成设备可靠性问题，有一家工厂，在 0 时刻没有设备失效，当过了一段时间出现 1 台设备失效，状态更新为 1，过了一段时间出现第 2 台设备失效，状态又更新为 2，一直这样重复下去，在数轴上 t_1，t_2，……表示每台设备失效的时间，分别对应状态 1，2，……后面设备失效的时间和前面设备失效的时间之间没有关系，而且任何时刻失效的概率是相同的。

　　与二项分布已知设备某一时间点的"成功"或"失败"概率 p 不同，泊松分布对应的是每一个小时间段 (t_i, t_{i+1}) 的概率，并且每个时间段的概率相等为 p_n，当时间段分得很小时，如时间段为单位时间，分为 n 等分，当 $n \to \infty$ 时，$p_n \to p$，单位时间的发生频次为 $np_n = pt = \mu$。

　　泊松分布适合于描述单位时间内随机事件发生的次数。泊松分布的参数 μ 是单位时间（或单位面积）内随机事件的平均发生次数。

　　泊松分布的概率函数为：

$$P(X = x) = \frac{\mu^x}{x!} \mathrm{e}^{-\mu}, \quad x = 0, 1, 2, \cdots \tag{1-47}$$

$$E(X) = \mu \tag{1-48}$$

$$D(X) = \mu \tag{1-49}$$

泊松分布推导如下：

因设 $np_n = \mu > 0$，这里 p_n 表示有限数量 n，当 $n \to \infty$ 时，$p_n \to p$

二项分布

$$
\begin{aligned}
P[X = x] &= C_n^x p_n^x (1 - p_n)^{n-x} = C_n^x \left(\frac{\mu}{n} \right)^x \left(1 - \frac{\mu}{n} \right)^{n-x} \\
&= \frac{n(n-1)\cdots(n-x+1)}{x!} \cdot \left(\frac{\mu}{n} \right)^x \left(1 - \frac{\mu}{n} \right)^{n-x} \\
&= \frac{\mu^x}{x!} \left[1 \cdot \left(1 - \frac{1}{n} \right) \left(1 - \frac{2}{n} \right) \cdots \left(1 - \frac{x-1}{n} \right) \right] \cdot \left(1 - \frac{\mu}{n} \right)^n \left(1 - \frac{\mu}{n} \right)^{-x}
\end{aligned}
$$

对于任意的数 x，

$$\lim_{n \to \infty} \left(1 - \frac{1}{n}\right)\left(1 - \frac{2}{n}\right)\cdots\left(1 - \frac{x-1}{n}\right) = 1$$

$$\lim_{n \to \infty} \left(1 - \frac{\mu}{n}\right)^n = e^{-\mu}$$

$$\lim_{n \to \infty} \left(1 - \frac{\mu}{n}\right)^{-x} = 1$$

因此：$P[X = x] = C_n^x p_n^x (1 - p_n)^{n-x} \approx \frac{\mu^x}{x!} e^{-\mu}$

从上述推导可以看出：泊松分布可作为二项分布的极限而得到。一般来说，若 $X \sim B(n, p)$，$np_n = \mu > 0$ 是常数，其中 n 很大，p 很小，即使 n 不太大，如 $n \geq 20$，$p \leq 0.05$ 时 X 的分布也接近于泊松分布 $P(X)$。这个事实有时可将较难计算的二项分布转化为泊松分布去计算。

为进一步形象地说明泊松分布与二项分布之间的关系，再举一个例子说明如何通过二项分布转变为泊松分布。

例如有一家工厂，需要有很多台同样的设备工作，每台设备每天发生设备失效的概率是随机的，且都相同，这意味着每天都可能会有设备停止运行，设备停止运行就意味着生产的产品少，如果哪一天设备停止运行的数量超过 8 台，将满足不了客户的需求，这家工厂一个星期的设备失效台数见表 1-1。

表 1-1   这家工厂一个星期的设备失效台数

运行天数	第1天	第2天	第3天	第4天	第5天
设备失效台数	3	7	4	6	5

虽然这一个星期没有发生设备失效数超过 8 台，但我们知道这种情况是有可能发生的，那么它的发生概率有多大？

解决这个问题变成在单位时间 T（为 1d），求设备失效数超过 8 台的概率。

我们可以尝试把运行 1d 的时间抽象为 1 根线段，把这段时间用 T 来表示，然后把第 1 天发生失效的 3 台设备的具体时间标注在上面，见图 1-17。

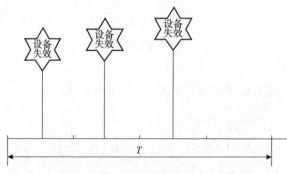

图 1-17   第 1 天发生失效设备示意图

这样把单位时间 T（1d）再均分为 4 个时间段：

此时，在每一个时间段上，或许有 1 台设备失效，或许没有设备失效，就像抛硬币要么是正面(设备失效),要么是反面(设备没有失效)。T 时间(1d)发生 3 台设备失效的概率,就和抛了 4 次硬币(4 个时间段),其中 3 次正面(3 台设备失效)的概率一样。通过二项分布来计算:

$$\binom{4}{3} p_4^3 (1 - p_4)^1$$

但是,如果把第 2 天发生的 7 台设备失效放在线段上,分成 4 段就不够了,见图 1 - 18。

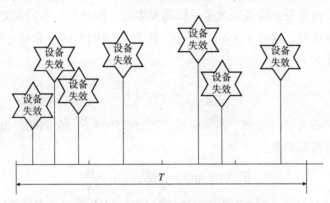

图 1 – 18 第 2 天发生失效设备示意图

从图 1 – 18 可以看到,每个时间段,有发生 3 台设备失效的,有发生 2 台设备失效的,有发生 1 台设备失效的,就不再是单纯的"失效、正常"之间的关系。不能套用二项分布。

解决这个问题也很简单,如果一天最多 7 台设备失效,2 次失效最短的间隔比 1h 长,可以把 T(1d)再分为 24 个时间段,那么每个时间段就又变为抛硬币,每个时间段的概率 p_{24} 见图 1 – 19。

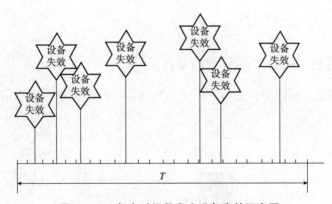

图 1 – 19 每个时间段发生设备失效示意图

这样,T(24h)内有 7 个时间段有设备失效,其他时间段没有发生设备失效即正常,计算在 T(24h)时间内发生 7 台设备失效的概率相当于抛了 24 次硬币,出现 7 次正面的情况概率,仍然可用二项分布:

$$\binom{24}{7} p_{24}^7 (1 - p_{24})^{17}$$

为保证在单位时间 T(该例时间段为 1d)被分割的每个小时间段只会发生"失效、正常",

把时间切成 n 份，每个时间段的概率为 p_n，这时单位时间 T 发生 7 台设备失效的概率为：

$$\binom{n}{7} p_n^7 (1-p_n)^{n-7}$$

越细越好，用极限来表示：

$$\lim_{n \to \infty} \binom{n}{7} p_n^7 (1-p_n)^{n-7}$$

更抽象一点，由于发生设备失效是一瞬间发生的，因此是一个时间点，我们完全可以想象把时间段分得更细，这时 $n \to \infty$，$p_n \to p$，如 $T(24h)$ 时刻内小到每一秒甚至毫秒发生 x 台设备失效的概率为：

$$\lim_{n \to \infty} \binom{n}{x} p^x (1-p)^{n-x}$$

到此问题已被转为泊松分布。如果应用二项分布还剩下一个问题，概率 p 怎么求？

由于泊松分布的期望为：

$$E(X) = np = \mu，那么：p = \frac{\mu}{n}$$

由于在单位时间段内 $(1d)$ 分为 n 个时间段，n 很大，相应的 p 很小，适用于泊松分布。

泊松分布的概率密度函数并没有 p 只有 μ，即：

$$P(X=x) = \frac{\mu^x}{x!} e^{-\mu}，\quad x = 0，1，2，\cdots$$

虽然不知道 p（注意 p 表示在任何时刻单台设备发生故障的概率），没关系，计算前一个星期设备失效台数的均值。

均值为：$\overline{X} = \dfrac{3+7+4+6+5}{5} = 5$

可以用它来近似：$\overline{X} = \mu$，于是：$P(X=x) = \dfrac{5^x}{x!} e^{-5}$

可以分别计算出 $x = 1，2，3，4，5，6，7，8，\cdots$ 时的概率，概率密度函数的曲线见图 1-20。

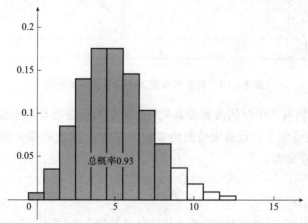

图 1-20　概率密度函数的曲线

图1-20横轴 x 为该时间段(该例为每天)的设备失效数量(台数),纵轴为与设备失效台数对应的概率。从图中可以看到,每天出现5台设备失效概率最高,而出现小于5台和大于5台的设备失效的概率曲线呈钟形分布,分布靠左倾斜。我们关心的是超过8台设备失效的可能性即总概率是多少,这样可以计算出现1~8台设备失效的可能性为分别出现1~8台设备失效的概率相加,它们加起来为93%。即出现8台以上设备失效概率的可能性为1-93%=7%。这意味着有7%的可能性供应出现问题。我们认为7%的可能性应该可以接受,偶尔出现缺货会促进销售。

注意:二项分布的参数 n 表示实验次数。而泊松分布中时间 T 并未显示在分布函数中。可以把 T 时间分解成 n 小段,这时 n 可与二项分布中的 n 相对应。每一个时间段发生"正常或失效的事件"的概率相同。泊松分布可以计算 n 个时间段的总体时间内,发生 x 次成功或失败事件的概率。

在可靠性工程中,当设备、元件或系统的失效率为常数时,便出现上述泊松分布情况。若 λ 为失效率, t 为时间,用 λt 代替 np 则 λt 仍然代表失效数。在此情况下理解时, λ 与伯努利实验的每次成功概率 p 相对应, t 与实验次数 n 相对应,在此由于 $np=\mu$ 为常数, λt 仍然为常数,即为使系统失效率不变,必须使工作元件数不变。如有一个元件失效,必须修复,使它恢复到原来的状态,或者用相同元件替换。系统的这种工作方法叫作后备冗余法。泊松分布可用来计算后备冗余系统的可靠度。

泊松分布的各项直接对应于二项分布当 n 为无穷大时的相应各项,泊松分布为:

$$e^{-\mu}+\frac{\mu e^{-\mu}}{1!}+\frac{\mu^2 e^{-\mu}}{2!}+\cdots+\frac{\mu^x e^{-\mu}}{x!}+\cdots=1 \tag{1-50}$$

将 λt 代替 μ 则得:

$$e^{-\lambda t}+\frac{\lambda t e^{-\lambda t}}{1!}+\frac{(\lambda t)^2 e^{-\lambda t}}{2!}+\cdots+\frac{(\lambda t)^x e^{-\lambda t}}{x!}+\cdots=1 \tag{1-51}$$

式(1-51)中每一项是指 t 次实验中,出现 x 次失效的概率。其第一项 $e^{-\lambda t}$ 表示不发生元件失效($x=0$)的概率;第二项是只有一个元件失效($x=1$)的概率,且展开式有无限多项。但一个系统可修复或替换的元件数是有限的,故用展开式中的有限个项就可以确定系统成功的概率。例如,某系统有1个元件工作及4个元件作它的储备,当工作元件失效时储备元件中的一个立即顶替上去。这样,只要该元件的失效不多于4次,系统便成功。因此,泊松展开式前5项分别表示无元件失效,有1个、2个、3个、4个元件失效的概率,因此这5项之和就是本例所述系统 (1个工作元件及4个储备元件)成功的概率。

下面再举例说明用泊松分布计算 T 时间段扩展到 n 段的例子。

某设备有一个失效概率为 $\lambda=p=0.1\times10^{-4}/h$ 的零件,今有2个零件的备件,若想让这台设备运行50000h,求成功的概率是多少?

因 $\lambda=p=0.1\times10^{-4}/h$ 很小,而 $n=50000h$ 又很大,故可以采用泊松分布, $\mu=np=0.1\times10^{-4}/h\times50000h=0.5$ 。

则 $P[X=x\leqslant1]=e^{-\mu}(1+\mu)=e^{-0.5}(1+0.5)=0.9098$

$$P[X=x\leqslant2]=e^{-\mu}\left(1+\mu+\frac{\mu^2}{2!}\right)=e^{-0.5}\left(1+0.5+\frac{(0.5)^2}{2!}\right)=0.9856$$

故这台设备准备2个备件可以运行50000h的概率为98.56%。或者该台设备有

98.56%的可能性运行到50000h要检修2次更换备件。而更换1次备件的概率为90.98%。

除上述典型离散型随机变量概率分布外，还有几种常用的离散型分布。如几何分布、超几何分布、正态分布，其中正态分布既是离散型分布也是连续型分布。

（2）连续型变量的分布

在实践中，经常出现在一定区间内可以任意取值的变量，其数值是连续不断的，相邻两个数值可作无限分割，即可取无限个数值。这个随机变量就称为连续型随机变量。其对应的概率分布是连续变量的概率分布。比如，某工厂设备运行15min发生失效的概率服从某种分布，某台设备运行时间x是个变量参数，x的取值范围为（0，15），它是1个区间。从理论上说，在这个区间内可取任一实数3min、5min 7ms、$7\sqrt{2}$min，在这15min的时间轴上任取一点，设备都可能是失效时间，因而称这个随机变量是连续型随机变量。

以寿命t为变量的可靠性概率分布讨论中，t是连续型变量，失效概率密度函数$f(t)$是连续型随机变量分布函数。纯数学讨论中t用更一般的变量x表示。典型的连续型随机变量概率分布有正态分布，t分布（学生分布）等。

①正态分布

正态分布，也称为"常态分布"，又名高斯分布。正态分布是一切随机现象分布中最常见和应用最广泛的一种分布，可用来描述许多自然现象和各种物理性能。例如，机械制造中的加工误差、测量误差、打靶时的射击误差，同龄男女的身高等自然物理性能有很多非常近似于正态分布。

若随机变量X服从1个位置参数为μ、尺度参数为σ的概率分布，且其概率密度函数为：

$$f(x) = \frac{1}{\sigma\sqrt{2\pi}}\exp\left[-\frac{(x-\mu)^2}{2\sigma^2}\right] \quad -\infty < x < +\infty \quad (1-52)$$

则这个随机变量就称为正态随机变量，正态随机变量服从的分布就称为正态分布，记作$X \sim N(\mu, \sigma^2)$，读作X服从$X \sim N(\mu, \sigma^2)$的正态分布。σ与μ为2个参数，σ为母体标准差，是对分散性的度量；μ为母体中心倾向尺度，是随机变量的均值，是对中心趋势或中点的度量。当$\sigma=1$，$\mu=0$时，正态分布就成为标准正态分布。

正态分布概率密度函数曲线见图1-21。

正态分布中随机变量的均值和标准差可由样本值估计：

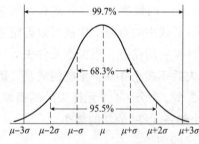

图1-21 正态分布概率密度曲线

$$\mu = \bar{x} = \frac{1}{n}\sum_{i=1}^{n} x_i \quad (1-53)$$

$$\sigma = \sqrt{\frac{\sum_{i=1}^{n}(x_i - \mu)^2}{n-1}} \quad (1-54)$$

如果对有随机变量X的分布函数，存在非负的函数$F(x)$，使对于任意实数x有：

$$F(x) = P\{X \leqslant x\} = \int_{-\infty}^{x} f(x)\mathrm{d}x \quad (1-55)$$

则称 X 为连续型随机变量，而函数 $f(x)$ 称为 X 的概率密度函数，简称概率密度。

由式(1–55)可知，连续型随机变量的分布函数 $F(x)$ 是连续函数。则根据前面介绍的，它与可靠性的关系是可靠性 $R(x) = 1 - F(x)$，连续型正态分布的分布函数或概率密度为：

$$F(X) = P(X \leqslant x) = \int_{-\infty}^{x} \frac{1}{\sigma\sqrt{2\pi}} \exp\left[-\frac{(x-\mu)^2}{2\sigma^2}\right] \mathrm{d}x \qquad (1-56)$$

从图 1–21 可以看到，正态分布概率密度函数 $f(x)$ 是一条钟形对称曲线，正态 $f(x)$ 曲线之下的面积等于 1。其中

$$P[\mu - \sigma \leqslant x \leqslant \mu + \sigma] = 68.3\%$$
$$P[\mu - 2\sigma \leqslant x \leqslant \mu + 2\sigma] = 95.5\%$$
$$P[\mu - 3\sigma \leqslant x \leqslant \mu + 3\sigma] = 99.7\%$$

其分布形状和特性因 μ 和 σ 的变化而变化。图 1–22 所示为 μ 和 σ 变化对正态分布的影响。当 σ 为定值，μ 的变化引起分布沿 x 轴平行移动；当 μ 为定值，σ 的变化引起分布沿 $f(x)$ 轴上下变化，呈扁平或尖峭形状。

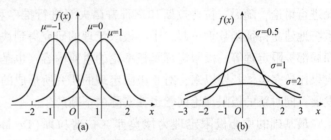

图 1–22　正态分布随参数变化曲线

在可靠性寿命分布统计中，x 轴为寿命时间 t，μ 表示平均寿命 MTBF 或 MTTF。

正态分布有极其广泛的实际背景，生产与科学实验中很多随机变量的概率分布都可近似地用正态分布来描述。例如，在生产条件不变的情况下，产品的强力、抗压强度、口径、长度等指标；同一种生物体的身长、体重等指标；同一种种子的质量；测量同一物体的误差；弹着点沿某一方向的偏差；某个地区的年降水量；以及理想气体分子的速度分量，等等。一般来说，如果一个量是由许多微小的独立随机因素影响的结果，那么就可认为这个量具有正态分布(见中心极限定理)。这里内含两个条件：一是变量是随机变量；二是每一个变量对总体的影响是微小的，即没有一个随机变量是占主导地位的，这样的随机变量组合才可以形成正态分布。

在设备可靠性应用中如何理解正态分布，举一个例子，某温度下某设备结构材料的疲劳实验发生断裂时，在相同应力强度下，试件断裂时间概率密度呈现在某平均运行时间内的正态分布。这说明影响断裂的因素非常多，如材料的均匀性、材质含量、热处理过程、冶炼方法、锻造过程、制样过程、加工偏差等。每一个因素都是随机变量，每一个因素都不能对总体有很大的影响。因此，该部件结构的疲劳实验平均断裂时间概率密度分布呈现正态分布。如果该部件的失效模式主导整个设备的故障模式，那么该设备失效率的概率密度分布也为正态分布。

之所以要提及正态分布，是因为正态分布与二项分布和泊松分布相比应用范围更广泛，像二项分布在 p 很小，n 很大时近似泊松分布一样，当 n 充分大时，二项分布可用正态分布来近似。论证的理论为中心极限定理。

②中心极限定理

中心极限定理(Central limit theorem)又称大样本定理，它证明当样本容量 n 足够大，无论总体是什么分布，样本平均数将趋于正态分布，这组定理是数理统计学和误差分析的理论基础，指出了大量随机变量积累分布函数逐点收敛到正态分布的积累分布函数的条件。它是概率论中最重要的一类定理，工程实践中，总体分布情况是未知的，因此这一定理的应用非常广泛。

在自然界与生产中，一些现象受到许多相互独立的随机因素的影响，如果每个因素所产生的影响都很微小时，总的影响可看作是服从正态分布的。中心极限定理就是从数学上证明了这一现象。

最早的中心极限定理是讨论 n 重伯努利实验中，事件 A 出现的次数渐近于正态分布的问题。1716 年前后，棣莫弗对 n 重伯努利实验中每次实验事件 A 出现的概率为 1/2 的情况进行讨论，随后，拉普拉斯和李雅普诺夫等进行推广和改进。自莱维在 1919—1925 年系统地建立特征函数理论起，中心极限定理的研究得到快速发展，先后产生普遍极限定理和局部极限定理等。极限定理是概率论的重要内容，也是数理统计学的基石之一，其理论成果比较完美。长期以来，对于极限定理的研究所形成的概率论分析方法，影响概率论的发展。同时新的极限理论问题也在实际中不断产生。

最基础的中心极限定理为棣莫弗 – 拉普拉斯(De Movire – Laplace)定理，即服从二项分布的随机变量序列的中心极限定理。它指出，参数为 n、p 的二项分布以 np 为均值、$np(1-p)$ 为方差的正态分布为极限。在高斯发现这个之初，也许人们还只能从其理论的简化上来评价其优越性，其全部影响还未充分看出来。20 世纪正态小样本理论充分发展起来以后。拉普拉斯很快得知高斯的工作，并马上将其与他发现的中心极限定理联系起来。为此，他在发表的一篇文章(发表于 1810 年)中加上一点补充，指出如若误差可看作许多量的叠加，根据他的中心极限定理，误差理应有高斯分布。这是历史上第一次提到所谓"元误差学说"——误差是由大量的、由种种原因产生的元误差叠加而成。到 1837 年，海根在一篇论文中正式提出这个学说。

由于中心极限理论使二项分布、泊松分布与正态分布联系在一起。但它们的应用都是在 n 很大的情况下，在实际应用中 n 是有限的，如何在 n 有限的情况下扩展其应用是摆在人们面前的一个课题。解决这一问题要归功于小样本理论的发现。

③小样本理论

小样本理论(Small sample theory)也称精确样本理论，它研究样本容量固定时，各种统计量的性质及由此进行的统计推断。当样本容量 $n < 50$ 时，构造统计量一般不能借助于大样本理论。这时，统计量的分布为与正态分布不同的新分布 t 分布。

小样本理论(精确样本理论)最早的例子是由英国统计学家和化学家戈塞特于 1908 年提出的，由英国统计学家和遗传学家费希尔命名为 t 分布。戈塞特 1908 年导出了 t 分布——正态总体下 t 统计量的精确分布，开创了小样本理论的先河。戈塞特早先在牛津温切斯特及新学院学习数学和化学，成绩优秀，后来到都柏林市一家酿酒公司担任酿造化学技师。戈塞特在酿酒公司工作中发现，供酿酒的每批麦子质量相差很大，而同一批麦子中能抽样供实验的麦子又很少，每批样本在不同的温度下做实验，其结果相差很大。这样一来，实际上取得的麦子样本，不可能是大样本，只能是小样本。可是，从小样本来分析数据是否可靠? 误差有多大? 小样本理论就是在这样的背景下应运而生的。1908 年，戈塞特以学生为笔名在《生物计量学》杂志发表论文《平均数的规律误差》，这篇论文开创了小样本统计理论的先河，为研究样本分布理论奠定了重要基础，被统计学家誉为统计推断理论发展史上的里程碑。戈塞特的这项成果，不仅不再依靠近似计算，而且能用所谓的小样本进行推断，并且成为使统计学的对象由集团现象转变为随机现象的转机。

(3) t 分布(学生分布)

在概率论和统计学中，t 分布用于根据小样本来估计呈正态分布且方差未知的总体的均值。如果总体方差已知(如在样本数量足够多时)，则应该用正态分布来估计总体均值。在概率论和统计学中，t 分布经常应用在对呈正态分布的总体的均值进行估计。当母群体的标准差是未知的但又需要估计时，可以运用 t 分布。

定义

设 X、Y 为相互独立的随机变量，且 $X \sim N(0, 1)$，$Y \sim \chi^2(n)$(自由度为 n 的卡方分布)，则随机变量:

$$T = \frac{X}{\sqrt{Y/n}} \tag{1-57}$$

的分布称为自由度为 n 的 t 分布。

t 分布的概率密度函数为:

$$f(x) = \frac{\Gamma\left(\frac{n+1}{2}\right)}{\sqrt{n\pi}\,\Gamma\left(\frac{n}{2}\right)} \cdot \left(1 + \frac{x^2}{n}\right)^{-\left(\frac{n+1}{2}\right)} \begin{pmatrix} -\infty < x < +\infty \\ n = 1, 2, \cdots \end{pmatrix} \tag{1-58}$$

式中，$\Gamma(x)$ 为伽马函数。

t 分布曲线形态与 n 确切地说与自由度 $\mathrm{d}f = (n-1)$ 的大小有关。自由度，即能自由选择数值的个数。因为有一总体参数(总体方差)是未知的，需要在样本平均数估计的基础上做第二次估计，由此失去一个自由度。与标准正态分布曲线相比，自由度 $\mathrm{d}f$ 越小，t 分布曲线越平坦，曲线中间越低，曲线双侧尾部翘得越高;自由度 $\mathrm{d}f$ 越大，t 分布曲线越接近正态分布曲线，当自由度 $\mathrm{d}f \to \infty$ 时，t 分布曲线为标准正态分布曲线，见图 1-23。

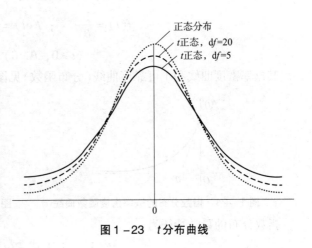

图 1-23　t 分布曲线

(4) 指数分布

在概率论和统计学中，指数分布(Exponential distribution)是一种连续概率分布。指数分布可以用来表示独立随机事件发生的时间间隔，如旅客进机场的时间间隔等。大多电子产品的寿命分布一般服从指数分布。它在可靠性研究中是最常用的一种分布形式。产品的失效是偶然失效时，即失效率与时间 t 无关，其寿命服从指数分布。

指数分布应用广泛，在日本的工业标准和美国军用标准中，半导体器件的抽验方案都是采用指数分布。此外，指数分布还用来描述大型复杂系统(如计算机)的平均故障间隔时间 MTBF 的失效分布。但是，由于指数分布具有缺乏"记忆"的特性。因而限制了其在机械可靠性研究中的应用。缺乏"记忆"，是指某种产品或零件经过一段时间 t_0 的工作后，仍然如同新的产品一样，不影响以后的工作寿命值，或者经过一段时间 t_0 的工作后，该产品的寿命分布与原来还未工作时的寿命分布相同。显然，指数分布的这种特性，与机械零件的疲劳、磨损、腐蚀、蠕变等损伤过程的实际情况不相符，它违背了产品损伤累积和老化这一过程。所以，指数分布不能作为机械零件功能参数的分布形式。

指数分布虽然不能作为机械零件功能参数的分布规律，但是，它可近似地作为高可靠性的复杂部件、机器或系统的失效分布模型，或者说它能对设备生命周期内平稳运行时间段即可靠性不变期间设备可靠性进行描述。特别是在机器的整机实验中得到广泛应用。

指数分布的定义

若 X 是一个非负的随机变量，且有密度函数(概率密度函数)为：

$$f(x) = \begin{cases} \lambda e^{-\lambda x} & (x \geq 0 ; \quad \lambda > 0) \\ 0 & (x < 0) \end{cases} \tag{1-59}$$

则称 X 服从参数为 λ 的指数分布，记为 $e(\lambda)$，式中 λ 为常数，是指数分布的失效率。

指数分布的分布函数(积累分布函数)

$$F(x) = 1 - e^{-\lambda x}, \ x \geq 0 \tag{1-60}$$

指数分布的参数 $\lambda > 0$，其倒数 $1/\lambda$ 是指数分布随机变量的均值。

对于设备寿命问题，若用 θ 表示平均寿命 $(\theta = 1/\lambda)$，用 t 表示失效时间随机变量，指数分布的概率密度和累积分布函数可分别表达为：

$$f(t) = \frac{1}{\theta} e^{-t/\theta} ; \ F(t) = 1 - e^{-t/\theta}$$

$$(t \geq 0 ; \ \theta \geq 0) \tag{1-61}$$

其概率密度曲线和不可靠度曲线(分布函数)见图 1-24、图 1-25。

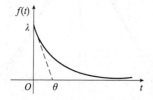

图 1-24　指数分布的概率密度函数曲线　　图 1-25　指数分布的不可靠度曲线

指数分布的数学特征为：

$$E(X) = 1/\lambda \ 或 \ E(t) = \theta \tag{1-62}$$

$$D(X) = 1/\lambda^2 \ 或 \ D(t) = \theta^2 \tag{1-63}$$

指数分布的失效率为常数，即

$$\lambda(t) = \frac{f(t)}{1 - F(t)} = \frac{\frac{1}{\theta} e^{-t/\theta}}{e^{-t/\theta}} = \frac{1}{\theta} = \lambda \tag{1-64}$$

指数分布的可靠度函数为：

$$R(x) = \mathrm{e}^{-t/\theta} = \mathrm{e}^{-\lambda t} \tag{1-65}$$

式（1-65）与泊松展开式（1-51）的第一项完全相同，这说明若某设备在一定时间内的失效数服从泊松分布，那么不发生失效的泊松分布函数 $P(k=0) = 1 - \mathrm{e}^{-\lambda t}$ 即泊松展开式的第一项与指数分布完全一致。这意味着如果某设备的失效服从泊松分布，则它们不失效即可靠的工作寿命一定服从指数分布。

泊松分布表明在一定的时间内发生多少次偶然失效的离散分布，即横轴是发生事故数 1，2，3……的离散量。而指数分布横轴是时间 t，则表示到何时为止不发生失效的时间分布（连续分布）。或者说若某设备在一定时间内的失效数服从泊松分布，则该设备的寿命服从指数分布。若产品的寿命服从指数分布，则其失效率为常数。

指数分布的一个重要性质是无记忆性，可表达为：

$$P(\{T > t_0 + t\} \mid \{T > t\}) = P(T > t) = \mathrm{e}^{-\lambda t} \tag{1-66}$$

即设备的寿命如果服从指数分布，若它已工作 t_0 时间，则它再工作 t 时间的概率与已工作过的时间 t_0 的长度无关。

在此经常容易混淆：想象日常生活中的电子产品，用了 10 年之后还能有和新的一样的预期寿命吗？其实这是人们经常出现的误区，将条件概率与概率混淆了，指数分布的无记忆性是指在运行时间 t_0 这个前提条件下、再运行 t 时间的概率即可能性，而不是说运行到 t 时间或运行到 $t_0 + t$ 时间的概率。假如人的寿命分布是指数分布（人的寿命服从正态分布，用人的寿命举例便于理解），问当人活到 60 岁时再活 5 年的概率，如果把人的寿命换成设备的寿命，（设备的寿命有很多是指数分布）也是一样的。这里 60 年是相对于设备已运行 t_0，是前提条件，再活 5 年是 t，显然再活 5 年的可能性（概率）$\mathrm{e}^{-\lambda 5}$ 比活到 65 岁（$t_0 + t$）的可能性 $\mathrm{e}^{-\lambda 65}$ 要高得多，这是两个不同的概念。指数分布的无记忆性是指在运行一定的时间后，再运行时间的概率与前面运行的时间无关。

（5）韦布尔分布

与其他分布发现相比，韦布尔分布的发现相对较晚，与现代科学应用密切关联。1927 年，Fréchet 首先给出这一分布的定义。1933 年，Rosin 和 Rammler 在研究碎末的分布时，第一次应用韦布尔分布。1951 年，瑞典工程师、数学家韦布尔在分析材料强度及链条强度时推导并详细解释了这一分布，于是，该分布以他的名字命名为韦布尔分布。

韦布尔分布有三参数和两参数两种形式。

若 X 是一个非负的随机变量，且有密度函数为：

$$f(x) = \begin{cases} \dfrac{m}{\gamma}\left(\dfrac{x-\gamma}{\eta}\right)^{m-1} \exp\left[-\left(\dfrac{x-\gamma}{\eta}\right)^{m}\right] & \text{当} \quad x \geqslant \gamma \\[2mm] & m,\ \eta > 0 \\[2mm] 0 & \text{当} \quad x < \gamma \end{cases} \tag{1-67}$$

则称 X 服从三参数为 $(m,\ \eta,\ \gamma)$ 的韦布尔分布，并记为 $X \sim W(m,\ \eta,\ \gamma;\ x)$。其中：$m$ 为"形状参数"；η 为"尺寸参数"；γ 为"位置参数"。

三参数韦布尔分布的累积分布函数为：

$$F(x) = 1 - \exp\left[-\left(\dfrac{x-\gamma}{\eta}\right)^{m}\right] \quad x \geqslant \gamma \tag{1-68}$$

如果将代表强度或其他特性的 x 换作代表时间的 t，则三参数韦布尔分布的概率密度函数为：

$$f(t) = \begin{cases} \dfrac{m}{\gamma}\left(\dfrac{t-\gamma}{\eta}\right)^{m-1} \exp\left[-\left(\dfrac{t-\gamma}{\eta}\right)^m\right] & \text{当 } t \geq \gamma \\ & m, \ \eta > 0 \\ 0 & \text{当 } t < \gamma \end{cases} \qquad (1-69)$$

相应的累积分布函数为：

$$F(T) = 1 - \exp\left[-\left(\dfrac{t-\gamma}{\eta}\right)^m\right] \quad t \geq \gamma \qquad (1-70)$$

式中，m 为形状参数的大小，决定了韦布尔分布概率密度函数曲线的形状。图 1-26 所示为 $\eta = 1$，$\gamma = 0$，不同 m 值韦布尔分布曲线。

当 $m > 1$ 时，其相应的密度函数曲线均呈单峰性，且随着 m 值增加而升高，当 m 值在 3~5 的范围时，与正态分布的形状很相似；随着 m 减小峰值高度逐渐降低。当 $m = 1$ 时，三参数韦布尔分布的概率密度函数则变成两参数指数分布的密度函数。这时图

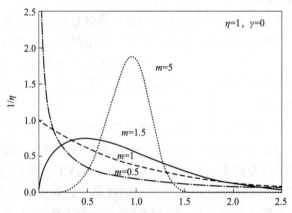

图 1-26　不同参数的韦布尔分布密度函数曲线

中的相应曲线则是指数分布的概率密度曲线，该曲线在 $t = \gamma$ 处的垂线相交，交点处的纵坐标为 $1/\eta$。此时，$1/\eta$ 就是指数分布的失效率。当 $m < 1$ 时，密度函数曲线与在 $t = \gamma$ 处的垂线不相交，而是与它近似。

位置参数 γ 的大小反映概率密度函数曲线的起始点的位置在横坐标轴上的变化，因此，γ 又称为"起始参数"或"转移参数"。在可靠性分析中，γ 具有极限值（如疲劳极限、寿命极限等）的含义，表示产品在 $t = \gamma$ 以前不会失效，在其以后才会发生失效。因此，γ 也称为最小保证寿命，也就是保证 $t = \gamma$ 以前不会失效。当 $\gamma > 0$ 时，则曲线的"起点"就在 $+t$ 区，如 $\gamma = 1$，即曲线的起点在 $t = 1$ 处；当 $\gamma = 0$ 时，则失效概率密度函数曲线的"起点"就在 $t = 0$ 处即在纵坐标轴上；当 $\gamma < 0$ 时，则曲线"起点"移至 $-t$ 值区。

尺寸参数 η 只是坐标标尺定的刻度不同所带来的图形差别，而对韦布尔分布的概率密封函数曲线形状不起主要作用。

韦布尔分布的样本均值为：

$$E(X) = \gamma + \eta \Gamma\left(1 + \dfrac{1}{m}\right) \qquad (1-71)$$

方差为：

$$D(X) = \eta^2 \left[\Gamma\left(1 + \dfrac{2}{m}\right) - \Gamma^2\left(1 + \dfrac{1}{m}\right)\right] \qquad (1-72)$$

韦布尔分布的可靠度函数：

$$R(t) = 1 - F(t) = \exp\left[-\left(\dfrac{t-\gamma}{\eta}\right)^m\right] \qquad t \geq \gamma \qquad (1-73)$$

韦布尔分布的失效率函数：

$$\lambda(t) = \frac{f(t)}{R(t)} = \frac{m}{\eta} \left(\frac{t-\gamma}{\eta} \right)^{m-1} t \geq \gamma \qquad (1-74)$$

$\gamma = 0$，η 为定值，不同 m 值的曲线见图 1-27。

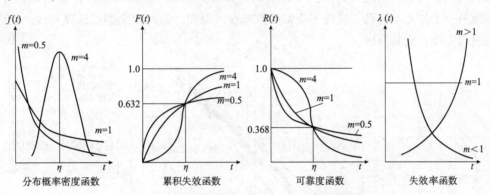

图 1-27　不同参数统计量韦布尔分布比较曲线

由于韦布尔分布对各种类型的实验数据拟合的能力强，如指数分布、正态分布都是它的特例，因此它的使用范围广泛。韦布尔分布在可靠性工程中被广泛应用，尤其适用于机电类产品的磨损累计失效的分布形式。由于它可以利用概率值很容易地推断出它的分布参数，被广泛应用于各种寿命实验的数据处理。

除上述介绍的最经常用的分布外，还有对数正态分布、伽马分布、F 分布、卡方分布 χ^2 等。

1.5.4　可靠性实验寿命统计推断

失效分布的类型多种多样，上节介绍了可靠性理论中最常用的几种概率分布。分布类型与设备的失效机理、失效形式等有关。可通过可靠性实验，收集可靠性实验数据，对数据进行统计分析，若推出失效分布函数，则相应的可靠性函数、失效率函数及各种寿命特征值均可求得。推断出寿命分布符合哪种分布函数的过程叫作统计推断。推断的方法有图解法和数值分析法，参数的估计有点估计和区间估计。

1.5.4.1　统计推断的图分析法

图分析法是统计推断最简单直观的方法，它是在概率纸上进行的，故又称为"概率分布的概率纸检验"。概率纸是一种有专门标度的坐标纸，不同的分布有不同的标度，因此有不同的概率纸，图分析法必须根据实验性质、失效机理等假定某种分布类型，将实验测量、观察所得到的数据值在该种分布用的概率纸上绘出点，这些点基本在一条直线上（图 1-28）。也就是说，如果该数据服从某种分布，可根据该数据点在该种概率纸上是否可连成一条直线来加以检验。分布参数的不同反映在直线位置和斜率不同上。这种图分析法，不仅可以检验分布类型和进行参数估计，而且也可从中得到有关的可靠性指标。图分析法直观易懂，简便易行，但分析精度不高。

用图分析法时要注意该直线即为各数据的分布线（或称拟合直线，回归直线）。这时应注意使直线尽量靠近数据点，且使各数据点交错地落在直线的两侧，而两侧数据点的数目大致相等。概率纸不仅可用于检验分布类型，而且可用于检验实验结果是否正常。例如，判断已知数据点属于某种概率分布，但这些点在该种分布的概率纸上的连线并不近似地呈一条直线，出现这种情况的原因，可能是该项实验不正常，或出现复合分布或混合分布。概率纸另一个作用是有助于发现不正常的数据点。例如，当发现个别点远离直线，就应当对其进行复查，究其原因。

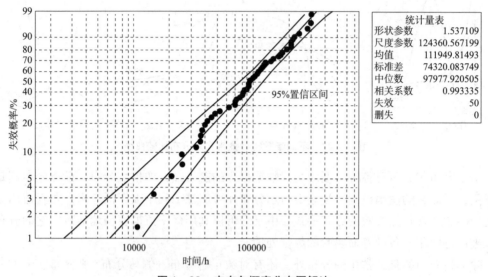

图1-28　韦布尔概率分布图解法

1.5.4.2　概率分布的数值分析法

数值分析法是用实验数据的观测值作为子样直接计算估计出总体分布的特性参数及其偏差的方法。

数值分析方法有两方面内容：参数估计和假设检验。用实际生产和科学实验中的示例来理解参数估计和假设检验。大量的问题是在获得一批数据后，要对母体的某一参数进行估计和检验，这就是参数估计。例如，对一批设备进行寿命实验，取得一批数据，要求出这批设备寿命的平均值，或这批设备的寿命分布情况，即分布参数和离散程度，这就是参数估计的问题。又如，经过长期的积累，知道某批设备的平均值和标准差，经改进后，又测得一批数据，试问新改进设备与老设备相比是否寿命有显著差异，这就是假设检验的问题。可以看出，参数估计是假设检验的第一步，没有参数估计，也就无法完成假设检验。

（1）参数估计

参数估计，是指用样本中的数据估计总体分布的某个或某几个参数，如给定一定容量的样本，要求估计总体的均值、方差等。参数估计分为两种：一种是点估计；另一种是区间估计。

①参数的点估计

点估计是依据样本估计总体分布中所含的未知参数或未知参数的函数，通常它们是总体的某个特征值，如数学期望、方差和相关系数等。点估计问题就是要构造一个只依赖于样本的量，作为未知参数或未知参数的函数的估计值。例如，设一批产品的废品率为 θ。为估计 θ，从这批产品中随机地抽出 n 个做检查，以 X 记其中的废品个数，用 X/n 估计 θ，这就是一个点估计。在设备可靠性分布参数的点估计中经常应用矩估计法和最大似然估计法。

a. 矩估计法。用样本矩估计总体矩，如用样本均值估计总体均值。

b. 最大似然估计法。于 1912 年由英国统计学家费希尔提出，利用样本分布密度构造似然函数来求出参数的最大似然估计。

这些方法理论证明虽然复杂，但从下面几个典型参数估计的结论可看出应用起来却十分简单。

矩估计法子样的均值与最大似然估计法、泊松分布和正态均值计算公式相同，都是

$$\hat{\mu} = \frac{1}{n}\sum_{i=1}^{n} x_i = \bar{x} \tag{1-75}$$

而正态分布母体的方差 σ^2 的最大似然估计值 $\hat{\sigma}^2$ 与样本方差 s^2 不同，其差别与子样容量 n 有关，当 n 小时差别很大，当 n 很大时差别很小。公式为：

$$\hat{\sigma}^2 = \frac{1}{n}\sum_{i=1}^{n}(x_i - \bar{x})^2 = \frac{n-1}{n}s^2 \tag{1-76}$$

对指数分布母体参数失效率 λ 的最大似然估计

$$\hat{\lambda} = \frac{n}{\sum_{i=1}^{n} x_i} = \frac{1}{\bar{x}} \tag{1-77}$$

$\bar{x}$ 为子样的观测平均值。

②参数的区间估计

除了点估计外，还有一种估计是区间估计。1934 年，由统计学家奈曼所创立的一种严格的区间估计理论。置信系数是这个理论中最为基本的概念。区间估计是依据抽取的样本，根据一定的正确度与精确度的要求，构造出适当的区间作为总体分布的未知参数或参数的函数的真值所在范围的估计。例如，人们常说的有百分之多少的把握保证某值在某个范围内，即是区间估计的最简单应用。

上面介绍的点估计法是用构造的样本函数 $g(X_1, X_2, \cdots, X_n)$ 对母体的未知参数 θ 进行估计，通过实验取得样本的观测值 $x_1, x_2, \cdots, x_n$ 得到母体未知参数 θ 的一个估计值 $\hat{\theta} = g(x_1, x_2, \cdots, x_n)$，由于 $\hat{\theta}$ 是随机变量，必然会有误差存在。但因 θ 未知，点估计法本身不能给出误差值 $|\hat{\theta} - \theta|$。区间估计法则能得到包含母体未知参数 θ 的一个随机区间，还可以给定这个区间包含未知参数 θ 的可靠程度。

如果这个区间是 (θ_L, θ_U)，则 θ_L、θ_U 称为置信限(Confidence limits)，θ_L 是区间的下界限，θ_U 是区间的上界限，它们均为子样 $X_1, X_2, \cdots, X_n$ 的函数，而与未知参数 θ 无关。而且只要这个区间 (θ_L, θ_U) 包含未知参数 θ 的概率达到给定值 $(1-\alpha)$ 时，就用 (θ_L, θ_U) 作为参数 θ 的一个估计，并称为置信区间估计或区间估计。

下面给出置信度和置信区间的定义：

设母体 X 的分布含有未知参数 θ，若由母体子样 $X_1, X_2, \cdots, X_n$ 所确定的统计量 θ_L

$(X_1, X_2, \cdots, X_n)$ 及 $\theta_U(X_1, X_2, \cdots, X_n)$ 对于给定的 $\alpha(0 < \alpha < 1)$ 满足式

$$P\{\theta_L < \theta < \theta_U\} = 1 - \alpha \qquad (1-78)$$

时，则称 $(1 - \alpha)$ 为置信度（Confidence Coefficient）、置信概率或置信水平（Confidence Level，CL），称 (θ_L, θ_U) 为参数 θ 在置信度为 $(1 - \alpha)$ 时的置信区间；θ_U 称为置信上限；θ_L 称为置信下限。α 称为显著性水平或风险度、风险率，代表参数 θ 位于置信区间 (θ_L, θ_U) 之外的概率。

由式 $(1-78)$ 可知，具有置信上、下限的置信区间，称为双侧置信区间，这时的估计方法称为双侧（或双边）估计法。置信度 $(1 - \alpha)$ 是事先给定的，若希望得到的置信区间 (θ_L, θ_U) 包含未知参数真值 θ 的可靠程度越高，则给定的 $(1 - \alpha)$ 值就越大，但这将导致置信区间过宽，使 θ 的估计精度降低；反之，如果取 $(1 - \alpha)$ 值过小，将导致置信区间过窄，而使 (θ_L, θ_U) 包含未知参数真值 θ 的概率变小，通常取 $(1 - \alpha)$ 为 0.90，0.95，0.975 或更大些。

区间估计的关键在于怎样用给定的 $(1 - \alpha)$ 值求得置信上、下限 θ_U、θ_L。但按式 $(1-78)$ 难以解决这个问题，因为在该式中未知参数 θ 的真值不是随机变量而是一个定值，没有相应的分布还是确定不了 θ_U、θ_L 的，解决的方法是从抽样分布中找到一个包含待估参数的样本函数 U（又称为统计量，如对正态母体未知参数的区间估计，标准化样本函数 $U = Z = \dfrac{\overline{X} - \mu}{\sigma/\sqrt{n}}$），根据 U 的分布，由给定的 $(1 - \alpha)$ 值查出 μ_1、μ_2 两个量，使满足：

$$P\{\mu_1 < U < \mu_2\} = 1 - \alpha$$

并按下式选取上侧分位数 μ_2 和下侧分位数 μ_1：

$$P\{U > \mu_1\} = \frac{\alpha}{2} \qquad (1-79)$$

$$P\{U < \mu_2\} = \frac{\alpha}{2} \qquad (1-80)$$

如果 U 的概率密度函数 $f(\mu)$ 对称于纵轴，见图 $1-29$。

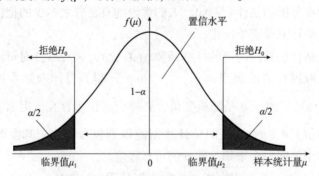

图 $1-29$　正态分布的置信区间和置信度

则有 $\mu_1 = -\mu_2$，这时可将 μ_2 记为 $\mu_{\alpha/2}$，因此有关系式：

$$P\{U > \mu_{\alpha/2}\} = \frac{\alpha}{2} \qquad (1-81)$$

这时 $\mu_1 = -\mu_{\alpha/2}$。

如果 $f(\mu)$ 非对称于纵轴，则记为 $\mu_1 = -\mu_{1-\alpha/2}$，因此有关系式：

$$P\{U > \mu_{1-\alpha/2}\} = 1 - \frac{\alpha}{2} \qquad (1-82)$$

得到 $\mu_{1-\alpha/2}$，$\mu_{\alpha/2}$ 后，即可将事件 "$\mu_{1-\alpha/2} < U < \mu_{\alpha/2}$" 等价变换为 "$\theta_1 \leq \theta \leq \theta_2$" 的形式，由此有：

$$P\{\theta_1 < \theta < \theta_2\} = 1 - \alpha \qquad (1-83)$$

θ_1，θ_2 中包含样本(字样)，这样即可选取：

$$\theta_L = \theta_1, \ \ \theta_U = \theta_2$$

以工程实际中未知参数的区间估计问题来举例说明。具体评估问题有许多种，选择可靠性寿命评估最典型的一种。正态分布母体未知参数区间估计中总体方差 σ^2 未知，求总体的数学期望值 μ 的区间估计。

[例 2]　某一种正在运行的设备，寿命分布为正态分布，已有 6 台设备运行到实验寿命。它们是 14.80、14.90、14.70、15.00、14.60、14.80 个月，由于该设备是装置的关键设备，掌握停车检修的时机对生产效益至关重要，计划在最有可能发生故障的区间进行检修，如何判断。

解：解决该问题的一个方法是将上述问题转化为求给定置信度的双侧置信区间问题。如上述问题变为，已知该种设备寿命分别为正态分布(这可以从设备失效机理来判断)，总体分布的方差 σ^2 为未知，已知 6 个寿命分布点，求置信度 $1-\alpha = 0.95$(假如可靠性要求是置信度为 95%)时的平均寿命的置信区间。

对于这种母体 $X \sim N(\mu, \sigma^2)$，σ^2 未知问题，不能用改进的标准正态分布样本函数 $Z = \frac{\overline{X} - \mu}{\sigma / \sqrt{n}}$ 做样本函数进行区间估计，由于样本数量比较少，据前述在这种情况下，概率密度函数分布函数服从于 $(n-1)$ 自由度的 t 分布。由于样本(子样) X_1，X_2，…，X_n 的方差 s^2 是母体方差 σ^2 的无偏估计量，用 s^2 代替 σ^2 得到的统计量 $T = \frac{\overline{X} - \mu}{s}\sqrt{n}$ 可作为样本函数。则：

$$T = \frac{\overline{X} - \mu}{s}\sqrt{n} \sim t(n-1)$$

即服从于 $(n-1)$ 自由度的 t 分布。因而有：

$$P\{-t_{\alpha/2} < T = \frac{\overline{X} - \mu}{s} \cdot \sqrt{n} < t_{\alpha/2}\} = 1 - \alpha$$

将括号内不等式移项，上式又可写成：

$$P\{\overline{X} - t_{\alpha/2} \cdot \frac{s}{\sqrt{n}} < \mu < \overline{X} + t_{\alpha/2} \cdot \frac{s}{\sqrt{n}}\} = 1 - \alpha$$

并按式：

$$P\{T > t_{\alpha/2}\} = \frac{\alpha}{2}$$

$$P\{T < -t_{\alpha/2}\} = \frac{\alpha}{2}$$

查 t 分布表求出 $t_2 = t_{\alpha/2}$，$t_1 = -t_{\alpha/2}$，得：

置信下限 $\mu_L = \overline{X} - t_{\alpha/2} \cdot \dfrac{s}{\sqrt{n}}$

置信上限 $\mu_U = \overline{X} + t_{\alpha/2} \cdot \dfrac{s}{\sqrt{n}}$

具体到本例已知，$n=6$，故自由度为 $n-1=5$。$1-\alpha=0.95$，$\overline{X}=14.8$，而样本方差 $s^2 = \dfrac{1}{n-1}\sum_{i=1}^{n}(X_i - \overline{X})^2 = 0.02$，$s=0.14$

查 t 分布表可得：$t_{\alpha/2} = t_{0.25} = 2.571$

将数据代入置信上下限公式得：

$$\mu_L = \overline{X} - t_{\alpha/2} \cdot \frac{s}{\sqrt{n}} = 14.8 - 2.57 \cdot \frac{0.14}{\sqrt{6}} = 14.8 - 0.15 = 14.65$$

$$\mu_U = \overline{X} + t_{\alpha/2} \cdot \frac{s}{\sqrt{n}} = 14.8 + 2.57 \cdot \frac{0.14}{\sqrt{6}} = 14.8 + 0.15 = 14.95$$

即平均寿命 μ 的置信区间为（14.65，14.95）。因此，在设备运行到 14.65 个月检修比较合适。这样既能延长设备运行发挥生产最大效益，又能避免非计划停工对生产造成影响。

（2）分布函数的假设检验

上面介绍的区间估计与假设检验可看作同一个问题不同方面的应用。分布函数的假设检验，就是根据已获得的随机样本的数据，对预先作出的母体分布函数类型或特征的假设进行检验。通过样本分布，检验某个参数属于某个区间范围的概率，它是依"小概率事件在一次实验中几乎是不可能出现的"这一小概率原理进行反证推断，即假定这种假设成立，由此若推算出的包含样本数据的事件的发生概率为大概率，说明假设成立。若为小概率，则认为原假设不能成立。至于概率小到什么程度才能算作小概率则无统一标准，而要根据具体问题来确定。例如，一般产品的次品率不超过 0.01 ~ 0.05 时就可算作小概率，而危及生命的不安全事件的概率则应是非常小的数值（如 0.0001 或更小）才能算作小概率。一般在假设检验中将小概率值取为 $\alpha(0 < \alpha < 1)$，α 为显著性水平。

具体做法是：根据问题的需要对所研究的总体作某种假设，记作 H_0；选取合适的统计量，这个统计量的选取要使得在假设 H_0 成立时，其分布为已知；由实测的样本，计算出统计量的值，并根据预先给定的显著性水平进行检验，作出拒绝或接受假设 H_0 的判断。可靠性常用的假设检验方法有 U 检验法、t 检验法、χ^2 检验法（卡方检验）。

①U 检验：已知母体方差 σ^2 的均值检验，若总体遵从正态分布 $X \sim N(\mu, \sigma^2)$，其中 σ 已知，$X = (X_1, X_2, \cdots, X_n)$ 是从总体中抽取的简单随机样本，则遵从标准正态分布 $N(0, 1)$，于是可考虑对均值 μ 进行假设检验。

②t 检验：未知母体方差 σ^2 的均值检验，若总体服从正态分布 $X \sim N(\mu, \sigma^2)$ 但 σ 未知，则 t 遵从自由度为 $n-1$ 的 t 分布，可对 μ 进行假设检验。

③χ^2 检验：母体均值 μ 的方差检验。

它们的检验过程大同小异，只不过不同的检验方法选择的统计量不同。下面用①已知母体方差 σ^2 的均值检验（U 检验）应用来举例说明：

设母体为正态分布 $X \sim N(\mu, \sigma^2)$，来自母体 X 的一个简单随机样本为 $X_1, X_2, \cdots X_n$，方差 σ^2 为已知值，检验原假设

$H_0: \mu = \mu_0$

其中，H_0 为"假设"的符号；μ_0 为已知。

为检验母体均值 μ 是否等于 μ_0，可取样本观察值 $(x_1, x_2, \cdots, x_n)$ 的平均 $\overline{X} \sim \left(\mu, \dfrac{\sigma^2}{n}\right)$ 进行检验。若 $\overline{X}$ 的一次观察值 $\bar{x}$ 与 μ_0 的差别较大，则认为原假设 H_0 不合理而拒绝之；若 $\bar{x}$ 与 μ_0 相差较小，则认为原假设 H_0 合理而接受之。对于双侧检验可表示为：如果 $|\bar{x}-\mu_0| > K$（其中 K 为某一适当常数，其值在下面确定）则拒绝假设 H_0；如果 $|\bar{x}-\mu_0| < K$ 则接受假设 H_0。

当给定显著性水平 α 时可采用：

$$P\{|\bar{x}-\mu_0| > K\} = \alpha$$

所对应的小概率事件 $|\bar{x}-\mu_0| > K$ 来衡量 $\overline{X}$ 与 μ_0 差别的显著程度，而 K 值可如下确定：

在假设 H_0：$\mu = \mu_0$ 的条件下，$X \sim N(\mu, \sigma^2)$，则 $\overline{X} = \dfrac{1}{n}\sum_{i=1}^{n} X_i \sim N\left(\mu, \dfrac{\sigma^2}{n}\right)$，引进标准正态分布变量的新变量 $U = \dfrac{\overline{X}-\mu_0}{\sigma/\sqrt{n}} \sim N(0, 1)$。对于给定的 α，有：

$$P\{|\bar{x}-\mu_0| > K\} = P\left\{\left|\dfrac{\overline{X}-\mu_0}{\sigma/\sqrt{n}}\right| > \dfrac{K}{\sigma/\sqrt{n}}\right\}$$
$$= P\{|U| > z_{\alpha/2}\} = \alpha \tag{1-84}$$

式中，$z_{\alpha/2} = \dfrac{K}{\sigma/\sqrt{n}}$，可查标准正态分布表求出 U 的 α 双侧分位点 $z_{\alpha/2}$，当 $\alpha = 0.05$ 时，$z_{\alpha/2} = z_{0.25} = 1.96$，可得：

$$K = \dfrac{\sigma}{\sqrt{n}} z_{\alpha/2} \tag{1-85}$$

由样本观察值可求得 $|\bar{x}-\mu_0|$ 及 $\dfrac{\sigma}{\sqrt{n}} z_{\alpha/2}$，当 $|\bar{x}-\mu_0| > \dfrac{\sigma}{\sqrt{n}} z_{\alpha/2}$ 时，说明在一次实验中小概率事件出现，而应拒绝 H_0，当 $|\bar{x}-\mu_0| < \dfrac{\sigma}{\sqrt{n}} z_{\alpha/2}$ 时，对应接受 H_0。

下面再具体举例来说明假设检验如何应用：

某新建工厂有某种型号的压力变送器，已知由于某种失效机理造成失效分布为正态分布，寿命标准差 σ 为 2.6 个月（即这种失效机理将使变送器在 3σ 多时间内全部失效），该工厂管理部门在制定维修方案，想规定对变送器每一年检测一次，根据以往有 100 个月变送器的老厂运行记录，得到平均寿命为 $\bar{x} = 11.20$（个月），是否合适。

该问题可转化为，当显著性水平 $\alpha = 0.05$，可否认为压力变送器的平均寿命 μ 在 12 个月之内。

可作假设

H_0：$\mu = \mu_0 = 12$；H_1：$\mu < \mu_0 = 12$

检验结果若拒绝 H_0 而接受 H_1 则可认为压力变送器的平均寿命 μ 小于 12 个月；若接受 H_0 则认为 μ 不小于 12 个月。

若 H_0 成立，取统计量：

$$U = \frac{\overline{X} - \mu_0}{\sigma/\sqrt{n}} \sim N(0, 1)$$

对于给定 $x = \alpha$，按左侧假设检验而有：

$$P\{|\bar{x} - \mu_0| < K\} = P\left\{\left|\frac{\overline{X} - \mu_0}{\sigma/\sqrt{n}}\right| < \frac{K}{\sigma/\sqrt{n}}\right\} = P\{U < -z_\alpha\} = \alpha$$

$$K = -\frac{\sigma}{\sqrt{n}} z_\alpha$$

由于 $\alpha = 0.05$，查标准正态分布表，得 $-z_\alpha = -z_{0.05} = -1.6448$

$$U = \frac{X - \mu_0}{\sigma/\sqrt{n}} = \frac{11.2 - 12}{2.6/10} = -3.0769$$

因 $U = -3.0769 < -1.6448$，说明 $\overline{X}$ 与 μ_0 差别较大，即小概率事件出现，而应拒绝 H_0，而接受 H_1，即认为这些压力变送器总体的平均寿命小于 12 个月，因此，不能制定运行 12 个月进行检测的规定。

1.5.4.3 可靠性分析中的蒙特卡洛的应用

蒙特卡洛方法，又称随机抽样或统计实验方法，属于计算数学的一个分支，它是在 20 世纪 40 年代中期为适应当时原子能事业的发展而发展起来的，是以概率和统计理论方法为基础的一种计算方法，是使用随机数（或更常见的伪随机数）来解决很多计算问题的方法。将所求解的问题同一定的概率模型相联系，用电子计算机实现统计模拟或抽样，以获得问题的近似解。

蒙特卡洛方法的基本思想很早以前就被人们所发现和利用，类似蒙特卡洛方法的算法早已存在。早在 17 世纪，人们就知道用事件发生的"频率"来决定事件的"概率"。蒙特卡洛方法的源头，可追溯到 18 世纪法国数学家蒲丰用于计算 π 的著名投针实验，也就是蒙特卡洛模拟实验。

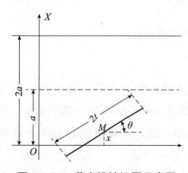

图 1-30　蒲丰投针问题示意图

蒲丰实验：在平面上画有一组间距为 $2a$ 的平行线，将一根长度为 $2l(2l < 2a)$ 的针任意掷在这个平面上，求此针与平行线中任一条相交的概率。

在画有间距 $2a$ 的平行线的平面上（图 1-30），由于向桌面投针是随机的，所以用二维随机变量 (x, θ) 来确定它在桌上的具体位置。如果随机投放长为 $2l$ 的针状物 $(a > l)$，令 M 为针的中点位置，x 为针的中点 M 与平面上最近直线的距离，θ 为针与平面上直线的夹角，显然，由于向桌面投针是随机的，所以用来确定针在桌面上位置的 (x, θ) 是二维随机向量。并且在 $x(0, a)$，$\theta(0, \pi)$ 上服从均匀分布，并且有 x 与 θ 相互独立，x 和 θ 其概率密度函数及取值范围分别为：

$$f(x) = \frac{1}{a}; \quad 0 \leq x \leq a$$

$$g(\theta) = \frac{1}{\pi}; \quad 0 \leq \theta \leq \pi$$

由此容易判断，针线相交的条件为：

$$x \leqslant l\sin\theta$$

由此可得 $f(x, \theta)$ 的联合概率密度函数为：

$$f(x, \theta) = \begin{cases} \dfrac{1}{\pi a} & 0 \leqslant x \leqslant a,\ 0 \leqslant \theta \leqslant \pi \\[2mm] 0 & 其他 \end{cases}$$

因此所求概率：

$$P\{x \leqslant l\sin\theta\} = \iint\limits_{x \leqslant l\sin\theta} f(x,\theta)\,\mathrm{d}x\mathrm{d}\theta = \int_0^\pi \int_0^{l\sin\theta} \frac{1}{\pi a}\mathrm{d}x\mathrm{d}\theta = \frac{2l}{\pi a}$$

通过反复投针，并对投针结果进行统计，得出针线相交概率 p 的统计值。将此统计实验结果代入上式，就可以求出圆周率 π 的近似值。

$$\pi = \frac{2l}{pa}$$

蒲丰选取 $l = a/2$，共投针 2212 次，与直线相交的有 704 次，2212/704，得数 3.142 是圆周率 π 的近似值，后来他把实验写进他的论文《或然性算术尝试》。这被认为是蒙特卡洛方法的起源。

蒙特卡洛方法就是当所求解问题是某种随机事件出现的概率，或者是包含某个随机变量的期望值时，通过某种"实验"的方法，以这种事件出现的频率估计这一随机事件的概率，或者得到这个随机变量的某些数字特征，并将其作为问题的解。

统计采样的方法其实数学家很早就知道，但是在计算机出现以前，随机数生成的成本很高，所以该方法也没有实用价值。随着计算机技术在 20 世纪后半叶迅猛发展，随机模拟技术很快进入实用阶段。

上述蒲丰问题可以用计算机进行蒙特卡洛模拟，因为 $x(0, a)$、$\theta(0, \pi)$ 服从均匀分布，通过计算机模拟随机地取得 x、θ 而得到概率的近似值。

最简单、最基本、最重要的一个概率分布是 $(0, 1)$ 上的均匀分布(或称矩形分布)。随机数就是具有这种均匀分布的随机变量。均匀分布在计算机中是用伪随机数即用数学方法通过递推公式产生的，由于服从各种概率分布的随机数一般都可以借助 $(0, 1)$ 区间上均匀分布的随机数[表示为 $U(0, 1)$]构造出来，因此，计算机还可产生标准正态分布等一系列不同分布类型的随机变量。因此，通过计算机模拟用蒙特卡洛方法，可以求出概率值，应用在可靠性上就能够得到各种可靠性参数指标。

蒙特卡洛方法的解题过程可归结为三个主要步骤：构造或描述概率过程；实现从已知概率分布抽样；建立各种估计量。

(1)构造或描述概率过程

对求解的问题建立尽可能简单、便于实现的概率统计模型，使所求的解恰好是所建立模型的概率分布或数学期望；对于本身就具有随机性质的问题，正确描述和模拟这个概率过程，对于本来不是随机性质的确定性问题，就必须事先构造一个人为的概率过程，它的某些参量正好是所要求问题的解。即要将不具有随机性质的问题转化为随机性质的问题。

在可靠性分析和设计中，用蒙特卡洛模拟法可以确定复杂随机变量的概率分布和数字特征。通过随机模拟零件的可靠度来估算系统的可靠度，特别适合系统的多参数估计。其数学描述为：

设系统具有独立的随机变量 $X_i(i=1,2,3,\cdots,k)$，其已知对应的概率密度函数分别为 $f(x_1)$，$f(x_2)$，$\cdots$，$f(x_k)$，系统功能函数式为 $Y=g(X_1,X_2,\cdots,X_k)$。计算系统功能函数的概率分布。

(2)实现从已知概率分布抽样

构造概率模型以后，由于各种概率模型均可看作是由各种各样的概率分布构成的，因此产生已知概率分布的随机变量，根据模型中各个随机变量的分布，在计算机上产生随机数，实现一次模拟过程所需的足够数量的随机数。通常先产生均匀分布的随机数，然后生成服从某一分布的随机数。

根据各随机变量的相应分布，产生 N 组随机数 x_1，x_2，$\cdots$，x_k 的值，计算功能函数值 $Y=g(X_1,X_2,\cdots,X_k)$，则当 $N\to\infty$ 时，根据伯努利大数定理可求得系统失效概率、可靠性指标。

(3)建立各种估计量

按照所建立的模型进行仿真实验、计算，求出问题的随机解。建立各种估计量，相当于对模拟实验的结果进行考察和登记，最后，给出问题的概率解及解的精度估计。

为进一步说明蒙特卡洛方法的应用，举一个比较简单的某电子产品厚度设计例子进行说明。

在电子消费产品的设计中，产品的尺寸规格是非常重要的一个参数，如何在设计中通过蒙特卡洛模拟方法对它进行分析和预测，是一个非常重要的质量保证手段。

根据客户要求，某产品厚度必须在 27mm 以内，如果超过 27mm，就认为是不合格产品。传统的方式就是通过试生产，然后进行测量，来分析产品是否能够达到客户的要求。这种方式存在很多的局限性：一是由于成本的原因，样本量肯定受到限制；二是影响项目进度；三是如果存在问题，修改的成本很高。是否在设计阶段就能进行分析呢？可通过蒙特卡洛模拟分析来解决问题。

①建立统计模型

图 1-31 所示为产品的外观及结构设计图，要分析产品的厚度，首先要建立转换方程，$Y=g(X_1,X_2,\cdots,X_k)$，即最终决定产品厚度的是由哪些 X 组成，这里由 8 部分组成：分别为顶部厚度、顶部间隙、模块 1 厚度、模块 2 厚度、模块 3 厚度、模块 4 厚度、底部间隙、底部厚度。

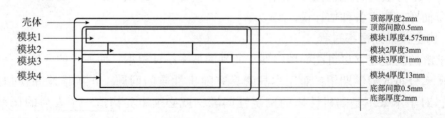

图 1-31　结构设计图

所以得到：$Y(厚度)=X_1+X_2+\cdots+X_8$　（X_1，X_2，$\cdots$，X_8 分别代表如上 8 个部件的

厚度）。

②建立各部件的分布

各部件的分布来源于供应商的数据，这就要求对供应商应提出相应的质量要求，表 1－2 所示为相关部件的厚度及分布。可以看出，如果每个部件都取上限值，那么已超过 27mm，我们的问题是，到底有多少比例会超过，是否在可以接受的范围之内。

本例假定各模块尺寸偏差分布为正态分布，尺寸及偏差参数列表，见表 1－2。

表 1－2　模块尺寸及偏差　　　　　　　　　mm

部件	尺寸	偏差	最低	最高	标准差
顶部厚度	2	0.091	1.909	2.091	0.0455
顶部间隙	0.5	—	0.5	0.5	
模块 1	4.575	0.107	4.468	4.682	0.03567
模块 2	3	0.091	2.909	3.091	0.0455
模块 3	1	0.1016	0.898	1.102	0.03387
模块 4	13	0.1	12.9	13.1	0.05
底部间隙	0.5		0.5	0.5	
底部厚度	2	0.091	1.909	2.091	0.0455
总厚度	26.575	0.6086	25.963	27.187	

③在软件工具中建模

能应用蒙特卡洛方法的计算机软件比较多，常用的有 Matlab 和 Crystal Ball 等，本例用 Crystal Ball 软件，把表 1－2 的数据输入 Crystal Ball 工具中，再设置模拟的次数，如 150000 次，这就相当于根据设置的分布，随机生成 150000 个部件的样本，然后统计总厚度的分布，结果见图 1－32。

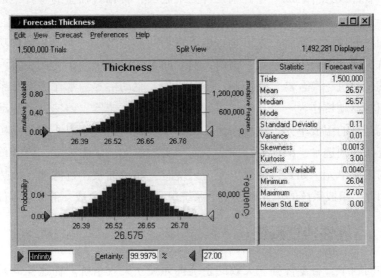

图 1－32　软件蒙特卡洛计算总尺寸偏差及分布计算结果

通过 Crystal Ball 模拟得到总体的分布模型及各种参数，如平均厚度 26.57mm，标准差 0.11mm，方差 0.01mm 等，从模拟的结果可以看到，根据当前的设计，产品的合格率为 99.9979%，即 0.0021% 的缺陷率。这样就可以根据这个结果进行项目决策。

上述例子也可转换成设备的可靠性问题，可以这样理解，把上列 8 个尺寸想象成 1 个设备由 8 个零部件组成，每个零部件的尺寸换成零部件的平均寿命数值，上例中尺寸偏差相当于设备寿命分布的方差，如果分布已知可看成各零件寿命分布及参数已知，上例分布都是正态分布，实际中分布可能是各种分布，求设备寿命总体分布数据，可以用蒙特卡洛方法去求得。如果想要求得总体设备的可靠性分布参数还要利用上述①～③的步骤，统计回归总体寿命分布及分布参数。

将上述例子抽象化转成普遍的问题，则是已知各零部件的可靠性分布及参数，求得设备或系统的可靠性分布及参数的问题。上述总体厚度计算中转换方程比较简单，一是统计模型比较简单，统计量只是其他已知量的简单叠加；二是其他已知量分布类型均为正态分布。但在设备可靠性计算中总体分布与组成总体的个体分布之间的关系更复杂，各部件的分布类型也不相同。需要计算出系统总的设备可靠性与各个部件的设备可靠性关系的组合，这就需要对设备系统进行可靠性分析。

1.6 设备系统的可靠性分析

1.6.1 系统的组成与类型

对石油化工生产装置来说，系统由各生产单元所组成，生产单元由各种不同的设备如塔、罐、换热器、泵、压缩机、管道、阀门等组成。单台设备由某些彼此相互协调工作的单元、部件、零件或元件组成。零件或元件为最底层，将相对独立的零件组成的具有某一特定功能的综合体称为单元或系统。部件有时可指零件，有时可指某一单元。系统与单元的含义均为相对的概念，概念可大可小，也可将不同设备组成一个具有某种功能的单元或系统。从设备扩展到整套生产装置，由研究对象而定。以家用汽车为例，将汽车作为一个系统时，则其发动机、离合器、变换器、传动机构、驱动桥等，都作为汽车系统的单元而存在。当我们将驱动桥作为一个系统加以研究时，则主减速器、差速器、驱动车轮的传动装置及桥壳就是它的组成单元。在石油化工设备中典型的是大型离心式压缩机，以压缩机作为一个系统时，则透平、减速箱、润滑单元、密封单元、压缩单元、控制单元都是这台大型压缩机的组成单元。如果以润滑单元为系统时，润滑油泵、过滤器、换热器又是它的组成单元。因此，组成系统的单元可以是子系统单元、机器、总成、部件、零件或元件等。

1.6.2 可靠性独立系统

在可靠性问题中，各零件独立失效的系统称为独立失效系统。在这样的系统中，各零件或子系统、单元失效是相互独立的随机事件。传统的系统可靠性模型都是在各种零件独立失效的假设下建立的。

　　然而，工程上大多数系统不是独立的失效系统，即使系统中最底层的零部件本身也可能不是独立的，影响零部件独立性最少有两个因素，应力和载荷。如果应力和载荷互相干涉零部件就不是独立的，只有当系统中各个零部件承受的载荷互不关联(各载荷之间没有逻辑关系、彼此独立)，或载荷是一个确定性的量时，系统中各零部件的失效才是彼此独立的。

　　对产品可靠性理论和方法的研究最初源于电子系统。由于电子部件的偶然失效期(工作期)较长，在这个时期内可认为失效率近似恒定，同时，电子元件是在一定电压(由变压器调节)和限制电流强度(由熔丝控制)下工作的，在这种较为稳定的系统环境中，电子产品大多数元器件失效是随机偶发的，因此在一般情况下可认为电子元件的失效是相互独立的。

　　机械系统远比电子系统复杂得多，很多都不是独立失效系统。如果讨论的问题使应力和载荷不干涉，如载荷的分布远小于强度的分布，即载荷的最大值也远小于强度的最小值，或当载荷的不确定性很小时，可以近似地用独立系统代替，这是从强度和载荷的干涉方面考虑的。

　　机械系统不独立的主要因素是零部件之间本身就存在机械和逻辑上的联系，并且互相影响，因而相关联。以离心泵为例，机械密封和轴承都是安装在转动轴上的，当轴承磨损严重时，必然造成轴的振动加大，影响机械密封的寿命，类似这种关联很多。由于独立的系统可靠性模型是系统可靠性研究的基础，而相关性系统的可靠性计算十分复杂，在工程上的应用还不普遍，因此，传统的独立系统可靠性计算方法仍然是计算系统可靠性的主要方法。

1.6.3　系统可靠性功能逻辑框图模型方法

　　在可靠性计算中，用系统可靠性逻辑图来表达系统单元间的功能关系，这种图也称为可靠性框图(Reliability Block Diagrams，RBD)，逻辑图中每个方框代表系统的一个单元，方框之间用直线连接，表示单元功能与系统功能之间的关系，绘制出系统的各个部分发生故障时对系统功能特性的影响。

1.6.3.1　串联系统的可靠性模型

　　串联系统是指系统中任何一个单元失效都能导致系统失效，或者说当全部单元都正常，系统才正常。例如，离心式压缩机由电动机、变速器、润滑单元、密封单元、压缩单元组成，只要其中一个单元失效，离心式压缩机就不能工作，丧失功能。从这个意义上说，组成离心机的各单元就是一个串联系统。变速器本身是由齿轮、轴、轴承、箱体等组成的一个串联系统；一个齿轮，由于结构上存在多个可能失效的部位，在可靠性分析中也应该作为串联系统对待；甚至齿轮上的一个齿，由于存在齿面胶合、磨损、齿根断裂等多种失效模式，在可靠性意义上也是一个串联系统。大多数机械系统是串联系统。串联系统的可靠性框图见图1-33，组成系统的 n 个单元(零部件或子系统)分别用 X_i 表示($i=1$，2，3，$\cdots$，n；n 为系统所包含的单元个数)。

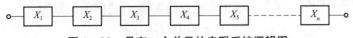

图1-33　具有 n 个单元的串联系统逻辑图

"串联系统处于正常工作状态"这一事件A_s，与其"各单元处于正常工作状态"的事件$A_i(i=1, 2, 3, \cdots, n)$之间关系为：

$$A_s = A_1 \cap A_2 \cap \cdots \cap A_n \qquad (1-86)$$

由此，串联系统的可靠度R_s的表达式为：

$$R_s = P(A_s) = P(A_1 \cap A_2 \cap \cdots \cap A_n) \qquad (1-87)$$

式中，R_s为系统可靠度；A_s为系统正常的事件；A_i为第i个单元处于正常状态的事件，$i=1, 2, 3, \cdots, n$；n为系统中单元总数；$P(A)$为事件发生的概率。

在"各单元失效事件是相互独立的随机事件"条件下，上式简化为：

$$R_s = P(A_1)P(A_2)\cdots P(A_n) = \prod_{i=1}^{n} P(A_i) \qquad (1-88)$$

R_i表示单元i的可靠度，即：

$$R_i = P(A_i) \qquad (1-89)$$

则独立失效的单元构成的串联系统可靠度为：

$$R_s = \prod_{i=1}^{n} R_i \quad i = 1,2,3,\cdots,n \qquad (1-90)$$

若单元寿命服从指数分布，单元i的失效率为常数λ_i，在时刻t单元i的可靠度为$e^{-\lambda_i t}$，则系统的可靠度表达式为：

$$R_s(t) = \prod_{i=1}^{n} e^{-\lambda_i t} = e^{-\sum_{i=1}^{n} \lambda t} = e^{-\lambda_s t} \qquad (1-91)$$

式中，λ_s为串联系统的失效率。

$$\lambda_s = \sum_{i=1}^{n} \lambda_i \qquad (1-92)$$

由此可知，一个由寿命服从指数分布的独立失效单元构成的串联系统的寿命也服从指数分布，且系统的失效率等于其各单元失效率之和。电子元器件与电子系统常用于指数分布的可靠性模型。

显然，构成系统的单元数越多，系统失效率或失效概率越高，可靠度越低。

1.6.3.2　并联(工作冗余)系统的可靠性模型

并联系统是指，若系统中的n个单元中有一个不失效，系统就不失效，或只有当全部n个单元均失效时系统才失效的系统。例如，离心式压缩机的润滑系统均有2台润滑油泵，1台主泵，1台备用泵，当主泵有故障时，备用泵自动启动，只有当2台润滑油泵都失效时润滑系统才失效，这个系统就是并联系统。并联系统的可靠性框图见图1-34。组成系统的n个单元(零部件或子系统)分别用X_i表示($i=1, 2, 3, \cdots, n$；n为系统所包含的单元个数)。

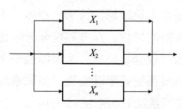

图1-34　具有n个单元的并联系统逻辑图

并联系统处于正常状态的事件A_s与其各组成单元处于正常状态的事件A_i之间的关系为：

$$A_s = A_1 \cup A_2 \cup \cdots \cup A_n \qquad (1-93)$$

设在并联系统中各单元的可靠度分别为 R_1，R_2，$\cdots$，R_n，则各单元的失效概率分别为 $(1-R_1)$，$(1-R_2)$，$\cdots$，$(1-R_n)$。若各单元的失效是相互独立的事件，则由 n 个单元组成的并联系统的失效概率 F_s 可根据概率乘法定理表达如下：

$$F_s = (1-R_1)(1-R_2)\cdots(1-R_n) = \prod_{i=1}^{n}(1-R_i) \tag{1-94}$$

因此，并联系统可靠度 R_s 的表达式为：

$$R_s = P(A_s) = P(A_1 \cup A_2 \cup \cdots \cup A_n) = 1 - F_s = 1 - \prod_{i=1}^{n}(1-R_i) \tag{1-95}$$

当并联系统可靠度 $R_1 = R_2 = \cdots = R_n = R$ 时，则上式又可写成：

$$R_s = 1 - (1-R)^n \tag{1-96}$$

显然，并联系统的可靠度高于其中任何一个单元的可靠度，随着单元数 n 增加，系统 k 可靠度迅速增加。机械系统若采用并联结构，尺寸、质量、价格都会明显增加，因此，不像电子设备和控制系统中并联结构应用那么广泛，机械系统采用并联或冗余结构时，冗余数也不会太高，例如，当动力系统、安全系统、制动系统采用并联结构时，通常取 2~3。

1.6.3.3 串并联系统可靠性模型

图 1-35 所示为并联子系统构成的串联结构，简称串并联系统。在计算串并联系统的可靠度时，可将并联子系统看作一个等效单元，并将整个系统看作一个串联系统来对待。

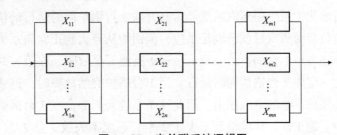

图 1-35 串并联系统逻辑图

设有 m 个子系统串联，第 i 个子系统由 n 个单元并联组成。第 i 个子系统中的第 j 个单元的可靠度为 R_{ij}，$i = 1$，2，$\cdots$，m，$j = 1$，$2\cdots$，n。假设各单元的失效是相互独立的，则串并联系统的可靠度为：

$$R_s = \prod_{i=1}^{m}\left[1 - \prod_{j=i}^{n_i}(1-R_{ij})\right] \tag{1-97}$$

1.6.3.4 并串联系统的可靠性模型

并串联系统见图 1-36，计算并串联系统可靠度的方法：首先，将每一串联子系统转化为一个等效单元；其次，把整个系统看作并联系统。

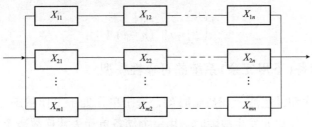

图 1-36 并串联系统逻辑图

假设有 m 个子并联，第 i 个子系统有 n 个单元串联，第 i 个子系统中的第 j 个单元的可靠度为 R_{ij}，$i = 1, 2, \cdots, n$，$j = 1, 2, \cdots, m$，且各单元的失效相互独立，则并串联系统的可靠度为：

$$R_s = 1 - \prod_{i=1}^{m} \left[1 - \prod_{j=i}^{n_i} (1 - R_{ij}) \right] \qquad (1-98)$$

1.6.3.5 表决系统的可靠性模型

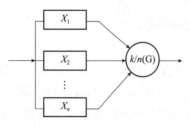

图 1-37 表决系统逻辑图

k/n 表决系统是指在组成系统的 n 个单元中，只要能正常工作的单元不少于 $k(k=1, 2, \cdots n)$ 个，系统就为不失效的系统，又称为 $k/n(G)$ 冗余系统（G 表示"完好"）。表决系统的逻辑见图 1-37。石油化工仪表控制中的联锁很多采用 3 取 2 系统，该系统由传感器触发联锁，假如是 3 个压力传感器，这 3 个压力传感器平时都工作，当 3 个压力传感器中有 2 个或 3 个传感器测量的压力超标时联锁才被触发，只有一个传感器测量的压力超标时不能触发联锁。这就保证如果平时一个传感器故障时不触发联锁，避免假信号停车。这就是一个 2/3(G) 系统。又如，石油化工系统中蒸汽系统经常有并联 3 台锅炉同时运行的情况，实际运行 2 台锅炉。如果满负荷的蒸汽量就已满足供应，但锅炉从点火到正常向系统提供蒸汽需要很长时间，如果冷态备用 1 台锅炉，一旦 1 台锅炉突然发生故障，在很长时间不能保证系统蒸汽压力，因此一定要 3 台锅炉同时运行。当 1 台锅炉突然故障时，迅速提高其他 2 台锅炉的负荷，能够保证系统的蒸汽压力。因此这个系统是当 2 台或 3 台锅炉运行时，系统不失效，即系统中，能正常工作的单元不少于 2 个，系统不失效，是 2/3(G) 系统。除了锅炉系统，换热器也经常采用这种系统。

显然，在仪表 $k/n(G)$ 表决系统中，若 $k=n$，即 n/n 系统，等价于 n 个单元的串联系统；若 $k=1$，即 $1/n$ 系统，等价于 n 个单元的并联系统。

若表决系统中的各单元独立失效且各单元的可靠度相同，即：

$$R_i = R(i = 1, 2, \cdots, n)$$

则系统可靠性模型为：

$$R_s = \sum_{i=k}^{n} \binom{n}{i} R^i (1-R)^{n-i} \quad k \leqslant n \qquad (1-99)$$

式中，

$$\binom{n}{i} = \frac{n!}{i! \ (n-i)!}$$

1.6.3.6 储备（备用冗余）系统的可靠性模型

储备系统由 n 个单元组成，在初始时刻，一个单元处于工作状态，其余 $n-1$ 个单元作为储备单元。当工作单元发生故障时，用一个储备单元去替换故障单元，直至所有 n 个单元均发生故障，系统才失效。实际上储备系统相当于一个并联系统中只有一个单元工作，其他单元不工作而作储备的系统，储备系统与并联系统还有一个区别是需要有一个转换开关来接通替换故障单元。石油化工流程设计中最常见的储备系统是离心泵系统，一般离心泵大多设计为一开一备，图 1-38 所示为储备系统的可靠性框图。

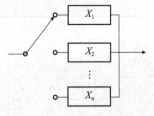

图 1-38　储备系统逻辑图

对于系统的 n 个单元中只要求有 k 个单元工作的储备系统，当各单元的寿命为指数分布，失效率均为 λ，忽略监测、转换装置不可靠的影响时，需要它们 100% 的可靠度。系统可靠性模型为

$$R_s = e^{-k\lambda t} \sum_{i=1}^{n-k} \frac{(k\lambda t)^i}{i!} \qquad k \leqslant n \qquad (1-100)$$

1.6.3.7　复杂系统可靠性分析方法及模型

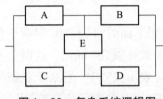

图 1-39　复杂系统逻辑图

工程实际有许多系统不是简单地由串联、并联子系统构成的，这样的系统称为复杂系统。图 1-39 所示的桥式系统即为一典型的复杂系统。这种复杂系统只能用分析"正常"与"失效"的各种状态的布尔真值表法来计算其可靠度，故此法又称为状态穷举法。它是一种比较直观的、用于复杂系统可靠度计算的方法。

设系统由 n 个单元组成，且各单元均有"正常"（用"1"表示）与"失效"（用"0"表示）两种状态，这样，该系统的状态就有 2^n 种。对这 2^n 种状态进行逐一分析，即可得出该系统可正常工作的状态有哪几种，并可分别计算其正常工作的概率。然后，将该系统所有正常工作的概率相加，即可得到该系统的可靠度。这一过程可借助于布尔真值表进行。

例如，上述复杂系统，单元 A、B、C、D、E，各有"正常"与"失效"两种状态，这样就有 $2^5 = 32$ 种状态。将这 32 种状态列成布尔真值表，见表 1-3。

表 1-3　布尔真值表(2^5)

系统状态序号	单元及工作状态					系统状态	正常概率 R_{si}	系统状态序号	单元及工作状态					系统状态	正常概率 R_{si}
	A	B	C	D	E				A	B	C	D	E		
1	0	0	0	0	0	F	0	10	0	1	0	0	1	F	0
2	0	0	0	0	1	F	0	11	0	1	0	1	0	F	0
3	0	0	0	1	0	F	0	12	0	1	0	1	1	F	0
4	0	0	0	1	1	F	0	13	0	1	1	0	0	F	0
5	0	0	1	0	0	F	0	14	0	1	1	0	1	S	0.027
6	0	0	1	0	1	F	0	15	0	1	1	1	0	S	0.009
7	0	0	1	1	0	S	0.003	16	0	1	1	1	1	S	0.081
8	0	0	1	1	1	S	0.027	17	1	0	0	0	0	F	0
9	0	1	0	0	0	F	0	18	1	0	0	0	1	F	0

续表

系统状态序号	单元及工作状态					系统状态	正常概率 R_{s_i}	系统状态序号	单元及工作状态					系统状态	正常概率 R_{s_i}
	A	B	C	D	E				A	B	C	D	E		
19	1	0	0	1	0	F	0	26	1	1	0	0	1	S	0.027
20	1	0	0	1	1	F	0.027	27	1	1	0	1	0	S	0.009
21	1	0	1	0	0	F	0	28	1	1	0	1	1	S	0.081
22	1	0	1	0	1	F	0	29	1	1	1	0	0	S	0.012
23	1	0	1	1	0	S	0.012	30	1	1	1	0	1	S	0.108
24	1	0	1	1	1	S	0.108	31	1	1	1	1	0	S	0.036
25	1	1	0	0	0	S	0.003	32	1	1	1	1	1	S	0.324

$$R_s = \sum R_{s_i} = 0.894$$

系统状态的序号是从 1 到 32 号，A、B、C、D、E 5 个单元下面的"1"和"0"对应于单元的"正常"和"失效"状态。当系统序号为 1 时，若各单元均失效并以"0"标记，这时全系统处于失效状态，故表 1 - 3 中在"系统状态"项中应记入"F"（表示失效）。当系统状态号为 2 和 3 时，见表 1 - 3，各仅有一个单元正常工作（以"1"标记），其他单元均失效（以"0"标记），因此，在"系统状态"项中记入"F"，而在序号 7 中虽然 A、B、E 三个单元失效，但 C、D 正常工作，系统正常工作，这时在"系统状态"项中记入"S"（正常）。依此类推，当分析所有序号下的系统状态并分别记入"F"或"S"后，若已知各单元的可靠度，则可算得系统各正常状态下的概率。例如，对于序号 7 的状态，系统正常工作的概率为：

$$R_{s7} = (1 - R_A)(1 - R_B)R_C R_D(1 - R_E)$$

若已知 A、B、C、D、E 单元的可靠度分别为：

$$R_A = R_C = 0.80; \quad R_B = R_D = 0.75; \quad R_E = 0.90$$

则可求得：

$$R_{s7} = (1 - 0.80)(1 - 0.75) \times 0.80 \times 0.75(1 - 0.90) = 0.003$$

对于序号 8 的状态，系统正常工作的概率为：

$$R_{s8} = (1 - R_A)(1 - R_B)R_C R_D R_E$$
$$R_{s8} = (1 - 0.80)(1 - 0.75) \times 0.80 \times 0.75 \times 0.90 = 0.027$$

依此，可继续算得：

R_{s14}、R_{s15}、R_{s16}、R_{s20}、R_{s23}、R_{s24}、R_{s25}、R_{s26}、R_{s27}、R_{s28}、R_{s29}、R_{s30}、R_{s31}、R_{s32} 的值，并列入表中，最后，将系统所有正常状态的工作概率相加，即得到系统的可靠度：

$$R_s = \sum_{i=1}^{32} R_{s_i} = 0.003 + 0.027 + 0.027 + 0.009 + \cdots + 0.036 + 0.324 = 0.894$$

布尔真值表法原理简单，但当在系统中的单元数 n 较大时，计算量较大，则可借助计算机计算。

复杂系统可靠性的算法除布尔真值表法外还有卡诺图化简法和边值法等，它们分别是从布尔真值表法和串联系统算法变化而来的，在此不再赘述。

1.6.4　故障树分析方法

故障树分析法(Fault Tree Analysis，FTA)也是系统可靠性分析的一种重要分析方法。与可靠性框图(RBD)不同的是，FTA 是面向事件的分析，与面向结构而且只考虑硬件失效的 RBD 分析相比，这种面向事件的方法优点在于，它不仅考虑硬件失效，而且还允许发生软件错误、人为错误、操作和维修错误、环境对系统的影响等任何一种不期望发生的事件。

FTA 由美国贝尔实验室于 1961 年首先提出并应用在导弹发射控制系统的安全分析中。随后，美国波音公司研究出的 FTA 计算机程序进一步推动了它的发展。1974 年，美国原子能委员会发表关于压水堆事故风险评价报告的核心方法之一就是故障树分析法。1975 年美国可靠性学术会议把 FTA 技术和可靠性理论并列为两大进展。随着科学技术的迅猛发展，尤其是核电站、大型石油化工厂、空间飞行器等复杂、高风险系统的发展，系统的故障或失效会给社会带来严重的人身危害即重大的经济损失和社会影响，可靠性和安全性分析显得越来越重要，FTA 分析提出一种用于可靠性、安全性分析的相对简单、有效的方法。

FTA 是一种演绎方法，它开始于一般结论(系统级的一个不期望事件)并逐步演绎，最终确定这个结论产生的特定原因。FTA 是以一套取自概率论与布尔代数的简单规则，以一些逻辑符号为基础，使用一种从上至下的方法，生成一个能够进行系统可靠性定量与定性评估的逻辑模型。

以系统上的不期望事件为顶层事件，它通常需要用可靠性预警数据表示系统的失效模式。在每个故障树分支中的最底层事件称为基本事件。这些基本事件表示设备的零部件、软件、硬件和人为失效，并根据历史的或预计的数据给出它们的失效概率，通过逻辑符号将基本事件连接到一个或多个顶事件。

1.6.4.1　基本概念与符号

(1)故障树

故障树是一种表示事件因果关系的树状逻辑图，用规定的事件、逻辑门和其他符号描述系统中各种事件之间的因果关系。对如图 1 – 40(a)所示的系统(系统由 V_1、V_2、V_3 三个阀门组成)，系统功能定义为从 A 到 B 流体通道畅通，阀门正常状态为"通"，失效状态为

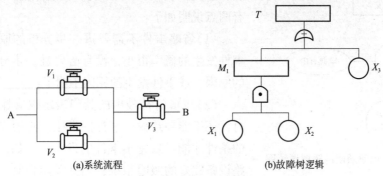

(a)系统流程　　　　　　　(b)故障树逻辑

图 1 – 40　阀门关系图

"断"。系统故障与单元故障之间的逻辑关系可以用语言描述为：阀 V_3 失效或阀 V_1、V_2 同时失效都将导致系统失效。若系统中只有阀 V_1 失效，或只有阀 V_2 失效，不会导致系统失效。把这种失效逻辑关系用事件符号(表示失效事件)的逻辑门符号(表达事件之间的逻辑关系)构成的图形来表达，即为该系统的故障树。如图 1 - 40(b) 中 T 表示系统故障事件(顶事件)，X_i 表示阀 i 的状态，M_1 是一个中间状态事件。当 V_1、V_2 两个阀门同时处于故障 X_1、X_2 打不开时，中间状态 M_1 在故障状态，即图 1 - 40(a) 左侧系统故障，当 X_3 表示 V_3 阀门处于故障状态，与 M_1 状态有一个发生时，系统处于故障状态，即 T 状态。

(2)事件

系统、子系零部件所处的状态称为事件，如零部件的正常状态是一个事件，零部件的故障状态也是一个事件。

①顶事件

表示故障树分析的最终目标的事件称为故障树的顶事件，它位于故障树顶端。通常情况下，把所关心的系统失效实际作为故障树的顶事件。

②基本事件(底事件或初级事件)

基本事件是由于某种原因不需要进一步展开(不需要进一步查找其发生的原因)的事件。基本事件包括：

a. 底事件仅作为导致其他事件发生的原因，位于故障树最底端；

b. 不需要展开的事件；

c. 条件事件；

d. 环境、人为因素等外部事件。

③中间事件

位于顶事件与底事件之间的中间结果事件称为中间事件。

④结果事件

由其他事件和事件的组合导致的事件，它总是某个逻辑门的输出事件。顶事件和中间事件都属于结果事件。

1.6.4.2　故障树基本符号

故障树分析用到的符号主要包括两类：事件符号与逻辑门符号。各种符号的名称、用法和意义在表 1 - 4 中体现。在故障树的基本符号中，有两点说明如下：

(1)省略事件不需要进一步分析的原因通常包括事件发生的概率很小，没有必要进一步分析事件发生的原因，或事件发生的原因不明了；

(2)逻辑门符号中的禁门表示仅有输入事件发生时，还不能导致输出事件的发生，必须满足禁门打开的条件才能导致输出事件的发生，比如，对于一个线路设备完好的照明系统，当开关闭合时，只有在电源有电的情况下，电灯才会亮，见图 1 - 41。

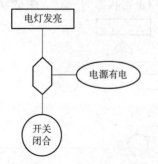

图 1 - 41　电源照明故障树逻辑图

表 1-4 所示为故障树分析符号。

表 1-4　故障树分析符号

类别	符号	名称	说明
事件符号		结果事件	包括顶事件和中间事件
		基本事件	无须查明发生原因，通常是已知其发生概率的事件，位于故障树底端
		省略事件	暂时不能或不需要进一步分析其原因的底事件
		条件事件	可能出现也可能不出现的事件，当给定条件满足时这一事件发生
逻辑门符号		与门	输入事件 B_1、B_2 同时发生时，输出事件 A 发生
		或门	输入事件 B_1、B_2 中至少有一个发生时，输出事件 A 发生
		禁门	只有当条件事件 C 发生，输入事件 B 的发生才导致输出事件 A 的发生
		表决门	n 个输入事件中至少有任意 k 个事件发生，输出事件才发生
		异或门	当输入事件 B_1 或 B_2 单独发生时，输出事件 A 发生
转移符号		转入符号	表示有子故障树由此转入
		转出符号	表示此故障树转出到其他故障树

1.6.4.3　故障树的割集

（1）割集

若一个集合中的底事件同时发生时，顶事件必然发生，则这样的集合称为割集。割集中的全部事件发生是导致顶事件发生的充分条件，但不一定是必要条件。

（2）最小割集

如果割集中的任一底事件不发生时，顶事件即不发生，则称为最小割集。它是包含能使顶事件发生的最小数量的必须底事件的集合。或者说，若 C 是一个割集，去掉其中任何一个事件后就不再是割集。也就是说，最小割集中的全部事件发生是导致顶事件发生的充分必要条件。

系统故障树的一个割集代表该系统发生故障的一种可能性，即一种失效模式。由于最小割集发生时顶事件必然发生，因此一个故障树的全部最小割集就代表顶事件发生的所有可能性，即系统的全部故障模式。最小割集还显示处于故障状态的系统必须修复的基本故障。

故障树分析的定性分析一般是要找出系统故障树的全部最小割集。

1.6.4.4 逻辑门的概率计算

（1）与门概率

如果 A_1，A_2，$\cdots$，A_n 为输入而 A 为输出时，这个与门（输出发生）的概率为：

$$P_r\{A\} = P_r\{A_1\} \cdot P_r\{A_2\} \cdot P_r\{A_3\} \cdots P_r\{A_n | A_1, A_2, \cdots, A_{n-1}\} \quad (1-101)$$

$P\{top | A\}$ 为条件概率，为已知 A 事件发生条件下的顶事件的发生概率。

如果所有事件是互相独立的，则：

$$P_r\{A\} = P_r\{A_1\} \cdot P_r\{A_2\} \cdot P_r\{A_3\} \cdots P_r\{A_n\} \quad (1-102)$$

例如，事件 A 和 B 是相互独立的并连接到一个与门。已知这两个事件的概率分别为 0.1 与 0.2，则门的概率为：$(0.1) \cdot (0.2) = 0.02$。

（2）或门概率

如果 A_1，A_2，$\cdots$，A_n 为输入，而 A 为或门的输出，这个或门（输出发生）的概率为：

$$P_r\{A\} = P_r\{A_1\} + P_r\{A_2 | \sim A_1\} + \cdots P_r\{A_n | \sim A_1, \sim A_2, \cdots, \sim A_{n-1}\} \quad (1-103)$$

这里 $P_r\{A_i\}$ 与 $P_r\{\sim A_i\}$ 分别是事件 A_i 发生与不发生的概率。

如果所有事件始终相互独立，则：

$$\begin{aligned}
P_r\{A\} &= P_r\{A_1\} + P_r\{A_2 | \sim A_1\} + \cdots P_r\{A_n\} \cdot P_r\{A_1\} \cdot P_r\{A_2\} \cdots P_r\{A_{n-1}\} \\
&= P_r\{A_1\} + P_r\{A_2\}(1 - P_r\{A_1\}) + \cdots + \\
&\quad P_r\{A_n\}(1 - P_r\{A_1\})(1 - P_r\{A_2\}) \cdots (1 - P_r\{A_{n-1}\}) \\
&= 1 - (1 - P_r\{A_1\})(1 - P_r\{A_2\}) \cdots (1 - P_r\{A_n\}) \quad (1-104)
\end{aligned}$$

例如，事件 A 和 B 是互相独立的并连接到或门。已知 A、B 事件发生的概率分别为 0.1 和 0.2，或门的概率为：$1 - (1 - 0.1)(1 - 0.2) = 0.28$。

（3）表决门概率

如果 A_1，A_2，$\cdots$，A_n 是相互独立的输入且 A 是 k/n 表决门的输出，至少有 k 个成功事件的全部事件的组合概率。如果所有事件是互相独立的，且每个事件的概率相同为 r，则表决门的概率为：

$$P_r\{A\} = C_k^n (r)^k (1-r)^{n-k} + \cdots + C_k^n (r)^n (1-r)^{n-n} \quad (1-105)$$

（4）非门概率

如果 A_1 是输入且 A 是输出，非门的概率为：

$$P_r\{A\} = P_r\{\sim A_1\} = 1 - P_r\{A_1\} \qquad (1-106)$$

（5）异或门概率

如果 A_1 和 A_2 是输入且 A 是输出，则异或门的概率为：

$$P_r\{A\} = P_r\{\sim A_1 \text{ 和 } \sim A_2\} + P_r\{A_2 \text{ 和 } A_1\} \qquad (1-107)$$

如果这些事件是互相独立的，则异或门的概率为：

$$
\begin{aligned}
P_r\{A\} &= P_r\{A_1\} \cdot P_r\{\sim A_2\} + P_r\{A_2\} \cdot P_r\{\sim A_1\} \\
&= P_r\{A_1\} + P_r\{A_2\} - 2P_r\{A_1\} \cdot P_r\{A_2\} \\
&= P_r\{\sim A_1\} + P_r\{\sim A_2\} - 2P_r\{\sim A_1\} \cdot P_r\{\sim A_2\}
\end{aligned}
\qquad (1-108)
$$

1.6.4.5　故障树的分析方法

故障树分析的主要目的是评估顶事件的发生概率并表示导致顶事件发生的事件链。故障树分析需要以下几步：

①故障树的建立；②故障树的定性分析；③故障树的定量分析。

（1）故障树的建立

建立故障树是故障树分析中最重要的工作。它包括确定顶事件，由顶事件开始找出导致顶事件的直接原因，作为第一级中间事件，并确定中间事件与顶事件，中间事件之间的逻辑关系。依此类推，逐级向下分析，找出各级中间事件，直至找出引起顶事件发生的全部底事件，将各级事件用适当的逻辑门连接，这样就完成故障树的建立。故障树的建立要求对所研究的系统有透彻的了解。因此，需要对故障树的构建者具有设计、操作、可靠性分析方面知识的支撑，如果构建者对某些知识没有掌握，则需要具有专业知识的人共同参与，互相配合进行分析。

（2）故障树的定性分析

故障树的定性分析是寻找故障树的割集并确定故障树的所有最小割集。割集是一个引起顶事件发生的事件集，最小割集是一个最小事件集。通常基本事件数目最少的割集发生概率最高。在求得所有最小割集后，可根据最小割集的阶数（最小割集所有底事件数）对最小割集进行比较分析。通常最小割集的阶数越低，它的重要性越高。对于底事件来说，在不同最小割集中出现次数越多的底事件越重要。找出故障树最小割集的方法有很多种。这里只介绍以下两种常用的方法。

①下行法

下行法又称为 Fussell – Vesely 法，其特点是从顶事件开始，向下逐级进行。其依据是逻辑与门仅增加割集容量，而逻辑或门增加割集个数。下行法自上而下，遇到与门就把与门下面所有输入事件排列于同一行，遇到或门就把或门下面的所有输入事件排列于一列，逐级用下一级事件置换上一级事件，直到不能再向下分解为止。这样得到的每一行都是故障树的一个割集，但不一定是最小割集。为得到故障树的所有最小割集，需要对已得到的割集进行逻辑运算，应用吸收律等得到最小割集。

例：用下行法求图 1 – 42 的故障树的割集和最小割集。

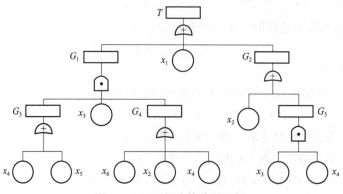

图 1-42　下行法故障树示例

对图 1-42 所示的故障树应用下行法逐级展开，为简化表达，分别用数字 1，2，…代替 x_1，x_2，…，见表 1-5。

表 1-5　图 1-42 故障树下行法展开

步骤	1	2	3	4	5	6
	1	1	1	1	1	1
	G_1	3，G_3，G_4	3，4，G_4	3，4，2	3，4，2	3，4，2
	G_2	G_2	3，5，G_4	3，4，4	3，4，4	3，4，4
			G_2	3，4，6	3，4，6	3，4，6
				3，5，2	3，5，2	3，5，2
				3，5，4	3，5，4	3，5，4
				3，5，6	3，5，6	3，5，6
				G_2	2	2
					G_5	3，4

表中最后一列的每一行都是一个割集，进行简化操作后就可得到故障树的最小割集，全部最小割集如下：

$$\{x_1\},\ \{x_2\},\ \{x_3,\ x_4\},\ \{x_3,\ x_5,\ x_6\}$$

②上行法求最小割集

上行法也称为 Semanderes 算法，它是由故障树的底事件开始，逐级向上进行集合运算，最后将顶事件表示成若干个底事件之积的和的形式。每一个积事件就是一个割集，最后通过逻辑运算中的吸收律和等幂律对积和表达式进行简化，剩下的每一项都是一个最小割集。为简化书写，用"+"代替符号"∪"，且省略符号"∩"。

例：用上行法求图 1-42 所示故障树的割集和最小割集。

解：首先写出由下向上各级事件的逻辑表达式。

最下一级：

$$G_5 = x_3 x_4 \qquad G_4 = x_6 + x_2 + x_4 \qquad G_3 = x_4 + x_5$$

次下级：

$$G_2 = x_2 + G_5 \qquad G_1 = x_3 G_4 G_5$$

最上一级：

$$T = G_1 + G_2 + x_1 = x_1 + x_2 + x_3 x_4 + x_3 (x_6 + x_2 + x_4)(x_4 + x_5)$$
$$= x_1 + x_2 + x_3 x_4 + x_3 x_4 x_6 + x_2 x_3 x_4 + x_3 x_4 + x_3 x_5 x_6 + x_2 x_3 x_5 + x_3 x_4 x_5$$
$$= x_1 + x_2 + x_3 x_4 + x_3 x_4 x_6 + x_2 x_3 x_4 + x_3 x_5 x_6 + x_2 x_3 x_5 + x_3 x_4 x_5$$

以上式子中每一项都是故障树的一个割集，但不一定是最小割集，对上式应用等幂律和吸收律进行简化有：

$$T = x_1 + x_2 + x_3 x_4 + x_3 x_5 x_6$$

这样，就求得故障树的全部最小割集为：

$$\{x_1\},\ \{x_2\},\ \{x_3, x_4\},\ \{x_3,\ x_5,\ x_6\}$$

显然用下行法与用上行法求得的结果是相同的。

（3）故障树的定量分析

定量分析是以故障树为分析模型，在底事件发生概率已知的条件下，求出顶事件发生概率，并进一步明确各零件重要度等可靠性指标。定量分析有直接概率法和最小割集法。

直接概率法：当故障树底事件发生的概率为已知时，按照故障树的逻辑结构自下而上逐级计算，即可求得故障树顶事件发生的概率。但当故障树比较复杂，有底事件重复出现时，不能应用直接概率法求顶事件发生概率，只能用最小割集法。

最小割集法：在得到故障树的全部最小割集后，通过最小割集来求顶事件发生的概率。设 $C_i (i=1, 2, \cdots, n)$ 为故障树的第 i 个最小割集，则顶事件可表达为：

$$T = \bigcup_{i=1}^{n} C_i \tag{1-109}$$

由于割集中的各底事件与最小割集之间在逻辑上为"与"的关系，若已知最小割集 C_i 中各底事件 $x_1, x_2, \cdots, x_k$ 发生的概率，则最小割集发生概率为：

$$P(C_i) = P\left(\bigcap_{i=1}^{k} x_i\right) \tag{1-110}$$

则顶事件发生的概率可表达为：

$$P(T) = P\left(\bigcup_{i=1}^{n} C_i\right) \tag{1-111}$$

下面用图 1-40(b) 故障树举例来说明。

例：如图 1-40(b) 所示故障树，已知各部件的可靠度为：

$$R_{x_1} = 0.96 \qquad R_{x_2} = 0.98 \qquad R_{x_3} = 0.99$$

假设各底事件是相互独立事件，求系统的可靠度。

用直接概率法：

各底事件发生的概率为：

$$P(x_1) = 1 - 0.96 = 0.04$$
$$P(x_2) = 1 - 0.98 = 0.02$$
$$P(x_3) = 1 - 0.99 = 0.01$$

事件 M_1 发生的概率为：

$$P(M_1) = P(x_1)P(x_2) = 0.04 \times 0.02 = 0.0008$$

顶事件发生的概率为：

$$P(T) = 1 - (1 - 0.0008) \times (1 - 0.01) = 0.01702$$

系统的可靠度为：

$$R_S = 1 - P(T) = 1 - 0.01702 = 0.989208$$

用最小割集法：

$$C_1 = \{x_1, x_2\}, \quad C_2 = \{x_3\}$$

则：

$$P(C_1) = P(x_1 x_2) = (1 - 0.96) \times (1 - 9.98) = 0.0008$$
$$P(C_2) = P(x_3) = 1 - 0.99 = 0.01$$

故有：

$$P(T) = P(C_1 \cup C_2) = P(C_1) + P(C_2) - P(C_1)P(C_2)$$
$$= 0.0008 + 0.01 - 0.0008 \times 0.01$$
$$= 0.010792$$
$$R_S = 1 - P(T) = 1 - 0.010792 = 0.989208$$

可见，两种算法结果是一样的。

1.6.5 系统故障分析的 Petri 网模型介绍

系统可靠性定性与定量分析方法包括可靠性框图模型（RBD）、故障树分析模型等。这些方法在不同领域得到广泛应用，这些方法在应用上都有局限性，难以用于描述动态复杂关联系统中的动态行为，可靠性框图最基本的形式有串联、并联、备用和表决（冗余）等，但忽略了系统的时间动态特性。故障树分析模型同样没有很好地考虑故障发生的时序关系，虽然提出了动态故障树的概念，但是在实际应用中还需要进行进一步的探索和验证。Petri 网具有动态性质和结构性质，用于进行系统故障分析更为有效。

Petri 网是 1962 年由德国 Bonn 大学的 Petri，在其博士论文中作为网状结构的信息流模型提出的，是一种系统描述、模拟的数学和图形分析工具，可表达系统的静态结构和动态变化。能够较好地描述复杂系统中常见的同步、并发、分布、冲突、资源共享等现象，可用于分布式系统、信息系统、离散事件系统和柔性制造系统等，是进行离散事件动态系统建模、分析和设计的有效途径。近年来，Petri 网广泛地应用于复杂系统的可靠性分析中，各种改进的 Petri 网模型不断地被提出，如广义有色随机 Petri 网模型、混合 Petri 网模型、模糊 Petri 网模型、扩展的面向对象 Petri 网模型等。

概括起来，Petri 网在系统可靠性分析中的应用主要分为五大类，包括基本行为描述、故障树表示与简化、故障诊断、可靠性指标的解析计算和基于 Petri 网的可靠性仿真分析。

（1）基本行为描述，系统的许多可靠性指标（可用度、任务可靠度等）与系统的动态性质相关。根据 Petri 网一些基本性质描述系统的动态性质，不仅防止影响系统可靠性情况的发生，而且可协助设计人员改进系统设计。

（2）故障树表示与简化。故障树分析模型是一种传统的可靠性分析方法，故障树可看作系统中的故障传播的逻辑关系。一般的单调关联故障树只含有与门和或门。故障树可很方便地用 Petri 网表示，例如，与门采用多输入变迁代替，或门采用两个变迁代替。

（3）故障诊断。基本 Petri 网是最简单的一种 Petri 网模型，其库所中至多含有一个托肯。含有一个托肯表示逻辑"1"，不含有托肯表示逻辑"0"。利用这种特性，系统根据库所中是否存在托肯来判断相应的状态是否发生，如果故障状态拥有托肯，则表示相应的故障发生。Petri 网可以很好地描述系统中可能发生的各种状态变化和变化间的因果关系，所以故障的发生很容易通过反向推理得到故障发生的原因，从而实现故障诊断过程。

（4）可靠性指标的解析计算。随机 Petri 网（Stochastic Petri Net，SPN）由 Molloy 首先提出，并在可靠性分析及性能分析中得到广泛应用。一般的可靠性模型仅给出计算某些参量的方法，不具备反映中间过程的能力，而随机 Petri 网模型清晰地描述了系统状态之间的动态转移过程。该方法的优点是利用一般随机 Petri 网的有关理论，通过计算机可自动进行马尔可夫过程的状态分析，通过状态方程得到系统相关的可靠性指标，是复杂系统可靠性分析的有力工具。

（5）基于 Petri 网的可靠性仿真分析。用 Petri 网模型进行建模，能形象地描述系统的动态行为。利用随机 Petri 网的分析方法分为解析法和仿真法，解析法将 SPN 的可达树图映射成 MCS 的状态转移矩阵，然后用经典的 MCS 方法分析。Petri 网动态仿真可处理各种可能分布的随机事件。例如，二者结合可以为解决系统可靠性问题提供一种新的思路和方法。

一个简单的 Petri 网见图 1 - 43。经过 40 多年的发展，Petri 网理论本身已形成门系统独立的学科分支，详细可见有关专著，本书只进行简单介绍。

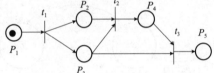

图 1 - 43　一个简单的 Petri 网

1.6.6　马尔可夫分析

1.6.6.1　随机过程

前几章介绍的可靠性实验即可靠性系统建模中其数学概率都是在概率论范畴中，我们讨论的是一个或有限多个随机变量的情况，而在大多实际问题中，这种研究不能满足需要，因为有许多随机现象仅用静止的有限个随机变量去描述是远远不够的。虽然在大数定律与中心极限定理中考虑了无穷多个随机变量，然而在其中假定这些随机变量之间是相互独立的。工程实际中，需要用一组无穷多个相互有关的随机变量去描述自然界与科学技术中存在的大量随机现象，这就导致随机过程论的产生与发展。了解随机过程首先要区分随机过程和随机变量。

一般来说，概率论中的实验是指对自然的观察或为某种目的进行的科学实验。如果此实验能在相同条件下重复进行，且每次实验的可能结果不止一个，事先明确实验所有可能的结果，但每一次实验之前不能确定哪一个结果会出现，这样的实验就是概率论的研究对象——随机实验。

随机实验的全部可能结果的集合称为样本空间，随机实验的每一个可能结果，即组成样本空间的元素称为样本点，又称为基本事件，多样本点的集合称为子集，部分样本点或样本点的集合称为随机事件。

随机过程有许多状态，它们可描述随机变量的行为。随机过程是用以描述与时间有关的动态系统。在一个特定时刻，系统处于其可能的某一状态。在每个状态，将会发生一组事件。每个状态的发生概率分布取决于系统的历史记录（所有以前的事件和状态的转移时间）。随机过程论是随机数学的一个重要分支，产生于20世纪初期，其研究对象与概率论一样是随机现象，而特别研究的是随"时间"变化的"动态"的随机现象，因此随机过程与概率论的关系类似于物理学中动力学与静力学的关系，近40年来，随着物理学、生物学、自动控制、无线电通信及管理科学等方面的需求提出与解决，使它逐步形成一门独立的分支学科，在自然科学、工程技术及社会科学中日益呈现广泛的应用前景和蓬勃的发展前景。

随机事件的变化过程称为随机过程（Radom Process），随机过程无确定的变化形式及必然的变化规律，因而不可能用精确的数学关系式来表达，但可用随机函数来描述，随机函数 $X(t)$ 在时间 t_1 时的取值，称为 $X(t)$ 在 $t=t_1$ 时的状态，它也是随机变量，而 t 则称为过程参数，二者所有可能值的集合，分别称为"状态空间"和"参数空间"。

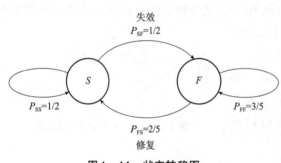

图1-44 状态转移图

当系统完全由定义状态的变量值来描述时，则称这个系统处于一种状态。当描绘系统的量从一种状态的特定值变化到另一种状态的特定值时，则称该系统实现状态的转移。例如，对于某一系统，相对于运行这一状况，就有正常状态 S 和失效状态 F 之间的状态转移。这种状态转移可用图1-44表达，该图称为状态转移图，图中标出状态转移概率。马尔可夫过程（Markov Process）就是研究系统"状态"与"状态"间的相互转移关系的。

1.6.6.2 马尔可夫过程（Markov Process）

随机过程有很多类型，在此介绍最重要的马尔可夫过程，马尔可夫过程（简称马氏过程）是随机过程中的一特殊类型，它可以由当前状态唯一地确定过程的未来行为。这说明事件（发生率）的分布独立于系统的历史记录。而且，转移率与系统进入当前状态的时间相互独立。因此，马尔可夫过程的基本假设是在每个状态下系统的行为是无记忆的，系统从当前状态的转移仅由当前状态决定，而不是由以前的状态或进入当前状态的时间决定。

在马尔可夫模型中，更常用的是齐次马尔可夫模型。

如果马尔可夫过程从一个给定状态向另一个状态转移的概率仅与两状态的相对时间有关，而与观测时刻无关，或具体观测时间变化时其转移概率值仍不变，即：

$$P\{X(t_n)=j\,|\,X(t_{n-1})=i\}=P_{ij}=\text{const} \tag{1-112}$$

则称这种马尔可夫过程为"稳态马尔可夫过程""平稳马尔可夫过程"或"齐次马尔可夫过程"，它表示转移概率与起始时刻的位置无关。

从过程的无记忆性和平稳等性质来看，上述马尔可夫过程适用于系统的工作状态和故障(维修)状态均服从指数分布的情况，即齐次马尔可夫过程在转移发生前，每一个状态所经历的时间服从指数分布。

在可靠性工程中，如果每一状态所有事件(失效、维修等)以恒定发生率(失效率、维修率、切换等)发生，则这些情况是确定的。过程的基本行为是相对于时间独立的，部件的失效率和维修率取决于当前状态。可用齐次马尔可夫过程的归纳。

由于受恒定转移率的限制，齐次马尔可夫过程不可用于建立服从部件耗损特性的系统行为的模型。为了对马尔可夫过程的状态转移有更深入的了解，下面将介绍马尔可夫状态转移图和状态转移矩阵。

1.6.6.3 马尔可夫状态转移图

马尔可夫过程的状态转移，可用马尔可夫状态转移图来说明。例如，1台可修复的设备存在正常运行状态 i 和故障状态 j 间的状态转移问题。如果该设备在运行了一段时间后处于状态 i 的概率为2/3，则它转移到状态 j 的概率为$(1-2/3=1/3)$，简记为：

$$P_{ii} = \frac{2}{3}, \quad P_{ij} = \frac{1}{3} \tag{1-113}$$

反之，如果该设备处于状态 j 而经过维修后转移到状态 i 的概率为3/4，那么它处于状态 j 的概率为 $1-3/4=1/4$，简记为：

$$P_{ji} = \frac{3}{4}, \quad P_{jj} = \frac{1}{4} \tag{1-114}$$

用马尔可夫状态转移图则可简单而清楚地反映这一过程，见图1-45。通常，用马尔可夫过程求解系统或设备的状态概率时，应首先作出相应的状态转移图，并填入有关概率值，则一目了然并方便求解。

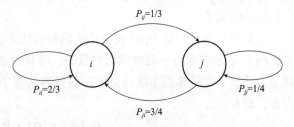

图1-45 马尔可夫状态转移图

1.6.6.4 马尔可夫状态转移矩阵

图1-45所示为马尔可夫状态转移过程，也可用马尔可夫转移矩阵来表示。

$$P = \begin{array}{c} i \\ j \end{array}\begin{bmatrix} P_{ii} & P_{ij} \\ P_{ji} & P_{jj} \end{bmatrix} = \begin{array}{c} i \\ \\ j \end{array}\begin{bmatrix} \dfrac{2}{3} & \dfrac{1}{3} \\ \dfrac{3}{4} & \dfrac{1}{4} \end{bmatrix} \tag{1-115}$$

矩阵中的元素均为转移概率，如 P_{ij} 为由状态 i 至状态 j 的转移概率。矩阵行的位置为状态转移的起始位置；矩阵列的位置为状态转移的到达位置。

对于 n 状态系统，若可能产生的状态为 S_1，S_2，…，S_n且在状态 S_i 产生后，状态 S_j $(j \neq i, i, j = 1, 2, …, n)$ 产生的条件概率为 P_{ij}(转移概率)，若由最初的分布中随机地

选出 S_i 的概率为 α_i，则当此事件群的条件概率为一定值且关系式：

$$P\{S_i, S_j, \cdots, S_m, S_n\} = \alpha_i P_{ij} \cdots P_{mn} \qquad (1-116)$$

成立时，称此事件群为马尔可夫链。当可能产生的状态为有限个时，又称为有限马尔可夫链。且有：

$$\left.\begin{array}{l} \sum_{i=1}^{n} \alpha_i = 1 \\ 1 > P_{ij} \geqslant 0 \quad i,j = 1,2,\cdots,n \\ \sum_{j=1}^{n} P_{ij} = 1 \quad i = 1,2,\cdots,n \end{array}\right\} \qquad (1-117)$$

n 状态系统的转移矩阵为 $n \times n$ 阶方阵：

$$P = \begin{bmatrix} P_{11} & P_{12} & \cdots & P_{1n} \\ P_{21} & P_{22} & \cdots & P_{2n} \\ \cdot & \cdot & \cdots & \cdot \\ \cdot & \cdot & \cdots & \cdot \\ \cdot & \cdot & \cdots & \cdot \\ P_{n1} & P_{n2} & \cdots & P_{nn} \end{bmatrix} \qquad (1-118)$$

转移矩阵 P 完全描述了马尔可夫过程。由式(1-117)可知：转移矩阵的各元素均为不大于1的非负元素，而每一行中的各元素之和均等于1。

有了转移矩阵，就可用它来研究关于状态转移的问题。可计算状态转移过程中停留在任何状态的概率。

如果用一概率向量 $P(0)$ 表示系统的初始状态，用 $P(1)$ 表示系统运行一段时间后的状态，$P(2)$ 表示再运行一段时间后的状态，并依此类推，$P(n)$ 表示系统运行 n 段时间后的状态，那么 n 次转移后系统所处状态的概率则等于初始状态的概率向量右乘转移矩阵的 n 次幂，即有：

$$\begin{array}{l} P(1) = P(0) \cdot P \\ P(2) = P(1) \cdot P = P(0) \cdot P^2 \\ P(3) = P(2) \cdot P = P(0) \cdot P^3 \\ \cdots \\ P(n) = P(n-1) \cdot P = P(0) \cdot P^n \quad (n=1,2,\cdots) \end{array} \qquad (1-119)$$

式中，P 为一次转移矩阵；P^2 为二次转移矩阵；P^n 为 n 次转移矩阵；$P(0)$ 为初次状态向量。

系统初始状态的概率向量由分量组成：

$$P(0) = [P_1 \quad P_2 \quad \cdots \quad P_n] \qquad (1-120)$$

当过程从某一状态 i 开始时，通常取该状态的概率分量 $P_i = 1$，而其他分量则取0。

[例3]　某系统的状态转移图见图1-44，若该系统初始状态的概率向量 $P(0) = [P_S \quad P_F] = [1 \quad 0]$，求各次转移系统所处的状态。当 $P(0) = [P_S \quad P_F] = [0 \quad 1]$ 时又如何？

解: 由图 1 -44 可知转移矩阵为:

$$P = \begin{bmatrix} \dfrac{1}{2} & \dfrac{1}{2} \\ \dfrac{2}{5} & \dfrac{3}{5} \end{bmatrix}$$

再由式(1 -119)可知, 当 $P(0) = \begin{bmatrix} 0 & 1 \end{bmatrix}$ 时:

$$P(1) = P(0) \cdot P = \begin{bmatrix} 1 & 0 \end{bmatrix} \begin{bmatrix} \dfrac{1}{2} & \dfrac{1}{2} \\ \dfrac{2}{5} & \dfrac{3}{5} \end{bmatrix} = \begin{bmatrix} \dfrac{1}{2} & \dfrac{1}{2} \end{bmatrix} = \begin{bmatrix} 0.5 & 0.5 \end{bmatrix}$$

$$P(2) = P(0) \cdot P^2 = P(1) \cdot P = \begin{bmatrix} \dfrac{1}{2} & \dfrac{1}{2} \end{bmatrix} \begin{bmatrix} \dfrac{1}{2} & \dfrac{1}{2} \\ \dfrac{2}{5} & \dfrac{3}{5} \end{bmatrix} = \begin{bmatrix} \dfrac{9}{20} & \dfrac{11}{20} \end{bmatrix} = \begin{bmatrix} 0.45 & 0.55 \end{bmatrix}$$

$$\cdots$$

$$P(n) = P(0) \cdot P^n = P(n-1) \cdot P = \begin{bmatrix} \dfrac{4}{9} & \dfrac{5}{9} \end{bmatrix} = \begin{bmatrix} 0.444444\cdots & 0.555555\cdots \end{bmatrix}$$

当 $P(0) = \begin{bmatrix} 0 & 1 \end{bmatrix}$ 时, 得

$$P(1) = P(0) \cdot P = \begin{bmatrix} 0 & 1 \end{bmatrix} \begin{bmatrix} \dfrac{1}{2} & \dfrac{1}{2} \\ \dfrac{2}{5} & \dfrac{3}{5} \end{bmatrix} = \begin{bmatrix} \dfrac{2}{5} & \dfrac{3}{5} \end{bmatrix} = \begin{bmatrix} 0.4 & 0.6 \end{bmatrix}$$

$$P(2) = P(0) \cdot P^2 = P(1) \cdot P = \begin{bmatrix} \dfrac{2}{5} & \dfrac{3}{5} \end{bmatrix} \begin{bmatrix} \dfrac{1}{2} & \dfrac{1}{2} \\ \dfrac{2}{5} & \dfrac{3}{5} \end{bmatrix} = \begin{bmatrix} \dfrac{11}{25} & \dfrac{14}{25} \end{bmatrix} = \begin{bmatrix} 0.44 & 0.56 \end{bmatrix}$$

$$\cdots$$

$$P(n) = P(0) \cdot P^n = P(n-1) \cdot P = \begin{bmatrix} \dfrac{4}{9} & \dfrac{5}{9} \end{bmatrix} = \begin{bmatrix} 0.444444\cdots & 0.555555\cdots \end{bmatrix}$$

将得出的各次转移概率列入表 1 -6。

表 1 -6　不同初始状态下各次转移的概率值

转移步数 n		0	1	2	3	4	5	$\cdots$	n
$P(0) = \begin{bmatrix} 1 & 0 \end{bmatrix}$	P_S(正常状态概率)	1	0.5	0.45	0.445	0.4445	0.44445	$\cdots$	0.444444$\cdots$
	P_F(故障状态概率)	0	0.5	0.55	0.555	0.5555	0.55555	$\cdots$	0.555555$\cdots$
$P(0) = \begin{bmatrix} 0 & 1 \end{bmatrix}$	P_S(正常状态概率)	0	0.4	0.44	0.444	0.4444	0.44444	$\cdots$	0.444444$\cdots$
	P_F(故障状态概率)	1	0.6	0.56	0.556	0.5556	0.55556	$\cdots$	0.555555$\cdots$

由表 1 -6 可以看出:

(1)随着转移步数 n 的增加, 状态趋于稳定。稳定状态的概率称为极限概率。例如,

在上题中最后稳定在：正常状态为 4/9；故障状态为 5/9。$P(n) = \begin{bmatrix} \dfrac{4}{9} & \dfrac{5}{9} \end{bmatrix}$ 为极限状态概率向量。

（2）马尔可夫过程的特性之一，就是它的极限状态矩阵与初始状态无关或极限状态概率与初始状态无关，这种过程称为"各态历经过程"或"遍历过程"，其状态转移矩阵称为"遍历矩阵"。

应当指出：上述用初始状态的概率向量右乘转移矩阵的 n 次幂来求 n 次转移后系统所处状态的概率的方法，只有当转移矩阵为遍历矩阵时才可应用。

当转移矩阵经 n 次方计算后，所得矩阵的全部元素均大于 0 时，则该矩阵即为遍历矩阵，又称为马尔可夫正规链。

[例 4]　试检验矩阵 $P = \begin{bmatrix} 0 & 1 & 0 \\ 0 & 0 & 1 \\ \dfrac{1}{2} & \dfrac{1}{2} & 0 \end{bmatrix}$ 是否为遍历矩阵？

解：将大于 0 的元素均以 x 表示，检验 n 次方计算后矩阵的各元素是否均大于 0。

$$P = \begin{bmatrix} 0 & x & 0 \\ 0 & 0 & x \\ x & x & 0 \end{bmatrix}$$

$$P^2 = \begin{bmatrix} 0 & x & 0 \\ 0 & 0 & x \\ x & x & 0 \end{bmatrix} \begin{bmatrix} 0 & x & 0 \\ 0 & 0 & x \\ x & x & 0 \end{bmatrix} = \begin{bmatrix} 0 & 0 & x \\ 0 & x & x \\ 0 & x & x \end{bmatrix}$$

$$P^4 = \begin{bmatrix} 0 & 0 & x \\ 0 & x & 0 \\ 0 & x & 0 \end{bmatrix} \begin{bmatrix} 0 & 0 & x \\ 0 & x & 0 \\ 0 & x & 0 \end{bmatrix} = \begin{bmatrix} 0 & x & x \\ x & x & x \\ x & x & x \end{bmatrix}$$

$$P^8 = \begin{bmatrix} 0 & x & x \\ x & x & x \\ x & x & x \end{bmatrix} \begin{bmatrix} 0 & x & x \\ x & x & x \\ x & x & x \end{bmatrix} = \begin{bmatrix} x & x & x \\ x & x & x \\ x & x & x \end{bmatrix}$$

可见，矩阵 P 为遍历矩阵。

当概率矩阵 P 为正规的遍历矩阵时，则具有以下性质：

（1）P^n 随着转移步数 n 的增加而趋于某一稳定矩阵。即各态转移的概率趋于稳定；

（2）稳定矩阵的各元素均大于 0；

（3）稳定矩阵各行是同一概率向量。

且

$$\left. \begin{array}{l} X = \begin{bmatrix} x_1 & x_2 & \cdots & x_n \end{bmatrix} \\ \displaystyle\sum_{i=1}^{n} x_i = 1 \end{array} \right\} \qquad (1-121)$$

既然极限状态概率向量不再变化，因此，即使再转移一步，其状态概率也不会变的，故有：
$$X \cdot P = X \qquad\qquad (1-122)$$

式中，P 为一次转移矩阵；X 为极限状态概率向量，或称 P 的固有向量、特征向量，也是稳定矩阵的行向量，见式$(1-121)$。

利用式$(1-122)$可求出向量 X，这比前面介绍的求极限状态概率的方法要简单得多。

[例 5]　求转移矩阵 $P = \begin{bmatrix} \dfrac{1}{2} & \dfrac{1}{2} \\ \dfrac{2}{5} & \dfrac{3}{5} \end{bmatrix}$ 的固有向量或特征向量。

解：由式$(1-122)$，得：

$$[x_1 \quad x_2] \begin{bmatrix} \dfrac{1}{2} & \dfrac{1}{2} \\ \dfrac{2}{5} & \dfrac{3}{5} \end{bmatrix} = [x_1 \quad x_2]$$

将上式改写为方程组并由式$(1-121)$得联立方程：

$$\begin{cases} \dfrac{1}{2}x_1 + \dfrac{2}{5}x_2 = x_1 \\ \dfrac{1}{2}x_1 + \dfrac{3}{5}x_2 = x_2 \\ x_1 + x_2 = 1 \end{cases}$$

求联立方程，得 $X = \begin{bmatrix} \dfrac{4}{9} & \dfrac{5}{9} \end{bmatrix}$，这与上例用初始状态概率向量右乘转移矩阵的 n 次幂的方法所得结果完全一致，而计算却更简便。

1.6.6.5　可修复系统的可靠度计算

由于马尔可夫过程的无记忆性和平稳等性质，它适用于系统的工作状态和故障(维修)状态均服从指数分布的情况，因为只有当失效率 λ 和修复率 μ 均为常数的指数分布，才能确保两个状态之间的转移概率在所有的时间保持恒定，因此这里只介绍可靠度与维修度均呈指数分布的情况。

(1)单一系统的可靠度计算

设某系统处于正常状态 S 时的失效率为 λ，处于失效状态 F 时的修复概率为 μ，即：

$$P_{SF} = \lambda ; \; P_{FS} = \mu$$

因而有 $P_{SS} = 1 - \lambda$，$P_{FF} = 1 - \mu$，见图 $1-46$。

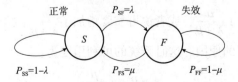

图 $1-46$　单一系统的马尔可夫状态转移图

因此，可以构成如下的转移矩阵：

$$P = \begin{matrix} S \\ F \end{matrix} \begin{bmatrix} 1-\lambda & \lambda \\ \mu & 1-\mu \end{bmatrix} \quad\quad S \quad F \qquad (1-123)$$

可以证明式(1-123)表达的转移矩阵是遍历矩阵。因此，可按 $X \cdot P = X$ 求出其特征向量 X，即：

$$\begin{bmatrix} x_1 & x_2 \end{bmatrix} \begin{bmatrix} 1-\lambda & \lambda \\ \mu & 1-\mu \end{bmatrix} = \begin{bmatrix} x_1 & x_2 \end{bmatrix} \quad S \quad F$$

这样，即可通过求解联立方程：

$$\begin{cases} (1-\lambda)x_1 + \mu x_2 = x_1 \\ \lambda x_1 + (1-\mu)x_2 = x_2 \\ x_1 + x_2 = 1 \end{cases}$$

解得：$x_1 = \dfrac{\mu}{\lambda+\mu}$，$x_2 = \dfrac{\lambda}{\lambda+\mu}$

故特征向量为：$X = \begin{bmatrix} x_1 & x_2 \end{bmatrix} = \begin{bmatrix} \dfrac{\mu}{\lambda+\mu} & \dfrac{\lambda}{\lambda+\mu} \end{bmatrix}$

稳定矩阵或极限状态矩阵为：

$$P^* = \begin{matrix} S \\ F \end{matrix} \begin{bmatrix} \dfrac{\mu}{\lambda+\mu} & \dfrac{\lambda}{\lambda+\mu} \\ \dfrac{\mu}{\lambda+\mu} & \dfrac{\lambda}{\lambda+\mu} \end{bmatrix} \quad S \quad F \qquad (1-124)$$

如果不考虑维修，即 $\mu=0$，则式(1-124)变为：

$$P^* = \begin{matrix} S \\ F \end{matrix} \begin{bmatrix} 0 & 1 \\ 0 & 1 \end{bmatrix} \quad S \; F$$

即 $P_{SS}=0$；$P_{SF}=1$；$P_{FS}=0$；$P_{FF}=1$。即说明如果无维修，系统在运行一定时间后不可能由不正常状态向正常状态转化，只会越来越坏直至完全失效。而当系统以修复率 μ 进行时，则由式(1-121)知：

$$P_{SS} = \dfrac{\mu}{\lambda+\mu}, \quad P_{SF} = \dfrac{\lambda}{\lambda+\mu}$$

$$P_{FS} = \dfrac{\mu}{\lambda+\mu}, \quad P_{FF} = \dfrac{\lambda}{\lambda+\mu}$$

即在考虑维修后，系统由正常状态 S 向失效状态 F 转移的概率由无维修时的 $P_{SF}=1$ 变为 $P_{SF}=\dfrac{\lambda}{\lambda+\mu}$ 比原来少了 $\dfrac{\mu}{\lambda+\mu}$，或者说可靠度增加了 $\dfrac{\mu}{\lambda+\mu}$。这就是设备通过维修可降低失效率、提高其可利用度的原因。这时系统的可利用度为：

$$A = P_{SS} = \dfrac{\mu}{\lambda+\mu} \qquad (1-125)$$

（2）两个相同单元并联系统的可利用度

设有两个相同单元（子系统）并联，如果两单元均处于正常状态时，则记为 S_2；如果其中之一发生故障则记为 S_1；两单元均失效时记为 S_0，即 S 的下标数字表示正常的单元数。又设系统的寿命与维修时间皆呈指数分布，且两单元的失效率皆为 λ；修复率皆为 μ 并规定两单元均发生故障时

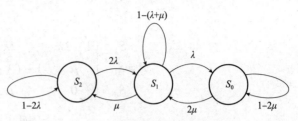

图 1-47 两个相同单元并联系统的
马尔可夫状态转移图（两个维修组）

可由两个维修组同时分别维修，则两相同单元并联系统的马尔可夫状态转移图见图 1-47。

状态转移矩阵为：

$$P = \begin{array}{c} \\ S_2 \\ S_1 \\ S_0 \end{array} \begin{array}{ccc} S_2 & S_1 & S_0 \end{array} \\ \begin{bmatrix} 1-2\lambda & 2\lambda & 0 \\ \mu & 1-(\lambda+\mu) & \lambda \\ 0 & 2\mu & 1-2\mu \end{bmatrix}$$

由 $X \cdot P = X$ 得：

$$\begin{bmatrix} x_2 & x_1 & x_0 \end{bmatrix} = \begin{bmatrix} 1-2\lambda & 2\lambda & 0 \\ \mu & 1-(\lambda+\mu) & \lambda \\ 0 & 2\mu & 1-2\mu \end{bmatrix} = \begin{bmatrix} x_2 & x_1 & x_0 \end{bmatrix}$$

改写成联立方程并引入式

$$\left. \begin{array}{c} X = \begin{bmatrix} x_1 & x_2 & \cdots & x_n \end{bmatrix} \\ \sum_{i=1}^{n} x_i = 1 \end{array} \right\}$$

且

得

$$\begin{cases} (1-2\lambda)x_2 + \mu x_1 = x_2 \\ 2\lambda x_2 + [1-(\lambda+\mu)]x_1 + 2\mu x_0 = x_1 \\ \lambda x_1 + (1-2\mu)x_0 = x_0 \\ x_2 + x_1 + x_0 = 1 \end{cases}$$

解上式联方程，得：

$$x_2 = \frac{\mu^2}{(\lambda+\mu)^2}; \quad x_1 = \frac{2\lambda\mu}{(\lambda+\mu)^2}; \quad x_0 = \frac{\lambda^2}{(\lambda+\mu)^2}$$

因此，系统的可利用度为：

$$A = x_1 + x_2 = \frac{\mu^2}{(1+\mu)^2} + \frac{2\lambda\mu}{(\lambda+\mu)^2} = \frac{\mu^2+2\lambda\mu}{(\lambda+\mu)^2} \tag{1-126}$$

当两个单元均发生故障但只有一个维修组即一次只能维修一个单元故障时，则由状态 S_0

转移到状态 S_1 的专业概率为 μ，这时状态转移，见图 1 - 48，而状态转移矩阵则为：

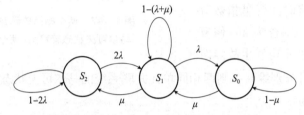

$$P = \begin{array}{c} \\ S_2 \\ S_1 \\ S_0 \end{array} \begin{array}{ccc} S_2 & S_1 & S_0 \\ \left[\begin{array}{ccc} 1-2\lambda & 2\lambda & 0 \\ \mu & 1-(\lambda+\mu) & \lambda \\ 0 & \mu & 1-\mu \end{array}\right] \end{array}$$

图 1 - 48　两个相同单元并联系统的马尔可夫状态转移图(一个维修组)

同样按 $X \cdot P = X$ 求特征向量 $\boldsymbol{X} = \begin{bmatrix} x_1 & x_2 & x_3 \end{bmatrix}$ 得：

$$x_2 = \frac{\mu^2}{2\lambda^2 + 2\mu\lambda + \mu^2}; \quad x_1 = \frac{2\lambda\mu}{2\lambda^2 + 2\mu\lambda + \mu^2}; \quad x_0 = \frac{2\lambda^2}{2\lambda^2 + 2\mu\lambda + \mu^2}$$

系统的可利用度为：

$$A = x_2 + x_1 = \frac{\mu^2 + 2\lambda\mu}{2\lambda^2 + 2\mu\lambda + \mu^2} \tag{1 - 127}$$

(3) 两个相同单元旁联系统的可利用度

设有两个相同单元(子系统)组成旁联系统，其中一个单元工作时，另一个单元做储备。因同时工作的单元只有一个，因此由 $S_2 \rightarrow S_1$ 转移概率为 λ，与此对应的 $S_1 \rightarrow S_2$ 则为 $1-\lambda$。当工作单元发生故障时，储备单元立即替换上去，这时系统处于 S_1 状态，而故障单元则立即进行维修，因此由 $S_1 \rightarrow S_2$ 的转移概率为 μ。若维修单元尚未修好而顶替单元也发生故障，则系统处于 S 状态，这时若有另一维修组，同时对顶替单元也进行维修，则由 $S \rightarrow S_1$ 的转移概率为 2μ，与此相对应的 $S \rightarrow S_0$ 的概率则为 $1-2\mu$。这种情况的马尔可夫状态转移图见图 1 - 49。

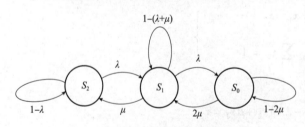

图 1 - 49　两个相同单元旁联系统的
马尔可夫状态转移图(两个维修组)

状态转移矩阵则为：

$$P = \begin{array}{c} \\ S_2 \\ S_1 \\ S_0 \end{array} \begin{array}{ccc} S_2 & S_1 & S_0 \\ \left[\begin{array}{ccc} 1-2\lambda & \lambda & 0 \\ \mu & 1-(\lambda+\mu) & \lambda \\ 0 & 2\mu & 1-2\mu \end{array}\right] \end{array}$$

同样，按式 $X \cdot P = X$，

$$X = \begin{bmatrix} x_1 & x_2 & \cdots & x_n \end{bmatrix}$$

且

$$\sum_{i=1}^{n} x_i = 1$$

求特征向量，最后得出系统的可利用度为：

$$A = \frac{2(\mu^2 + \mu\lambda)}{2\mu^2 + 2\mu\lambda + \lambda^2} \tag{1-128}$$

当只有一个维修组时则由 $S_0 \rightarrow S_1$ 的转移概率为 μ，则系统的可利用度为：

$$A = \frac{\mu^2 + \mu\lambda}{2\mu^2 + 2\mu\lambda + \lambda^2} \tag{1-129}$$

（4）两个不同单元可修复系统的可利用度

设单元 1、单元 2 的失效率与修复率分别为：

λ_1，μ_1；λ_2，μ_2

系统状态可能有：

状态 1：两单元均正常；状态 2：单元 1 正常、单元 2 失效；状态 3：单元 1 失效、单元 2 正常；状态 4：两单元均失效。

图 1-50 所示为其马尔可夫状态转移图。系统的状态转移矩阵为：

$$P = \begin{array}{c} \\ 1 \\ 2 \\ 3 \\ 4 \end{array} \begin{array}{cccc} 1 & 2 & 3 & 4 \end{array}$$

$$P = \begin{matrix} 1 \\ 2 \\ 3 \\ 4 \end{matrix} \begin{bmatrix} 1-(\lambda_1+\lambda_2) & \lambda_2 & \lambda_1 & 0 \\ \mu_2 & 1-(\lambda_1+\mu_2) & 0 & \lambda_1 \\ \mu_1 & 0 & 1-(\lambda+\mu_1) & \lambda_2 \\ 0 & \mu_1 & \mu_2 & 1-(\mu_1+\mu_2) \end{bmatrix}$$

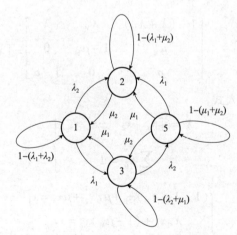

图 1-50　两个相同单元旁联系统的马尔可夫状态转移图（两个维修组）

将上式代入 $X \cdot P = X$，并采用前述方法求得特征向量 X 的分量为：

$$x_1 = \frac{\mu_1\mu_2}{(\lambda_1+\mu_1)(\lambda_2+\mu_2)}; \quad x_2 = \frac{\mu_1\lambda_2}{(\lambda_1+\mu_1)(\lambda_2+\mu_2)}$$

$$x_3 = \frac{\lambda_1 \mu_2}{(\lambda_1 + \mu_1)(\lambda_2 + \mu_2)}; \ x_4 = \frac{\lambda_1 \lambda_2}{(\lambda_1 + \mu_1)(\lambda_2 + \mu_2)}$$

当两单元并联并认为有一单元工作系统就工作时，系统的可利用度为：

$$A = x_1 + x_2 + x_3 = \frac{\mu_1 \mu_2 + \mu_1 \lambda_1 + \lambda_1 \mu_2}{(\lambda_1 + \mu_1)(\lambda_2 + \mu_2)} \qquad (1-130)$$

当两个单元串联时，系统的可利用度为：

$$A = x_1 = \frac{\mu_1 \mu_2}{(\lambda_1 + \mu_1)(\lambda_2 + \mu_2)} \qquad (1-131)$$

当两个单元旁联时，系统的可利用度为：

$$A = x_1 + x_2 = \frac{\mu_1 \mu_2 + \mu_1 \lambda_2}{(\lambda_1 + \mu_1)(\lambda_2 + \mu_2)} 或 \ x_1 + x_3 = \frac{\mu_1 \mu_2 + \lambda_1 \mu_2}{(\lambda_1 + \mu_1)(\lambda_2 + \mu_2)} \qquad (1-132)$$

(5) 预防性维修系统的可利用度

如果预防维修时间服从指数分布。预防维修系统的马尔可夫状态转移图见图 1-51，其中状态 1 为正常工作状态，状态 2 为预防维修状态，它们之间的转移率为 λ_M，μ_M；状态 3 为失效状态，λ 为失效率，μ 为修复率。该系统的状态转移矩阵为：

$$P = \begin{matrix} & 1 & 2 & 3 \\ 1 \\ 2 \\ 3 \end{matrix} \begin{bmatrix} 1-(\lambda+\lambda_M) & \lambda_M & \lambda \\ \mu_M & 1-\mu_M & 0 \\ \mu & 0 & 1-\mu \end{bmatrix}$$

代入式 $X \cdot P = X$ 得：

$$\begin{bmatrix} x_1 & x_2 & x_3 \end{bmatrix} = \begin{matrix} 1 & 2 & 3 \end{matrix} \begin{bmatrix} 1-(\lambda+\lambda_M) & \lambda_M & \lambda \\ \mu_M & 1-\mu_M & 0 \\ \mu & 0 & 1-\mu \end{bmatrix} = \begin{bmatrix} x_1 & x_2 & x_3 \end{bmatrix}$$

改写成联立方程并引入式

$$\left. \begin{array}{c} X = \begin{bmatrix} x_1 & x_2 & \cdots & x_n \end{bmatrix} \\ \sum_{i=1}^{n} x_i = 1 \end{array} \right\}$$

得方程：

$$\begin{cases} (1-\lambda-\lambda_M)x_1 + \mu_M x_2 + \mu x_3 = x_1 \\ \lambda_M x_1 + (1-\mu_M)x_2 = x_2 \\ \lambda x_1 + (1-\mu)x_3 = x_3 \\ x_1 + x_2 + x_3 = 1 \end{cases}$$

解得稳定状态的概率分别为：

$$x_1 = \frac{\mu \mu_M}{\mu \mu_M + \lambda \mu_M + \lambda_M \mu}, \ x_2 = \frac{\lambda_M \mu}{\mu \mu_M + \lambda \mu_M + \lambda_M \mu}, \ x_3 = \frac{\lambda \mu_M}{\mu \mu_M + \lambda \mu_M + \lambda_M \mu},$$

则系统的可利用度为：

$$A = x_1 = \frac{\mu\mu_M}{\mu\mu_M + \lambda\mu_M + \lambda_M\mu}$$ （1-133）

系统的不可利用度为：

$$1 - A = x_2 + x_3 = \frac{\lambda_M\mu + \lambda\mu_M}{\mu\mu_M + \lambda\mu_M + \lambda_M\mu}$$ （1-134）

从上述可修复系统的讨论中可以看出，马尔可夫过程及计算方法在该系统的可靠性评估中起着重要作用。

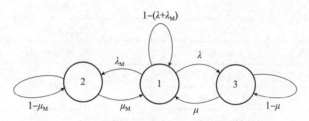

图 1-51　预防维修系统的马尔可夫状态转移图

1.7　可靠性数据收集整理

至此，本书介绍了设备可靠性的基本概念、可靠性实验的基本方法、不同可靠性分布参数及计算方法，如何根据可靠性实验数据运用数理统计方法得到的可靠性参数及进行假设检验；如何通过已知设备或零部件、元器件的可靠性来计算设备和系统的可靠性；以及变工况状态下设备可靠性的计算。要管理维护好设备，不但需要了解掌握这些基础知识，还需要懂得如何收集整理设备的可靠性数据。

新设备的可靠性数据有些由设备制造厂给出，设备的可靠性数据应由设备的可靠性实验得出，但由于大多石油化工机械设备价格昂贵，有很多并不是批量生产的，做可靠性实验不能模拟现场条件，整体设备的可靠性实验受到限制，往往不能直接进行整体的设备可靠性实验，这时需对设备的零部件及元器件进行可靠性实验，从而计算出设备的整体可靠性数据。

对设备进行拆分要掌握一定原则，对能有条件进行可靠性实验的最大零部件组合进行可靠性实验。最大零部件是指零部件虽然还可分解为元器件的组合，但拆分到此已可以对其做可靠性实验。虽然零部件分解越小越容易做可靠性实验，但元器件分解越多，用元器件可靠性数据计算设备系统整体的可靠性数据偏差就越大，应尽量减少划分的层次。

如果组成设备的元器件都是由通用元器件组成的，通过元器件的可靠性参数计算出设备整体的可靠性是成本较低的方法。由于元器件是通用的，应用条件相同，因此元器件的可靠性数据容易得到。工程上很多设备在制造厂做设备的可靠性实验非常昂贵，大多数机械设备的制造厂并不愿意做可靠性实验，而元器件是组成设备的最小单元，也比较好做可靠性实验，即使没在工厂做可靠性实验的元器件，由于使用量大，也可对众多运行设备中相同元器件进行统计分析，得到其可靠性数据，有些数据可以从有关手册、资料中查，见

表1-7，然后通过元器件的可靠性数据来预测整体设备的可靠性。

表1-7 一些机械零部件的基本失效率 λ_G 值

零部件		$\lambda_G/(\%/kh = \times100/Mh)$	零部件		$\lambda_G/(\%/kh = \times100/Mh)$
向心球轴承	低速轻载	0.003 ~ 0.17	密封元器件	O形环式	0.002 ~ 0.006
	高速轻载	0.05 ~ 0.35		酚醛塑料	0.005 ~ 0.25
	高速中载	0.2 ~ 2		橡胶	0.002 ~ 0.10
	高速重载	1 ~ 8	联轴器	挠性	0.1 ~ 1
滚子轴承		0.2 ~ 2.5		刚性	10 ~ 60
齿轮	轻载	0.01 ~ 0.1	齿轮箱体	仪表用	0.0005 ~ 0.004
	普通载荷	0.01 ~ 0.3		普通用	0.0025 ~ 0.02
	重载	0.1 ~ 0.5	凸轮	轻载	0.0002 ~ 0.01
普通轴		0.01 ~ 0.05			
轮毂销钉或键		0.0005 ~ 0.05		有载推动	1 ~ 2
螺钉、螺栓		0.0005 ~ 0.012			
拉簧、压簧		0.5 ~ 7			

由表1-7可知：一些机械零部件单元可靠性数据，列出单元的基本失效率 λ_G，考虑零部件经过磨合期后使用的情况，失效率基本保持一致，可靠性分布为指数分布。λ_G 是在实验条件下得出的，如果应用到其他场合还要对其进行适当修正，修正系数 K_F 见表1-8。

表1-8 失效率修正系数 K_F

环境条件					
实验室设备	固定地面设备	活动地面设备	船载设备	飞机设备	导弹设备
1 ~ 2	5 ~ 20	10 ~ 30	15 ~ 40	25 ~ 100	200 ~ 1000

除制造厂、设计单位、研究单位可靠性实验数据外，大部分可靠性数据要通过维修数据经过统计分析得到，因此生产企业维修部门要建立可靠性管理团队，长期对本企业及相关企业相同设备的可靠性数据进行分析整理。世界各发达国家均设有可靠性数据收集部门，专门收集、整理、提供各种可靠性数据。越来越多的制造企业和使用企业进行相关可靠性实验及数据的收集整理工作。最近20多年通过维修数据的收集与分析预测设备的可靠性成为系统可靠性工程领域的前沿研究领域，它已成为集系统科学与工程，运筹学等理论与方法于一体的高度交融，相对前沿的交叉学科。

参考文献

[1]曹晋化，程侃. 可靠性数学引论[M]. 北京：高等教育出版社，2005.

[2]于洋. 浅谈二项分布. 泊松分布和正态分布之间的关系[J]. 企业科技与发展，2008(20)：108-110.

[3]刘惟信. 机械可靠性[M]. 北京：清华大学出版社，1996.

[4]谢里阳，王正，周晋宇，等. 机械可靠性基本理论与方法[M]. 北京：科学出版社，2009.

[5]何钟武，肖朝云，姬长法．以可靠性为中心的维修[M]．北京：中国宇航出版社，2007.

[6]吴世农．管理统计学[M]．南昌：江西人民出版社，1992.

[7]Relex Software CO. &Intellect 可靠性实用指南[M]．陈晓彤，赵廷第，王云飞，吴跃，等译．北京：北京航空航天大学出版社，2005.

[8]马同学图解数学．如何通俗理解泊松分布、统计与概率．CSDN. 2019. 4.

[9]Weixin. 蒙特卡洛模拟．蒙特卡洛模拟的小应用．CSDN. 2020. 12.

[10]Wllace R. Blischke，M. Rezaul Karim，D. N. Prabhakar. Murthy：保修数据收集与分析[M]．张颖，郭霖翰，译．北京：国防工业出版社，2014.

[11]Enrico Zio. 可靠性与风险分析蒙特卡洛方法[M]．翟庆庆，译．北京：国防工业出版社，2014.

第2章　以可靠性为中心的维修理论及实施

2.1　以可靠性为中心的维修概述

设备可靠性数据的应用主要有两个方面：一是应用在设备设计方面；二是应用在设备维修方面，本书主要介绍设备可靠性在维修方面的应用。

设备维修发展到目前主要经历以下几个阶段：事后维修阶段，顾名思义，是指当设备发生设备事故后再对设备进行维修，但随着大工业自动化连续生产线的发展及航空工业、核电等高危行业的发展，发生设备事故意味着生产线的停工，造成巨大经济损失，高危行业还可能发生人身伤亡事故。因此，设备维修进入定期维修阶段，定期维修虽然降低了生产间接损失和安全事故，但由于过度维修，维修成本大幅上升，为降低成本必须寻找新的维修方式。随着设备状态技术的发展，特别是频谱分析技术，轴承状态监测、油液监测等一系列设备运行监测技术的发展，在石油化工行业根据设备运行状态进行维修的状态维修已逐渐成为主流。进入20世纪90年代，石油化工的生产规模进一步大型化，加上全社会对安全环境的要求进一步提高，一次设备事故可能不仅造成经济上的巨大损失，还会带来安全环境的损害，将造成很大的社会影响，因此，设备维修技术方法需要进一步改进以适应新的需要，经过不断探索改进，逐步发展了以设备可靠性为中心的维修。以设备可靠性为中心的维修理念最初是20世纪60年代从航空军工开始，逐渐从航空业扩展到核电及各个行业，其系统化的论述是在1991年，英国Aladon维修咨询有限公司的创始人John Moubray在多年实践及总结前人的基础上系统地阐述可靠性管理，出版专著《以可靠性为中心的维修》(RCMⅡ)并将其确定为RCM管理。目前美国、英国、日本等国的很多大中型企业都采用这项技术制定其生产设备的维修策略。后续发展的各种设备可靠性管理都是在此基础上根据不同行业特点进行的扩展和创新，基本核心内容未变。其核心内容可概述为：如果企业的维修管理程序保证回答RCM分析中所规定的7个问题的过程，才能称为RCM过程，这7个问题如下。

(1)功能：在具体使用条件下，设备的功能标准是什么？

(2)功能失效：什么情况下设备无法实现其功能。

(3)失效模式：引起各功能失效的原因是什么？

(4)失效影响：各失效发生时，会出现什么情况？

(5)失效后果：各失效在什么情况下至关重要。

(6)主动失效预防：做什么工作才能预防失效？

(7)非主动失效预防：找不到适当的主动失效预防措施应该怎么办？

这些概念在石油化工行业具体如何定义、理解和应用，是本章阐述的主要内容。

2.2　功能

设备的功能，简单理解是指设备能干什么，用它来做什么工作，即设备完成指定工作的能力。在可靠性维修理论发明前，没有多少人在维修时去真正深入研究过这个问题，好像设备的功能是一个再简单不过的概念，未深入了解它的内涵。直到莫布雷推出 RCM 分析时，由于要对设备的故障模式进行深入分析才遇到设备功能这个绕不开的概念。设备维修针对设备的功能失效，要定义设备功能失效就要了解什么是设备的功能。设备的功能是指想要设备干什么。要将设备的功能说清楚就要对设备的功能进行分类，按照莫布雷的分类方法将设备的功能分为：主要功能、次要功能、保护功能、冗余功能。这种分类方法有利于与后面功能失效、失效模式查找和失效管理策略的选择等 RCM 分析。

2.2.1　主要功能

设备的功能是指想要设备干什么，如想把水从某个储罐通过管线输送到另一个储罐，需要一台水泵去完成这项任务，那么这台水泵的功能就是把水从甲储罐输送到乙储罐。这是这台设备存在的根本原因，是设备存在的根本意义，如果完成不了这个功能就认为设备失效，没有存在的意义。但这并不是该设备功能的全部，只是设备的主要功能。从发现失效模式的角度去考虑问题时，还要深入地去对设备的功能理解分析，如需要一台离心泵把低压介质以 $100m^3$ 的流量，从一个低压储罐压缩输送到高压储罐。主要功能有两个方面：一方面是提高介质压力；另一方面是有一定的流量要求。有时也把它看成两个主要功能。有时设备有多个方面要求或多个主要功能。

2.2.2　次要功能

主要功能是设备最显著的功能，除此之外，设备还有很多其他功能。以离心泵为例，如果输送的介质不是水，而是汽油，因为汽油是易燃易爆的危险化学品，相对于水，对泄漏有比较高的要求。因此，需要有密封功能，把它与最根本的功能相比放在次要地位上，认为它们即使有问题只要主要功能可满足，还是认为设备能工作，因此这些功能是次要功能。之所以叫作次要功能是因为不像主要功能那么明显，并不是不重要，如上例汽油泄漏仍然会带来严重的后果。因此，有些文献将主要功能称为初始功能，将次要功能称为第二功能。设备的次要功能很多，远远大于设备主要功能的数量。设备的次要功能主要从以下几个方面梳理。

密封：密封是石油化工设备常见的一种功能，因为石油化工设备处理的介质大部分是易燃易爆的危险化学品，一旦泄漏引起着火爆炸的风险很大，不管是动设备(如泵、压缩机)，还是静设备(如储罐、塔、换热器)都需要密封功能。

结构：结构的基本功能就是支撑功能，我们经常遇到这样的设备，它除要完成自己的主要功能外，还要为其他设备做支撑。例如，叠装的换热器，主要功能是换热，但中间的换热器不仅要完成本身换热的功能，它还支持上面的换热器，连接下面的换热器，起到结构支撑的作用，这是一个次要功能。又如，有些小型往复式压缩机的入口缓冲罐设计在气缸底部，其主要功能是对压缩机入口气体进行缓冲，其次要功能是支撑压缩机缸体，避免缸体下沉。

外观：设备的外观代表设备具有的辅助功能，如石油化工厂有很多球罐被涂刷白色的防腐漆，它不但起到防腐蚀的作用，而且被涂成白色，可以减少阳光的辐射，降低储罐内物理温度，能够不用水喷淋设施，减少罐内物料的挥发，降低能耗。而重油罐表面很多被涂成黑色，是因为重油罐需要加热，涂成黑色有利于吸收光的辐射热，降低热损失。氮气储罐和相应的管线被涂上黄颜色，表明介质是氮气，而水系统被涂成绿色，氮气和水都是重要的公用介质，在生产和吹扫时经常用到，用特殊的颜色标识容易辨识。

卫生：在石油化工设备中对卫生方面提出要求听起来有点匪夷所思，但实际上有些石油化工设备生产的产品确实对卫生要求严格，如石油炼制提炼出的硫黄，就有食品级别的硫黄，聚乙烯产品不能有一点灰尘，否则吹出的塑料薄膜就会有鱼眼，对于生产这些产品的设备卫生要求很高。

仪表：设备上都安装很多仪表，一般被看作设备的附属件，是测量显示如温度、压力、速度、液位、振动等设备运行状态的，这些仪表的功能丧失不表示设备的主要功能的丧失，但检测不到设备的运行状态，也可能导致设备部分功能的丧失，因此是设备的次要功能。

节能：有很多设备外表面有保温层，对高温设备来说，保温层的目的是避免人员被烫伤等安全需要，但更多的是考虑节能的需要。当局部保温效果不好时，还不至于影响设备的主要功能，影响的是节能效果。

次要功能的失效大多不能直接导致主要功能的失效，因此后果也不是直接的，但如果不处理任其发展下去，后果可能引起主要功能的失效。如输送水的离心泵微小泄漏可能不会影响输送的流量，但如果长时间不处理可能泄漏越来越多，最后影响泵的输送量，这时就影响设备的主要功能了。

2.2.3　保护功能

设置保护功能目的是防止设备失效发生引起重大经济损失、人身伤害和重大环境影响。特别是石油化工设备大多是处理危险易燃易爆物介质，设备失效很可能导致爆炸着火等严重的后果。所以，石油化工设备经常需要设备具有这种功能。由于这种功能上的特殊性，不能简单地作为次要功能来处理，需要特殊列出其功能。

根据安全保护层理论，设备的本质安全要靠自动保护装置。2003 年 IEC 6155 标准的发布，系统介绍安全保护层的划分标准，以及如何分析确立设备的报警和联锁功能。根据 IEC 6155 标准，保护功能分为以下几个层次。

(1) 报警功能：用声或光发出警告。目的是在发生严重后果前对操作者进行提醒，使操作者注意设备失效前各参数的变化，及时进行调整，消除失效。报警功能经常应用的是警告和警报器，发出的报警信号要求能同时分辨出不同类别的报警，如用不同的声音或声音与光电组合的办法。

(2) 自动跳车功能：如果声光报警失败或发行报警处置不当将进入下一层保护，即自动跳车功能。自动跳车，就是自动使设备停止运行，或将设备切除系统，避免产生严重后果。应用的设施是限位开关、过载或超速装置，或复杂仪表联锁保护装置。这种装置连接温度、压力、振动等传感器经过计算机逻辑运算后触发设备驱动系统，如进出料阀门，SIS、ESD 系统等。

(3)减缓或消除功能：停止设备运行后，如果危险进一步发展就进入下一个层次，即减缓和消除故障后果的阶段，该功能有时与前一个层次自动跳车功能同时进行，如 SIS、ESD 在停止设备运行，关掉设备进口阀门后，系统的泄压阀同时打开。有时并不与前面的报警等功能相连接，如液力透平的易融塞、电力系统的熔丝、管线上的安全阀、防爆膜等都起到这个作用。

(4)接替已失效的功能：当检测元件测量到某功能失效时自动切换到冗余设备，如电力系统的备自投(备用系统自动投入)、大型压缩机润滑油和密封油泵的自动切换系统等。

2.2.4　冗余功能

冗余功能，这里冗余是指多余没有必要的功能，通过仔细分析会发现很多设备有多余的功能，因为很多设备设计时如果针对通用环境，则设备具备的功能多于某具体使用环境所需的功能。因此有多余的功能也在所难免。如防止意外触电，电气设备本身多设置漏电保护，在民用很常见，但在某些场合就不一定合适。例如，某石油化工企业重要机组的变频器控制电源设置漏电保护，可是在工业用电设施中检维修是专业人员操作，触电概率极低，而引起漏电保护误动作致使机组停车的概率却极高，因此这一保护属于冗余功能；另一经常发生设备有冗余的情况是针对长期在用的设备，在经过很多次技术改造后出现设备冗余问题。又如，某企业一条系统蒸汽管线输送饱和蒸汽，布置很多连续排凝阀，当这条管线被改造成输送过饱和干蒸汽后，只需保留部分排凝阀保证在初始投用期间排凝需要即可，大多数阀门及排凝系统完全可以省略，因此它们是多余的功能。再如，电动机、透平、烟机、风机组合的四机组，原设计开车时由电动机或透平驱动风机，开车建立循环后烟机回收的动力加入驱动，减少电动机的负荷，正常生产时驱动由烟机和透平驱动，实际投产后由于烟机回收效率高，不用透平就能带动风机运行，原设计的透平就是多余的功能。

如果在大多数情况下，多余的功能对设备主要功能运行没有影响，就可以不用考虑，因为拆除这些系统还要花费很多费用。有时施工中也会产生施工安全风险，最简单的办法是保留下来直到设备完全报废。但有些冗余功能还是对设备运行有较大影响，如上述第一个例子具有漏电保护弊大于利，应该拆除。第二个例子，当保留的排凝系统过多时，如果是高压蒸汽，排凝阀越多，阀门密封泄漏的风险越大，泄漏冲刷的速度又很快，在线封堵的难度很大，增加系统蒸汽泄漏导致全系统停工的后果是很严重的风险，因此要根据风险情况来评估是否从根本上拆除。第三个例子，透平是多余的设备，如果风机转动，透平也转动，透平长时间空转也会造成透平部件的疲劳损坏，应该改进设备，拆除透平，否则对机组的可靠性有重大影响。虽然这两个例子可能是极端的典型例子，但在工程上，由于各种原因实际应用的设备确实存在不少冗余功能，应在对设备功能分析中列出所有冗余功能。

2.2.5 显性功能与隐性功能

功能丧失(或功能失效)时，在正常条件下，操作人员是否能够发现并区分显性功能和隐性功能。如果功能失效能被发现就是显性功能，否则就是隐性功能。正常条件是指操作人员不带专业的仪器仪表去检测，仅从人的主观感觉即可发现，通过人自身的感官感觉如听、触、看、闻等观察设备的运行状况，或间接通过产品质量，系统工作状况是否正常来观察。

2.2.6 功能与性能标准

设备的功能与性能标准和使用范围密不可分，一般人对功能的了解是定性的，但对设备维修管理人员则需要把设备功能定量地说明白，就必须与性能标准和使用范围联系起来。如上面举例中对离心泵的功能描述是要求该离心泵将介质从一个储罐以不低于 $800m^3/h$ 的流量、不低于 $100m$ 的扬程输送到蒸馏塔中。不低于 $800m^3/h$ 的流量和不低于 $100m$ 的扬程就是性能标准。从设备维修的角度及设备失效模式分析的角度去看问题，就要对性能标准和使用范围进行进一步研究。指定的或者说期望的高度是多少，应该有一个确切的指标界限，达到这个界限就说明能完成，达不到就说明没完成，这个界限就是设备的性能标准。

性能标准可能是变化的，不止一个，因为在不同场合，不同需求下，不同的人对设备希望的标准不一致，但总有一个最高的性能标准。因此性能标准有两种：一种是设备固有的性能标准；另一种是期望的性能标准。

设备固有的性能标准是设备设计制造时赋予的，它也是设备能够达到的最高的性能标准。一般就是设备铭牌上的额定参数。设备维修管理人员和操作人员都要清楚，仅仅通过维修设备只能达到这个最高标准，通过维修是不能提高此性能标准，只有通过技术改造才有可能提高。

期望的性能标准是用户要求设备在不同工作场合需达到的性能标准，它大部分是不高于设备固有性能标准的。但由于设备设计参数与运行需求有一定的裕量，设备制造后与设计标准有偏差，就造成生产操作人员与设备维修人员对性能标准的边界的理解产生差异。有时生产人员期望设备的性能标准超出设备的固有性能标准，而设备维修人员更倾向于保守运行。如某企业一台关键设备裂解气压缩机是这个企业生产的最核心设备，前面工段生产出来的气体，都要通过这台裂解气压缩机压缩输送到后一个工段。这台压缩机的指标主要有入口压力、排气压力、流量，这三个参数是互相关联的，在正常生产情况下三个参数都能满足，运行几年后，操作发现适当降低入口压力对提高目标产品收率有好处，而要降低入口压力就要提高转速，设备维修人员认为提高转速可能对设备造成永久损坏，因此不允许提高转速，为这个问题设备管理人员与工艺管理人员争吵不休。

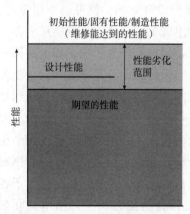

图2-1 不同的性能标准

这种事情的发生，是大家对设备的固有性能标准和期望性能标准没有深入了解造成的，生产人员只考虑让设备干什么，而设备管理人员则更重视设备能干什么。图2-1所示为不同性能标准之间的关系。

2.2.7　性能标准与使用范围

期望的性能标准是人们希望设备达到的最低性能要
求，而高于这个标准是可接受的，一般设备的设计标准会高于期望的性能标准，制造时还会留有一定的裕量。因此设备在这个范围内使用都是正常的。性能标准与使用范围密切相关，同样的设备在不同的使用场合有不同的使用范围，如在设备原始开工初期，经常会遇到离心泵启动跳闸和电流超额定电流的事情，甚至发生振动超标、损坏叶轮和密封轴承的事故，原因经常归为电动机选型不对，制造厂家转子动平衡有问题。实际是设计时输送介质为轻油，而在实验试车水联运期间输送的介质是水，比重相差过大，试车流程没有调整好，操作不当而引起的。这种情况的发生是设备使用超出其原来设备的使用范围造成的。设备的设计运行区间是一个范围，有一个最佳工作点，但实际的使用范围往往小于设计范围，这个使用范围的上、下限是设备的使用范围，设备的使用范围应包括设计最佳工况点。

2.2.8　性能标准与失效后果

确定设备是否需要维修是看设备是否发生功能失效，是否发生功能失效则是看设备运行状况是否低于设备期望的性能标准，而期望的性能标准的确定还要看失效后果。

如在公路上跑着一台排气管冒着大量黑烟的汽车，你认为它发生失效了吗？若你认为没有发生失效，如果是刹车距离非常大，你还认为没有失效吗？显然性能标准与失效后果是有关系的。

例如，某装置一台往复式压缩机润滑油系统出现明显的内漏和外漏，生产管理人员认为虽然润滑系统漏油，但不影响压缩机的压缩运行功能，生产还能够维持，只有压缩运行威胁到生产时才算系统的功能故障。但维修人员认为，泄漏已很明显，由于高压特种润滑油昂贵，他们认为只有轻微泄漏的情况不算功能故障，严重泄漏应该是功能故障。而安全人员认为，润滑油泄漏造成地面一摊油，容易造成员工滑倒，轻微泄漏也不允许，应该及时进行维修。期望的性能标准实际是指"到此为止，再也不行"那一点，但谁来确定这一点将导致不同期望的性能标准。因为不同岗位的人员对失效后果的判断是看对其岗位本身失效后果的影响来做出的。

这样的事情在石油化工行业屡见不鲜，如可能经常发现管线、阀门的保温破损，油漆脱落问题。这些问题有些长时间未得到处理，原因可能是现场操作人员认为，虽然局部管线破损但还未影响产品生产和质量，设备管线油漆脱落或局部锈蚀也不影响设备的主要性能，因而视而不见。但维修管理人员认为设备的保温破损影响供热效率，油漆脱落形成腐蚀，是功能失效，需要进行维护，由于没有影响主要设备功能，可以等一段时间问题多了后集中进行维护。可是当节能管理的部门进行设备大检查后都把它们作为严重的问题，要求立即处理。可见，设备性能标准确定时，不同专业、不同角度、不同层级的人都会有不同的结论。

因此，在失效发生前相关人员对功能失效的性能标准展开讨论，达成一致意见，真正发生失效时处理会很顺利，不会发生推诿扯皮现象。否则达不成一致意见，甚至从上级管理部门的角度去做，硬性执行也有困难。很多企业由设备管理部门制定的设备完好标准，执行起来有很大偏差，每次检查都发现大量的不完好设备。一个重要原因是标准由上面管理部门做，日常的检查是由下面操作岗位的工人去执行，对功能失效的性能标准没有充分讨论，或没有进行充分宣贯。因此，确定设备的性能标准并不仅是设备管理人员的工作，性能标准确定需要管理相关方去讨论，一方面是设备管理人员的专业范畴，如离心泵输送介质的流量、温度、扬程、功率、效率；压缩机的压缩比、入口压力、出口压力、转速；设备的材质、结构等。另一方面是生产工艺的范畴，如蒸馏塔的塔盘数、塔盘结构、填料高度、压差等，还要考虑安全环保部门的意见，如隔油罐的入口含油浓度、出口含油浓度。指标还要根据各层级管理人员对后果的承受程度来确定。因此，设备的性能标准应该由设备人员和生产人员及管理人员等一起讨论确定。

2.2.9　功能的规范文件

从上面的讨论中我们知道功能与性能标准，使用范围及使用后果密切相关，并且不同职能的人员可能有不同的理解，然而在设计、制造、采购过程中并未对这个概念有明确的描述，可是对使用者和检维修人员，需要对这个功能进行规范、以文件形式说明，因此在描述设备定义设备功能时要考虑多种因素，以设计性能为基础考虑设计与实际的偏差，要从工艺设计开始，还包括了解设备正常工作的操作背景及它的预期功能，描述要全面。对于容器来说，这意味着在给定的最高温度下的最大允许工作压力，以及该容器设计承受多大的真空等条件来确定设备的限制。离心泵的设计性能可通过泵的曲线、压力和温度的限制来确定。这些信息通常保存在设备文件中，这些设备文件包括从工程设计到设备选择、供应商选择和采购的整个过程中的文件。

2.3　功能失效

2.3.1　功能与功能失效

功能，是指设备能够完成指定的工作或任务，反之则是完不成指定工作或任务的事件，就是功能失效。设备的功能不止一个，相对功能失效也有很多。但一般认为如果没有特指，设备主要功能的失效就是设备的功能失效。对于企业设备管理来说，至少在企业层面应该对设备的功能失效有明确的定义，否则无法对其进行有效管理。

2.3.2　功能失效定义

功能失效定义为设备处于不能满足期望的性能标准的状况。一台设备有多个功能，每个功能都对应相应的功能失效，设备的功能可能需要用多个参数指标去描述，每一个参数指标均有各自的性能标准，如果某一项参数达不到期望的性能标准，我们均认为发生功能失效。

2.3.3　不同的功能失效

上述对设备失效的定义是从功能的角度出发的。认为功能丧失就发生了功能失效。但在实际应用中，设备失效的概念经常从时间及状态角度去描述。了解什么是潜在失效、功能的完全失效、部分失效及设备缺陷等概念将有助于理解预防性维修。

（1）潜在失效

由于大多数功能失效随着时间的推移逐渐发展，如果可以观测、检测到功能失效的早期现象并及时纠正，则能避免功能失效或减小失效的后果。

在介绍潜在失效前先介绍与之相关的概念——缺陷。

缺陷是当所观察到的设备状态超出所规定的合格标准时，即认为设备处于不完好的状态，发生了缺陷。缺陷首先是观察到的一种状态，当发现设备状态超出了合格标准范围时设备即处于缺陷的状态。

有些缺陷是由于设备设计、制造、安装环节遗留的问题，有些是运行环节产生的问题。不管是哪个环节产生的问题，是否满足合格标准是缺陷的唯一判定依据。如某一压力容器，射线检测发现某条焊缝质量为Ⅲ级，而标准是Ⅱ级为合格，那么，这台压力容器存在缺陷，因为它超出了合格标准。

有些缺陷不会导致设备运行性能劣化甚至失效，可以不对其进行处理。而有些缺陷（不完好）将导致设备运行状态的劣化甚至失效。需要关注的是能导致设备运行状态劣化甚至失效的缺陷。

图2-2形象地说明缺陷的标准范围。可以看到，理论上一台新设备本身不应存在缺陷，应该是完好的状态。但投入使用后，设备运行状态会随着运行时间增加逐渐下降。虽然状态下降，但还未下降到某一合格状态标准时还是可以接受的，这个区间为合格状态区间，只有下降到低于合格状态标准下限时才认为发生缺陷。

潜在失效是可能识别出的一种状态，表明功能失效将要发生或正在发生。潜在失效首先是一种缺陷状态，但并不是所有缺陷状态都是

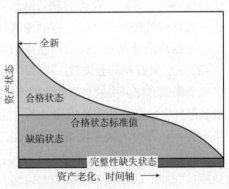

图2-2　缺陷的标准范围

潜在失效，只有当发现此状态如果得不到纠正将进一步劣化引起设备功能失效，这种缺陷状态称为潜在失效，有些文献称为初期失效。

以换热器为例，对换热器功能上一个基本性能要求是在给定的压力和温度范围内对某些工艺物料保持密封，并使工艺介质冷却或加热到一定的温度范围。根据上述定义，如果观察到换热器换热效率下降，尚能满足生产要求，但不对其进行处理，可预测出换热效率继续降低，致使生产无法进行。在密封方面，观察到换热管或壁腐蚀变薄，虽然未发生泄漏，如果不进行处理，那么该腐蚀处将发生泄漏或破裂，产生内漏或外漏，构成该换热器功能失效。这种缺陷状态就是潜在失效。又如，发现汽轮机润滑系统仪表接头有油迹，并未发现油滴，说明有微小泄漏，但经过评估认为这种泄漏不会进一步发展，不会影响润滑

系统工作，这种现象不是潜在失效，它只是一种缺陷的状态。

由于潜在失效是由缺陷发展形成的，因此要对设备缺陷进行评估管理，企业要有一套完善的管理流程以确保对缺陷的发现监督和控制：

①建立可明确判断设备性能/状态的合格标准。与功能的性能指标一样，对合格标准的确定非常必要，否则每个人可能都有自己不同的标准，没有办法进行管理，特别对后面的统计分析无法进行。对表征设备运行状态的指标如振动、位移、温度、压力等设定合格标准。合格标准与功能失效的性能指标要有足够的空间，给评估缺陷、生产调整和检维修准备工作留下时间。如一台离心式压缩机，设定转子振动在 $40\mu m$ 为合格标准，运行时振动超过此值报警，设定振动在 $100\mu m$ 为功能失效状态，振动超过此值时联锁停车。当压力容器评定在 3 级时认为发生缺陷，发展到 4 级时就认为发生功能失效。

②定期评估设备状态。要定期评估设备状态，判断设备运行状态是否突破合格界限，当然如有条件能够在线连续检测是最有效的，但要考虑检测成本的问题。

③识别缺陷状态。这里识别缺陷状态的含义有两个：一是要及时发现不合格的设备状态，并报告；二是对缺陷的状态要进行深入的评估，如对缺陷的原因、发展趋势和发展速度及可能发生功能失效的时间等进行评估。

④针对缺陷状态建立适当的响应措施，并予以执行。要避免缺陷快速发展为功能失效，要有快速响应机制，要有施工力量、备品备件、施工方案的准备等。

⑤将设备缺陷传达给受影响的人员。需了解设备缺陷的人员不只是维修人员，更重要的是操作人员。他们是监控设备运行的第一线人员，设备故障对生产甚至现场人员的安全产生直接影响。因此，设备的缺陷信息必须直接通知他们。

⑥正确地处理缺陷状态。包括检维修和对设备的改进。

⑦根据缺陷及其整改措施所获得的经验教训，定期更新相应的管理策略。

（2）完全失效和部分失效

完全失效和部分失效与潜在失效不同，潜在失效是从设备运行状态角度定义的，而完全失效和部分失效是从功能角度定义的。完全失效是指当设备完全停止工作，设备的功能就完全丧失了。部分失效是设备达不到额定功能，但能达到需求的功能的最低限。如要求一台额定指标扬程 100m、流量 200m³/h 的离心泵，向一台压力 1MPa、最小需要 140m³/h 的储罐输送介质。如果由于磨损引起内漏，扬程仍然能达到 100m，但流量只有 140m³/h，可是由于扬程没有变化，只不过是在低负荷、低流量下运行，但还未低于要求的最低流量，后续生产还能运行。此时，这台泵发生的功能丧失是部分功能丧失，是部分失效。但如果性能再下降到泵的扬程、流量均未满足性能指标时，甚至停止运行时，就是功能的完全失效。

2.4 失效模式

在讨论了设备的功能、性能标准、功能失效后，引出下一个重要概念——失效模式。为什么要列出设备失效模式，因为预测、预防、检测和排除设备失效的过程都是针对独立的失效模式即针对某一失效模式来安排维修的。有了失效模式才能开展后面如失效后果的分析、针对运行或进行维修的判断、维修技术的选择等重要活动。

2.4.1　失效模式定义

失效模式从字面上理解是失效的模式，前面已对失效进行了介绍，而模式是主体行为的一般方式，是理论和实践之间的中介环节，具有一般性、简单性、重复性、结构性、稳定性、可操作性的特征。模式在实际运用中必须结合具体情况，实现一般性和特殊性的衔接，并根据实际情况的变化随时调整要素与结构才有可操作性。

在莫布雷 1991 年版《以可靠性为中心的维修》(RCM Ⅱ) 中没有定义失效模式，针对 RCM 7 个问题中的第 3 个问题，引起各个功能失效的原因是什么？并在失效模式介绍时论述，一旦确认了功能失效，下一步就要设法确定可能引起每种功能丧失的失效模式，要保证把精力花费在研究起因而不是征兆上。并列出了一台以 800L/min 的速率，把水从 X 水箱输送到 Y 水箱离心泵的 RCM 工作信息单，见表 2 – 1。并在工作信息单中失效模式列下、括弧内表明"故障起因"，在列出的失效模式栏下(1)，(2)，(3)，…失效模式都是泵根本不能输送水这个功能失效的起因，由此可见，莫布雷认为失效模式等同于失效的起因。

表 2 – 1　冷却水泵失效模式分析

RCM 工作信息单	装置或部件：冷却水泵输送系统	
	部件或零件	
功能	功能失效 （功能丧失）	失效模式 （失效起因）
以不低于 800L/min 的速率将水从 X 罐输送到 Y 罐	A　根本不能输水	(1)轴承卡死 (2)叶轮被异物打碎 (3)叶轮从轴上脱落 (4)联轴器断 (5)引入管完全堵塞 ……
	B　输水量低于 800L/min	(1)叶片磨损 (2)吸入管部分堵塞 ……

在美国汽车工程师学会可靠性标准 SAE JA1011 中描述，失效模式是回答下列问题："什么原因(cause)引起了功能失效——失效模式"，并定义失效模式"引起功能失效的单一事件"。

ISO 14224 和美国化学工程师协会(CCPS)资产完整性导则均定义失效模式是"失效模式为失效发生的方式"。

美国化学工程师协会解释："失效表现出的症状或状态。因为大多数设备在不止一种情况下会出现失效。设备出现失效的方式被称为失效模式。""失效模式有可能从功能的丧失、错误的操作、一种无法忍受的状态，如在检查过程中观察到的泄漏等简单的物理特性中鉴别出来。"

在中华人民共和国国家军用标准 GJB 451A—2005《可靠性维修性保障性术语》中，失效模式的定义是："失效的表现形式。更确切地说，失效模式一般是对产品所发生的、能被观察或测量到的失效现象的规范描述。"

综上所述，失效模式是失效的表现形式，是对设备失效这一事件现象表现出的症状或状态规范性的描述，用来说明设备的功能失效，也是失效的起因。

在离心泵例子中，轴承卡死、叶轮被异物打碎、叶轮从轴上脱落等既是离心泵根本不能输送水这个功能失效表现形式的描述，也是离心泵失效的起因。

在维修前要知道具体设备的失效模式是什么，就像医生给人治病一样，要先知道病人得的是什么病，这种病的名称是什么，根据什么病进行治疗。失效模式就是设备发生失效的名称，这个名称就是失效模式。

失效模式是检维修活动针对的对象，对应某具体设备的具体情况，另外，相同型号及相同应用条件下的设备失效模式又应该是相同的，就像医生给人治病一样，病的名称叫法应该一致、统一，形成标准。这样才能总结经验，举一反三，进行有针对性的治疗。因此，失效模式一般是对设备所发生的、能被观察或测量到的失效现象的规范描述。

2.4.2　失效模式的层次

失效模式是失效的表现形式，可以按发生失效时的现象来描述，由于受观察现场条件的限制，观察的角度、方式不同，观察到或测量到的失效现象可能是多种多样的，如振动、温度、压力或者是它们的各种组合的描述等。

同时，失效模式又是失效的起因。失效的起因是分层次的，如系统的发动机不能启动，传动箱有异常响声，也可以说到某一具体的零件。如传动箱齿轮损坏、油管破裂等。因此，失效模式系统分析是针对设备结构的不同层次进行的，在设备层次上面有系统或回路级别，下面还有组件层次、部件层次等。失效模式可以在设备层次、组件层次、部件层次被识别和评估，具体应该看是在哪个层次进行维修的就应该在哪个层次进行失效描述。

下一个层次的部件功能失效一定是上一个层次部件或设备的起因，如对装置的失效模式的描述一般在设备层次描述，装置的某台设备失效，可以说裂解装置裂解气压缩机失效引起装置停车；某台设备的失效一定是下层部件或再下一层零件的功能失效引起的，如裂解气压缩机失效模式可以说裂解气压缩机干气密封泄漏；对干气密封失效模式可以说干气密封动环磨损。因此，裂解气压缩机的失效模式，也可以直接说到底层部件层次，如裂解气压缩机由于干气密封动环磨损而泄漏停车。具体到哪个层次主要看检修工作是在哪个层面进行的，如果检修策略不是更换干气密封动环，而是直接更换成套密封，则裂解气压缩机的失效模式仅在干气密封层次描述，不用再细分，失效模式描述为裂解气压缩机干气密封泄漏。

对失效现象原因的描述尽量少用"损坏""失效""不工作"等词汇，因为失效模式要为后面失效策略的选择提供依据，而这些描述对失效管理的作用不大。如在描述离心泵失效模式时，如果用"联轴器失效"这样的词语就不如用"联轴器螺栓松动明显"对后面失效管理有利。

表2-2所示为一离心泵，功能失效为完全不能输送介质，部分失效模式的分析例子，将原因层列到7层，实际到哪个层次，根据对失效模式的维修而不同，维修在哪个层次进行就描述到哪个层次。

表 2-2　冷却水泵失效模式层级分析

第一层	第二层	第三层	第四层	第五层	第六层	第七层(根原因)
泵组失效	泵失效	叶轮失效	叶轮窜动	锁紧螺母没紧固	螺母没正确紧固	装配错误
				锁紧螺母磨损	螺母冲刷、腐蚀	冲刷、腐蚀机理
					螺母制造材料用错	材料选择用错
						材料供应用错
				锁紧螺母开裂	锁紧过紧	安装问题
					螺母制造材料用错	材料选择用错
						材料供应用错
			叶轮键受剪切损坏	键的材料选择错误	设计原因	
				材料供应错误	采购错误	
					储存错误	
					需求提报错误	
			杂物打坏叶轮	泵系统内部件	维修装配问题	人为错误
				系统外部物体	没安装入口过滤器	安装错误
					过滤器腐蚀穿孔	腐蚀机理
			叶轮气蚀冲刷	过滤器堵塞	堵塞机理	
				入口闸板脱落	腐蚀销子	腐蚀机理
		壳体破裂	壳体螺栓松动	壳体螺栓没把紧	装配错误	人为错误
				由于振动引起螺栓松动		
				螺栓的腐蚀		
				螺栓的疲劳		
			壳体连接件脱落	连接处没有正确配合	装配错误	人为错误
				微动疲劳		
		密封泄漏	正常密封泄漏或滴漏	密封面磨损	磨损机理	
			干摩擦	过滤器堵塞	堵塞机理	
				入口闸板脱落	腐蚀销子	腐蚀机理
			对中不好	装配问题	人为错误	
			密封面脏	正常结焦	结焦机理	
				没开冲洗	操作错误	人为错误
	电动机失效					
	动力传动系统失效					
	阀关闭等					
	动力失效等					

2.4.3　失效模式的根原因分析

失效模式是功能失效的起因，是指不用再深入分析而直接判断出导致功能失效的原因。起因只是说这个失效的第一层直接原因，明显由于它的存在而发生失效。但如果探究失效模式的实质，不仅要采取有针对性的检修策略，还要对失效模式的原因进行深层次分析，最终找到最底层的根原因。

根原因分析有两项内容：一是对失效发生的机理进行分析，只有了解失效机理才能确定和实施必要针对性的失效管理策略。机理分析是分析失效模式产生的客观因素，目的是选择适当的失效维修策略。二是对管理方面的原因分析，分析失效发生的主观因素，实施措施不是设备检修策略，是对管理系统流程进行改进，可以把对失效的维修和管理统称为失效管理策略。虽然机理分析和管理分析的过程和结果不尽相同，但在分析设备失效时经常将它们结合起来使用。

失效模式也可用根原因来描述，如叶轮腐蚀就是直接用根原因中损伤机理来描述的。大部分的根原因需在失效起因向下再进行细分，如失效模式是泵入口堵塞，其原因可能是入口过滤网堵塞，或由于腐蚀引起入口闸板脱落。失效模式对其再进行根原因分析还可深入管理层面，如叶轮脱落可能是由于固定螺母设计不合理，或安装的质量问题等。

需要指出的是，机理分析和管理原因分析都是在专业领域由专业人员进行分析的结论。当一个新失效模式发生时，往往不知道它的损伤机理和根原因，只有当专业人员针对失效模式进行失效分析和根原因分析后，最底层的原因才能搞清楚，这是一个事后过程，分析完毕才能闭环，因此在闭环前失效模式大多由失效现象和明显的起因来描述。

2.4.3.1　失效机理(损伤机理)分析

失效模式是功能失效的表现形式及起因，因此失效模式一定包括失效现象的描述，但失效起因的深入分析包含对一些失效机理的描述，如压力管线常见的失效模式是管线的腐蚀，腐蚀还分为应力腐蚀、均匀腐蚀点蚀等不同的损伤机理。了解损伤机理的目的是更好地分析失效的可能性，使对应的措施更有针对性，如选择适当的检测方法、检测部位和确定检测频率；作出有针对性的管理措施，如修改工艺，选择合适的材料，监控方法，排除或降低某一特定损伤机理的可能性。从根本上解决问题，防止功能失效发生。

失效机理针对设备或部件级别的功能失效来定义，而失效一定是由某设备或部件存在更小的损伤引起的，所以失效机理的分析最终变成寻找失效的损伤机理。失效机理最完善的表述是："导致失效的物理、化学、热力学或其他过程。"因此机理分析是对失效发生客观原因的分析，这个过程是自然发生的，不因人的意志而转移，人们只有了解其发生的规律来采取相应的策略。自然的产生过程发生概率在统计上都服从于某种自然分布，如果了解这种分布，就可能有针对性地采取措施，提高设备的可靠性。以下是CCPS资产完整性指南列出的石油化工设备常遇到的损伤机理。

机械载荷失效：如韧性断裂、脆性断裂、机械疲劳、弯曲。

磨损：如磨料磨损、黏着磨损、微动磨损。

腐蚀：如均匀腐蚀、局部腐蚀和点蚀。

与热相关的失效：如蠕变、金相组织劣化和热疲劳。

开裂：如应力开裂。

不平衡、冲刷、润滑不良、冷却不良、堵塞、结焦等。

不同的标准针对的设备场合可能会有更加详细的损伤机理。如 API RP 571 对炼油厂固定设备的损坏机理进行更加详细的分析。将机理分为常见与特有两大类，石化炼油常见机理如下：

①机械和金相失效机理；

②厚度的全面或局部腐蚀；

③高温腐蚀；

④环境所致开裂。

每种类型下面的具体机理见表 2-3。

表 2-3　石化炼油常见机理

机械和金相失效机理	厚度的全面或局部腐蚀	高温腐蚀	环境所致开裂
石墨化	电偶腐蚀	氧化	氯化物应力腐蚀 (CLSCC)
软化 (球化)	大气腐蚀	硫化	腐蚀疲劳
回火脆化	绝热层下腐蚀 CUI	渗碳	碱致应力腐蚀开裂
应变时效	冷却水腐蚀	脱碳	氨致应力腐蚀开裂
475℃脆化	锅炉水冷凝液腐蚀	金属灰化	液态金属脆化 (LME)
σ 相脆化	CO_2 腐蚀	燃料灰腐蚀	氢脆化 (HE)
脆相断裂	烟气露点腐蚀	渗氮	
蠕变断裂与应力疲劳	微生物所致腐蚀		
热疲劳	土壤腐蚀		
短期过热—应力破裂	碱性腐蚀		
蒸汽包覆	金属元素贫化		
不相似金相焊接开裂	碳化腐蚀		
热冲击			
冲蚀/冲蚀—腐蚀			
汽蚀			
机械疲劳			
振动所致疲劳			
耐火材料劣化			
再热开裂			

除常用损伤机理外还有炼油工业特有的损伤机理，特有的损伤机理又分为以下三种类型。

①厚度的均匀腐蚀和减薄现象；

②环境所致开裂；

③其他机理。

每种类型下面具体的损伤机理见表 2-4。

表2-4 炼油工业特有的损伤机理

厚度的均匀腐蚀和减薄现象	环境所致开裂	其他机理
氨腐蚀	连多硫酸应力腐蚀开裂	高温氢侵蚀（HTHA）
硫化氢铵腐蚀(碱性污水)	氨致应力腐蚀开裂	钛氢化
氯化铵腐蚀	湿硫化氢损伤(起泡/HIC/SOHIC/SSC)	
盐酸(HCl)腐蚀	氢致应力开裂—HF	
高温氢/硫化氢腐蚀	碳酸盐应力腐蚀开裂	
氢氟酸腐蚀		
环烷酸腐蚀		
苯酚(石碳酸)腐蚀		
磷酸腐蚀		
酸性(含硫)污水腐蚀		
硫酸腐蚀		

另一个标准 ASME - PCC - 3《用基于风险法的检查规划》也对固定设备的损伤机理进行分析，常用的故障模式及失效机理。见表2-5。

表2-5 常用的故障模式及失效机理

失效机理	故障模式	参考来源
475℃脆化	冶金损坏	API 571
磨粒磨损	金属缺失	ASME 手册第 11 卷
黏性磨损	金属缺失	ASME 手册第 11 卷
亚硫酸铵(碱性酸性水)	金属缺失	API 571
铵腐蚀	金属缺失	API 571
铵开裂	开裂	API 571
氨沟槽	金属缺失	WRC490
氨应力腐蚀开裂	开裂	API 571
脆性破裂	开裂	API 571
CO_2 应力腐蚀开裂	开裂	API 571
渗碳	冶金损坏	API 571
铸造气孔或空洞	冶金损坏	ASME 手册第 11 卷
金属灰化	金属缺失	API 571
孔蚀	金属缺失	API 571
冷裂纹	冶金损坏	ASME 手册第 11 卷
点腐蚀	金属缺失	ASME 手册第 11 卷
酸露点腐蚀	金属缺失	ASME 手册第 11 卷
碱应力腐蚀开裂(碱脆)	开裂	API 571
碱腐蚀	金属缺失	API 571
螯状腐蚀	金属缺失	ASME 手册第 11 卷
氯离子应力腐蚀开裂	开裂	API 571
CO_2 腐蚀	金属缺失	API 571
防火及保温层下腐蚀	金属缺失	API 571
缝隙腐蚀	金属缺失	ASME 手册第 13 卷

失效机理	故障模式	参考来源
氧扩散腐蚀	金属缺失	ASME 手册第 13 卷
纤维状腐蚀	金属缺失	ASME 手册第 13 卷
原电池腐蚀	金属缺失	API 571
晶间腐蚀	金属缺失/开裂	ASME 手册第 13 卷
液体熔渣侵蚀	冶金损坏	EPRI – CS – 5500 – SR
微生物诱导腐蚀	金属缺失	API 571
氧化腐蚀	金属缺失	API 571
磷酸盐腐蚀	金属缺失	EPRI – CS – 5500 – SR
选择性的金属浸出腐蚀	金属缺失	API 571
垢下腐蚀	金属缺失	ASME 手册第 13 卷
均匀腐蚀	金属缺失	ASME 手册第 13 卷
腐蚀疲劳	开裂	ASME 手册第 11 卷
蠕变	开裂	API 571
脱碳	冶金损坏	API 571
电蚀	金属缺失	ASME 手册第 11 卷
冲蚀	金属缺失	ASME 手册第 11 卷
液滴冲蚀	金属缺失	ASME 手册第 11 卷
固体冲蚀	金属缺失	ASME 手册第 11 卷
冲刷腐蚀	金属缺失	API 571
接触疲劳	开裂	ASME 手册第 11 卷
机械疲劳	开裂	API 571
热疲劳	开裂	ASME 手册第 11 卷
振动疲劳(机械疲劳的一种)	开裂	API 571
流动加速腐蚀(FAC)	金属缺失	WRC490
烟气露点腐蚀	金属缺失	API 571
微振磨损	金属缺失	ASME 手册第 11 卷
烟灰腐蚀	金属缺失	API 571
石墨化	冶金损坏	API 571
高温氢/硫化氢腐蚀	金属缺失	API 571
热裂纹	焊接缺陷	ASME 手册第 11 卷
热伸长	冶金损坏	ASME 手册第 11 卷
盐酸腐蚀	金属缺失	API 571
氢氟酸腐蚀	金属缺失	API 571
氢损伤	开裂	WRC 490
氢脆	开裂	API 571
氢诱导裂纹(HIC)	开裂	API 571
刀线腐蚀	开裂	ASME 手册第 11 卷
未熔合	焊接缺陷	ASME 手册第 6 卷
未参透	焊接缺陷	ASME 手册第 6 卷
液态金属裂纹(LMC)	金属缺失	API 571
环烷酸腐蚀	开裂	API 571
苯酚(石碳酸)腐蚀	金属缺失	API 571

失效机理	故障模式	参考来源
磷酸腐蚀	金属缺失	API 571
连多硫酸开裂	开裂	API 571
多孔	焊接缺陷	ASME 手册第 6 卷
敏化	冶金损失	ASME 手册第 11 卷
σ 相脆化	冶金损失	API 571
σ 和 CHI 相	冶金损失	ASME 手册第 11 卷
软化(超龄)	冶金损失	ASME 手册第 11 卷
酸性水腐蚀	金属缺失	API 571
球化	冶金损失	API 571
时效应变	冶金损失	API 571
杂散电流腐蚀	金属缺失	ASME 手册第 13 卷
硫化	金属缺失	API 571
硫化物应力开裂(SCC)	开裂	ASME 手册第 11 卷
硫酸腐蚀	金属缺失	API 571
焊接腐烂	金属缺失	ASME 手册第 11 卷
焊接熔池开裂	焊接缺陷	ASME 手册第 6 卷
焊接金属熔合线开裂	焊接缺陷	ASME 手册第 6 卷
焊接金属纵向开裂	焊接缺陷	ASME 手册第 6 卷
焊接金属根本开裂	焊接缺陷	ASME 手册第 6 卷
焊接金属趾部开裂	焊接缺陷	ASME 手册第 6 卷
焊接金属横向开裂	焊接缺陷	ASME 手册第 6 卷
熔敷焊道开裂	焊接缺陷	ASME 手册第 6 卷

该标准还将上述损伤机理按照制造、材料、温度范围、工艺条件、流量、负荷形式进行分类,本书不再一一介绍。可以看出 ASME – PPC – 3 不仅涵盖了所有 API571 的损伤机理,有些还进行了细化,这些机理来源多方面,如 ASME 手册、WRC 490 等,说明损伤机理也是分层次的。另外,ASME 标准中包括部分制造过程中的机理,如熔池开裂、焊接、铸造气孔等。这是由于 ASME 标准的侧重点是在设备的制造过程,因此对设备在制造过程中可能发生缺陷的机理讨论得更加详尽,值得注意的是,有时这种制造过程中的机理可能导致另外的损坏机理。这在资产完整性管理手册 CCPS 中体现得更明显。CCPS 对机理的划分主要是按照设备的生命周期来进行的,更符合运行管理的需要。

由于损伤机理也有层次性及交叉性,在失效模式分析中应注意这些性质,失效模式的机理分析目的是为维修策略决策提供依据,只要达到这个目的分析就可停止,不必再花费精力更进一步分析。

2.4.3.2 管理行为(主观原因)分析

设备失效根原因的另一方面是分析管理方面,管理行为是主观的,分析管理行为的目的是通过规范管理行为避免设备事故。

工程中由于行为错误造成的设备失效占有很大的比例,如离心泵对中不好,往往是安装问题，润滑油中带水，离心泵入口过滤器堵，往往是未定期清理过滤网，维护不到位。安装问题，维护问题都是管理原因。管理原因发生的概率是随机的，只有加强管理才能降低失效概率。

管理原因主要归为以下几个环节：

(1)设计不合理；

(2)产品的制造未按设计或规定的制造工艺造成的失效；

(3)安装；

(4)调试；

(5)检维修等质量缺陷；

(6)操作失误；

(7)使用不当；

(8)保养不及时；

(9)工艺设备条件的变更(未在设计允许的环境范围内使用)所造成的失效。

2.4.4　失效模式的要素

对一个失效模式进行精确的描述必须从以下三个方面：设备或部件的功能位置、失效现象和失效原因。

(1)功能位置：失效模式一定是针对某台设备或部件的，部件可归类到设备，设备可归类到某一类设备，但最底层的一定是具体到某部件或设备。因此失效模式一定要有具体设备或部件的信息。

(2)失效现象：失效模式是通过失效现象来表现的，如振动、温度、烧损，泄漏等。

(3)失效原因：失效原因是分层级的，下层功能位置失效一定是上层功能位置失效的原因，原因可以一直追溯到根原因中失效机理和管理行为。

失效模式的要素关系见图 2 - 3。每个功能位置有不同的失效模式，每种失效模式可能有不同的失效现象，失效模式可能是多种原因引起的，每种失效原因也可能有多种失效现象。

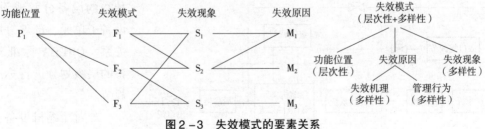

图 2 - 3　失效模式的要素关系

失效模式的确定，先要确定设备功能位置，然后找出失效现象，根据失效现象找到各种失效原因，根据需要可将失效原因分析至底层失效机理及管理原因。确定了功能位置、失效原因和失效现象就能确定失效模式。由于失效模式要素的层次性和多样性，同样一个失效模式可以有多种要素组合，产生不同的名称，不利于对失效模式进行统计分析，因此需要对失效模式及其要素进行规范化。

2.4.5　失效模式的标准化

维修是针对失效模式进行的，设备的可靠性管理需要对失效模式进行标准化。设备失效模式标准化的难度更大，由于每台设备的失效机理可能对应多个失效现象，或不同的失效部件，因此存在多种排列组合的结果。这就给失效模式的描述统一标准化造成困难。但不是一件不可能的事，尤其是借助信息技术的支持对失效模式的管理进行计算机编码，通过计算机将失效现象、机理，失效模式进行多维度的统一管理。

在石油天然气工业中，由于其介质的特殊性，设备的安全性、可靠性和维修性引起了极大关注，大量分析用于评估设备事故、污染造成损坏的风险，因此可靠性和维修数据极其重要。由于安全、环境及成本效益的压力越来越大，最近更多的注意力集中在现有装置的维修上，对失效数据、失效机理和维修性统计分析已越来越重要。国外一些主要的石油公司20世纪80年代初开始着手进行这项工作，多年来采集了大量的数据，积累了可靠性数据采集的丰富知识。设备信息管理系统要进行数据的电子采集和传输、对数据进行加工整理和分析计算，需要大量不同类型高质量的数据，最经济、最有效的方法就是通过工业合作，使采集、交换和分析数据在共同的基础上，就必须对数据有统一的标准。

有些国外大石油机构或企业，如埃克森美孚、BP、壳牌等委托第三方机构，如挪威船级社等对石油化工设备故障模式进行详细的系统分析，甚至进行标准处理，发布自己的相关标准，如近海石油设施数据手册OREDA标准。国际标准化组织应用了OREDA的结构，建立相关标准ISO 14224，我国在2000年也引进该标准结构，将其列为国家标准：GB/T 20172—2016《石油天然气工业　设备可靠性和维修数据的采集与交换》。

下面以压缩机为例对这些标准的结构做简要介绍。

2.4.5.1　OREDA标准

（1）设备的层次分解。

失效模式是分层级的，设备的各个层级都有相应的失效模式，规范失效模式先要规范划分设备的层级，将不同种类的设备分解成设备、设备子单元、部件等层次关系。OREDA标准对设备的层级划分进行标准化规范。

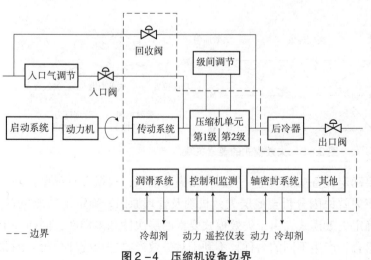

图2-4　压缩机设备边界

如对压缩机设备，定义压缩机及各个子系统的边界，与下一级设备子单元结构关系，见图2-4，单元与下一层部件的分类关系，见表2-6。

表 2-6　压缩机设备单元细分

设备单元	压缩机					
子单元	传动系统	压缩机	控制和监测	润滑系统	轴密封系统	其他
维修产品	齿轮箱变速驱动 轴承 主动轮联轴节 润滑 密封 从动轮联轴节	壳体 叶片转子 平衡活塞 级间密封 径向轴承 推力轴承 轴密封 内部管线 阀 抗喘振系统,包括回收阀和控制器 活塞 气缸套 填料	控制 激励装置 监测阀 内部动力 供应	带加热系统的油箱 带马达的泵 单向阀 冷却器 滤清器 管道 阀 润滑油	带加热系统的油箱 贮水槽 带马达/齿轮的泵 滤清器 阀 缓冲气 密封油 干气密封 密封气 刷子	底座 管线及支架和波纹管 控制绝缘和单向阀 冷却器 消声器 净化空气 磁轴承控制系统 法兰接头 其他

注: 本表中列出的维修产品与压缩机类型有关。

在表 2-6 中,维修产品是指可进行维修的部件,维修一般在子单元以下层次开展,如部件及以下层面开展。有些部件包括很多由元件组成的部件,如滑动轴承或本身就是一个小子系统的部件,如抗喘振系统、带马达的泵等。对这些部件的维修是在这些部件作为子系统下一个层级元件进行时,还需要将它们进一步分解到元件级别。由于具体设备种类结构、层级繁多,标准不能完全概括。部件级别以下层级的分析没有进行标准化,留给企业去进一步分析。

(2)失效模式标准。

ORE DA 标准将失效模式定义为失效的表现方式,失效模式对应设备不同的层级,该标准只对设备层面的失效表现方式进行标准化规范。表 2-7 所示为压缩机的失效模式,由表 2-7 可以看出,失效模式包括设备的功能完全丧失和部分丧失的所有情况。

表 2-7　压缩机失效模式

失效模式	描述	失效模式	描述
AIR	非正常的仪表读数	SER	运行中的小问题
BRD	突然性的设备停止运行	NOI	杂音
ERO	不稳定的输出	OTH	其他问题
ELP	外部泄漏	OHE	过热
ELU	外部泄漏	PDE	参数偏离
FTS	启动失效	UST	假停车
STP	停车失效	STD	结构缺陷
HIO	过高的输出	UNK	不知道的原因
INL	内漏	VIB	振动
LOO	低输出		

对表 2-7 失效模式描述的进一步详细解释如下：

AIR 是指非正常的仪表读数，或者仪表读数显示不正常，仪表输出不正常，它是仪表系统综合故障的反映；

BRD 是指突然性的设备停止运行，这里原因可能有很多种，任何一种都可能导致突然的设备停运；

ERO 是指不稳定的输出，如压缩机流量、压力波动很大；

ELP 是指工艺介质的外部泄漏；

ELU 是指公用介质的外部泄漏，如密封气、密封油、润滑油等；

FTS 包括启动不起来或启动时间太长、太短等没有按照工艺、设备的要求启动；

STP 包括停不下来，或停车时间太长、太短等没有按照工艺、设备的要求停车；

HIO 是指大于设计输出指标高限运行，如压力、流量过高，转速过高等；

LOO 是指低于设计极限的输出，如压力、流量、转速过低。

上述失效模式是设备层面的失效模式，如 BRD(突然的设备停运)、ERO(不稳定的输出)、VIB(振动)等描述，失效模式分析的深度取决于维修的深度。对一台具体设备可以在设备以下各个层级进行维修，维修的深度取决于企业的维修策略。OREDA 作为一个通用标准不可能列出所有层级的失效模式，只列出设备层级的失效模式。对底层级别如干气密封元件动、静环，弹簧，轴瓦等的失效模式描述留给企业去分析完善。

(3)失效属性。

OREDA 标准对失效原因和机理进行了标准化处理，统一名称表示为"失效属性"。见表 2-8。与失效模式标准化的深度相同，该标准只对设备层级的失效原因和机理进行分析并进行标准化，并未对底层元件失效原因和机理进行分析及标准化。

表 2-8　压缩机失效属性

序号	失效属性	序号	失效属性	序号	失效属性
1	堵塞	12	疲劳	23	无动力(电压)
2	断裂	13	动力失效(电压)	24	无信号(指示、报警)
3	破裂	14	信号失效(指示、报警)	25	开路
4	间隙/对中原因	15	仪表失效(综合)	26	其他
5	组合原因	16	泄漏	27	超出调整范围
6	污染	17	松动	28	过热
7	控制失效	18	材料原因(综合)	29	黏结
8	腐蚀	19	机械原因(综合)	30	未知原因
9	接地隔离失效	20	其他外部原因	31	振动
10	电气失效(综合)	21	综合外部原因	32	磨损
11	冲刷	22	没发现的原因		

2.4.5.2　ISO 标准

标准 ISO 14224:2016 是在 OREDA 及 IEC 标准基础上开发出来，1999 年第一版标准对设备层级划分、失效模式、失效属性，沿用了 OREDA 的模式，增加了失效原因分类。但在 2006 年第二版中，将失效属性改为失效机理及失效根原因(管理行为)，并对类别进一步细分，2016 年第三版在结构上没有变化，只是在细节上进行了改进。失效机理及失效根原因见表 2 - 9、表 2 - 10。GB/T 20172—2006 参考 1999 年颁布的 ISO 14224 标准。

表 2 - 9　失效机理

失效机理		失效机理分类		失效机理描述
编号	名称	编号	名称	
1	机械失效	1.0	总体	与机械缺陷有关的失效
		1.1	泄漏	液体或气体的内漏或外漏；设备层面可以用泄漏，也可以应用到其他适合的层级
		1.2	振动	非正常的振动；如果是在设备层级作为失效机理则应尽可能地描述振动的原因或根本原因及是由哪个部位引起的
		1.3	间隙/对中失效	任何由间隙或对中失效引起的失效
		1.4	变形	扭曲、弯曲、屈服、鼓包、凹痕及缓慢的变形等
		1.5	松弛	部件没有连接、松弛
		1.6	黏结	由于其他变形、对中、间隙等原因引起的卡死、塞住等
2	材料失效	2.0	总体	与材料缺陷相关的故障
		2.1	汽蚀	与泵、阀相关
		2.2	腐蚀	所有形态的腐蚀，包括湿态(电化学腐蚀)和干态
		2.3	冲蚀	冲刷磨损
		2.4	磨损	刻痕、擦伤、微动磨损等
		2.5	破损	开裂、破裂、裂纹等
		2.6	疲劳	如果破损是由疲劳引起的应用这个编码
		2.7	过热	材料的损坏是由于过热或燃烧
		2.8	爆裂	工件材料突然爆炸性地裂开
3	仪表失效	3.0	总体	与仪表相关的故障
		3.1	控制失效	无控制、控制错误、没有按照规定控制
		3.2	没有信号/显示/报警	没有信号/显示/报警
		3.3	错误的信号/显示/报警	与实际要求的过程要求相比是错误的信号/显示/报警，信号是波动的、时有时无的
		3.4	超出调整范围	校准错误，参数漂移
		3.5	软件错误	软件问题导致控制、监控、操作引起的失效
		3.6	共因或共同的失效模式	几个仪表元件，如冗余的火灾或气体报警器同时发生共同原因的失效

失效机理		失效机理分类		失效机理描述
编号	名称	编号	名称	
4	电气失效	4.0	总体	与提供电力和传输电力相关的引起的失效
		4.1	短路	回路被短接
		4.2	开路	不连接、打断、电线或电缆的破损引起的线路没有电流通过或电阻值特别大到导体在连接时的状态
		4.3	无功率/电压	无功率或功率不足
		4.4	功率/电压失效	提供的功率失效，如过电压
		4.5	接地或绝缘失效	绝缘失效，低电阻
5	外部影响	5.0	总体	失效是外部事件或边界外部的事物引起的
		5.1	堵塞/塞住	由于流体污染或有水合物、杂物而使流体流到阻断、冻堵
		5.2	污染	对液体流体/气体/表面的污染，如润滑油、气体检测探头的污染
		5.3	其他的外部影响	从外部事物或从相邻系统产生的影响
6	其他失效[a,b]	6.0	总体	其他上述未提到的失效机理
		6.1	没发现原因	失效调查没发现原因或原因不确定
		6.2	综合的原因	几个原因相结合，但有一个主导原因
		6.3	其他	找不到编码与之相适应
		6.4	未知	没有可应用的信息

注：[a] 当有多种失效机理描述时，分析者应判断哪个是最重要的，避免应用6.3、6.4；

[b] 人为的失效机理没有列入表中，但失效原因部分考虑了人的因素。

表2–10 失效根原因

编码	分类	分项编码	分项	根原因描述
1	设计原因	1.0	总体	不合适的设计或结构配置等（与形状、大小、配置、技术、操作能力、维修等有关）
		1.1	不合适能力	不合适的尺寸/能力
		1.2	不合适材料	材料选择不适当
2	制造/安装原因	2.0	总体	故障与制造/安装相关
		2.1	制造原因	制造或制造工艺过程原因
		2.2	安装原因	安装或装配原因（不包括维修后的装配）
3	操作/维修原因	3.0	总体	失效与操作、使用、维修等有关
		3.1	设计服务问题	设计服务条件没交代清楚，致使设备在要求的使用范围外运行，压力超高等
		3.2	操作错误	人为错误：在操作过程中引起的误操作、错误使用、粗心大意、过分自大，由疲劳引起的错误等
		3.3	维修错误	人为错误：在维修过程中引起的误操作、错误使用、粗心大意、过分自大，由疲劳引起的错误等
		3.4	预想的磨损或撕裂	设备层级正常的操作条件下引起的磨损或撕裂导致的失效

编码	分类	分项编码	分项	根原因描述
4	管理原因	4.0	总体上	故障与管理相关
		4.1	文件错误	人为错误：与管理程序、说明书、图纸、报告错误等有关（如人的疲劳）
		4.2	管理错误	故障与计划、组织、质量控制等相关
5	其他原因[a]	5.0	总体	上述表里没提到的原因
		5.1	找不出原因	失效调查没找出原因
		5.2	共同原因	共同的原因/模式
		5.3	综合原因	几个原因共同的结果，如果有一个原因是主导性的，这个原因对其特别关注
		5.4	其他单元原因/串级失效	设备其他单元的失效或下层单元、维修部件所引起（串级失效）
		5.5	其他原因	上述编码类型没有提到的原因
		5.6	未知原因	没有任何可应用信息的原因

注：[a] 如果存在多种原因，判断哪个是主要原因，尽量避免 5.5、5.6。

上述标准并不是强制性标准，供企业参考，企业层面可根据自己的实际情况编制细化自己的企业标准。

2.4.6　失效模式标准化数据的积累

失效模式标准化需对失效模式的数据进行收集、积累和分析。不同的标准可能对数据收集统计的方法不同，目前还没有一个标准的统计方法。这里主要介绍 OREDA 和 RAC 的统计数据。

表 2-11 所示为 ORADA 的设备（压缩机）失效模式数据分析。主要列出失效模式及其概率分布。

表 2-11　压缩机失效模式及其概率分布

分类号 1.1			项目：机械/压缩机							
数量（参与评估数）131	装置数量 38	合计运行时间/10^6h					需要累计数量 82472			
		38253		24253						
失效模式	失效数	失效率（每 10^6h）					实际维修时间/h	维修人工时间/h		
		下限	平均	上限	SD	n/τ		最短	平均	最长
C 关键级别	595 *	0.00	166.07	839.82	361.26	155.62	17.8	0.5	529.3	1818.0
	595 +	0.08	286.58	1176.02	459.51	245.30				
AIR 非正常的仪表读数	3 *	0.00	1.11	4.88	1.91	0.78	7.0	16.0	16.5	17.0
	3 +	0.00	6.03	29.41	12.28	1.24				

分类号 1.1		项目：机械/压缩机					

数量 （参与评估数） 131	装置数量 38	合计运行时间/10^6h				需要累计数量 82472	
		38253		24253			

失效模式	失效数	失效率 （每 10^6h）					实际 维修 时间/ h	维修人工时间/h		
		下限	平均	上限	SD	n/τ		最短	平均	最长
BRD 突然设备停运	5 *	0.01	1.28	4.17	1.51	1.31	61.5	25.5	367.0	1481.0
	5 +	0.00	6.20	37.23	17.2	2.06				
ERO 不稳定输出	12 *	0.00	6.0	39.41	12.36	3.13	32.2	3.0	56.8	580.0
	12 +	0.00	9.41	43.25	17.45	4.95				
ELP 外部泄漏	44 *	0.00	10.26	50.98	46.13	11.51	8.3	0.5	12.0	197.0
	44 +	0.00	12.45	51.89	51.89	18.14				
ELU 外部泄漏	31 *	0.00	11.80	58.78	25.04	8.11	12.6	10	236	123.5
	31 +	0.00	24.22	105.90	41.33	12.8				
FTS 启动失效	72 *	0.21	22.45	74.13	27.10	18.83	26.3	1.0	37.3	704.0
	72 +	0.59	40.25	127.61	45.88	29.69				
STP 停车失效	3 *	0.00	1.44	78.7	3.69	0.78	3.5	3.5	10.8	18.00
	3 +	0.00	2.80	15.40	7.43	1.24				
HIO 过高输出	1 *	0.00	0.27	15.2	0.90	0.26	7.0	14.0	14.0	14.0
	1 +	0.00	0.45	2.42	1.56	0.41				
INL 内漏	5 *	0.00	1.38	7.61	7.61	1.31	113.4	2.0	171.4	304
	5 +	0.00	2.68	14.47	9.25	2.06				
LOO 低输出	153 *	0.00	39.10	202.86	148.47	40.02	15.0	0.5	22.3	964.0
	153 +	0.00	44.11	230.34	187.13	63.08				
NOI 杂音	3 *	0.00	0.99	5.68	3.07	0.79	51.0	4.0	37.7	76.0
	3 +	0.00	1.86	1.91	6.54	1.24				
OTH 其他问题	4 *	0.00	1.71	8.62	3.69	1.05	7.0	1.0	22.3	59.0
	4 +	0.00	3.07	16.14	7.30	1.65				
OHE 过热	69 *	0.00	17.03	88.21	65.54	18.05	7.9	0.5	15.2	447.0
	60 +	0.00	20.16	104.43	81.99	28.45				
PDE 参数偏离	50 *	0.00	12.26	63.60	50.49	13.08	15.5	0.5	20.5	250
	50 +	0.00	14.91	77.84	63.18	20.62				
UST 假停车	124 *	0.02	37.34	158.37	60.97	32.43	23.7	1.0	32.0	1818.0
	124 +	0.02	60.30	224.30	82.81	51.13				
STD 结构缺陷	6 *	0.00	2.29	12.24	5.64	1.57	13.4	2.0	19.6	43
	6 +	0.00	3.02	14.75	6.17	2.47				
VIB 振动	10 *	0.00	3.14	13.47	5.21	2.62	5.5	1.0	29.7	100.0
	10 +	0.00	4.54	14.03	4.95	4.12				
D 退化级别	544 *	0.20	177.75	733.92	278.74	142.28	10.4	0.3	15.9	410.0
	544 +	0.95	267.11	1031.46	380.84	224.30				
AIR 非正常的仪表读数	15 *	0.00	4.37	18.89	7.33	3.92	5.0	2.0	15.4	29.0
	15 +	0.00	4.37	32.03	12.42	6.18				
BRD 突然设备停运	18 *	0.01	9.82	40.18	15.21	4.71	17.2	2.0	20.7	96.0
	18 *	0.01	9.82	40.18	24.00	7.42				
……	……	……	……	……	……	……	……	……	……	……

* 表示日历时间。

+ 表示操作时间。

离心式压缩机失效是由下层部件失效引起的，表 2-12 所示为离心式压缩机各种失效模式与部件对应分布，以及分布比例(数字表示维修部件占对应失效模式失效率的百分比)。

表 2-12　离心式压缩机故障模式与部件对应分布　　　　　　　%

项目	AIR 非正常的仪表读数	BRD 突然设备停运	ELP 外部泄漏	ELU 外部泄漏	ERO 不稳定输出	FTS 启动失效	HIO 过高输出	INL 内漏	LOO 低输出	NOI 杂音
驱动装置	0.04					0.04				
防喘振系统	0.22		0.04	0.13	0.35	0.18	0.04	0.18		
基座结构										
轴承				0.18		0.04				
缓冲气系统				0.04						
接线盒	0.22			0.04		0.09				
壳体		0.02	0.04	0.18						
止回阀										
控制系统	0.82			0.04	0.22	0.53				
联锁系统	0.04			0.13						
冷却器				0.29						
联轴器(被驱动端)				0.24						
联轴器(驱动端)				0.11	0.18					
缸套	0.13		1.94	0.62		0.04		0.04	5.78	
干气密封				0.09				0.04		
过滤器	0.02		0.04	0.18			0.09	0.04	0.31	
齿轮箱	0.09			0.15						0.09
仪表，流量	0.51			0.09		0.04				
仪表，综合	0.84					0.04			0.04	
仪表，液位	2.07			0.22		0.04		0.04		
仪表，压力	4.07			0.31	0.09	0.31	0.04		0.04	
仪表，速度	0.26					0.13				
仪表，温度	4.65			0.04	0.011	0.09	0.13		0.04	
仪表，振动	1.08				0.011	0.04				
内部管线	0.02		0.09							
内部动力	0.22					0.13				
级间密封			0.09	0.11				0.04	0.04	
……										……
汇总	18.2	0.22	5.12	10.77	1.63	3.27	0.22	2.91	11.65	0.71

项目	OHE 过热	OTH 其他问题	PDE 参数偏离	SER 运行中的小问题	STD 结构缺陷	STP 停车失效	UNK 不知道的原因	UST 假停车	VIB 振动	SUM 汇总
驱动装置		0.09				0.04		0.04		0.26
防喘振系统		0.42	0.11	0.18	0.13			0.04		2.03
基座结构				0.88	0.13				0.04	1.06
轴承		0.04		0.04	0.04			0.04		0.40
缓冲气系统			0.04							0.09
接线盒		0.09	0.04	0.09	0.04		0.04	0.04		0.71
壳体				0.13						0.38
止回阀			0.22	0.04				0.04		0.31
控制系统		0.31	0.40	0.09	0.04	0.18	0.04	0.53	0.13	3.35
联锁系统				0.04						0.22
冷却器	0.09	0.04	0.04	0.04				0.06	0.04	0.61
联轴器(被驱动端)									0.13	0.38
联轴器(驱动端)									0.04	0.33
缸套	3.40	0.04	0.57	0.31	0.22		0.26	0.13	0.18	13.68
干气密封		0.04		0.04						0.22
过滤器		0.31	0.44	7.33			0.04	0.15		8.95
齿轮箱	0.04	0.09		0.04					0.04	0.55
仪表,流量		0.09	0.44	0.04						1.27
仪表,综合		0.04	0.26	0.18					0.09	1.50
仪表,液位		0.24	0.44	0.22			0.04	0.29		3.62
仪表,压力		0.18	0.75	0.29			0.04	0.44		6.57
仪表,速度				0.04				0.04		0.49
仪表,温度	0.09	0.22	0.71	0.29				0.57	0.09	7.03
仪表,振动		0.09	0.71					0.49	0.40	2.91
内部管线	0.09	0.04		0.26					0.04	0.55
内部动力		0.18	0.04					0.18		0.75
级间密封		0.04						0.06		0.38
……										……
汇总	4.77	6.66	8.61	14.47	1.15	0.35	1.90	5.47	1.90	100.0

不同的企业，需求不同，分解的不一定一致，这要看维修是在哪个层级进行的，如 OREDA 没有对防喘振系统、齿轮箱等再继续分解，将它们作为一个整体看待，整体统计

它们的可靠性数据，说明该标准在防喘振系统和齿轮箱的整体层面进行维修，不用对它们再进行分解。而有些企业维修可能是在防喘振系统中的子系统或部件，如阀门、齿轮箱中的齿轮层面进行的维修，则还需要对防喘振系统和齿轮箱再进行分解。

从表 2 - 12 可以看出，每一种部件不止一个失效模式，每一种失效模式可能在多个部件上体现。部件中缸套的失效率最高，占总失效的 13.68%，它对应的占比最高失效模式为 LOO(低输出)为 5.78，而 LOO(低输出)占全部失效模式的比例为 11.65。这说明把缸套的失效率降下来，对提高压缩机的可靠性贡献最大。另外，看出失效模式中 BRD(突然设备停运)最低，占总失效的 0.22%。平均失效率为每 10^6h 1.28 次故障，95% 置信度，最小 0.01，最大 4.18，这意味着如果每年 365d 连续运行 8760h。95% 的可能性，114 年才最多出现突然停车事故 4.18 次，这个失效率非常低。当然不是说压缩机能运行 114 年，是指运行期间突然停车的概率非常低，这个分布是随机指数分布，失效率在运行期间不变。

需要指出的是， OREDA 数据库失效率均是不变的指数分布。统计设备稳定运行阶段的失效率，并不是在设备运行末期的失效分布，这一点要特别注意。

OREDA 数据库另一个(表 2 - 13)主要失效属性描述与故障模式对应。

表 2 - 13　压缩机失效模式与失效属性对应分布(1)　　　　　　　　%

项目	AIR 非正常的仪表读数	BRD 突然设备停运	ELP 外部泄漏	ELU 外部泄漏	ERO 不稳定输出	FTS 启动失效	HIO 过高输出	INL 内漏	LOO 低输出	NOI 杂音
堵塞	0.13			0.09	0.04				0.31	
破损	0.26	0.04	0.09	0.09		0.04				
爆裂	0.04									
汽蚀	0.04									
间隙/对中	0.13		0.04	0.26						
复合问题	0.04				0.04					0.04
污染	0.09			0.04		0.04		0.04		
控制失效	0.40			0.09	0.18	0.49		0.04	0.04	
腐蚀	0.09			0.04		0.04				
变形	0.09								0.04	0.04
接地失效	0.04									
通用电气失效	0.04					0.22				
冲蚀			0.04							
通用外部影响	0.04									
疲劳				0.09						
电源失效						0.04				
信号失效	3.4				0.18	0.18				

项目	AIR 非正常的仪表读数	BRD 突然设备停运	ELP 外部泄漏	ELU 外部泄漏	ERO 不稳定输出	FTS 启动失效	HIO 过高输出	INL 内漏	LOO 低输出	NOI 杂音
通用仪表失效	6.27		0.09	0.35	0.35	0.75	0.09	0.04	0.62	
泄漏	0.04		1.06	4.15		0.04		0.09		
松动	0.18		0.09	0.44	0.09	0.13				0.04
通用材料失效	0.13		0.13	0.49			0.09			0.04
通用机械失效	0.44	0.09	0.38	2.56	0.13	0.35	0.04	0.13	9.14	0.13
多方面的外部影响	0.18			0.09					0.26	
多方面的通用影响					0.04					
无失效原因	0.26			0.04		0.04				0.04
无动力	0.04									
无信号	0.71			0.01		0.13				
断路	0.04		0.04	0.04		0.09				
其他问题		0.04	0.04			0.04				
失调	3.27				0.26	0.22		0.04	0.09	
过热			0.13	0.04	0.04					
短路	0.13									
软件失效	0.13									
黏结	0.08			0.04	0.09			0.13		……
不知道的原因	0.53		0.04	0.18					0.04	0.13
振动	0.31		0.04	0.18					0.04	0.13
磨损	0.08		0.09	1.50	0.26			0.38	0.40	0.13
汇总	18.23	0.22	5.12	10.77	1.63	3.27	0.22	2.91	11.65	0.71

表2-13 失效属性描述与失效模式(2)　　　　　%

项目	OHE 过热	OTH 其他问题	PDE 参数偏离	SER 运行中的小问题	STD 结构缺陷	STP 停车失效	UNK 不知道的原因	UST 假停车	VIB 振动	SUM 汇总
堵塞	0.04	0.09	0.31	0.22			0.09	0.22		1.54
破损	0.22	0.04	0.35	0.04					0.04	1.32
爆裂										0.04
气蚀	0.04			0.04	0.04					0.18
间隙/对中		0.09		0.04						0.66
复合问题		0.04				0.04				0.22

续表

项目	OHE 过热	OTH 其他问题	PDE 参数偏离	SER 运行中的小问题	STD 结构缺陷	STP 停车失效	UNK 不知道的原因	UST 假停车	VIB 振动	SUM 汇总
污染	0.04	0.22	0.09	0.66				0.09		1.24
控制失效	0.13	0.35	0.40	0.09	0.44			0.44		2.69
腐蚀		0.13	0.04	0.35				0.04		0.79
变形			0.04	0.09				0.04		0.35
接地失效	0.04	0.04						0.04		0.18
通用电气故障	0.04	0.40	0.04	0.09		0.04	0.04	0.13		1.06
冲蚀		0.04					0.09			0.18
通用外部影响		0.22	0.13						0.04	0.44
疲劳										0.09
电源失效		0.09								0.13
信号失效	0.04	0.04		0.04				0.44	0.13	4.46
通用仪表失效	0.26	0.44	4.19	1.10	0.04	0.13		1.28	0.04	16.06
泄漏	0.04	0.62	0.13	0.18				0.09		6.44
松动		0.04		0.22					0.09	1.32
通用材料失效		0.04		0.26	0.18		0.13	0.13		1.63
通用机械失效	3.57	0.97	1.54	9.31	0.71		0.44	0.71	0.53	33.98
多方面的外部影响	0.04	0.04	0.13	0.13			0.04	0.09	0.09	1.10
多方面的通用影响		0.22		0.04			0.04			0.35
无失效原因		0.13		0.04				0.18	0.04	0.79
无动力								0.09		0.18
无信号		0.13								1.02
断路		0.40		0.18		0.04	0.09	0.13		1.41
其他问题	0.04	0.44	0.04	0.53			0.13	0.09		1.41
失调	0.09	0.40	0.35					0.26	0.13	5.12
过热	0.18	0.09	0.13				0.04	0.26		0.93
短路									0.09	0.22
软件失效			0.31							0.44
黏结		0.31		0.18		0.04				1.02
不知道的原因	0.18	0.31	0.09	0.09	0.04	0.04	0.57	0.26		3.35
振动			0.13	0.18	0.04			0.31	0.44	1.81
磨损		0.44		0.09				0.09	0.26	5.83
汇总	4.77	6.66	8.61	14.47	1.15	0.35	1.90	5.47	1.90	100.0

从表2-13可以看出，有些失效的原因同时也是失效模式，如振动既是失效原因也作为失效模式的描述。除爆裂外，其他每一种原因在多种失效模式上体现，同时每种失效模式有多个原因。在失效原因中失效率最高的是通用机械失效占总时间失效的33.98%。最低的是爆裂，体现在突然停车失效模式中，为0.04%。

另一有代表性的统计资料是美国国防信息中心可靠性研究中心(RAC)的失效模式与机理分析数据库。

RAC将失效模式定义为失效观察到的结果，将失效机理定义为引起故障的物理自然过程，显然，它不把主观的人的行为归类到失效机理中。RAC失效分类统计数据主要来源于维修活动。认为失效的发生分为两种：一种是内生、固有型(inherited)的；另一种称作诱发型(induced)的，或者叫作非内生的失效。内生、固有型的失效与上节根原因分析中客观的失效机理相对应。而非内生的、诱发型的失效与根原因的主观管理行为失效原因相对应。它们在RAC分析中分为不同的类别。RAC将上述不同的数据统计数据分成两类：一是对固有内生的失效统计分布为归一化分布或标准化分布(Normalized Distribution)；二是失效分布(Failure Distribution)，包括内生的和诱发的所有失效的分布。表2-14所示为该标准机械过滤器的各失效模式占总失效模式的分布。

表2-14　失效模式占总失效模式的分布　　　　　　　　　　　%

失效模式	标准化分布	失效分布	收据源(编号)、描述
泄漏	53.8	34.0	内、外漏(编号)略
非正常输出	19.8	12.5	(编号)略
失去控制	19.8	12.5	(编号)略
堵塞	6.6	4.2	(编号)略
未知失效	—	21.7	(编号)略
其他	—	15.16	(编号)略

该标准统计各失效模式占总失效模式的比例分布，对失效概率 λ 需参考其他标准确定，如美国军用标准 MIL、非电子产品可靠性数据库 NPRD 等标准，或其他数据源。该标准失效概率 λ 采用指数分布。

上述以国外两个标准为例说明设备可靠性数据统计的部分结果，需要注意的是以上引用标准的可靠性数据是过去的数据，在此举例只是想让读者了解设备可靠性数据统计的方式方法和结论，其数据对目前的设备无使用价值。从国外各标准来看，失效模式并未完全统一，统计数据只能说明国外部分设备在某段时间的可靠性数据，我国还没有相应的标准数据库，我国设备运行工作环境与国外有所差异，石油化工行业目前基本上已实现设备国产化，各企业应该统计自己的可靠性数据，这对提高设备的设计水平、运行的可靠性，指导维修，保证石油化工企业运行安全，提高生产效率都非常有意义。

企业层面数据的收集积累应从购买设备开始，在购买设备时就提出可靠性要求。图2-5所示为某企业购买的阀门，阀门供应商提供的可靠性认证机构出具的数据证书。

The use of the product Ball Valve must obey the required rules to maintain the SIL 3 Capable properties. These rules are stated in the section 6 of the Assessment Report reference: INS-E-ZJ-14-0064_007_SIL Capability assessment report_R1.

The product versions of hardware components used for the assessment are the following:

Component	Model
Ball Valve	ZSHO/ ZSHV Ball Valve

Assessed documents for the present certification are defined in the Appendix 1 and 2 of the Assessment Report reference : INS-E-ZJ-14-0064_007_SIL Capability assessment report_R1.

Acceptable environmental constraints and design lifetime for the product are stated in the safety Manual (Ref.: SIL2015-008 Safety Manual for Ball Valve). These elements must be checked for each integration of the product.

The certified Safety Function(s) of Ball Valve is/are the following:
* *SF1: Open or Close on demand.*

Hypothesis used for mode of operation is the following:
* *The mode of operation is "Low demand", which means less than 1 trip demand each year;*

Type	Component architecture	Safety function	Calculation hypothesis		Intermediate results		Final results	
			Tests intervals	MTTR	Failure Rate	Undetected dangerous failure rate	SIL Capability	Probability of Failure on Demand
ZSHO Ball Valve	1oo1 configuration	SF1	18 months	24 h	3.95E-07	3.95E-07	SIL 2	2.61E-03
	1oo2 configuration	SF1	18 months	24 h	N/A	N/A	SIL 3	2.69E-04
ZSHV Ball Valve	1oo1 configuration	SF1	18 months	24 h	6.16E-07	6.16E-07	SIL 2	4.07E-03
	1oo2 configuration	SF1	18 months	24 h	N/A	N/A	SIL 3	4.25E-04

图 2-5　某厂阀门可靠性认证证书

2.5　失效影响

在 RCM 分析中回答第 4 个问题"当失效发生时，将发生什么?"这个问题的答案就是失效的影响。GB/T 1826(IEC 60182)定义失效影响为"失效模式对产品运行、功能状态产生的后果"。由于该标准主要针对的是设计制造过程，在设备使用过程应用 FMEA 分析可以将失效影响理解为"失效模式对设备运行、功能状态产生的后果"。

在分析失效影响时有一个前提也可称为假定：当失效发生时，失效影响是如果对该失效模式不做任何主动工作或预防性工作的情况下产生的影响，即在没有人为干预的情况下，任由其发展而产生的影响。主动或预防性工作是在对失效影响分析后，根据失效后果选择维修管理策略。实施主动或预防性工作后，一定改变原始的失效影响和后果，因而它不能作为预设条件。

失效影响是下一步后果评价所需的前提条件，所以失效影响的描述收集所有后果评估需要的信息。具体如下。

①失效发生的现象是什么(这里的现象与失效模式中的现象目的不同，失效模式中的现象主要是为说明失效模式的，用某种现象描述失效模式，而这里的现象是失效发生后，表现出对后果有影响的现象，用来表明失效发生了)。

②是否发生的是多重失效。

③发生的失效对安全(造成人员伤亡)或环境的破坏。

④发生的失效对生产或操作造成的不利影响。

⑤发生的失效造成了什么样的物理损坏。

⑥失效发生后,必须做什么才能恢复系统的功能。

2.5.1 失效发生的现象

应描述失效模式本身发生的证据。如操作人员确定失效发生了,应该如何描述形成这个证据。例如,应该提到失效设备的运行状态是否有明显的改变(警示灯、警报、速度变化或噪声水平等)。还应该描述失效发生时伴随明显的物理现象,如巨大的噪声、火、烟、蒸气、不寻常的气味,或者泄漏的液体。

在处理保护功能时,失效影响描述应简要说明如果保护功能失效,被保护功能将发生什么,如安全阀失效,被保护的设备将发生什么。

2.5.2 什么情况下故障会危及安全(造成人员伤亡)或环境破坏

如果失效影响的结果有可能导致有人受伤或死亡或者可能违反环境标准或法规,失效影响应该描述这是如何发生的。具体如下:

①火灾或爆炸风险增加;

②危险化学品的泄漏;

③触电;

④车辆事故或脱轨;

⑤污染物进入食品或药品;

⑥暴露在锋利的边缘或移动的机器下;

⑦下落物体;

⑧压力喷发;

⑨暴露在高热和熔融材料下;

⑩大型旋转部件解体;

⑪噪声水平增加;

⑫结构坍塌;

⑬细菌生长;

⑭水淹事故。

在列出上述情况时不仅要考虑企业自己的员工,也要考虑其他,如外来进入现场人员,以及对用户和社会的影响。

在列出这些影响时,应注意不要简单地说"会造成安全后果""影响环境"。应只是陈述发生了什么。对是否产生安全、环境等后果,留给 RCM 流程的下一个后果评价阶段去做。

2.5.3 失效对生产或操作的不利影响

失效影响描述应说明如何对生产或运行操作造成影响,以及影响多长时间。应考虑以下几方面。

①停机时间：由于设备失效发生，设备不能进行生产的时间。停机的时间应是从失效发生直到它再次完全运作的那一刻的时间段。停机时间应考虑发生在"典型的最坏情况"的情况下，例如，应考虑失效是否发生在深夜，或维修和管理人员是否能及时赶到现场，是否有足够的备品备件，但应避免考虑极端情况。

②生产负荷：设备是否会因为失效而减速，从而影响生产负荷，如果是，会有多少？

③质量：失效是否影响功能执行时的质量、控制系统的精度、产品质量参数，甚至客户服务问题（准时生产等）。失效影响还应该指出是否失效增加了废品率或报废率，导致生产任务中止或导致重大损失和经济处罚。

④其他系统：其他设备或单元装置是否必须停止、减速，以降低负荷或其他情况的影响。

⑤总体运营成本：失效是否导致成本增加，如能源消耗增加或工艺材料过度消耗。

2.5.4　失效造成了什么物理损坏

要考虑对设备本身的损坏。不但要考虑失效造成设备的元件、部件、设备的损坏，还要考虑可能对相关系统造成重大损坏，这种损坏叫作二次破坏，其影响也应该记录下来，如离心泵轴承的损坏可能造成机械密封的损坏，或电动机轴键的松动有可能造成电动机转子振动与定子碰磨，造成电动机短路等。

2.5.5　失效发生后，必须做什么才能恢复系统的功能

失效影响的描述应包括简要描述失效发生后恢复功能所需的工作。如描述更换轴承停工约 4h，清洁过滤器停泵 1h。这里停工约 4h、停泵 1h 都是停机时间，而更换轴承，清洁过滤器是恢复功能所需要的工作，用于说明为什么停工这么长时间。

2.6　失效后果

失效后果定义为失效影响的方式，它回答 RCM 第 5 个问题"什么情况下，各失效是至关重要的"。失效影响概念经常与失效后果相混淆。RCM 中失效影响描述指失效发生了什么，失效后果评估失效影响的严重程度，导致什么后果。失效影响是为后面的故障后果分析做准备的一个步骤。

比如某种失效模式发生后可能影响产量，还可能影响质量、影响销售客户、市场的变化甚至人员伤亡等，每一个方面都有具体表现形式，对它们的描述就是失效的影响。失效后果要归纳这些影响因素，并评估严重程度，对严重程度排序。

RCM 中对失效后果的评价不仅是对失效影响结果的概括，更重要的是对失效影响后果严重程度分级，以利于后面维修管理策略的选择。

RCM 失效后果按严重程度分类的评估分为四种后果：安全性后果、环境性后果、操作性后果和非操作性后果。分析分为两个阶段：一是区分隐性失效和显性失效；二是从显性失效及隐性失效中分析失效后果。

2.6.1　隐性失效和显性失效

莫布雷在 RCM Ⅱ 首先提到隐性失效和显性失效，它们的后果就是隐性失效后果或显性失效后果。要讨论隐性失效后果和显性失效后果要返回看什么是隐性失效和显性失效。显性失效是在正常工作条件下靠人的感官能感知发现的失效，而隐性失效是指失效发生的现象对操作人员在正常的操作状态下是不明显的，即靠人的感官不能被察觉的失效。这种失效发生时，往往没人知道部件或设备处于失效状态，直到有其他失效发生后才被发现，因此后果往往是突发的，影响较大。

隐性失效和显性失效是从人本身感官能力发现失效的难易程度来区分的，显然显性失效大部分会给失效反应处理留有一定时间，可以为避免失效后果或使之扩大赢得时间，从而采取措施避免或减小失效安全或经济性后果。隐性失效大部分是突然发生的，直接导致失效后果。因而，失效后果的分析首先要分析失效模式是显性的还是隐性的。

为更好地理解什么是隐性失效，可以举个例子，如由两台水泵 A、B 组成的泵组，A 泵在运行，B 泵是 A 泵的备用泵，长期开 A 泵，B 泵停运备用。如果长期停运，在潮湿环境下润滑保养不好，轴承发生腐蚀，这在停运状态下是看不出来的，只有当 A 泵有问题需要 B 泵运行时，由于轴承问题 B 泵运转不起来，这时才发现 A 泵、B 泵会一起出现问题，此泵组 B 泵的轴承失效就是隐性失效模式。

2.6.1.1　隐性失效的影响

隐性失效一般不会立即对工艺或系统产生影响，只有通过检查或功能检测时才会被发现，或者间接地以某种方式被发现，或者在切换失败的组件时不能执行其预期的功能时被发现。

从上面泵的例子可以看出隐性失效的两个特点：一是隐性失效是不明显的，如当 B 泵轴承发生失效时，操作人员感觉不到，只有通过专项检查如启动一下才可以看出来。因此，B 泵的轴承失效是隐性失效。二是隐性失效发生并不直接产生后果，只有其他相关失效发生时，如 A 泵有问题，需要 B 泵运行时这个失效才被发现。这里又出现另一个概念，即多重失效。当一个失效是隐性的，人的感官不能发现，直到另一个失效发生。这样两个或两个以上失效同时发生的失效为多重失效。

再如，炼油厂的催化裂化装置关键设备气压机，其润滑油可能长时间使用或在密封不好时黏度会降低，这个失效模式人的感官是无法发现的，如果发现不了，就会造成轴承系统润滑不好，进而引起轴承润滑磨损，直到磨损增加，设备产生明显异常才被发现，它可能造成设备停止运行，装置停工，产生巨大的经济损失。还有安全阀内部的弹簧有可能出现疲劳破坏，或有杂物堵塞，不能保证安全阀起跳的压力或关闭的压力，这种失效模式通过操作人员感官感知也是发现不了的，最终的后果只有在需要用安全阀工作时才可能显现，这时就可能出现严重的安全后果。

现代机器设备复杂程度高，约有 1/2 的失效是隐性失效，多重失效是后果的叠加，其后果可能更严重，因此对隐性失效要特别注意，在分析失效后果时首先要看失效模式是显性失效还是隐性失效。

隐性失效本身没有影响后果，但它将导致多重失效后果。

2.6.1.2　隐性失效和保护功能

很多人认为 RCM 分析是针对动设备的，实际它也针对过程专业仪表。由于石油化工生产具有易燃、易爆、有毒等特点，故在生产装置中配置大量过程保护仪表。这些具有保护功能的仪表根据不同的保护对象一般采取以下几种方法进行保护。

①提醒操作者注意异常情况。如声光报警，在显示屏上有明显标识。

②防止设备损坏。如使设备停机，电动机的电流过电流保护、吊车的限位开关等。

③通过控制温度、压力、流量控制等使系统处于安全状态。

④替代已失效的功能。如备用泵自启动。

⑤防止危险情况出现。如安全阀、紧急泄压阀等。

⑥以上功能的组合。

在石油化工生产中，保护有时对某个点进行，触发点是单点，即单点保护。但更多的是多点触发、对单点或多点同时进行控制保护，这种保护称为保护系统。保护功能的实现也是多种方法的组合。有物理的，如安全阀、爆破片、易熔塞、熔丝等。有机械的，如汽轮机超速保护，有一种是机械超速保护，其原理见图 2-6。由安装在主轴上的飞锤系统来实现，当机组超速达到额定转速时，由于飞锤在离心力的作用下向外快速移动，击打超速遮断滑阀的杠杆机构，杠杆带动滑阀动作，打开安全油和脉冲油的泄油口，关闭主汽门和调速汽门及旋转隔板，实现停机。

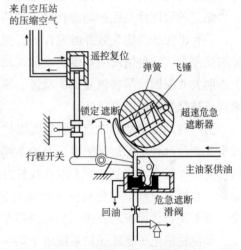

图2-6　汽轮机超速保护原理

除了机械保护外，电子保护应用越来越普遍，小型的可用可编程控制器(PLC)实现，在石油化工装置中控制功能有的用现代 DCS 控制系统实现保护功能，更重要的保护功能是由 SIS 系统实现的，它的可靠性要求比前几种保护要求高。

不管保护功能是用什么方法实现的，其目的都是避免被保护设备的功能一旦失效后果扩大，确保具有保护功能的设备与没有保护功能的设备失效后果相比，失效的严重程度大大降低。保护功能针对的是失效后果而不是失效本身。因此，单独讨论保护功能没有意义，要与被保护设备功能一起讨论，即将保护功能与被保护功能作为一个系统来讨论。

(1)保护功能失效是显性的

保护功能失效的现象对操作人员在正常条件下是明显的。这种失效模式有三种情况见图 2-7。

第一种可能性是保护功能和被保护功能都正常。如汽轮机本体为被保护设备，电子超速保护系统为保护设备，其功能均正常，在这种情况下一切正常。

第二种可能性是被保护设备功能失效在保护功能失效前发生。保护功能正常。这种情

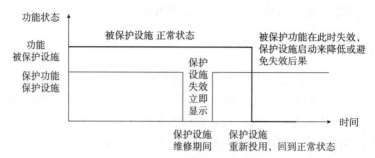

图2-7 保护功能的显性失效

况下被保护功能失效的后果取决于保护功能的性质，由于保护功能的保护使其失效后果的严重性降低或完全排除。如汽轮机由于某种原因发生超速，这时机械或电子超速保护功能启动，汽轮机停车。因为超速保护的作用保护汽轮机，与汽轮机超速造成汽轮机本身损坏并造成停工的生产损失相比严重性降低了。

第三种可能性是保护功能在被保护功能失效之前失效。这种情况分为以下两种。

一种是保护功能失效并触发保护，使被保护设备或系统功能失效，如设备、装置无故障突然停车。这种情况叫作保护功能误动作，显然这种失效是显性的，这种情况发生要马上查明失效原因，尽快恢复保护功能。要通过提高保护功能设施的可靠性及缩短修复时间来提高被保护功能的可靠性。

另一种是保护功能失效但不触发保护，但保护功能失效是显性的。若被保护设备功能没有失效：这种情况被保护设备是否继续运行，取决于失效后果及保护功能失效是否能在线修复。如能在线修复，应采取在线修复的方法，但要在修复期间采取其他措施替代保护功能，在修复过程中避免被保护设备功能失效。如果失效后果非常严重，如涉及人身安全，找不到替代保护的方法，则必须停车修复。

如汽轮机电子超速保护系统由于某一个电子元件失效，保护失灵但不触动电池阀，机组继续运行。如果电子系统具有自检功能，显示报警，那么保护功能失效是显性的，操作人员能够发现这一报警。如更换元器件恢复保护功能不会导致汽轮机停机，可以进行处理，但要采取措施防止在处理过程中汽轮机突然超速。如不处理，要想其他方法确保在后面运行过程中汽轮机超速时能及时保护或紧急停车。

如果这个系统弹簧等部件失效，在设备运行中操作者无法发现，就是隐性失效。当汽轮机真正超速时才发现机械超速，系统失灵，这时机械超速保护功能失效和汽轮机超速同时发生，构成多重失效。

在电气设备保护系统中，电子元件本身可能会随着时间的推移而劣化，直到它不能再提供所需的保护功能。这种劣化可能不明显，也可能没有反应，这时被保护功能可以继续运行，直到主系统出现问题，保护系统的问题才可能会被发现。如储罐上安装的一个联锁功能的液位计，随着液位达到高液位时输出一个信号触发关闭物料，由于在日常操作中液位大多处于正常状态，如果液位计联锁功能失灵，对生产没有影响，当储罐的液面超过最高液位甚至发生事故，这时液位计联锁功能失效才可能会被发现。

如果保护功能本身出现问题，并不对被保护设备产生直接后果，但如果保护功能的失效没有被操作人员发现和排除，即发生隐性失效，被保护设备功能一旦发生失效，失效后果就会发生两个以上的失效叠加产生突然的多重失效。因此，对保护仪表应尽可能地将保护功能本身的失效变成显性失效，保护功能本身失效时及时被发现并排除，在排除工作时要防止被保护的设备发生失效，对保护功能采取替代措施，避免被保护设备失效发生时产生严重后果。

（2）保护功能的失效是隐性的

如果保护功能本身失效，操作人员在正常环境下不能发现，就是隐性失效，正常环境下指操作人员并不特意去检查相关功能是否正常。

保护功能的失效是隐性时，产生了四种情况，见图 2-8。

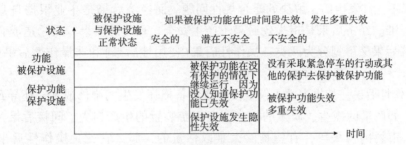

图 2-8　保护功能的隐性失效

第一种情况是保护功能与被保护功能都没有失效，表现得与以前一样，一切正常。

第二种情况是当保护功能还正常工作时被保护功能失效。在这种情况下保护功能仍然会正常起保护作用，降低或者排除掉被保护功能失效的后果。前两点与保护功能失效是显性的结论是一样的。

第三种情况是被保护功能在正常工作，而保护功能失效，不触发保护，这种情况下保护的失效并没有直接产生后果，甚至没有人知道保护处于失效的状态。

第四种情况是保护处于失效，在这期间，被保护功能失效，这种情况发生所谓的多重失效（因为保护功能的失效是隐性的，没有人发现保护功能处于失效状态，因而也不可能对其进行修复或更换，因此无法避免多重失效）。

当对设备发生的失效是显性的还是隐性的评估完成后，就进入了后果评估的第二阶段——后果评价阶段。

2.6.2　后果评价

后果评价主要是对后果严重度的评价，不管是显性失效还是隐性失效，都可能产生安全、环境、经济后果。

2.6.2.1　安全后果

在石油化工企业安全事故一般是指人身伤亡事故、爆炸着火事故、中毒事故、密闭容器窒息事故等。

2.6.2.2　环境后果

环境事故主要是由于爆炸着火或泄漏引起的空气污染、水体污染、土地污染事故。这些事故的扩散极易引起社会的恐慌，引发重大社会性事件。

随着社会的不断进步，社会对安全和环境破坏的容忍度越来越低，国家、地方性法规和行业规定越来越严格，企业也越来越承受不了安全和环境带来的损失，因此安全和环境事故是企业不能触碰的红线，必须采取措施消灭安全、环境事故。

2.6.2.3 经济后果

除上述法律、社会道义上的要求外，对企业本身影响大的是经济后果。企业存在的目的是取得经济效益。安全、环境后果肯定对经济效益带来损失，安全、环境后果本身往往是社会法规不允许发生的，解决的是合规性问题。而经济后果是企业根据自身的接受能力确定的标准。经济后果是指失效后果不产生安全、环境的后果，只是造成企业的经济损失。经济后果又可划分为两类：操作性后果(使用性后果)和非操作性后果(非使用性后果)。

(1)操作性后果。如果失效不仅直接导致设备损坏发生的维修成本，还导致直接生产上的后果，如产量的减少、质量的损失、上下游装置的生产损失，间接后果，如售后服务、品牌、市场的损失等，有些是巨大难以估量的，那么它就是操作性后果或使用性后果。

(2)非操作性后果。属于既不影响安全、环境也不影响生产这一类的故障，它只涉及设备本身的直接损失、产生维修费用、人工成本的消耗。

上述对后果的分类只是一种粗略的归纳，具体应用还可以根据每种后果的严重程度继续细分，表2-15所示为参考ISO 14224：2016做出的推荐。企业可以根据自身的具体情况进行细分。细分到什么程度取决于是否能对每种后果画出一个可承受的界限。

表2-15 风险分类推荐

故障后果	后果严重度分类			
	灾难性的 导致人员死亡或系统性的损失	严重性的 导致人员严重的伤害或疾病，或主要系统的损坏	中等性的 导致人员较小的伤害或疾病，或主要系统的损坏	较小的 低于人员较小的伤害或疾病，或主要系统的损坏
安全	I 生命损失 致命的关键安全系统不正常	V 严重的人员伤害 潜在的安全功能损失	IV 需要医疗处置的损伤 安全功能有限的影响	VIII 不需要医疗处置的损伤 安全功能很小的影响
环境	II 严重污染	VI 显著的污染	X 有些污染	XIV 没有污染
操作性	III 严重的生产停止/操作损失	VII 超过承受线的生产停止损失	XI 在承受线下的生产停止损失	XV 低的生产停止损失
非操作性	IV 非常高的维修成本	VIII 超过正常承受线的维修成本	XII 低于正常承受线的维修成本	XVI 低的维修成本

2.7　风险

后果分析的一个重要目的是确定风险，后果只是风险的一个要素，企业要规避的其实是风险。

2.7.1　风险

风险是 PSM 过程安全管理中提出的概念，风险是某事件发生的概率与其后果的组合。在设备完整性管理中也用到这个概念。在 RCM 分析中早期是按后果评价，随着管理与 PSM 及资产完整性管理的深入融合，也采用这一概念。很多管理都需要对风险进行分析，确定减少已知风险降低到何种程度，如直到风险评估低到足以被认为是"可以容忍"或"安全风险处在最低合理可行状态"（ALARP）。

在 PSM 中强调的是安全、环境风险，资产完整性管理和 RCM 风险分析中风险的范围更广泛，虽然也要分析安全、环境风险，但增加了经济风险和非风险决策的概念。在分配资源和备选方案之间进行选择时，强调使有限的资源在减少风险方面发挥最大的作用。着重考虑的是资源优化，同样的资源，如果投到风险本已非常低或微不足道的地方，不如投到具有更高风险的地方获益更大。PSM 的风险矩阵评估比较宏观，RCM 风险矩阵更加细化。

2.7.2　风险评估的方法

风险的评估包括三个部分：第一个部分是当被评估的事件发生了会发生什么后果。第二个部分是这个事件发生的可能性有多少。结合这两个部分确定风险，划分风险的层级。第三个部分也是最有争议的部分，是风险可接受准则的确定。

2.7.2.1　失效模式发生时将发生什么后果

当失效模式发生时应详细地记录失效的影响及后果。失效影响后果的描述要考虑失效后果严重程度的可能性，因为失效后果发生程度的大小也与发生的概率有关，如某设备失效模式可能有 1/10 的可能性造成 1 人死亡也可能造成 10 人死亡，或可能造成不同程度范围的经济损失。因此，对后果程度评估要"合理地保守"。所谓"合理的保守"意味着影响描述是"典型的坏情况"不是"最坏的情况"，因为那样会过分保守。如果难以确定，在进行分析时要问自己，情况变成最坏的情况是怎样，什么程度是合理的，即最坏的合理情况而非最好的情况。注意这里的可能性是指失效严重程度的可能性，而非失效发生的可能性或概率。严重度精确的量化也是一个概率，大多数情况是定性的，最可能偏向严重的合理结果。

2.7.2.2　失效模式发生的可能性是什么

记录失效模式发生合理的可能性，列出失效模式发生的概率是有限概率（母体为有限样本空间的子集发生的概率），理论上这个概率应该是量化的，从历史数据库中得到，需要平时对数据库进行维护。对失效发生的可能性最好能够量化评估，因为评估的概率对后面失效策略的选择有直接影响。

实践中的很多情况，精确的历史数据资料往往是得不到的，特别是对组合大量新技术的新设备，在这种情况下评估必须由真正了解设备技术和使用环境的人去做，对失效发生的可能性尽可能地量化评估。

有很多情况需要对可能性进行定性的评估，如当对装置设备进行 RCM 分析时，先要确定装置的关键设备，关键设备的确定要应用到设备失效的可能性，这时还没有对设备的失效模式进行分析，更谈不上对失效模式的可能性详细评估计算，这时对关键设备的失效可能性评估就是定性的评估。表 2-16 所示为某行业失效模式可能性定性评估与定量评估的关系，不同的行业甚至不同的企业可能性分级的标准也可能不同(仅供参考)。

表 2-16　失效模式可能性定性评估与定量评估的关系

失效模式发生度	发生度的等级	频度	概率
极低，几乎不可能发生	1	≤0.01 每千个部件	≤1.00×10^{-5}
	2	0.1 每千个部件	1.00×10^{-4}
低，很少发生失效	3	0.5 每千个部件	5.00×10^{-4}
	4	1 每千个部件	1.00×10^{-3}
低，偶尔失效	5	2 每千个部件	2.00×10^{-3}
	6	5 每千个部件	5.00×10^{-3}
高，反复失效	7	10 每千个部件	1.00×10^{-2}
	8	20 每千个部件	2.00×10^{-2}
很高，失效几乎是不可避免的	9	50 每千个部件	5.00×10^{-2}
	10	≥100 每千个部件	≥1.00×10^{-1}

2.7.2.3　评估风险

了解失效发生的后果和概率之后，再来讨论风险，前面讨论了风险是失效后果与其发生概率的乘积。

$$R = S \times P \qquad (2-1)$$

式中：R 为风险；S 为失效后果；P 为失效事件概率。

例如，考虑一个能导致 10 人死伤后果的失效模式。该失效模式发生的可能性是每年千分之一。以这些为基础，失效模式的评估风险为：

$$10 \times (1/1000) = 1(人次/100 年)$$

现在讨论第二种失效模式，它导致的后果为 1000 人死伤。但它发生的可能性是 1/100000 每年，失效模式评估的风险为：

$$1000 \times (1/100000) = 1(人次/100 年)$$

可以看出，虽然两例的数据基础有很大的不同，但风险结果是相同的。注意：这个例子并不表明它们的风险接受程度相同，仅仅是量化它们的风险。

上述是定量风险评估的例子，实际上失效概率的量化与失效后果的量化都需要做大量统计工作。大量风险的评估是定性的评估。

风险评估方法有很多种,一种定性风险评估的方法是确定风险优先数的方法。风险优先数由式(2-2)表示:

$$RPN = S \times O \times D \qquad (2-2)$$

式中,RPN 为风险优先数;S 为采用等级表示后果的严重程度;O 为采用等级表示的失效模式发生的频次;D 为可探测度。采用等级表示的失效发生前识别和消除失效的概率。

不同行业、企业对 S、O 和 D 定义不同的等级及概率取值范围,如有的为 1~4 级或 5 级,有的取值为 1~10 级。

还有一种定性评估最常用的方法是利用风险矩阵表来评估风险。风险矩阵表的横轴表示风险事件的概率分级,纵轴是后果事件按照严重度分级。其横轴与纵轴的交叉区域表示不同的风险。将风险再划分不同的区域,如高风险、中高风险、中风险、低风险等,表 2-17 所示为某企业管理风险矩阵。

表 2-17　某企业管理风险矩阵

严重性	后果				可能性					
	安全	环境	操作性	非操作性	$10^{-5} > F \geq 10^{-6}$	$10^{-4} > F \geq 10^{-5}$	$10^{-3} > F \geq 10^{-4}$	$10^{-2} > F \geq 10^{-3}$	$10^{-1} > F \geq 10^{-2}$	$F \geq 10^{-1}$
					1	2	3	4	5	6
					世界范围内未发生过	世界范围内发生过/石油石化行业未发生过	世界范围内发生多次/石油石化行业发生过	系统内发生过/石油石化行业发生多次	系统内发生多次/本企业发生过	作业场发生过/本企业发生多次
A 较小的	XIII	XIV	XV	XVI	A1	A2	A3	A4	A5	A6
B 中等性的	IX	X	XI	XII	B1	B2	B3	B4	B5	B6
C 严重性的	V	VI	VII	VIII	C1	C2	C3	C4	C5	C6
D 灾难性的	I	II	III	IV	D1	D2	D3	D4	D5	D6

不同的行业、专业、企业可能会划分不同风险矩阵,如安全专业关注的主要是人员伤亡;生产专业除了关注安全事故,更关注生产损失;设备专业不但要关注上述结构还要关注维修设备的成本。因此,不同的专业后果及概率细化的程度是不同的。有的用 5×6 矩阵,有的用 7×8 矩阵等,同一个企业各专业可接受的风险虽然不同,但风险分级原则保持一致性,对设备失效模式的风险可接受准则应保持统一,否则无法确定失效管理策略。

2.7.2.4　风险可接受准则

如前所述,风险是失效可能性和严重程度的组合,或风险是可能性概率与严重程度的乘积。通常以年度计算即年化计算(有时在特定的环境下它也可按循环次数或操作的小时数或其他方法表示）。

人们承受伤亡的能力范围较大，不同的个体之间，不同的群体之间差异很大。许多因素都对它有影响，主要因素有两个：一是个体认为对风险事态的控制能力；二是暴露在风险中的人们得到的益处，即他们虽然暴露在风险中，但得到的好处足以使他们认为这是值得的。这些因素影响他们选择暴露风险中的接受程度。这些个体行为可转换为群体（在现场的所有工人、在城市中的所有居民、企业的领导者等）的风险接受程度。

举例说明如何进行个体到总体的转换。如果某一事件，个体允许每年在工作中的死亡率是 $1/100000（10^{-5}）$ 且这个事件需要有 1000 人去做，他们的看法相同。那么他们对这个事件接受的概率是每 100 年有一人死亡，那个人可能是任何人，就可能发生在今年。

假如在某工作场合，1000 名同事的每一个人每年可接受死亡的概率是 $1/100$（假定每一个人在工作场所面临同样的风险），在工作场所执行的工作有 10000 件能导致人死亡，企业要求每年平均每个事件导致每个人死亡的概率必须降低到 10^{-6}。这也意味着每个事件可能引起 10 人死亡的概率必须降到 10^{-7}，或每个事件导致一人死亡在 $1/10$ 的概率降到 10^{-5}。这种移动概率上下层次确定风险可接受准则的方法被称为概率法或者定量评估法。

综上，影响两个风险承受能力的因素是主要决定因素，但并不是全部，影响承受风险能力的决策因素除上述主要因素外，还包括个人的价值、行业的价值、失效模式。这些价值对人们在文化群体、层级、宗教、个体年龄和婚姻状态不同等情况下都会有不同的体现。如在企业中，企业的高层管理者对风险的控制能力更强，往往比基层的管理者承受的风险能力更高，管理者比基层员工承受的风险更高。

2.7.2.5 应该由谁去做评估风险

由于影响承受风险的因素众多，个人甚至某个层次的人决定暴露风险承受程度都是片面的。企业管理需要一个确定的风险承受准则，否则无法选择失效管理策略。企业的风险承受准则需要组织来确定，承受风险准则的确定需要以下一群人来进行。

（1）深入了解失效机理、失效影响（特别是危害性质）、失效模式发生的可能性，为预测和防止故障发生而采用可能检测方法的人。

（2）在法律上有权对承受程度或风险发布看法的人。具体如下：

①可能的受害者（直接暴露在安全风险下的操作人员和维修人员，暴露在环境风险下的社会人员，经济损失的承受者）。

②一旦发生伤亡事故、环境事故和经济损失不得不去处理失效后果的人。

如果一个组织已确立一个风险承受水平，讨论时所有的人都参加，那么这个水平应该得到承认。

从企业专业管理的角度看，虽然 RCM 分析由设备管理人员组织，但失效模式风险可接受的标准不能只由设备管理和维修人员确定，如果对生产造成影响应有生产管理、操作人员参加；如果对安全和环境造成影响，则安全环境管理人员也要参加进来。另外，参加者的层级也需要明确。对于中小影响，可能下层管理参加就足够，但对于有较大影响或对企业外部有社会影响时就需要企业高层管理人员参加。这需要企业高层明确授权的范围、每个层级所负责任。

2.7.2.6　非风险决策

不是所有的设备管理决策都需要在正规的管理风险评估的基础上做出，还有其他方法，即非风险决策。做出非风险决策选择原则如下：

(1)基于良好的实践或法规要求，尽管风险的判断不是基于风险矩阵，但法律法规的要求是底线。各行业、企业的某些标准都基于大量的工程实际，这些标准规范都高于法规要求，不用分析其可能性及风险就可直接应用其结果。

(2)基于最大可能的后果。如果事故发生后所造成的影响是不可接受的，无论评估的可能性有多低，都需要在这个最大可能影响的基础上做出决定，采取一些措施以减少可能的影响，使过程本质上更安全或终止风险。例如，失效结果分析表明，存在大量比空气重的易燃介质泄漏到附近的一个社区，导致火灾/爆炸事件而产生毁灭性的后果，这是无法容忍的，那么就不需考虑发生的可能性。需要改变工艺过程以减少排放量、设置与社区之间的屏障、改用不易燃的材料或中止该操作过程。

(3)基于最小的失效后果。有些失效后果影响非常小，对其做可能性的评估将耗费大量的人力、物力，详细的风险分析不值得做。

2.7.3　风险与失效管理策略

在RCM应用中有两个阶段涉及风险分析：一是对装置中关键设备的评价阶段，二是对失效模式进行后果及风险分析阶段。对装置中关键设备进行评价的目的是减少RCM评估的工作量，优化分析资源，应用定性的风险分析；对失效模式进行风险分析的目的是寻找失效管理策略，控制失效风险，应用定量的风险分析。

失效模式的失效风险由失效后果及失效发生的可能性即失效概率组成，失效后果是客观的，因此在进行风险分析时，先分析失效后果，再进行失效概率评价。根据失效的风险采取相应的失效管理策略，这需要对具体失效模式进行具体分析。在RCM风险分析中，分析失效模式的发生概率是RCM分析中技术要求最高的部分，也是核心中的核心。有了失效模式发生的概率才可以采取针对性的预防性失效管理策略，根据可接受风险的程度来选择预防性维修的时机，通过把握预防性维修的时机，进行适当的维修控制风险。

在RCM导则中，由于分析无法详细分解到具体的装置、工艺、设备失效事件，具体的设备失效概率无法确定，其后果也无法确定，可接受风险因人而异，因此无法给出基于具体应用场景的设备失效模式面临的风险。推荐的是共性的，基于安全、环境、经济后果中操作性与非操作性四类故障后果相对应风险的维修管理策略。

2.8　失效模式、影响及危害性分析(FMECA)

了解功能、功能失效、失效模式、失效后果、风险这些概念的目的是对设备进行失效模式、影响及危害性分析(FMECA)。FMECA是RCM分析的重要组成部分，是找出失效模式的合适失效管理策略的前提。

在 RCM 分析中需要对设备或复杂系统的功能、功能失效、失效模式、原因及对工艺/系统性能的影响进行分析，分析方式就叫作 FMEA 分析。虽然它是 RCM 的核心组成部分，但它的开发并不是针对 RCM 的，FMEA 分析的概念比 RCM 提出得早，FMEA 分析最早在20 世纪 50 年代就已出现在航空器主操控系统的失效分析上了。FMEA 的开发是从产品研发角度引入的方法，因为随着用户对设备可靠性要求的提高，设备在研发阶段就要考虑设备的可靠性问题。FMEA 是在设备设计过程中，通过对设备各组成单元潜在的各种失效模式及其对产品功能的影响进行分析，提出可能采取的预防改进措施，以提高设备可靠性的一种设计分析方法。其作用是检验系统设计的正确性。目前 FMEA 在应用中衍生出很多种表示方法，有 DFMEA 设计中的潜在故障模式和影响分析，PFMEA 制造和装配过程中的潜在故障模式和影响分析等。RCM 将其演变为在运行阶段设备性能分析应用上，即运行阶段的 FMEA 分析，主要针对在设备运行阶段的检维修需要，是以通过检维修活动恢复设备的原有设计和制造可靠性为目的。在运行阶段可能会发生有些设备达不到原使用需求的情况，而且靠维修解决不了问题。该阶段提出的设备改进方案，一般不是设备整体的重新设计(设备整体的重新设计还是要交给专业设备设计、制造人员去做)，但使用设备的管理人员要根据设备运行 FMEA 分析，提出新的需求。

FMEA 应用的发展，出现了 FMECA。FMECA 是 FMEA 的扩展版，FMECA 将失效模式及影响分析(FMEA)扩展到关键度或危害性分析(CA)外。危害性分析(CA)将失效模式出现的概率及影响的严重程度结合起来称为危害性。把 FMEA 中确定的每一种失效模式按其影响的严重程度类别及发生概率的综合影响加以排序，CA 是 FMEA 的继续。CA 可以是定性分析也可以是定量分析。CA 是风险排序分析的一种方法。采用该方法，使用者可以将注意力集中在可能导致最严重冲击的失效模式上。

虽然 FMECA 可以用来支持检维修计划[检验、检测及维修计划(ITPM)]的建立，以发现复杂系统中潜在失效设备，了解各个失效模式对系统性能的影响(如安全和任务影响)，确定是否有足够的安全措施，需要对设备和系统进行改进。但需要指出的是，FMECA 本身并不直接生成 ITPM。ITPM 要在 FMECA 分析的基础上，通过可靠性数据分析，按照 RCM 的分析原则，选择相应的失效管理策略。通过对运行阶段进行详细的 FMECA 分析，正确地选择维修策略，对失效后果进行管理是 RCM 的根本目的。

2.9　失效后果的管理原则

2.9.1　失效模式是显性的，具有安全和环境失效后果

如果一个失效模式能引起安全和环境的后果，存在不能承受的风险。RCM 过程必须保证降低失效模式发生的可能性或后果或二者同时降低到允许能承受的风险水平。

当处理具有安全和环境后果的显性故障模式时，如果安全或环境后果风险是不可接受的，RCM 不考虑处理失效模式的成本，必须不计成本地使其降低到可接受的水平。鉴于安全、环境后果的严重性，最有效的措施是将失效模式发生的可能性降低到企业可接受的水平，进行预防性工作，或者进行改进设计结构或操作变更。

2.9.2　失效模式是隐性的，具有安全和环境失效后果

在隐性失效模式与其相关的多重失效具有安全和环境后果的情况下，要将隐性失效模式发生和其相关的多重故障发生的概率降低到用户可接受的水平。

只有当保护功能在失效的状态，被保护功能失效时多重失效才发生。这意味着多重失效的概率是在保护功能失效的状态下，同时被保护功能发生失效的概率。可以用式(2-3)计算：

$$多重失效的概率 = 被保护功能失效概率 \times 保护功能不可用的概率 \qquad (2-3)$$

对于具有安全和环境影响后果的多重失效，可接受多重失效的概率用前文描述的内容进行评估，被保护功能的失效概率(失效率)通常是给定的，如果知道这两个变量，允许的保护功能不可用概率就可用式(2-4)来表示：

$$允许的保护功能不可用概率 = \frac{可接受的多重失效的概率}{被保护功能的失效概率} \qquad (2-4)$$

对具有隐性失效的保护设施，关键是确定最大的不可用率。不可用率由以下三步来确定。

①确定要求的多重失效可接受概率(如确实允许汽轮机在超速保护失效状态下，发生超速事故的概率)。

②统计出被保护功能失效的概率(如汽轮机没有超速保护情况下，发生超速的概率)。

③确定保护功能的不可用概率(也称为部分死亡时间，因为对保护功能的要求是大部分时间能正常工作，只有部分时间失效)。

通常采用适当的失效管理策略，改变被保护功能失效概率和保护功能不可用率，使多重失效降低到任何能承受的低水平是可能的(零失效概率是不可能的)。

2.9.3　失效模式只产生经济失效后果

经济后果(包括操作性和非操作性后果)是在假定没有计划性任务情况下的评估。不管失效模式是显性还是隐性的，如果失效后果或多重失效后果不产生安全和环境的后果，只有经济后果，失效管理工作就只与成本相关。如果管理工作的直接和间接成本低于让失效模式发生所产生的直接和间接成本，这些失效管理工作就是值得做的。

如果失效后果是经济性的，运行期间(如一个周期)的总成本不仅受每次失效发生后产生巨大损害的影响，也受在这期间失效发生频次的影响。同样，采取计划性失效管理策略的总成本也受每次做维修任务的成本和维修间隔时间，即维修频次的影响。因此，考虑总成本时不但要考虑执行维修任务的成本，也要考虑偶尔衍生出管理活动的成本。如定期检查、状态监测所投入的人力、物力及固定资产的投入。

对任何失效管理策略任务的经济可行性评估，要比较该失效模式在运行时间内不采取任何失效管理措施发生的总成本与采取策略的总成本。

如果执行策略造成的总成本，低于不做这些任务的总成本，那么做这些任务就是值得的。首先要确定选择什么故障管理策略能将年化的成本降低到最小值。如果总成本不低，

那么做这些任务就不合适，应该考虑选择其他的策略。

注意：如果失效模式发生的概率随着运行时间增加，当评估计划维修是否值得做时，评估周期的长度应该包括早期寿命和失效概率增加时的寿命。当失效概率增加时，相应地，检测频率也会增加，并且有可能设备的剩余寿命比平均故障时间（MTBF）短，特别对与寿命相关的失效模式，当评估计划维修的可行性时，要适当地把这些情况考虑进去。

2.10 失效管理策略的选择

失效管理策略的选择回答主动预防失效：做什么工作才能预防失效？非主动预防失效：找不到适当的主动预防措施应该怎么办？

选择管理策略的前提假设：在做决策前没有特别对失效进行预测、预防和检测工作。就是说在做失效管理策略的选择前是假定没有做预防性维修工作。

2.10.1 策略的选择影响因素

2.10.1.1 失效与运行时间的关系

失效管理策略选择的一个最重要影响因素是失效与运行时间之间的关系。在1.4节曾论述过随着设备失效与运行时间关系的6种类型。其中A、B、C为与运行时间相关失效模型，D、E、F为与运行时间不相关失效模型。

与运行时间相关的失效模式其失效机理通常与磨损、疲劳、腐蚀、氧化相关，得到失效分布与时间的关系曲线就能预测失效发生的概率，有针对性地确定预防维修的时机。对与运行时间无关的失效模式，应采取其他针对性的措施降低失效发生概率。

2.10.1.2 技术可行性

策略选择的技术可行性有两个方面的内容，一方面是技术上是可行的，技术上可行取决于技术特性和失效模式的特性，如选择定期维修的前提是是否能找到失效分布曲线，采取什么监测措施对失效模式的监测是有效的；另一个方面是是否值得做，策略的任务选择只有在做这项工作的直接成本和间接成本与减少（避免、消除或最小化）失效模式的后果相比是合理的情况下才值得做。

因此，策略的选择是结果导向型的，选择什么样的策略首先要评估失效发生的后果。如果发生的后果不严重，如失效后果是非使用性后果，失效导致的损失只是价格便宜的部件和修理费用，这样的后果完全能够承受，采取成本最低的事后维修。如果失效后果具有安全或环境的应用或重大的生产经济损失，则应该采取预防性策略，降低失效后果。

2.10.1.3 成本效益

如果两个或两个以上的策略是技术可行的，要选择效益最好的策略。

当有几种策略都是技术可行时，如对某失效模式，既可用预防性策略，也可用状态监测技术，过去的做法是按技术复杂性而不是按成本效益去选择。RCM的选择不同，当多于一种策略可以选择时，RCM 是按照成本效益最大化的方式去选择失效模式的管理策略，而不是按照其技术复杂性来选择。如有些企业上了大量自动状态监测系统，但在决策前并未评估定时失效管理策略是否可行，及决策前是否做了成本效益分析。

2.10.2　失效管理策略

失效管理策略可划分为定期性工作、一次性改变和事后维修三大类。定期性工作和事后维修是针对原有设备性能的修复，而一次性改变包含对原设备设计上的改变，是对原设备的改造，属于设备技术改造的范围，并不属于维修的范围，但在 RCM 中一次性改变包含的面很广，也划为失效管理策略的一种，列入失效管理策略范围内。

2.10.2.1　定期性工作

定期性工作，是指固定的、预先确定间隔期进行的工作，定期性工作还包括连续的监测工作，这时连续的监测可以认为是间隔为零的定期性工作。

RCM 将定期性工作分为四种工作：定期维修和更换、状态维修、失效查找工作、任务组合。

在维修工作中经常提到主动性工作或预防性工作。主动性工作或预防性工作是指在设备失效前进行维修的工作，包括定期性工作中的定期维修和更换、状态维修、任务组合。不包括计划性工作中的失效查找工作，因为失效查找工作查找的失效模式已发生失效，需要有针对性的定期性工作去查找。

（1）定期维修和更换

预防性工作最常用的是定期维修工作，定期维修又分为定期修复和定期更换工作，20世纪 60 年代开始在石油化工企业中经常采用，到现在仍然是检维修的一种主要失效管理策略。在设备检维修导则中经常会出现若干时间后需要大修、中修、小修等，其基础就是定期修复和定期更换工作。

①定期修复工作

定期修复工作是指在设备运行到或达到某一个特别时间点（年龄限）前采用周期性的工作去恢复设备的工作能力，而与这时的设备运行状态无关。其的目的是使在后面的某一特定时间段设备的生存概率提高到可接受的水平。这项工作可能只是修复设备的某一个部件，也可能是对设备全部解体大修。

②定期更换工作

定期更换工作是在设备运行到或达到某一个特别时间点（年龄限）前采用周期性的工作更换整个设备组件部件或总成，而与这时的设备运行状态无关。这么做可以理解为用新部件去替代老部件，使设备恢复到最初的能力。极限的情况是更换整个设备，已超出维修范围，但在设备管理的范围内。

如果失效模式处于 A、B 型，在耗损期开始时就能识别。定期修复和定期更换工作必须在这个时间点前进行，换句话说，定期修复和定期更换的频率取决于要识别出设备或部件某失效模式的条件概率迅速增加的时间拐点。这需要大量的统计数据来作为基础，同时用适当的数学方法来统计出分布规律，根据用户可接受的可靠度来确定时间点。

对失效模式 C，需要更复杂的分析技术，虽然没有拐点，但故障率逐渐提高，即可靠性是逐渐降低的，判断时间点更复杂一些，也是根据用户接受的可靠度来确定的。如何确定这个时间点不只是一个技术问题，还包含很多管理问题。考虑的主要因素是故障后果和概率及如何确定承受能力的问题，承受能力因人而异，因此如何取得一致性意见非常重要。

使用定期修复和定期更换策略时，根据失效后果、概率分布及承受能力的评价，设备的运行寿命有两种生命限：一种是安全生命限（安全寿命），另一种是经济生命限（经济寿命）。

①安全寿命

安全寿命仅仅应用于具有安全环境后果的失效模式，定期维修的工作必须在其安全寿命之前使失效发生的概率降低到可接受水平。由于具有安全后果，这可能导致可接受水平很低，极限可能需要百分之百的可靠性。实践中经常把 10^{-6} 甚至 10^{-9} 作为可接受水平。这意味着安全寿命不能应用在设备一投用就有可能发生重大失效后果的失效模式中。

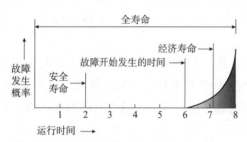

图 2-9 安全寿命、经济寿命、全寿命关系

理论上，安全寿命在设备投用前就应该确定。在模拟实际操作环境条件下通过实验、统计实验样本来确定。为确保更高的安全可靠度，一些工业企业甚至保守地用安全寿命的某一部分，典型的用 1/3 或 1/4 作为安全寿命，见图 2-9。

②经济寿命

很多定期维修工作是以经济性为基础的。这样的寿命就是经济寿命，根据设备的运行时间与可靠性关系具体情况而确定某个时间点，进行检修。一般在可靠性为 0~1 的某个时间点，经济寿命与全寿命的比例必须足够高，以满足经济性的需要。因而经济生命限更加依赖于故障数据的统计分析。

定期维修工作针对与运行时间相关联的失效模式，它的选择应满足以下准则：

a. 失效模式的统计分布不是指数分布、分布服从与正态分布、对数正态分布、韦布尔分布等；

b. 有一个明确显而易见的时间点，过了这个时间点失效模式发生的条件概率明显增加；

c. 定期维修和更换工作能使设备或部件抵抗失效能力恢复，或失效概率保持在企业可接受水平。

（2）状态维修

状态维修的定义：状态维修是定期性工作的一个种类，它是通过发现潜在失效状态而进行定时性安排的一种检修。发现潜在失效状态的检查可以是定期的，也可以是将时间间隔为零的连续的监测检查。

前面讨论了设备寿命与运行时间相关联的失效模式，但对于 D、E、F 类型的失效模式，由于和失效率与运行时间相关的时间段没有拐点，设备的失效是随机的，设备运行在失效率恒定不变的运行区域，分布为指数分布。

设备的失效模式存在指数分布很普遍，除本身失效的特性是随机指数分布外，还有两种情况造成设备失效的指数分布：一种存在于设备或系统比较复杂，部件很多的情况，虽然某些个别部件的失效模式分布非指数分布，但各部件的分布并不相同，从部件组成的组件或设备及系统上观察，整个设备或系统失效率没有随着运行时间升高的拐点，由于各种原因，维修不在部件层面进行，而是在高于部件层面进行的，不能应用前面介绍的定期维修的策略。另一种是失效根原因分析中主观行为和管理方面造成的失效。如联轴器的对中不好等检修质量问题，操作错误导致泵的汽蚀等。从整体来看，要降低这种原因的失效率，只能在行为管理上下功夫。这种系统性因素的概率分布为随机的指数分布。

在故障分布是随机指数分布的情况下，选择的维修策略是状态维修。状态维修是根据设备运行状态来进行维修。RCM 把状态维修归类为预防性维修，状态维修是根据设备运行的状态，在设备未发生功能失效前做出维修计划进行预防性维修。

与定期维修和定期更换关注的是失效在设备全生命周期哪个点发生不同，状态维修关注的是失效模式可能潜在发生及发展的整个过程，根据故障模式的发展状态确定维修时机。

选择状态维修应遵循以下准则：

①要存在一个明确定义的潜在失效；

②要有一个明确的 P–F 间隔，即失效发展期；

③选择任务的间隔应小于可能的最小的 P–F 间隔期；

④在小于 P–F 间隔期做维修工作是切实可行的；

⑤从发现潜在的功能失效到功能失效的发生最短时间，即 P–F 间隔减去维修工作间隔应长于避免、排除和降低故障模式后果的总时间。

下面对上述准则及所涉及的概念进行解释。

①潜在失效和 P–F 曲线

大多数设备的潜在失效不会导致设备失效马上发生，一个部件最终失效前，在劣化的最后阶段被监测出来是可能的。这种即将发生的失效被称为潜在失效。它被定义为一种可识别的状态，表明功能是失效将要发生或在发生的过程中。如果设备的这个状态能被检测出来，就有可能采取相应措施，避免部件失效或即使不能避免部件失效，但可以避免或减轻失效的后果。

图 2–10 所示为失效在最后将要发生的发展过程。该曲线被称为 P–F 曲线，因为它显示失效如何开始，劣化发展到一个能被检查出的点 P，如果未进一步采取纠正措施，那么劣化将进一步加速沿着 P–F 曲线发展到功能失效点 F。注意：P 点是潜在失效能够被发现的点，而并不是潜在失效被发现的点，这是非常重要的。

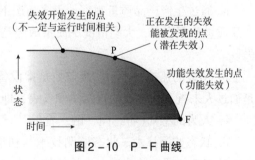

图 2–10　P–F 曲线

初期失效是指"如果不采取纠正措施，就可能导致退化或灾难性的失效的设备"不完好状态"。这与潜在失效被定义为"一种可识别的状态，表明功能失效将要发生或"在发生的过程中"基本一致。区别是潜在失效是可以被识别的，如应力腐蚀目前没有有效的技术方法识别，只能用某种标准条件去限定，有应力腐蚀是初期失效。而缺陷是指"当所观察到的设备状态超出设备完整性所确定的标准范围(或验收标准)时，即认为"发生了缺陷"。它相对应的是标准，有些缺陷不发展，不会对功能失效产生影响，就不是初期失效，而有些缺陷在设备运行中发展，最终将导致功能失效的发生，这种缺陷就是初期失效。初期失效可被识别就是潜在失效。

在图 2-10 中，如果潜在失效在 P 点能够被发现，理论上 P 和 F 点之间这是一个可以采取行动防止功能失效发生或避免失效模式后果的区间(是否可能采用有效的行动取决于潜在失效是否能及时发现及功能失效发展的速度)，P-F 曲线的形状取决于失效模式的机理。

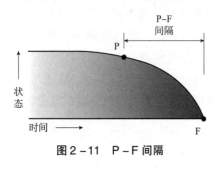

图 2-11　P-F 间隔

②P-F 间隔

状态维修的关键点就是及时地在设备发生功能失效前检测出潜在失效，那么什么时候检测失效，检测失效的频率如何确定，就很重要。这个工作叫作设备的状态监测。要确定检测频率，除了关注潜在失效本身特性外，更要考虑潜在失效发生点(能被发现的点)P 与功能失效发生点 F 之间的时间区间。见图 2-11，这个区间被称为 P-F 间隔。

P-F 间隔期也称为警报周期、功能失效的时间导入期或失效发展期。可以用很多种强度单位来测量(运行时间、产出量、开停循环次数等)。由于 P 点是失效能够被发现的点，因而用什么仪器检测就很重要，有些仪器对失效敏感，有些不太敏感，致使 P-F 间隔的时间长度区别很大，从几秒到几年不等，要寻找合适的检测方法，使 P-F 间隔足够长。

潜在失效的状态对一个经过训练的检测者来说应该足够清晰明确，明确地检测出潜在失效是否发生，什么时候发生。或者最少潜在失效检测不出来的可能性足够低，降低到意料之外的失效模式发生的概率低于可接受的水平。

③状态监测的方法选择

P-F 间隔要足够长，为失效处理赢得时间，就要选择最适当的失效检测方法，尽可能早地发现潜在失效。

在技术上状态监测可分为以下 4 类：

a. 通过生产产品质量观察。很多情况下机器设备本身的失效模式可以直接通过生产的产品质量显现出来，大多情况下质量缺陷是随着时间推移逐渐发展的，因而可以发现潜在失效。

b. 初级的监控技术。初级监控是指设备的速度、流量、温度、压力、动力、电流等，是通过人来查看代替人的直接感知仪表，即计算机过程控制系统、图表、曲线等来监控的。

c. 人为的感知(听、闻、触、看)。

d. 状态监测技术。状态监测技术与初级监控技术不同，它是使用为检测潜在失效而发明的特殊仪器去监测潜在失效的技术。这些仪器有时也直接安装在被监测设备中，成为一体。如对设备振动的频谱分析技术、润滑油铁谱分析技术、冲击脉冲诊断法(SPM)等。这些技术针对某种现象、某种失效模式的故障机理，或某种部件开发的，如频谱分析技术通过对振动信号的频谱进行傅里叶变换，分离成不同频段的信号，与不同失效模式的特征指标相匹配；铁谱分析技术针对部件材料在润滑中腐蚀和磨损的颗粒形貌与不同的失效磨损相对比来判断失效发展的程度；冲击脉冲技术是针对滚动轴承失效开发的。因此，状态检测技术对设备的失效模式监测更有针对性、更敏感。即 P－F 间隔会更长，但监测成本也更高。

许多失效模式都有不止一种潜在失效，甚至经常有很多种。状态监测工作选择也可能多种。每一种状态监测技术都有不同的 P－F 间隔，每种类型都有不同成本和不同的技术水平要求，都有相应的优缺点，选择哪种技术应具体问题具体分析。在选择状态监测工作时要掌握以下选择原则：

a. 考虑提前发现每种失效模式所有能检测出的现象，如温度、压力、振动、声音等，结合状态监测技术能监测的全部范围，如对振动来说，有振幅、速度、加速度等，看哪种现象、哪种监测技术对失效更敏感，使其 P－F 间隔足够长，及时确定必要的报警，延长准备处理失效后果需要的时间；

b. 严格应用 RCM 选择准则，确定哪项工作对预测失效模式成本效率最高。

现在电子设施越来越先进，功能越来越强大。很多设备都自带失效监测系统，是否需要带这种自动检测系统，在设备采购签署技术协议时应该仔细斟酌，其技术可行性和是否值得去做应遵循上述原则。

④P－F 间隔与运行时间

当第一次应用这些概念时人们很难区分设备或部件的生命周期与 P－F 间隔的概念。这导致很多人在设备或部件的整个生命周期均对设备的失效进行状态检测的工作。全生命周期是设备或部件从开始投用到最终失效的时间，而 P－F 间隔只是潜在失效可能被发现到失效发生的时间，全生命周期是 P－F 间隔的许多倍，见图 2－12。全生命周期是从设备或部件投用开始向后计算的，而 P－F 间隔是从设备或部件的功能潜在失效开始向后计算的。这是两个不同的概念。

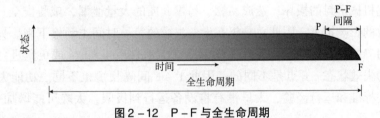

图 2－12   P－F 与全生命周期

⑤检测开始时间的选择

对与运行时间相关的失效模式，往往有一个与运行时间相关的失效率迅速上升的拐点，存在一个安全寿命，在安全寿命点前状态检测工作几乎检查不出来潜在失效，除增加监测成本外没有什么实际意义，最好是在这些特征点之前附件开始进行状态监测工作，这样的监测成本最低，效率最高。

对与运行寿命无关的失效模式即随机失效，P 点的发生也是随机的，发生的时间点可能在全生命周期中的任何一个时间点。那么失效监测工作应该在设备或部件一投用就开始进行。图 2－13 描述的是一个随机失效模式(模式 E)的设备，这个设备失效模式发生显示出与运行寿命无关。此设备在 5 年多的运行周期中有 3 次失效，一次发生在运行第 6 个月，一次是运行到第 3 年，还有一次是运行到第 5 年。因为失效模式的发生是随机的，我们不知道下次什么时候发生，也就是说检测时机与设备的运行时间和生命周期无关。这样循环检测必须从它一开始投用就进行。

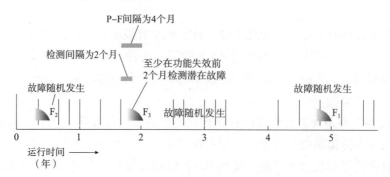

图2-13 随机故障模式的检测

下一步是如何确定检测间隔。由于已知失效模式为同一种，其特性 P-F 间隔为 4 个月，图 2-13 显示了检测潜在失效，最长需要每 2 个月进行 1 次检测工作，这样才能确保在功能失效前 2 个月(4 个月 -2 个月)发现潜在故障。当然可以按 1 个月 1 次的频率进行检测，这时可以在发生功能失效前 3 个月(4 个月 -1 个月)发现潜在失效，这样处理失效的准备时间会更长一些，时间更充裕，但监测成本增加 1 倍，具体的检测间隔要综合总的监测成本与失效后果才能确定。

⑥功能失效时间的确定

在确定 P-F 间隔时，P 点是能被检测出潜在失效的时间点，不同的检测方法可以检测出不同的 P 点，因而 P 点的确定与检测方法有关。功能设备失效的时间点为 F 点，这点好像非常好确定，其实不然，这主要与失效后果状态的认定有关。如某些设备失效特别容易产生次生事故，如离心泵的对中问题能产生大的振动，当发现大的振动时，如果不马上停车可能引起机械密封的损坏，造成易燃、易爆介质的大量泄漏，威胁安全。所以，不希望把设备失效的影响扩大，因此总是想在设备失效的第一时间主动停下来。失效状态的判断需要一个明确的失效标准，认为泵振动速度在 7.4m/s、4.8m/s 或更激进一些，在出现明显泄漏时为失效状态，F 点是不同的，因此 P-F 间隔长短也不同。功能失效的状态确定要参考有关标准和运行经验，太早没有将设备运行到极限，太晚可能增加失效的风险，要谨慎把握。

⑦P-F 间隔与运行寿命

不管失效的发生与运行寿命是相关还是不相关，只要具有潜在失效，就存在 P-F 间隔，如果 P-F 间隔与劣化状态的关系存在某种线性关系，就可用状态维修的方法，P-F 间隔与运行时间的关系与损伤机理有关。

例如轮胎的磨损，胎面的磨损大体是以线性方式直到其深度达到允许的最小深度。如果最小深度为 2mm，在磨损深度到 2mm 时大概率会爆胎。可以将低于 2mm 作为功能失效马上要发生的点，并在 2mm 强定义功能失效点，到了这个点为避免爆胎产生安全后果，必须停止运行。再定义一个潜在失效的水平，如将潜在失效设定为 3mm，那么 P-F 间隔是轮胎磨损在 2~3mm 区间运行的距离，见图 2-14。

由图 2-14 可知，如果轮胎新使用时轮胎深度为 12mm，可以用轮胎在更换前整个全部深度预测 P – F 间隔。例如，轮胎在最终更换前可行驶里程为 50000km，大概每行驶 5000km 轮胎磨损 1mm，这样 P – F 间隔就是 5000km。因此，对于驾驶员预防性工作可以描述为每 2500km 检测 1 次轮胎花纹深度，其深度不小于 3mm。这项工作不仅使轮胎在最小运行限定深度前检测出来磨损情况，而且司机可以在达到最小磨损深度前再运行 2500km。

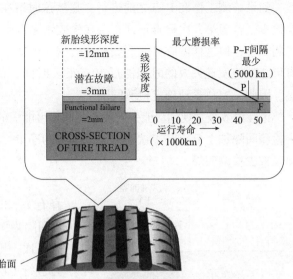

图 2 – 14　轮胎潜在故障与运行寿命

上述例子是一个失效模式为磨损与运行寿命相关的例子，与寿命相关的失效模式其 P – F 间隔与运行状态相关，因此完全可以应用状态监测方法，特别是在可靠性在生命周期中分散性很大，或可靠性数据不全时，经常用到状态监测策略。只要 P – F 间隔与运行状态线性相关，应用状态监测策略都是一个极好的选项。

⑧P – F 间隔与运行寿命分布是稳定的

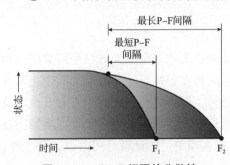

图 2 – 15　P – F 间隔的分散性

P – F 间隔是在一个区间变化的，见图 2 – 15。即 P – F 间隔是有分散性的符合某种分布，正是由于这种情况，选择的检测或预防性工作的间隔，必须小于所有可能的 P – F 间隔中最短的 P – F 间隔，并确保检测在该期间完成。例如，能通过分析润滑油的物理指标来判断润滑油的劣化程度，但润滑油劣化的速度与多种因素有关，导致不同的 P – F 间隔，可以假定最坏的状态导致最短的润滑油劣化引发失效的 P – F 间隔，根据此间隔确定润滑油的采样周期。

另外，如果 P – F 间隔非常不稳定，即与运行时间的关系是随机的，检测工作没有意义，应放弃这种想法，考虑适合失效模式的其他方法。例如，静设备由应力腐蚀失效模式引起的微小裂纹，其发展速度是未知的，目前还未找到稳定的 P – F 间隔。要避免应力腐蚀引起的设备失效，只能在消除应力腐蚀的条件上下功夫。

⑨净 P – F 间隔

净 P – F 间隔是指潜在失效被发现到功能失效发生最短的间隔时间。从检测的角度出发，P 点是能够发现潜在失效的点，而不是潜在失效被发现的点。在 P 点之前检测并不能发现潜在失效，只有在 P 点之后检测才能发现潜在失效。可是实现中我们并不知道 P 点在哪里，只能通过定期的失效检测才能发现潜在失效点，而此点并不是 P 点，是 P 点后的一个检测时间点。

如果检测工作在 P 点之前进行，显然这时潜在故障还没有发生，过多长时间进行第二次检查，希望第二次检查正好在潜在失效刚刚发生的 P 点。这就需要缩短检测间隔，加密检测频率，但这样做有可能造成检测过密，浪费检测资源和成本。如检测间隔时间太长就有可能致使发现失效的时间滞后 P 点很长时间，留给处理失效的时间就短，增加失效风险。因此，要科学地确定检测间隔。

潜在失效被发现到功能失效发生之间最可能短的间隔时间为净 P - F 间隔，P - F 间隔减去检测间隔加上 P 点与上次检测时间间隔为净 P - F 间隔。保守计算净 P - F 间隔为 P - F 间隔减去检测间隔。

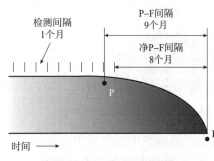

图 2 - 16　净 P - F 间隔

显然净 P - F 间隔时间的长短与检测间隔的选择有关。图 2 - 16 所示为某种失效模式，失效 P - F 间隔为 9 个月。如果对这个设备或部件 1 个月检查 1 次，则净 P - F 间隔为 8 个月。如果检测 6 个月进行 1 次，净 P - F 间隔就是 3 个月。这样第一种情况的失效处理时间比第二种情况多 5 个月，但它的检测的工作量是第二种情况的 6 倍。从理论上说净 P - F 间隔越长，留给处理失效准备的时间越长，这对失效处理是有利的，但是检测的工作量越大，检测成本就越高，要合理选择检测间隔，在检测成本和留有足够失效处理时间之间做一个平衡。

⑩处理失效需要的时间

当在 P 点后的某一点发现潜在失效，就要为排除潜在失效或降低失效后果需要时间做准备，实际上采取措施降低或排除失效后果所需的时间跨度非常长。有时就是几个小时或几分钟的事，如紧急停机避免扩大机械损坏只需几分钟，但为避免物料的损失和安全风险常常需要排空设备或系统内的物料，并达到检修安全标准，这可能需要几天，如果加上备品备件的准备有时可能需要一个星期或几个月，需要在净 P - F 间隔时间内做这些工作，这取决于想降低失效后果到什么程度。

在净 P - F 间隔时间，要采取措施降低或排除失效后果。如果一个状态维修工作是技术可行的，净 P - F 间隔时间必须比用于排除失效后果所需的时间长。

人们希望长 P - F 间隔，因为只有 P - F 间隔越长，净 P - F 间隔才能越长，留给处理失效后果的准备时间越长，后果损失可能越小。

⑪检测间隔的确定

如果检测工作的频率间隔比 P - F 间隔长，将错过发现潜在失效的机会；如果过短，小于 P - F 间隔的某一部分，则资源可能浪费在检测过程中，因此确定状态检测工作合理的间隔非常重要。

为慎重起见，实际状态检测工作的间隔总是比可能最短的 P - F 间隔要短。大多数情况下选择 P - F 间隔中的一些部分，很多情况是选择 1/2 就足够了。这种情况下必须有统计的设备运行历史分析数据做支撑，对失效机理非常清楚，表明应用 P - F 间隔某一部分是适当的。

　　确定检测间隔首先要确定减少失效处理后果所需要的时间，从主观上应该能够判断出处理失效后果需要的时间，然后决定净 P – F 间隔，净 P – F 间隔肯定要大于这个时间。

　　工程操作中，大多数是在保守地判断 P 点后，再保守地给出一个检测频率，确保净 P – F 间隔要大于排除失效或失效后果需要的时间，随着设备状态劣化程度的加强，检测频率可能增加，即检测间隔减小，极限情况进行连续在线监测。这取决失效监测成本与失效后果情况的对比，对失效后果不严重的情况，在线监测成本可能高于失效后果的成本。对装置没有安全和环境影响，对生产影响不大的设备如一般离心泵，是否安装状态监测系统应通过比较安装与不安装状态监测系统失效后果的成本来确定。

　　⑫失效后果的处理对状态监测的影响

　　状态维修是在功能失效发生前检测出潜在失效，根据设备的状态和失效模式的机理，采取一定的方法或防止功能失效或避免失效后果。

　　状态维修的关键：一是及时地在设备发生功能失效前检测出潜在失效；二是在运行期间设法消除潜在失效；三是当失效无法消除时，避免或减轻失效的后果。

　　防止功能失效发生是指对于有些失效模式的机理来说，能够在设备或部件没有完全失效前进行维修处理，使其不失效。如有些离心式压缩机止推轴承由于长期运行，有时轴承端面会结成漆膜，使轴承间隙减小，轴承温度明显升高，如不及时处理会发展很快，最终将会烧损轴瓦，引起设备功能失效。当发现轴承温度明显升高时可以被温度监控系统报警发现，这时有一种处理方法是在润滑油中加带有磨粒的添加剂，经过一定时间运行后磨粒可以磨掉轴瓦表面的漆膜，恢复轴瓦的功能。这样就能防止轴瓦烧损功能性失效。

　　防止功能或减轻失效的后果是指对大多数失效模式的机理来说，虽然能找到潜在失效点，但找不到在运行期间恢复功能的方法，这种情况不能阻止设备运行状态的进一步劣化，直至功能失效。但由于提早发现潜在失效，赢得了时间，准备工作充足，可以提前采购备件并运到现场，对生产计划进行修改，再选择对生产没有影响或影响较小的一个时间段进行维修，消除失效；或降低负荷推迟功能失效发生的时间，避免在市场价格最高期间停车维修，这样就避免或降低了由于未发现潜在失效产生突然性的功能失效而给安全和生产带来损失的严重后果。

　　需要注意的是，对能产生重要安全环境影响和重大生产损失的失效，企业管理上往往上升到事故层面。如裂解、催化等重要生产装置的非计划停工，将造成极大的安全隐患和生产损失。这种情况下，虽然能通过状态监测发现潜在失效，如果潜在失效的 P – F 间隔小于一个运行周期的剩余时间，将没有办法阻止失效的发生，避免不了设备及装置停工。这种结果是大多数企业不能承受的。这种情况状态维修是无效的，还是要用其他失效管理策略。

　　(3)失效查找工作

　　失效查找工作的定义：它是定期性工作的一种，是查找隐性失效是否发生的一种定期性工作。这里的失效查找工作与上述介绍状态监测工作不同，状态监测工作是对显性失效的查找，查找潜在失效。而失效查找工作针对隐性失效，查找隐性失效是否已发生。

失效查找工作查找的是隐性失效，应遵守以下准则：

①失效查找工作的间隔要考虑把被保护系统发生多重失效的概率降低到企业可接受的水平；

②针对的部件都是功能性的部件，即它们都具有某种功能，用失效查找工作来判定相应具有隐性失效模式的部件其功能是否正常；

③失效查找的工作及间隔(或频率)选择程序应该考虑做这项工作本身也可能遗留隐性失效；

④以某特定的间隔做这项工作是确实可行的。

①多重失效和失效的查找

如前所述，当保护功能失效时被保护功能发生失效，多重失效发生。这个现象在图2-3、图2-4中已经说明了。其发生概率见式(2-3)。

$$多重失效的概率 = 被保护功能失效概率 \times 保护功能不可用的概率 \qquad (2-3)$$

可见，多重失效发生的概率能被用降低保护功能的不可用度，或者说增加保护功能的可用度来降低。做这项工作最好的方法是应用各种预防维修策略防止保护功能进入失效状态。可是当针对隐性失效时，很少有预防性工作在技术上是可行的。虽然预防性维修工作经常是不可行的，但可通过周期性的检查工作对隐性失效是否发生进行检查，降低多重失效的可能性。这样的检查被称为多重失效查找工作。

②失效查找技术

失效查找的目的是检查隐性失效或与隐性失效模式结合的失效模式是否使保护功能起到保护作用，有时失效检查工作也称为保护功能检查工作。下面对其进行技术层面的论述。

a. 完全彻底的检查保护功能

失效查找工作必须确保对所有的隐性失效模式全部进行直接检查。这对特别复杂的设备更有意义，如对由传感器、集成电路、执行机构等组成的复杂设备。理论上应对该组成保护系统所有可能的隐性失效模式进行一次全面的检查，应该在模拟条件下检测传感器，同时检查执行机构动作是否正常等，并根据它们的失效特性、机理确定相应的检查间隔。

b. 不干扰

拆卸任何东西均产生一种可能性，把它们重新安装会产生不正确的可能性。对保护功能的设备进行拆装，可能产生隐性失效，失效是隐性的意味着没人知道它是处在失效的状态被遗留下来，直到下一次检查或需要它时才能发现。由于这个原因，寻找一种不拆卸的方法去检查保护设备的功能才是上策，否则系统就会被干扰。

c. 功能检查必须是可执行的

大部分失效查找工作都是可以进行的，但也确实有少量的失效查找工作无法实施，虽然是很少一部分，但有时它们却发生在很重要的场合。具体如下：

(a)由于位置的限制，检查工作无法接触保护设施，这种情况是设计不合理造成的；

(b)不破坏就无法进行检测的设施，如熔丝、爆破片、易熔塞等，对这种情况一般应用替代的技术，如熔丝用短路开关所替代，但总是有一两种情况没办法替代，这时只能寻找其他不对保护设施进行实验的风险管理方法，或者干脆放弃整个流程。

d. 实施失效查找工作要最小化风险

做失效查找工作时要避免多重失效的发生。如果对保护设施进行失效查找时，保护设施不能够实现保护功能，如切除保护不能投用，或者设施在检查时处于失效状态，则应该提供其他的保护功能或措施临时代替。例如，在检查某仪表联锁是否正常时需要临时切除联锁，必须执行严格工作制度，做好人为停车等应急处置预案，人为干预也是其他保护功能的一种，虽然这种保护层不被 SIL 分析保护层承认，但短时间内，在检维修范围内是可行和可靠的，或者使被保护功能处于停车状态直到最初的保护功能恢复。

③失效查找工作间隔的确定

a. 失效查找间隔的可用度、可靠度

确定失效查找间隔需要两个变量：可用度和可靠度。式(2-5)是用失效查找间隔、不可用度，以及用 MTBF 形式表示的保护功能可靠度之间的线性关系式，它们之间的关系式如下：

$$不可用度 = 0.5 \times \frac{失效查找间隔}{保护功能可靠度\ MTBF} \qquad (2-5)$$

这个线性关系也能适用于保护功能失效概率服从指数分布、不可用度小于 5% 以下的情况。

b. 失效查找和修复工作的时间

用式(2-5)保护功能的不可用度计算没有包括失效查找，以及使其失效功能恢复工作的时间。这是由于以下两方面：

(a)对保护功能的失效查找与修复时间相对于两次检查间隔来说时间很短，以至于从纯数学的方面来看微不足道，可忽略不计。因此式(2-5)中的不可用度是指当保护功能失效起不到保护功能开始，直到下一次检测发现这个失效为止这段时间的不可用度。

(b)虽然失效查找和修复工作的时间相对于失效查找间隔很短，但做这些工作本身存在一定风险，失效查找工作及修复工作应周密计划、严格执行。如对压力容器安全阀的在线和离线检验需要特别注意。要尽量减少这些工作，如果必须做，准备工作则要充分，尽量缩短时间，降低发生多重失效的风险。必要时可能需要执行停车保护或其他的保护直到系统全部恢复。如果做法适当，在多重失效的概率评估方面，由其导致的不可用度可以忽略不计。

c. 失效查找间隔的简易算法

由式(2-5)转为式(2-6)：

$$失效查找间隔 = 不可用度 \times 保护功能可靠度\ MTBF \times 2 \qquad (2-6)$$

从式(2-6)可以看到，失效查找间隔时间是不可用度乘以保护功能可靠度 MTBF 得出时间的 2 倍。因此，如果已知保护功能设施的不可用度和平均失效间隔 MTBF 就能计算出失效查找间隔。此处要注意 MTBF 是平均意义上的失效间隔，不可用度实际是一个概率值。它可能是某定值，也可能服从某种分布规律，具体选择哪个数值作为可接受的值，可参考承受风险确定的原则。将式(2-6)转为表格见表 2-18。

表 2-18　失效查找间隔计算表

要求保护功能可用度/%	99.99	99.95	99.9	99.5	99	98	95
故障查找间隔/% （MTBF 的百分数）	0.02	0.1	0.2	1	2	4	10

④失效查找间隔复杂的计算法

复杂的计算法有必要定义更多术语，下面举例分几个部分说明计算法。

a. 一年内多重失效的概率为 1/1000000 意味着平均多重失效间隔时间为 1000000 年。平均多重故障间隔称为 M_{MF}，多重故障在任何年份发生的概率为 $1/M_{MF}$。

如具有 UPS（不间断电源）保护的 DCS 系统（集散控制系统），在 UPS 失效时，DCS 系统断电的失效模式为多重失效。在一年内多重失效（UPS 保护失效时 DCS 系统断电）的概率为 1/1000000，意味着平均多重故障间隔时间为 1000000 年。

b. 如果被保护功能要求的失效频率（没有 UPS 保护系统，DCS 系统本身问题失效断电）是 200 年一次，这相当于被保护功能的失效概率是每年 1/200，或者意味着被保护功能的平均失效间隔时间为 200 年。被保护功能的平均失效间隔时间用 M_{TED} 表示，被保护功能的失效概率每年为 $1/M_{TED}$，这也被称为要求的概率。

c. M_{TIVE} 是保护功能（UPS）的平均失效间隔时间，FFI 是失效查找工作间隔时间。

d. U_{TIVE} 是保护功能的（能承受的）允许的不可用度。

将上面的表达式代入式（2-6）则方程变为：

$$1/M_{MF} = (1/M_{TED}) \times U_{TIVE} \qquad (2-7)$$

这也可转变成方程：

$$U_{TIVE} = \frac{M_{TED}}{M_{MF}} \qquad (2-8)$$

将 U_{TIVE} 从方程（2-8）代入方程（2-6）得到方程：

$$FFI = \frac{(2 \times M_{TIVE} \times M_{TED})}{M_{MF}} \qquad (2-9)$$

用该公式可确定单一、独立保护功能的失效查找工作间隔。

单一、独立保护功能的失效是指虽然一个保护设施可能是很复杂的，可能有很多种失效模式都会引起保护功能失效，如 UPS 保护系统中，存在各卡件模块、蓄电池等多种失效模式。不管保护设施多么复杂，最终的影响是单一的设施保护功能的保护失效，在本节中对所有可能引起保护功能失效的均被划分为单一的失效模式"备用泵失效模式"。大部分保护功能均能用这种方式处理，当检查整个保护设施的保护功能时，保护设施作为一个整体被检查，检查所有可能导致保护功能失效的模式。

虽然单一失效模式是指保护设施整体保护功能失效，但有时为鉴别出某个独特的、保护功能不能提供保护需求的具体失效模式，需要对保护设施进行更详细的 FMEA 分析。这主要针对以下两种情况：

a. 保护设施中的一些失效模式易于用状态维修，或定期恢复和定期更换方式去处理，如对 UPS 蓄电池需要定期充/放电。而另一些失效模式既不能用预测也不能预防，这都需要进行 FMEA 分析去判断。对于前者要用状态维修，或定期恢复和定期更换方式去处理，对其他的失效模式，用失效查找的方法。

b. 当保护设施是新的，仅仅收集到保护设施的某一部分源于资料库，部件供应商或其他渠道的部分失效资料，整体资料不全时。

针对上述情况，方程(2-9)失效查找工作的对象为个体失效模式的组合，基于某些个体失效模式 MTBF 的组合，确定保护功能平均失效间隔时间。

⑤失效查找间隔的实用性

用上述计算失效查找间隔的方法有时可能产生非常短或很长的失效查找间隔。非常短的失效查找间隔有以下两种情况：

a. 间隔时间太短以至于无法实施。如可能得出为确保安全要求连续生产的装置运行几天就要停车来进行一次失效查找工作。

b. 失效查找工作变成一种大量的常规性、日常性的工作。如火灾报警器检测太频繁导致占用太多日常的工作量。

在这些情况下，应该抛弃计算出的推荐工作，寻找其他将多重失效降低到可接受水平的方法。

非常长的失效查找间隔也有以下两种情况：

a. 计算的间隔比预计的设备剩余寿命还长：这样的间隔没有必要去做定期失效查找工作了，当然在设备安装后、在调试阶段失效查找工作还是应该做的；

b. 计算的间隔比现有的维修计划管理系统规定的最长时间界限还要长，短于设备预期剩余寿命，如果仅仅因为有时为查找某种失效模式引入失效查找工作，在这种情况下要非常小心，不要简单地调整现有的计划系统的极限。

注意：对于出现失效查找间隔超过被保护功能的平均失效间隔的情况，超出得越多，失效查找工作的价值越低，直到对多重失效的概率几乎没影响的点。如果应用上述公式产出这样一个间隔，必须要寻找一些其他的方法使多重失效概率降低到可接受水平。

(4)任务组合

如果失效或多重失效可能影响安全或环境，并且找不到上述各类定期性工作将失效风险降低到可容忍的低水平，则可将上述不同类别的工作进行组合，如状态维修工作和定期计划更换工作组合，才能将失效模式的风险降低到可容忍水平。在考虑这种组合时，必须注意确保每项工作本身满足这类工作的技术可行性标准，并确保每项工作以合适的频率进行。注意确保这两项工作结合，能将后果降低到可容忍程度。然而工程上，需要组合工作的情况不常见，需谨慎使用。

2.10.2.2　一次性改变

一次性改变内容较为广泛，包括任何改变设备或系统的物理组成及结构，如再设计或改造、改变操作方法，改变特别维修方法、改变系统操作条件，或改变操作者或维修者的能力，都是一次性改变的内容。

RCM 失效管理策略选择的原则是首先考虑寻找适当的定期性工作，使设备或系统在现有的配置和操作条件下达到期望的性能。当这种定期性工作找不到时，有必要考虑对系统或设备进行一次性改变。它们遵循以下准则：

①不管失效是隐性还是显性的，相关的失效或多重失效有安全或环境的后果，一次性

改变将多重失效发生的概率降低到可接受水平是强制性的；

②如果没有安全或环境的后果，一次性改变必须要具有成本效益。

本书前面的章节介绍了设备最初的能力，即设备由被设计和制造而达成的能力，维修不能超过这个固有能力，得出以下两个结论：

第一，如果设备最初能力大于要求的性能，维修能帮助达到要求的性能。大多数设备设计和制造均是按要求条件定制或选择的，上面描述的维修过程是满足的。换句话说，大多数情况下定期性工作能够帮助企业在现有的设备结构下达到要求的性能。

第二，如果要求的性能超过初始的性能，没有哪种维修可达到这个性能，在这种情况下再好的维修也不能解决问题，这样就需要超出维修工作的范畴去解决问题，在大多数情况下需改变设备系统中以下三个部分中的一个。

①设备物理组成结构上的改变通常是指再设计或修改。这可能导致设计图纸内容或零部件数量变化。这包括改变零件的规格、材料，增加新的部件，用一个不同的设备替代原来的设备，或改变设备的位置。如对搅拌器减速器进行改造，用星形齿轮减速箱替代原来普通齿轮减速箱等(注意：对于改变，都应该用 RCM 程序评估新的设计，确保达到想要的功能)。

②改变影响设备操作的流程和程序。如某高温油泵投用时发现原设计夹套蒸汽温度不够，致使泵内件膨胀不均匀，内件碰磨无法投入运行。通过改变操作流程，投用时引一股高温物料预热，延长盘车时间等方法解决问题。

③改变操作和维修设备人员的能力(通常需要对他们加以培训，增强他们处理故障的能力和方法)。

术语"一次性改变"在本书是指上述这些干涉行为，因为它们与所执行定期性工作相比，都是一次性的。

(1)安全或环境后果一次性改变

如果失效模式具有安全和环境后果并且找不到合适的定期性工作或组合工作使其风险降低到能承受的水平，说明现有措施不能预防危险，必须采取变更措施。在这种情况下采取重新设计去达成以下两个目标之一：

①通常用强度或可靠性更高的部件替代受影响的部件，或使其失效模式是可预期的，失效发生概率降低到可接受的水平；

②对设备或工艺进行改变使其产生安全或环境的后果，这常通过安装合适的保护设施来实现，注意：如果增加这样的一个设施，要对它进行相应的维修需求分析。

安全和环境后果也可靠排放工艺过程中的危险材料，甚至放弃工艺过程来降低。通常失效模式相关的安全、环境风险是不可接受的，RCM 强制要求要么防止失效模式的发生，要么确保工艺过程是安全的。选择接受不安全、不环保的条件对现代工业企业是不允许的。

(2)隐性失效的一次性改变

在隐性失效条件下，能用下列一次性改变降低多重失效的风险。

①通过增加其他设施使隐性故障显性化。一些隐性失效能通过增加其他设施(如机内自检设备)显性化，从而提醒操作者发生了隐性失效。需要特别注意的是，增加的自检设施其失效也是隐性的。增加太多的保护层会提高故障查找工作的难度，有时甚至是不可能的。更有效的方法是用显性功能替代隐性功能。

②用具有显性的保护功能代替隐性功能。这意味着大多数情况是用确实具有显性失效

的设施或系统去替代不具有显性失效的设施或系统。

③用更可靠的但仍然是隐性的设施去替代现有的保护设施。一个更可靠的设施(更高的平均失效间隔时间)应达到以下三个目标之一。

a. 在不改变失效查找间隔情况下降低多重故障概率,这提高了保护水平。

b. 如果不改变多重失效的概率,就想办法延长失效检查工作间隔时间,减少需要投入的资源。实际上有些隐性失效的定期检查间隔时间的确定,是根据某行业或企业指导原则确定的,行业和企业顶层指导原则制定时考虑的面比较广,给出的是通用型的指导意见,针对具体事件难免有些保守,很多情况是可以延长失效检查间隔时间的。

c. 既降低多重失效概率,又延长失效检查工作间隔时间。

④双重隐性功能:如果找不到具有足够高 MTBF 要求水平的单个保护设施,通过设置双重甚至是三重隐性功能保护设施,是有可能达到甚至超过上述三个目标的。但是,为找出合适的失效管理策略,仍然需要对这些设施的功能进行分析。

⑤让对隐性失效应用定期性工作策略成为可能。例如,通过改进保护设施或系统的位置使其能够检修,如某保护功能原安装在机组内部,把它改到机组外部,这样就可执行定期性工作。

⑥降低被保护功能的要求率。这取决于保护设施的故障模式,系统物理结构的改变,或者提高操作者或维修人员的能力通常会降低系统保护的要求。例如,某装置离心泵偶尔会发生上游物流温度波动引起泵严重气蚀问题,由于物流内部局部温差很难测出来,该失效模式为隐性失效模式。通过在泵底部排放孔接一股小流量低温物流,在发现泵振动上升时,及时打开冷物流阀门,降低泵内温度避免气蚀发生。通过加强对操作人员针对性的培训,避免失效发生。

(3)操作性和非操作性后果的一次性改变

对于具有操作性和非操作性后果的失效模式,一次性改变目的是减少总成本。为达到此目的,需要寻求下列改变:

①应用强度更高或可靠性更高的元件减少失效模式发生的次数或完全排除。

②降低或消除失效模式的后果,如增加备用能力。

③使定期性工作具有成本效益。例如,做一个更容易安装或拆卸的部件。某装置关键泵机械密封内部安装一个轴承,要更换这个轴承需要拆除整套密封,拆除密封的过程容易造成密封损坏,由于轴承在密封内部不能对其进行监测,轴承突然损坏造成泵停止运行,导致生产损失。通过改进密封结构将轴承改到密封外部,能够对轴承的运行状况进行监测,采取定期性维修的策略。

注意:对于失效具有安全和环境后果找不到将风险降低到可接受水平的其他方法时,一次性改变是强制性不同,对于具有操作性和非操作性后果的失效模式,由于一次性改变涉及的面广,必须证明与其他失效管理策略相比更具有成本优势。

2.10.2.3　事后维修

事后维修就是运行到失效发生后再进行维修。事后维修策略选择应遵循下列准则:

①没有安全或环境后果;

②操作性或非操作性后果是可以接受的;

③找不出任何定期性工作，或即使能找出定期性工作，但与运行到失效发生的后果相比是不值得的。

不管失效是显性的还是隐性的，相对应的失效或多重失效如果没有安全或环境影响，只有操作性或非操作性后果，并且在失效后果可以接受的情况下，最具有成本效益的故障管理策略是简单地允许失效发生，然后采用适当的措施去维修它，换句话说就是运行到失效发生。大多数后果的损失仅仅是更换设备零部件及维修费用的增加。

2.10.3 失效管理策略的选择方法

上节介绍了各种失效管理策略，本节阐述如何进行策略的选择，在进行 FMECA 分析得出失效后果后，下面要对每个失效模式选择出适当的失效管理策略。

选择失效管理策略可以运用两种方法：统计计算法和图表选择法。统计计算法是更完全细化的成本优化的方法。而图表选择法更通用，因为它与精确的方法相比快速简单。不同的行业推荐的图表法流程可能完全相同，可是任何一种图表法必须能够完全处理每个失效模式的安全环境后果。从成本的角度出发统计法更精确，策略图表决策方法是次要的方法。不管用哪种方法进行决策，大部分的情况都缺乏完全的资料，特别在失效分布和评估失效后果方面。由于不容易获得全面的综合资料，而决策程序是自动程序化的，这可能导致开始就依赖错误的逻辑，导致错误的决策结果。在实践中，如果有太多很不确定的因素影响和干扰决策，就应该采取能改变失效模式后果的措施而不是依靠错误的决策逻辑去做结论。

2.10.3.1 统计法

统计法失效管理策略的选择要对失效模式进行经济性、安全环境性后果评估，评价选择所有失效管理策略的技术可行性，从中选择出最有效的失效管理策略。

(1)找出隐性失效和显性失效。

(2)对每个显性失效模式，完成下列步骤：

①确定失效模式实际导致人员伤亡概率；

②确定能承受的人员伤亡概率；

③确定实际违反环境标准和法规的概率；

④确定企业能承受的违反环境标准和法规的概率；

⑤确定操作性和非操作性失效模式的后果，及其后果接受程度；

⑥在具有安全和环境后果实际发生概率大于承受概率时，找出所有能降低失效概率到承受水平之下的失效管理策略；

⑦找出所有在一定时期内成本低于失效模式具有经济后果的失效管理策略；

⑧对失效模式具有安全环境、经济后果选择最具有成本效益的失效管理策略。

(3)对每个隐性失效模式，完成下列步骤：

①确定出与隐性失效相关联的多重失效实际导致人员伤亡概率；

②确定多重失效能承受的人员伤亡概率；

③确定多重失效实际违反环境标准和法规的概率；

④确定多重失效违反标准和法规的承受概率；

⑤确定操作性和非操作性与隐性失效相关联多重失效和失效模式后果及其接受程度；

⑥当具有安全和环境后果，实际发生概率大于承受概率的情况，找出所有能降低多重失效概率到承受水平之下的失效管理策略；

⑦找出所有在一定时期内成本低于多重失效和失效模式具有经济后果的失效管理策略；

⑧对多重失效具有安全环境、经济后果选择最具有成本效益的失效管理策略。

2.10.3.2　RCM 图表决策方法

RCM 图表决策方法是基于安全、环境后果优先于经济问题处理的假设，在此基础上建立的另一个假设是决策图逻辑选出的管理策略是按照成本效益优先的逻辑排序。根据两个假设建立层次结构，鼓励用户在层次结构中被认为是技术上可行的优先策略类别。

注意这种假设使 RCM 图表要这样构建：如果失效的安全环境后果被认为是不容许的，那么必须寻找一种方法，宁可不考虑经济上的代价也要确保使安全环境后果降低到可接受水平。这种方法非常保守，它虽然确保安全和环境后果被妥善地处理了，但存在一小部分失效模式选出的失效管理策略成本比预期的要高很多，这种情况可能反过来影响安全环境可接受的水平，要根据具体情况进行再评估。

（1）RCM 图表法的层次逻辑结构

下面的分层逻辑体现了上述假设：

①对一个显性的，影响安全和环境的失效模式，失效管理策略考虑按照下列规则顺序：状态维修，定期恢复或更换工作，工作的组合（通常状态监测和定期更换），一次性改变。

②对于一个显性的，不影响安全和环境的失效模式，但具有不可接受的经济后果，失效管理策略考虑按照下列规则顺序：状态维修，定期恢复或更换工作，工作的组合（通常状态监测和定期更换），一次性改变。

③对于一个显性的，不影响安全和环境的失效模式，但具有可接受的经济后果。失效管理策略考虑按照下列规则顺序：状态维修，定期恢复或更换工作，事后维修，一次性的改变。

④隐性失效模式多重失效能影响安全或环境后果的情况，失效管理策略考虑按照下列规则顺序：状态维修，定期恢复或更换工作，故障查找工作，各种工作的结合（通常失效查找和定期更换），一次性改变。

⑤隐性失效模式多重失效能影响安全或环境后果的情况，但具有不可接受的经济后果，失效管理策略考虑按照下列规则顺序：状态维修，定期恢复或更换工作，失效查找工作，各种工作的结合（通常失效查找和定期更换），一次性改变。

⑥隐性失效模式多重失效不影响安全或环境后果的情况，但具有可接受的经济后果，失效管理策略考虑按照下列规则顺序：状态维修，定期恢复或更换工作，失效查找工作，事后维修，一次性改变。

（2）失效策略优先顺序说明

上述 RCM 逻辑图失效管理策略的优先顺序基本为：

状态维修—定期恢复和定期更换工作—组合策略—失效查找工作—事后维修——次性改变。为什么失效策略的选择按照这样的顺序，下面对其进行介绍。

①状态维修

状态维修工作在失效策略的选择中被优先选择主要是因为：

a. 能在设备运行状态下执行监测及维修工作，对生产无影响。

b. 总是能在失效前到潜在失效点，为避免失效发生赢得处理时间。

c. 由于在维修工作开始之前就能发现潜在失效，使纠正工作更明确。这减少了维修工作的工作量，使维修工作做得更快。

d. 组织实施相对容易。

e. 由于找出了设备潜在的失效时间点，并对其发展状态进行监测，因而它可使设备运行寿命接近极限寿命。

状态维修的缺点是对有些失效模式 P–F 间隔比运行周期短的情况，虽然状态监测工作能提早发现潜在失效，但在很多情况下不停车维修不能阻止潜在失效的劣化，因此无法避免停工的经济后果。因此，对有些失效模式状态维修不能降低失效发生的概率，只能提早发现潜在失效，对失效后果发生有预判，做一些准备工作，以减轻失效发生的后果。但后果的降低程度与失效模式的 P–F 特性有关，对 P–F 间隔短的失效模式准备时间短，降低后果的程度有限，甚至高出企业能承受的水平。这时状态维修策略效果不明显甚至是无效的。对操作性后果失效模式，如果对设备状态监测的成本大于失效造成的损失，状态维修策略也是无效的。

②定期恢复和定期更换工作

对一个特定的失效模式，如果找不到合适的状态维修策略，那么下一个选择就是定期恢复和定期更换工作。定期恢复和定期更换工作对于具有不可接受后果的失效模式的预防是非常有效的失效管理策略，但有如下缺点：

a. 对每种失效模式必须在设备停止运行时才能做，这项工作总是以某种形式影响操作。

b. 对多台设备组成的系统或多个部件组成的设备，每台设备和部件都有自己的寿命年限，这样很多部件或设备可能还有很多的剩余寿命没有被利用。

c. 恢复工作包含许多辅助工作，因此它们的工作负荷比状态监测工作高。

定期恢复和定期更换工作常被同时提起，因为它们有非常多的共性。在实践中遇到具体问题时经常要决定是定期恢复还是定期更换。对一些失效模式，两种方式都满足技术可行性准则。在这种情况下应选择更经济的具有成本效益的方法。

定期恢复和定期更换策略检维修时间点的确定需要根据可靠性与时间关系曲线来确定，一般保守地选择检修时机，不可避免地损失掉一部分剩余寿命，并不是最经济的失效管理策略，往往应用在具有安全环境、巨大经济损失后果的情况下，由于可以选择高可靠性的时间点进行检修，使失效发生概率降到可接受的水平，牺牲一些成本是值得的。

③组合策略

至此，决策表一直试着考虑用单一策略去处理失效模式的后果，可是，有时找单一策略不能使失效的风险降低到可接受水平，这时可以尝试组合策略。有时虽然可以找到单一策略去处理失效的后果，当组合策略更具有成本优势时优先选择组合策略。如单独状态维修策略不可行，定期维修或定期更换策略可行时，定期维修或定期更换与状态维修的组合可能在技术上可行，能够延长剩余寿命，可能比单独应用定期维修或定期更换策略更具成本优势。

④失效查找工作

前面的失效维修策略都是主动维修工作，是为防止失效发生而进行的工作。而失效查找工作是查找隐性失效特别是保护功能是否失效，当失效查找工作发现了保护功能失效时，虽然多重故障还没有发生，实际保护功能已失效了一段时间。成功的主动维修工作防止潜在失效更加劣化。这意味着主动维修工作比失效查找工作更保守或者更安全。因此，只有在找不到更有效的主动维修方法时，才应用失效查找工作。由于这个原因 RCM 决策表流程中将主动工作的三个选项放在失效查找工作之前。

⑤事后维修

对具有经济后果的失效模式选择主动维修策略的效果进行评估时，总是要对做主动维修策略的成本与意外事故成本进行比较。在这种情况下，只有在主动维修策略使总成本低的情况才能选择它。否则允许运行至失效模式发生将比主动维修成本更低，因此允许运行到失效发生应该是一个合适的失效管理策略。如果允许失效模式发生的成本仍然是高的，那么只有实施之前讨论的一次性改变。

具有安全、环境和巨大生产损失的失效模式或多重故障不能选择事后维修策略。

⑥一次性改变

可靠性、设计、维修都是密切相关的，这使人们很容易冲动地在分析维修需求之前就想对现存设备系统进行一次性改变（特别是对设备的改进）。事实上，应优先考虑维修，当所有 RCM 决策表上的失效管理策略都不能解决问题时，再考虑应用一次性改变失效管理策略，这么做有以下四个原因：

a. 大部分的改进是在从概念到新产品试运转的 6 个月到 3 年时间完成的，具体时间取决于成本和新技术的复杂性。而维修人员面对的是一个考虑比较周全现存的设备，而不是将来某个时间的设备。在考虑改变之前要解决的是今天现实的问题，将来的需求要慎重提出。

b. 大多数企业对技术改造考虑的因素更多，不仅仅从设备物理结构和经济上考虑，还要考虑其他因素。通过聚焦失效后果，RCM 发展出一套合理优失效管理方法，特别是区分了哪些是本质上的需求，哪些是一般性的需求，这种优化必须在对整个过程有比较全面的认识基础上才能完成。

c. 一次性改变是昂贵的。它们包括产生新概念，如设计一台新机器、编制新操作程序；将概念转变成现实，如制作新部件、购买新机器、汇编新培训课程；实施过程中额外的成本，如安装部件、导入训练程序等，在实施一次性改变的过程中，如果原设备和操作人员退出生产，间接成本将进一步增加。

d. 还有一种风险，就是一次性改变有可能并没有排除甚至减轻失效后果，某些情况下它可能产生更多的问题。

综上所述，要在对设备系统改变之前，用 RCM 决策表方法找出原有设备系统的性能需求。如果对原有设备系统的性能需求还不十分了解，就贸然进行一次性改变工作往往会有很多负作用。

（3）RCM 决策表方法的应用

不同的领域有不同的 RCM 决策表。有些决策表非常符合前面讨论的理论，而另一些实际上有较大偏差，有些决策表的开发针对的是一些专项设计，而另一些针对普通公共领域。因此，对本书外的其他特殊的决策表也不一定是错误的，它们都可能是根据其具体的条件开发的，图 2 - 17 所示为决策表满足本书 RCM 论述的决策程序。

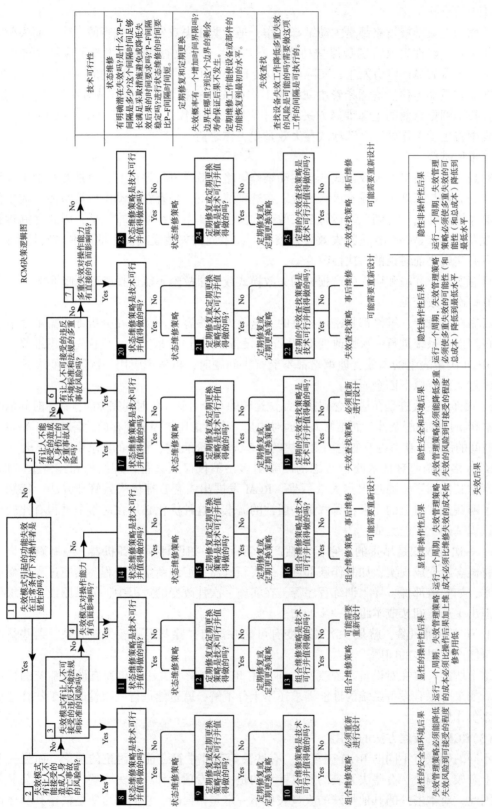

图 2-17　RCM逻辑决策图

决策表的应用分为以下三个阶段：

①先应用决策表去确定失效模式的后果类型。

②对每一种失效后果，用失效管理策略类型的技术可行性准则进行评价。

③从满足技术可行性的失效管理策略中，根据管理效率选择最佳失效管理策略。

2.11　RCM 的持续改进

为什么要持续改进 RCM：因为最初建立 RCM 管理程序有很多资料是不精准的，并且精确的资料在适当时才能得到，在生产过程中对设备希望的性能也可能随着不同的时间不断变化，况且维修技术也是不断进化发展的。因此，要用发展的周期性的观点进行定期审查。对 RCM 程序应该需要一个定期审查的流程，定期检查评价用于支持的信息和决策本身是否需要改变。评审的过程应确保有关 RCM 的 7 个问题得到满意的答复，而且答复的方式也符合相应的标准规定。具体应从以下几个方面进行审查：

①操作环境：设备的操作环境是否发生了足够的变化，改变的是在初始分析过程中记录的信息并做出的决策。例如，倒班制度从一天 4 班 3 倒变成 3 班 2 倒，这将造成巡检线路、巡检时间间隔及内容的不同。

②性能期望：性能期望是否发生了足够大的变化，是否有必要修订在初始分析中所定义的性能标准。如在设备的运行寿命末期往往会降低期望的性能标准。

③失效模式：从之前的分析中，是否发现某些现有的失效模式记录不正确，或者发生了某些未预料到的失效模式。这种情况经常发生，要注重收集其他企业同类装置，相同部位的设备未预料到的突发失效案例。

④失效影响：在失效影响的描述中是否应该添加或更改某些内容。这尤其适用于失效现象和停机时间的估计。

⑤失效后果：是否发生了对失效的后果应该进行重新评估的事件(如由于环境法规的改变，改变了对可容忍风险水平的看法。具有高权力的管理者最容易改变失效后果的容忍水平，对改变失效后果的容忍度应该十分谨慎，应该是一个集体共识，否则可能会导致由于失效后果的可接受水平的经常改变，导致整个失效策略的频繁变化)。

⑥失效管理策略：是否有某些理由相信最初选择的某些失效管理策略不再合适。如对定期性工作，是否意识到需要改变原来的定期性工作，使新的定期性计划工作"更具成本效益"，或在技术上更优越。对工作间隔，是否有证据表明某些任务的频率需要改变。

⑦工作执行：是否有理由建议某任务应该由其他人来完成比原来选择的人更好。

⑧资产变更：资产变更的方式是增加或减去某些功能或失效模式，或者更改某些失效管理策略(对控制系统和保护功能设施应特别关注)。

上述因素均造成了失效管理策略的改变，改变要通过变更流程进行管理。

2.12　RCM 的实施

一个企业要想成功地实施 RCM 管理，必须要对 RCM 工作进行相应的管理，管理工作的开展可参考按照下列顺序步骤进行：

①确立 RCM 目标；

②计划；

③组织；

④培训；

⑤数据收集；

⑥分析层次和资产边界；

⑦计算机软件的作用；

⑧执行。

2.12.1　确定 RCM 目标

在大规模地投入资源进行 RCM 管理之前，企业应该评估实施 RCM 确定能得到哪些好处、投入资源的回报，明确实施 RCM 管理的目标。在实践中，RCM 能广泛提高组织企业的整体效能，可从以下几个方面进行评估：

①安全；

②环境；

③操作性能；

④成本效益；

⑤产品质量和客户服务；

⑥维护效率；

⑦个人成长；

⑧团队合作；

⑨员工流动性；

⑩检查监督。

进行 RCM 分析前，评估所有方面或某部分预期改进的程度，改进的效果如何，并进行排序，与开展 RCM 评估的总成本进行比较分析。

不同的企业选择应用 RCM 于不同的资产管理。有些企业只对安全环境有影响的设备资产进行 RCM 管理，因而只对企业的一部分设备资产进行 RCM 管理。而有些企业以成本效益为中心，对所有设备资产进行 RCM 管理。有些企业先对自己认为重要的资产设备进行 RCM 管理，逐渐应用到其余部分。这些决定很大程度上取决于企业 RCM 分析的目标，以及这些目标相对于其他目标的重要性。

企业不管采取哪个管理目标，企业所拥有的资源都是有限的，都应首先在资产之间设定优先级，使用适合的准则。在设置这些优先级时，评估实施应用 RCM 需要时间和成本。

2.12.2　计划

在做 RCM 管理之前必须制订一个全面的计划来讨论下面的问题：

①精准地确定出 RCM 分析中要覆盖哪些设备；

②确立分析的目标，目标尽可能量化，确定什么时候，如何测量达到目标；

③评估进行分析所需的时间；

④决定在分析过程中需要哪些技术，然后确定具体的参与者；

⑤对于参与者进行适当的 RCM 培训；

⑥实施过程需要适当的设备设施；

⑦决定何时由谁对分析进行审查和批准，确保 RCM 过程得到正确的应用；

⑧决定何时、何地以及由谁来开始执行 RCM 分析结果；

⑨分析数据及时更新。

2.12.3　组织

企业对设备资产进行 RCM 分析和管理必须建立相应的组织，建立正式的可靠性管理团队，或由正式设备管理部门可靠性管理岗位人员牵头的临时性管理团队。组织的建立和职责分工应考虑下列要素：

①确定过程分析的人员或小组，并建立明确的分析计划，先从哪个层级、哪个系统开始分析，什么时候开始分析，由谁进行分析；

②为确保所选资产按计划进行分析而确定行使责任的人或小组：可以按照生产装置为单位建立分析小组，如炼油厂常减压装置、催化装置小组，或以设备类型建立小组，如动设备小组、静设备小组、电气设备、仪表等小组，装置设备主任或专业主任工程师为小组长；

③一个人或一群人将在分析程序过程中起带头作用，这些人应该是经过 RCM 严格培训过的人员，应是 RCM 领域的专家，起到督导员的作用，组织协调小组的工作；

④小组的参与者应包括能够提供信息和协助决策的人员，如资产的所有者、用户代表、操作员、维护人员代表等，这些人从各种专业的角度为分析提供信息，参与分析决策；

⑤设计师或供应商等，这些人一般是企业外部人员，一般不能参加小组日常工作，但分析过程中如有必要也应咨询他们的意见；

⑥提供进行分析所需的设施，如办公室、会议室、计算机硬件和软件等。

2.12.4　培训

RCM 过程包含许多对大多数人来说都是陌生的概念，任何应用 RCM 的人都需要先了解这些概念是什么，以及它们如何组合在一起，然后才能正确地使用分析流程。因此，应该清楚地了解培训需求，确保 RCM 流程得到正确的应用，分析出正确的结果。RCM 团队成员将根据他们的角色确定所需培训的数量。对于管理流程应用程序的人员、作为信息提供者参与的人员或分析结果的执行人员应该接受不少于几天的正式课程培训。对于那些将带头应用 RCM 过程的人需要进行全面的培训。这应该采取现场指导的形式，再辅以进一步的正式培训，直到受训者能够胜任所有必要的技能。

2.12.5　数据收集

2.12.5.1　原始技术文件

在分析任何特定的系统或子系统之前，获取任何描述资产的物理配置结构、主要部件，以及它如何工作等资料信息是非常有用的。文件内容基于系统的复杂性，以及执行分析的人对它的理解程度。这些文件包括以下内容：

①装置可研及基础设计资料。

装置可研及基础设计资料包括工艺流程说明、工艺物流平衡 PFD 图、工艺管道及仪表流程 PID 图。

②详细设计资料。

详细设计资料包括总布置图、厂房结构图、设备安装结构图、地下管道及设施图、管道图、电气仪表接线图等。

③操作和维护手册。

④设备支持文档。

设备装配图、管道焊接、热处理、水压实验、材料等文件。

⑤备件列表。这些文档通常可以从设计者、制造商、供应商获得。收集到的文档应该足以完成 RCM 分析。有些特定的文档确实没有，而这些文件可以进行更好的 RCM 分析，那就要自己创造，如对没有收集到的设备图纸需要自己重新画图。

2.12.5.2　历史数据

在应用 RCM 对资产分析时，有以下 5 种类型的历史数据非常重要：

①失效的历史数据，包括被分析设备的历史数据和相同及类似设备数据；

②有关设备运行及相关维护和运营成本的历史数据；

③关于检维修、更新工作的历史数据；

④现有潜在失效模式和将来大概率发生的失效模式及计划性工作数据；

⑤关于其他事情的数据，如失效的后果，资产随着时间贬值的方式，随着时间劣化的方式等。

这些数据中的大部分是由使用者通过对运行数据收集整理而得到，部分数据可由类似设备的供应商、制造商或用户提供。为保持这些数据是最新的，应该建立相应的管理系统和流程，对所有类型数据，特别是实际发生的失效模式及修复维护工作都能及时记录。

要区分出有用的数据和无用的数据，有些极端情况发生的数据几乎不会再发生，这种数据可能就是无用的数据。最有用的数据应该是设备在没有干扰情况下产生的数据，但由于很多设备采取了预防维修的策略，相当于定时结尾数据，得不到设备或部件的安全寿命数据，数据质量不高，但这不能说明这些数据是没有意义的，在后面的失效管理策略中要在此基础上逐渐优化选择预防性维修时机，延长安全寿命。

在某些情况下，特别是复杂和危险的系统，包含大量的新技术，失效模式如何发生及怎样发生没有足够的数据样本。如果失效后果是不可承受的，则应认真考虑致力于改变失效结果的措施，如重新配置系统，或者改变系统的操作方式，从而使这种不确定性的后果降低到一个可容忍的水平。

2.12.6　分析层次和资产边界

前面章节介绍了对某一台设备失效模式的层次分解，在对一个工厂或一个装置进行 RCM 全面分析时则需要在更高的层次上进行，必要时整个工厂或装置的设备资产进行层次分级，并定义系统边界。

如果企业以前没有做过资产分级，最好做资产分级，虽然这并不是绝对必须的，但这对 RCM 分析非常有好处，能确保将有限的资源用到重要的工作中。分析的级别层次可以根据后果，如安全、经济、风险等进行选择，真正落实是在层级系统和设备的硬件级别上，维修将在该级别上执行。

如果某企业已对资产设备建立层次结构，就可决定直接从某一层级资产设备开始进行分析。层级是对生产装置到单元设备至部件甚至元件从上到下的层级划分，系统一般指包含根据功能区分出的在某层级之下的所有资产设备。主系统之下可能还存在微小的子系统，大多没有必要被分析，而对非常复杂的系统并不需要一起分析，对特别独立单元可单独进行分析。

RCM 分析没有一个最佳级别，通常是一个优化的层级，这个层级可能跨过不同级别的系统。层级分析优化主要考虑级别的复杂性：是进行一个整体完整分析还是一个有限的分析，是否存在任何以前的分析，分析到哪一层级等。

要特别注意对级别的选择，分析出来的层级应该易于理解某种形式的功能，鉴别出每种失效模式、评估失效后果。分析层级水平过低就会在分析和或输出任务中产生额外的工作，并很难鉴别出功能和相应的性能标准，并不容易评估结果。如果在太高的层级进行分析，每个功能有太多的功能失效需要分析，这增加了许多失效模式将被完全忽略的可能性。合乎逻辑的选择就是选择一个中等级别，能够识别出可管理的失效模式数量并切合实际地评估它们的后果。

当应用 RCM 对资产或系统评估时，非常重要的是明确从哪个系统开始到哪个系统结束。需要小心地确保设备资产或组件正确界限不会落在层级空白之间。特别注意专业、部门之间的交叉，如机械设备、电器、仪表设备的界限，供应采购设备与系统管线的界限，如设备中阀门和管线法兰等具体部件中的界限。

2.12.7　计算机软件的作用

将 RCM 分析期间收集的信息和做出的决策应被存储在计算机数据库中。对一个石油化工企业来说，如果实行 RCM 管理，需分析的设备及部件量大、数据多，特别是利用数学模型对故障模式进行统计，得出可靠性分布，根据运行寿命及时报警等管理故障模式，不用计算机管理是不可能实现的。计算机应用主要体现以下几点：

①对建议的工作任务根据时间间隔和技术进行分类；
②随着了解得更多和操作环境的变化，对分析进行修订和细化；
③协助执行更复杂的数学和统计计算；
④生成其他各种报告，如按结果分类的失效模式，按任务分类的工作表等；
⑤根据运行时间及时编制出维修计划，对运行寿命及时报警；
⑥管理活动计划和实施程序化的审批、变更、监督和管理。

在应用计算机时也要注意计算机的应用是对 RCM 分析结果进行管理。计算机本身不能分析，是人对资产设备进行分析，不能过度依赖计算机来代替分析过程，不能把 RCM 分析视为机械的填充数据库的行为，而不探索设备管理的实际内涵和管理技术。图 2 - 18 所示为某石化企业可靠性管理软件截图。

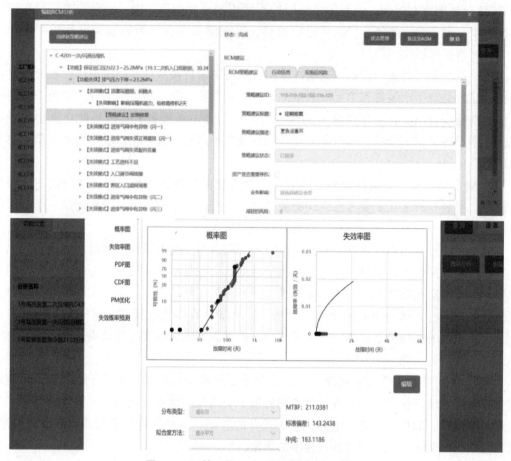

图2-18 某石化企业可靠性管理软件截图

2.12.8 实施

经过相应的计划、组织、培训工作后即可实施 RCM 分析工作。分析可分为两个阶段进行，先成立一个或几个小组，对有代表性的设备进行 RCM 分析。这样做的目的是使小组每一个成员通过实际的 RCM 分析评审工作来提高分析管理水平，同时对有大量相同或相似工艺流程和结构的设备形成样板。第二阶段可以成立更多的小组，将第一阶段培养成熟的小组成员分为新的小组的督导员，指导新的小组活动。

分析小组活动要全面回答 RCM 工作的 7 个问题，应用前面介绍的分析方法进行 RCM 分析，RCM 衍生的工作任务最终必须被描述得足够详细，确保完成任务的人能够正确地完成任务。分析成果是小组集体讨论的结果，每项建议成果均应由对资产设备总的责任管理者正式批准，分析结果被输入并保存在数据库中。

数据库的维护和管理应由专业的可靠性工程师负责，要定期地进行正规检查评审，检查评审尽量包含初始分析的人员。日常工作中，如运行环境有变化，足以影响失效管理策略，发现以前没有发现的失效模式时，可靠性工程师要及时有针对性地组织临时小组进行可靠性分析。

　　RCM 分析及后续更新完成后，必须按照分析的结果进行实施。根据 RCM 分析结果编制 ITPM（检查、监测、维修计划）计划，计划任务应该被组合成可执行的工作包。采取必要的步骤来确保这些工作包是由适当的人员在正确的时间和方式执行的，并确保任何工作产生的具体任务得到适当处理。如果计划由于环境有变化等原因没有实施，应及时进行可靠性分析进行变更管理。

参考文献

[1] Center for chemical process safety. 机械完整性体系[M]. 刘小辉，许述剑，等译. 北京：中国石化出版社，2015.

[2] Wallace R. Blischke，M. Rezaul Karim，D. N. Prabhakar Murthy. 保修数据收集与分析[M]. 张颖，郭霖翰译. 北京：国防工业出版社，2014.

[3] J. 莫布雷. 以可靠性为中心的维修[M]. 石磊，谷宁昌译. 北京：机械工业出版社，1995.

[4] 何钟武，肖朝云，姬长法. 以可靠性为中心的维修[M]. 北京：中国宇航出版社，2007.

[5] GB/T 20172. 石油天然气工业设备可靠性和维修数据的采集与交换.

[6] ISO 14224. Petroleum and natural gas industries – Collection and exchange of reliability and maintenance data for equipment.

[7] GB/T 7826—2012. 系统可靠性分析技术失效模式和影响分析（FMEA）程序.

[8] SAE JA1012. A Guide to the Reliability – Centered Maintenance（RCM）Standard.

[9] OREDA Offshore Reliability. Data Handbook.

[10] ISO/TR 12489. Petroleum，petrochemical and natural gas industries – Reliability modelling and calculation of safety systems.

[11] DOE – NE – STD – 1004 Root Cause Analysis Guidance Document.

[12] GJB 451A—2015. 可靠性维修性保障性术语.

[13] NBT 20096—2012. 核电厂系统故障模式与影响分析.

第3章 典型通用设备的可靠性分析

3.1 离心泵的可靠性分析

离心泵是石油化工生产中应用最广泛的设备之一。其主要功能是把液体物料按照一定的流量和压力输送到需要的系统。

离心泵的工作原理：离心泵之所以能把液体物料送出去是由于离心力的作用。泵在工作前，泵体和进口管必须灌满所输送的液体物料介质，排出气体，当叶轮快速转动时，叶片推动物料运动，在叶轮的推动和泵壳导流下快速旋转，旋转着的物料在离心力的作用下从叶轮出口飞溅出去。泵内的物料被抛出后，叶轮的中心部分形成真空区域。物料在大气压力(或介质压力)的作用下通过管网压到进口管内。这样循环运行就可以实现连续输送物料。离心泵叶轮中心区的真空度要控制在一定范围内，否则将造成泵体发热、振动、出口流量减少，对泵造成损坏(以下简称气蚀)，从而造成设备事故。

离心泵的种类很多，应用行业广泛，分类方法也不同，常见的有以下几种方式：

(1)按照支撑结构可分为悬臂式、两端支撑式和立式悬吊式。

(2)按泵壳流体吸入方式可分为单吸式离心泵和双吸式离心泵。单吸式离心泵叶轮只在一侧有吸入口，这种泵的流量为 $4.5 \sim 300\mathrm{m^3/h}$，扬程为 $8 \sim 150\mathrm{m}$；双吸式离心泵液体从叶轮两侧同时进入叶轮，该泵适用于大流量，其抗气蚀性能较好。

(3)按叶轮级数可分为单级离心泵和多级离心泵。泵中只有一个叶轮的称为单级离心泵；在同一根轴上串联两个以上叶轮的称为多级离心泵，级数越多出口压力越高。

(4)按工作压力分：低压离心泵扬程 $H < 20\mathrm{m}$；中压离心泵扬程 $H = 20 \sim 100\mathrm{m}$；高压离心泵扬程 $H > 100\mathrm{m}$。

(5)按泵轴位置可分为卧式离心泵和立式离心泵。

实际应用时上述的分类是交叉重叠的，如具体到某台泵它可能是两端支撑式，也是卧式、单级、轴向中开式等。在石油化工行业应用的分类方式是按照 API 610 标准的分类方式，是以支撑结构为顶层，再根据其他特性进行细分，对各种泵型进行标准化处理见表 3 - 1。

即使上述分类也不能完全涵盖所有泵型，如有些泵厂开发出外壳用 BB5 结构、内壳选用 BB3 结构的离心泵，在炼油厂加氢装置应用。如由于离心泵的种类很多，评估离心泵的可靠性时必须根据其具体结构进行讨论，不同结构的离心泵可靠性会有差异，离心泵型号众多，本书以最简单的卧式单级离心泵为例进行可靠性分析。

表 3 - 1　API 610 标准的离心泵分类

泵的型号			安装形式		型号编码
离心泵	悬臂式	挠性联轴器传动	卧式	底脚安装式	OH1
				中心线安装式	OH2
			有轴承架的立式管道泵		OH3
		刚性联轴器传动	立式管道泵		OH4
		共轴式传动	立式管道泵		OH5
			与高速齿轮箱成一体		OH6
	两端支撑式	单级和双级	轴向剖分式		BB1
			径向剖分式		BB2
		多级	轴向剖分式		BB3
			径向剖分式	单壳式	BB4
				双壳式	BB5
	立式悬吊式	单壳式	通过扬水管排出	导流壳式	VS1
				蜗壳式	VS2
				轴流式	VS3
			独立排液管	长轴式	VS4
				悬臂式	VS5
		双壳式	倒流壳体		VS6
			蜗壳式		VS7

3.1.1　离心泵标准对可靠性的要求

在石油、化工领域，使用最多的离心泵国际标准是 API 610、ISO 5199、ANSIB73.1M/B73.2M 等，国内标准是 GB/T 3215 和 GB/T 5656。以下分别介绍这些标准对可靠性的要求。

3.1.1.1　API 标准

API 是美国石油协会(American Petroleum Institute)的简称。出版 API 610 标准的目的是提供一份采购规范，以便于离心泵的制造和采购。API 610 标准最初是针对石油炼厂用离心泵提出的，标准名为《一般炼厂用离心泵》(Centrifugal Pumps for General Refinery Services)。但实际上，使用 API 610 标准的不仅是石油炼厂，石油、化工、天然气等领域均常采用 API 610 标准。为适用这一需要，1995 年颁布的 API 610 第八版改名为《石油、重化学和天然气工业用离心泵》(Centrifugal Pumps for Petroleum, Heavy Chemical, and Gas Industry Services)，内容也有较大的变动。API 610 对节能问题倍加关注，API 610 要求制造厂和使用厂在设备的制造、选用和运行等所有环节中积极寻求创新的节能方法。选择设备时的评定标准应以设备在使用寿命期内的总费用为准，而不是以设备的采购费用为准。

目前在石油和化工领域，API 610 是使用最频繁的离心泵国际标准。国际标准化组织也采纳 API 610 标准, 标准号 ISO 13709—2009。

API 610 对可靠性寿命的要求体现在以下几个方面:

(1)该标准第 11 版之前要求所涉及的设备(包括辅助设备)应按使用寿命至少为 20 年设计和制造(不包括表 18 所示的通用易损件), 并且连续运转至少 3 年。其他引入 API 610 的标准也当然延续了这一要求。但 2021 年第 12 版删除了这一要求, 主要是很多设备制造商提出由于更换润滑油等工作需要停泵进行, 连续运行三年实际很多情况是不能实现的, 这造成制造商与用户之间很多异议, 因此删除了上述内容。但对可靠性的要求留给用户与制造商, 根据 API 691《以风险为基础的设备管理》标准来确定, 即根据设备风险来确定。API 其他标准对可靠性的要求将来也逐渐按此方式处理。

(2)按照 ISO 281 选择的轴承的基本额定寿命, 相当于在泵的额定条件下至少连续运转 25000h。同时提出了在运行最苛刻条件下轴承的运行寿命不小于 16000h, 按照一年 8000h 计算。这是两年的设计寿命, 但实际泵不可能长期在最苛刻条件下运行, 因此这一要求与设计要求离心泵连续运行三年是不矛盾的。现已公认此要求是设计准则, 而操作或使用条件苛刻、不当操作或不当维护可能导致机器的使用寿命降低而不符合这些准则。需要指出的是, 这一寿命是轴承在 90% 可靠性下的设计寿命。

该标准除上述在设计上对可靠性寿命指标的明确要求外, 也对设计、制造质量等提出了严格要求, 这些要求有些是高于其他标准的, 间接反映了 API 610 标准对泵可靠性的严格要求。主要体现为:

(1)要求在水力实验时全流量都进行振动测试, 振动的速度峰值为 3.0mm/s, 在各标准中要求是最高的。

(2)在泵选材中对低温泵材质提出了特别要求, 对泵的壳体刚性提出了特别要求, 要求法兰和管线的压力等级最低为 300Ib。

(3)轴穿越轴承箱的密封不允许用唇形密封, 要用迷宫密封, 虽然这一要求本身是为避免产生摩擦火花, 是从安全角度制定的, 但迷宫密封的可靠性明显要高于唇形密封。

(4)对承磨环间隙及与叶轮之间的硬度差提出了要求。

(5)轴在轴封处的跳动量要求 0.025mm、轴的挠度要求不大于 0.050mm 也是在各标准中要求最高的。

(6)轴封要求集装式机械密封。叶轮与轴扭矩传递方式只允许键连接, 对壳体材料只允许钢制材料。

虽然 API 610 标准除轴承和密封外, 没有对其他部件提出可靠性具体寿命要求, 但从备件推荐表 API 610 中能间接反映对部件的可靠性要求, 见表 3 - 2。

表 3 - 2 API 610 备件推荐表

			相同泵的台数 N			
1~3	4~6	≥7	1~3	4~6	7~9	≥10
推荐的备件						
部件			启动用		正常维护用	
集装式组件[be]					1	1	1	1
综合体(转子与泵内静止件)[bf]					1	1	1	1

续表

部件	启动用			正常维护用			
转子cg				1	1	1	1
泵壳a							1
泵头（泵壳盖及填料函）							1
轴承架a							1
轴（带键）				1	1	2	N/3
叶轮				1	1	2	N/3
耐磨环（组）h	1	1		1	1	2	N/3
（径向滚动）轴承组ai	1	1	2	1	2	N/3	N/3
（推力滚动）轴承组ai	1	1	2	1	2	N/3	N/3
（径向流体动压）轴承组ai	1	1	2	1	2	N/3	N/3
（径向流体动压）瓦块轴承ai	1	1	2	1	2	N/3	N/3
（推力流体动压）轴承组ai	1	1	2	1	2	N/3	N/3
（推力流体动压）瓦块轴承ai	1	1	2	1	2	N/3	N/3
机械密封/填料dhi	1	2	N/3	1	2	N/3	N/3
轴套h	1	2	N/3	1	2	N/3	N/3
垫圈、垫片、O 形环（组）h	1	2	N/3	1	2	N/3	N/3
立式泵增加下列部件：							
碗形导流壳						N/3	
三叉架或三叉架封套（组）			1	1	1	N/3	N/3
轴承、衬套（组）	1	1	2	1		N/3	N/3
高速整体齿轮箱增加下列部件：							
齿轮箱		1	1	1	1	1	N/3
导叶及泵盖	1	1	1	1	1	1	N/3
花键轴	1	1	1	1	1	1	N/3
齿轮箱外壳						1	N/3
内部油泵		1	1	1	1	1	N/3
外部油泵		1	1	1	1	1	N/3
油过滤器	1	2	N/3	1	2	3	N/3

a 仅用于卧式泵。

b 重要用途泵通常不贮存备件，或者多级泵贮存部分备件。如果重要的泵一旦停机，会导致生产受损或者破坏环境。

c 运行时要求做基本工作的泵有一装好的备泵。仅在主泵和备泵同时出现故障时才会造成生产损失。

d 集装式机械密封应当包括轴套和压盖。

e 集装组件包括装配好的零件加上吐出口、密封和轴承箱。

f 综合体包括装配好的转子加上静止的水力部件（导叶或蜗壳）。

g 转子包括除半联轴器之外所有装在轴上的旋转零件。

h 易损件（参见6.1.1）。

i 每台泵。

3.1.1.2 ISO 标准

ISO 是国际标准化组织的简称。它将 API 610 纳入其标准并付之于标准号 ISO 13709。之前曾经有一个广泛在石油化工应用的离心泵标准即 ISO 5199。在 ISO 标准体系中将离心泵技术条件分为Ⅰ类、Ⅱ类、Ⅲ类。Ⅰ类最严格，标准号 ISO 9905，Ⅱ类适中，标准号 ISO 5199，Ⅲ类要求最松，标准号 ISO 9908。用户根据使用条件选择。大部分石油化工应用场合选用Ⅱ类，即 ISO 5199 标准。

ISO 5199 标准全称为《Ⅱ类离心泵技术条件》(*Technical Specification for Centrifugal Pumps*, *Class* Ⅱ)，主要依据德国的 DINISO 5199 标准，后被 ISO 组织定为 ISO 标准，其外形尺寸、性能符合 ISO 2858 标准；底座符合 ISO 3661 标准；机械密封或软填料用的空腔尺寸符合 ISO 3069 标准；性能实验 B 级符合 ISO 3555，C 级符合 ISO 2548 标准。中国的 GB/T 5656、德国的 DINISO 5199、法国的 NFISO 5199、英国的 BS 6836 等标准均等效 ISO 5199 标准。

ISO 2858《轴向吸入离心泵(16bar)标记、性能和尺寸》源于英国标准，后被纳入 ISO 标准，该标准主要是对运行 16bar 的离心泵的流量、扬程，泵的出入口、叶轮、泵壳、支撑架、轴颈尺寸甚至螺栓孔都进行了系列化、标准化，并被 ISO 所接受。中国的 GB/T 5662、德国的 DIN 24256、英国的 BS 5257、法国的 NFE 44121，等效 ISO 2858。

ISO 2858 标准除在轴承上要求运行时间在最大工况下不小于 17500h 外没有要求泵的运行寿命。更严格的标准 ISO 9905 要求在泵的额定条件下连续工作时轴承最低基本额定寿命 L_{10} 应是 3 年(25000h)，在最大轴向和径向负荷及额定转速下，容许工作范围内连续工作时寿命应不低于 16000h。该要求与 API 610 对轴承的使用寿命要求相同。该标准同样没有对泵整体的额定寿命提出要求。

3.1.1.3 ANSI/ASME 标准

ASME 是美国机械工程师协会(American Society of Mechanical Engineers)，ANSI 是美国国家标准学会(American National Standards Institute)的简称。由这两个协会制作的标准为 ANSI/ASME 标准。离心泵的标准主要为：ASME B 73.1 卧式轴向吸入化工离心泵(Specification for Horizontal End Suction Centrifugal Pumps for Chemical Process)，ASMEB 73.2 立式管道化工离心泵(Specification for Vertical In-line Centrifugal Pumps for Chemical Process)。

上述标准由美国机械工程师协会 ASME 组织编制，ASME 是 ANSI 五个发起单位之一。ANSI 的机械类标准，主要由它协助提出。因此，上述标准也纳入了美国国家标准，符合这些标准的泵称为 ANSI 泵。

该标准也只对轴承的可靠性提出要求，要求与 ISO 5199 相同，没有对泵整体的可靠性要求，但对泵壳的腐蚀余量有规定，要求最小要留有 3.2mm 的腐蚀余量。

3.1.1.4 中国国家标准

我国离心泵的国际标准，主要参考 API 和 ISO 标准制定。主要有：
GB/T 3215—2019《炼厂、化工及石油化工流程用离心泵通用技术条件》基本参照 API 610

编制而成。

GB/T 5656《离心泵技术条件(Ⅱ类)》参照 ISO 5199 编制而成。其相关标准,如 GB/T 5662《轴向吸入离心泵(16bar)标记、性能和尺寸》参照 ISO 2858,GB 5661《轴向吸入离心泵机械密封和软填料用的空腔尺寸》参照 ISO 3069,GB 5660《轴向吸入离心泵底座和安装尺寸》参照 ISO 3661。水力性能实验按 GB/T 3216《离心泵、混流泵、轴流泵和旋涡泵实验方法》的 C 级或 B 级进行(参照 ISO 2548、ISO 3555)。GB/T 16907《离心泵技术条件(Ⅰ类)》参照 ISO 9905。GB/T 5657《离心泵技术条件(Ⅲ类)》参照 ISO 9908 编写。其可靠性要求与 ISO 标准相同。

3.1.1.5 各标准比较

众多标准可以归纳集中在 API、ISO 和 ANSI 标准范围内,国标 GB/T 5656 标准都是参照 API 和 ISO 编写的,内容要求与其基本相同。这些标准按照可靠性可分为以下两类。

(1)ISO 5199、ANSI 及 GB/T 5656 标准。将它们分为一类是因为这些标准的范围和要求基本相同。在材料、设计、制造和实验等方面的要求要低一些,如水利实验只要求在额定流量下,且振动根据不同中心高度和转速要求振动速度在 3.0mm/s 或 4.5mm/s,对柔性支撑和立式泵可放宽到 7.1mm/s,而 API 泵要求全流量,对单级功率小于 300kW 泵,要求振动在 3.0mm/s 以下,对大于 300kW 泵根据转速不同要求在 3~4.5mm/s,立式泵不超过 5.0mm/s。因此这些标准的离心泵可靠性相对要低一些,价格也便宜许多,能减少设备的采购费用。这类泵满足一般化工用途的要求,常用于中、轻负荷范围,对易燃、危险等要求不太高的场合。

(2)API 610 标准和 ISO 9905 标准相应国标分别是 GB/T 3215、GB/T 16907。这些标准可靠性要求高。API 610 标准是石油工业、重化学工业和天然气工业用离心泵(包括用作水力回收水轮机而作逆运转的泵)而设立的标准。API 泵连续运转周期至少为 3 年,可靠性很高。API 泵的适用范围很广,其涉及的泵型有三大类泵,即悬臂式(Overhung)、两端支撑式(Between Bearings)和立式悬吊式(Vertical Suspended)。见表 3-1。其中 OH1、OH4、OH5 只有当买方指定和制造厂业已证明对此种泵富有经验时才可以提供。

ISO 9905 是 ISO 标准系列中最高标准的泵,该标准对刚性支撑转速 1800 以下的泵振动的要求为 2.8mm/s,甚至比 API 610 要求得更低,但其他运行范围的泵不高于 API 610 标准,并没有对泵整体可靠性的要求,因而在石油化工领域较少应用。

石油、化工领域,在以下情况下,选用 API 610 标准的离心泵,其性能和可靠性更能得到保证。

①离心泵输送的介质为特别易燃或危险时。②不设备用泵,且对可靠性要求较高时。③要求泵的连续运转周期较长时。④当离心泵超出中、轻负荷范围时。

3.1.2 离心泵运行的可靠性分析

从设计上看,如果根据 API 610 标准设计,泵应连续运行在 3 年以上,设计寿命在 20 年以上,这没有包括易损件的寿命。实际易损件轴承密封等部件都有自己的使用寿命,当这些易损件损坏时,会导致离心泵功能失效。因此,离心泵在装置生产运行时的可靠性分析，就不得不考虑这些因素。另外，离心泵是流程工业中的一类重要生产设备，系统条件对可靠性的影响很大，一套装置投入生产后系统条件与设计条件往往存在偏差，这种偏差将造成离心泵运行工况偏离设计工况。如离心泵在偏离最佳工况较远时，运行寿命会缩短，如长期在最小流量下工作，振动会上升，进而影响设计寿命。介质条件的变化将引起一系列不同的问题，如腐蚀性介质颗粒物的含量变化，都对可靠性造成影响。制造质量、安装质量、操作问题往往是不能达到连续运行 3 年的主要因素，需要一一查找原因制定对策。基于以上原因对连续生产的成套装置进行设计时，离心泵一般选择两开一备，对重要的离心泵甚至选择三开一备的运行方式。

3.1.2.1 离心泵的分解

具体应用条件下的离心泵根据输送介质的不同，腐蚀、冲刷等影响差别极大，导致不同的故障模式，应具体问题具体分析。本章对离心泵在通用使用情况下的可靠性进行分析，目的是介绍离心泵可靠性分析的一般方法。

离心泵的可靠性分析是先将离心泵分解成单元，再将单元分解成各个可维修级别的零部件，逐层分解，直到维修部件的层次。然后分别对可维修的零部件寿命分别进行统计分析，再组合成离心泵整体的寿命分布。

离心泵的边界和层次按照 GB/T 20172、ISO 14244《天然气石油化工设备可靠性数据信息与交换》进行了划分，可供参考。在 GB/T 20172、ISO 14244 标准中没有单独对离心泵边界及单元层级进行划分，仅对所有泵类汇总划分了边界及分解单元，见图 3-1。离心泵的边界与其他泵边界的划分及分解单元完全相同。

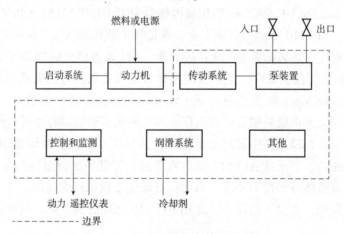

图 3-1 泵设备的边界及分解单元

根据 GB/T 20172、ISO 14244 将离心泵划分为传动系统、泵装置、控制和监控、润滑系统、其他子单元。离心泵的可靠性框图见图 3-2。

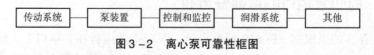

图 3-2 离心泵可靠性框图

在可靠性框图中，由于各单元是串联结构，离心泵可靠性为各单元可靠性的乘积：

$$R_{离心泵}(t) = R_{传动系统}(t) \cdot R_{泵装置}(t) \cdot R_{控制与监控}(t) \cdot R_{润滑系统}(t) \cdot R_{其他}(t) \qquad (3-1)$$

要想计算离心泵各个单元的可靠性需再将各单元按照各自的功能继续细分。GB/T 10172、ISO 14244 标准不仅对泵类划分至泵单元，而且对泵单元进行了再分解，分解至下层子单元，见表 3－3。

表 3－3　泵单元细分

设备单元	泵				
子单元	传动系统	泵装置	控制和监测	润滑系统	其他
维修产品	齿轮箱/可变驱动 轴承 密封 润滑 主动轮联轴节 从动轮联轴节	支座 套 叶片 轴 径向轴承 推力轴承 密封 阀 管线 汽缸套 活塞 隔膜	控制 激励装置 监测 阀 内部动力供应	油箱 带马达的泵 滤清器 冷却器 阀 管线 油	净化空气 冷却/加热系统 滤清器、旋流器 脉动阻尼 法兰接头 其他

GB/T 20172、ISO 14244 对子单元的细分针对所有类型的泵，其中子单元中传动系统、控制和监测、润滑系统、其他单元项目与离心泵单元划分完全相同，可直接使用，但泵装置子单元中再细分的零部件，如气缸套、隔膜明显针对往复泵单元划分的。其他如支座、套、叶片、轴等为离心泵零部件可直接应用，可是如果是单独对某具体离心泵装置进行的零部件层次分解显然分得还不够细致，需要分析者自行根据具体离心泵装置(泵体)的结构，根据维修的深度再进行分解。

由于不同的离心泵结构上有差异，对离心泵装置(泵本体)子单元再进行详细分解时需要针对具体不同的泵型结构进行分解。下面以通用的轻载荷离心泵 OH1 为例分析离心泵的可靠性。

3.1.2.2　离心泵装置单元分解

依据离心泵类型不同，其结构有所差异，但其主体的基本结构是相同的，图 3－3 所示为最基本元 OH1 型离心泵的示意。

泵的零部件及其功能如下。

(1)泵壳

该型离心泵的泵壳体由泵体 1 和泵盖 5 两部分组成，泵体 1 下部有排液塞 21。由于是单级叶轮，为方便叶轮安装，将泵壳体沿着轴向分为泵体 1 和泵盖 5，出入口法兰及蜗壳流道在泵体部分，叶轮安装在泵体与泵盖的密封腔内，当泵内需要清理时先打开排液塞 21，把泵内介质排干净，再打开泵体即可。壳体是离心泵的承压部分，其功能是要保证介质不能泄漏，因此要能承受叶轮出口的高压。泵体与泵盖靠密封垫 19 密封，泵体上有支座与基础通过螺栓连接。泵盖有安装轴向密封的腔体，轴向密封安装在腔体内。

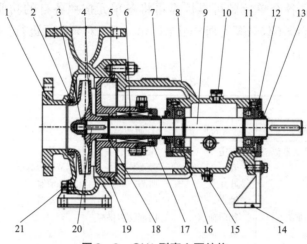

图3-3　OH1型离心泵结构

1—泵体；2—密封环；3—叶轮螺母；4—叶轮；5—泵盖；6—机械密封；7—标牌；8—悬架；
9—轴；10—放气阀；11，16—轴承；12—轴承压盖；13—防尘压盖；14—支脚；
15—放油塞；17—密封压盖；18—轴套；19—密封垫；20—键；21—排液塞

（2）密封环

密封环2是由一种与叶轮硬度有明显差别的材料加工成的环状体，镶嵌在泵体和压盖上，通常也称减漏环或密封环、口环，起内部密封作用。叶轮进口与泵壳间的间隙过大会造成泵内高压区的水经此间隙流向低压区，影响泵的出水量，效率降低，间隙过小会造成叶轮与泵壳摩擦产生磨损。为增加回流阻力减少内漏，延缓叶轮和泵壳的使用寿命，在泵壳内缘和叶轮外缘结合处安装一个密封环（密封的间隙保持在0.25～1.10mm），以保持叶轮与泵之间具有较小的间隙，减少泄漏。

（3）叶轮组件

叶轮组件由叶轮螺母3和叶轮4组成。

叶轮螺母的作用是将叶轮固定在轴上，轴的端头有螺纹，与叶轮螺母相配合，螺母具有锁紧功能，牢牢地将叶轮固定在轴上，螺纹的旋向应使螺母在叶轮旋转时受水力冲击越旋越锁紧，反之会使叶轮旋转时脱落。

叶轮是离心泵中将驱动的机械能传给液体，并转变为液体静压能和动能的部件。它是离心泵中唯一对液体直接做功的部件。离心泵叶轮从外表上可分为闭式叶轮、半开式叶轮、开式叶轮三种。闭式叶轮在叶片的两端面有前盖板和后盖板，叶道截面是封闭的，该叶轮水力效率高，但制造复杂，适用于高扬程泵，输送洁净的液体；半开式叶轮只有后盖板，流道是半开启式的，该叶轮适于输送黏性液体或含固体颗粒的液体，泵的水力效率较低；开式叶轮既无前盖板又无后盖板，流道完全敞开，常用来输送污水、含泥沙及纤维的液体。

（4）轴封组件

轴封组件由机械密封6、密封压盖17、轴套18组成。

密封的作用是防止泵内介质泄漏到泵的外部，由于泵壳与轴是一旋转件一静止件，此处需要密封。对一般介质可以填料密封，对易燃易爆的石油化工介质用机械密封。

密封压盖，该处如为填料密封，压盖起压紧填料作用，如是机械密封，密封为成套密封的压盖，起固定密封的作用。

轴套的作用是保护轴，填料密封时，填料与轴套会产生相对运动。如果没有轴套轴就与填料直接产生摩擦，轴就会很快报废。加一轴套，避免轴与填料直接接触，轴套固定在轴上，轴套与轴之间用 O 形圈或过盈配合密封介质，使轴套与填料产生相对运动，轴套由比较硬的材料制成，具有一定的抗磨性，即使磨损轴套也比较便宜，降低维修成本，轴套是易损件。用机械密封时，轴套是成套机械密封的一部分，是与泵轴接触处唯一部件，便于成套机械密封的拆卸，轴套与轴为过盈配合，轴套内有 O 形圈，轴套与轴之间靠 O 形密封圈密封。轴套靠顶丝或卡环固定在轴上。

(5) 悬架组件

悬架组件由悬架 8、标牌 7、放气阀 10、放油塞 15、油位视镜，以及支脚 14 组成。悬架不与密封介质接触，主要对泵轴及附件起支撑作用，轴承安装在悬架中，油箱也是悬架的一部分。放气阀在油箱的顶部，排气塞上有排气孔，作用是将润滑时挥发的气体从顶部排掉，避免润滑腔体憋压，同时对用润滑油润滑的泵也可从此处加油。放油塞在油箱底部，起到排放油的作用。油位视镜在油箱中部，操作者通过视镜观察润滑油位是否正常。支脚支撑悬架并将悬架与基础连接。

(6) 泵轴组件

泵轴组件由轴 9 和键 20 组成，轴一端通过联轴器和电动机相连接，另一端通过键与叶轮相连接，将电动机的转矩传给叶轮，它是传递机械能的主要部件。

(7) 轴承组件

轴承组件由轴承 11 和 16、轴承压盖 12、防尘压盖 13 组成。轴承是安装在泵轴上支撑泵轴的构件，使轴能够自由转动，该型号泵由两个向心球轴承组成，既承受径向载荷也承受轴向载荷。轴承压盖主要起固定轴承，调整轴承间隙的作用，同时压盖与轴接触处带有迷宫槽，起密封润滑油的作用。防尘压盖既防尘又密封轴承箱内的润滑油，防止润滑油泄漏。

3.1.2.3   离心泵各单元可靠性

(1) 传动单元的可靠性

传动单元的功能是将动力从电动机的动力传到离心泵。在表 3-3 中将传动系统分解为齿轮箱/可变驱动、轴承、密封、润滑、主动联轴节与从动联轴节组件。其实表 3-3 也是示意表，不可能概括所有类型的传动系统，如比较复杂的液力联轴节就没有列入表中。传动单元是个大的概念，对于大型转动设备来说，传动单元可能包含联轴节、变速器，变速器有时是齿轮的，有时用液压联轴器代替，它们不但能够传递扭矩，还可起变速作用，都可能带有自己的润滑系统和控制系统，它们的可靠性应该单独讨论。

对于一般的离心泵，大多只用联轴节连接电机和离心泵就能满足要求，不需要变速器和液压联轴器。联轴节结构简单，在本例中离心泵是一台轻载离心泵，传动单元只有一个联轴节，因此传动单元的可靠性可表示为：

$$R_{传动}(t) = R_{联轴节}(t) \qquad\qquad (3-2)$$

本例假定维修策略不是简单地更换整套联轴节，而是对联轴节进行维修，因此需将联轴节组件再进行细分。

联轴节结构简单，大体可分为两类：一类是刚性联轴节，如齿形联轴节；另一类是绕性联轴节，如膜片联轴节。本例传动单元假定是用弹性膜片联轴节进行动力传递的，传动单元的可靠性等于弹性膜片联轴节的可靠性。

弹性膜片联轴器是由几组膜片（不锈钢薄板）用螺栓交错地与两半联轴器连接所组成，每组膜片由数片叠集而成，膜片的弹性变形来补偿所连接两轴的相对位移，是一种高性能的金属弹性元件挠性联轴器。由于它不用润滑，结构较紧凑，强度高，使用寿命长，无旋转间隙，不受温度和油污影响，具有耐酸、耐碱、防腐蚀的特点，结构比较简单，装拆方便，适用于高温、高速、有腐蚀介质工况环境的轴系传动。膜片被用螺栓紧固在轴套上不会松动或引起膜片和轴套之间的反冲。有一些生产商提供两个膜片的，也有提供三个膜片的，中间有一个或两个刚性元件，两边再连在轴套上。单膜片联轴器和双膜片联轴器的不同之处是处理各种偏差能力的不同，单膜片联轴器不太适应偏心。而双膜片联轴器可同时弯曲向不同的方向，以此来补偿偏心。图3-4所示为单膜片结构，由轴套1、3，螺栓2、膜片4组成。

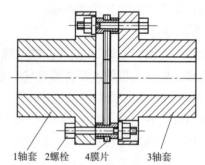

1轴套　2螺栓　4膜片　3轴套

图3-4　单膜片弹性联轴器

膜片联轴器轴套与轴的配合大多为过盈配合，连接分为有键连接和无键连接，弹性膜片联轴器的轴孔又分为圆柱形轴孔与锥形轴孔两种形式。装配方法有动力压入法、温差装配法及静力压入法等。联轴节受力较大时，长期运行时会对轴套铰制孔产生磨损，由于不是易损件，轴套的可靠性是比较高的，用$R_{联轴器轴套}$来表示。

膜片是承受交变应力的，随着承受交变应力的时间增加，其内部将出现疲劳裂纹，裂纹扩展将导致膜片断裂，因此膜片是耗损型零件，膜片的失效是与运行时间相关的，得到膜片失效与运行时间的关系曲线就能预测出膜片将要失效的时间点。把膜片的可靠性用$R_{膜片(t)}$表示，t表示运行时间。因此，膜片的可靠性$R_{膜片}(t)$决定了膜片联轴器的可靠性随运行时间变化的规律。

对联轴节可靠性影响的另一个因素是螺栓，螺栓失效故障模式有松动、蠕变、磨损。它们都是长期交变应力作用下的结果，都与时间t有关，它们的共同结果对可靠性的影响用$R_{螺栓}(t)$表示。

联轴器的可靠性为：

$$R_{联轴器}(t) = R_{联轴器轴套} \cdot R_{膜片}(t) \cdot R_{螺栓}(t) \tag{3-3}$$

（2）泵装置（泵本体）单元的可靠性

泵装置的功能是将要输送的介质加压到规定的压力，按要求的流量送出。图3-3泵装置单元可再分解成零部件，零部件可根据功能组成不同的组件。

将OH1型离心泵体根据不同功能分解为泵壳、口环、叶轮组件、悬架组件、泵轴组件、密封组件、轴承组件。

泵装置单元的可靠性为：

$$R_{泵装置}(t) = R_{悬架}(t) \cdot R_{口环}(t) \cdot R_{叶轮}(t) \cdot R_{泵轴组件}(t) \cdot R_{轴承}(t) \cdot R_{密封}(t) \cdot R_{泵壳}(t) \tag{3-4}$$

下面对组件的可靠性进行叙述。

①密封环的可靠性

密封环也称减漏环或口环，其功能是防止被叶轮做功后的高压流体介质通过叶轮与泵壳之间的间隙泄漏回泵低压侧入口，需尽量减小泵壳与叶轮之间的间隙，为防止泵壳磨损而在泵壳与叶轮接触位置镶嵌一个金属环，即口环。当泵运行一段时间后，口环被磨损造成该处间隙过大时，应更换新的口环。由于和介质接触承受介质腐蚀、冲刷，叶轮的振动造成摩擦，当间隙加大时口环起不到密封作用，因此口环的可靠性与运行时间有关，是离心泵可靠性比较低的部件，其可靠性用$R_{口环}(t)$表示。

②叶轮组件的可靠性

叶轮组件由叶轮螺母和叶轮组成。由于叶轮与介质直接接触，并对介质做功，因此承受介质的冲刷、腐蚀，其可靠性与介质的特性、叶轮的材质密切相关。对没有冲刷腐蚀的介质，叶轮使用几十年也不损坏，而对冲刷腐蚀较强的介质如催化油浆泵，几年就要更换叶轮。这是因为叶轮不但要与腐蚀性介质接触引发腐蚀，还要承受高流速介质的冲击，特别是有气蚀情况产生时，叶轮受气蚀的影响，冲刷腐蚀严重。设计时，无法精确预测运行状态下的气蚀等操作的状态，总是假定没有气蚀产生。实际生产运行工况存在不稳定工况有局部气蚀现象发生，影响叶轮的运行寿命。叶轮锁紧螺母与介质直接接触，因此输送腐蚀性介质时，锁紧螺母被冲刷和腐蚀。

叶轮组件对可靠性的要求主要靠提高材质等级来实现。如选用不锈钢材质的叶轮可能比选用碳钢材质的叶轮寿命提高几倍。叶轮的寿命通常不能与泵的安全寿命同步，即它在泵的全生命周期中不能达到泵的设计功能的100%的可靠性。在泵的全生命周期中一般叶轮可能要更换一个至几个。根据上面的分析，叶轮组件的磨损、腐蚀其故障模式都是与时间相关的，因此叶轮组件的可靠性与运行时间t有关，是随着运行时间t的变量，须找到可靠性与运行时间的关系曲线才能预测故障的发生。因此，叶轮组件的可靠性用$R_{叶轮}(t)$来表示。

③泵壳的可靠性

泵壳对离心泵来说是重要的组件，由泵体、后盖、垫片组成。泵壳是与介质直接接触的，与叶轮不同，泵壳是静止部件，虽然也经受液体的冲刷和腐蚀，但流速相对叶轮低，介质接触的面积更大，但腐蚀冲刷的速度要慢些，具体要看运行的工况。与叶轮一样，其运行时间也与介质特性密切相关，与叶轮提高寿命的措施一样主要靠选用抗腐蚀冲刷的好材料，可以对内表面进行耐磨硬化或复合材料处理，增加其抗腐蚀和抗冲刷能力，因此其寿命相对叶轮较高，需要特殊考虑的是泵壳是承压部件，有时介质是高温或低温介质，设计时不但要考虑承压介质内的压力载荷，还要计算温度载荷，特别是温差应力引起的疲劳载荷的影响，这些载荷的影响是泵壳寿命的决定性因素。有时在使用运行时会发现离心泵壳内部有砂眼等缺陷。砂眼在运行中的疲劳扩展，与运行时间有关，但这种缺陷是制造缺陷，表现出指数分布的随机性。由于泵壳是离心泵的最大及最复杂的部件，其成本占离心泵的成本比例最大。多次更换泵壳与更新泵相比没有意义，因此，一般条件下泵壳的寿命决定离心泵的寿命。对输送腐蚀性介质的离心泵，通过提升材质等级及留有足够的腐蚀裕量来保证泵壳体的可靠性，其可靠性用 $R_{泵壳}(t)$ 来表示。

④泵轴组件的可靠性

泵轴组件由轴和键组成，轴虽然在轴头部分也与介质接触，但轴一般都选择比较好的材料，冲刷腐蚀不严重，轴的设计寿命与泵的设计寿命同步，但实际使用过程中，有很多情况设计时无法预知，如叶轮的不均匀腐蚀或结焦将引起不平衡、温差应力等，长期会影响轴的平直度，造成轴弯曲，这些由于其他部件失效引起轴的寿命缩短，属于慢性共因失效的范围，即这些失效模式有相关性，相关性的数学建模是复杂的，不易归纳出数学表达关系式。从这个角度看轴的可靠性还与叶轮、密封的磨损结焦相关，与运行时间相关。泵轴组件的可靠性用 $R_{轴组件}(t)$ 来表示。

⑤轴承组件的可靠性

轴承组件由轴承、轴承压盖、防尘压盖组成。与离心式压缩机轴瓦不同的是离心泵的轴瓦大多不是强制润滑的，这样轴瓦与轴在负荷波动时发生摩擦的概率比强制润滑的轴瓦要高些。对于轻载离心泵一般只需滚动轴承，从设计角度考虑，泵轴承的设计要能够连续运行 3 年，实际运行时间与设备润滑管理保养维护的水平关系很大，良好的润滑能够使轴承的使用寿命更长，但现实情况是大部分离心泵的轴承平均寿命低于设计水平。很多石化企业轴承的平均寿命在 26000h 并具有很大的分散性。轴承的可靠性与运行时间相关，其可靠性用 $R_{轴承}(t)$ 表示。

⑥密封组件的可靠性

密封组件由密封、密封压盖、轴套组成。轴密封系统单元的功能是防止介质从转动部件与静止部件之间的缝隙泄漏到外部，或内部泄漏损失过大致使流量和压力降低到不可接受的程度。在表 3-3 中对泵装置单元分解为密封，没有进一步分解，如果在轴封的部件层次进行维修则需要对其再进一步分解。通常大型泵密封结构复杂，本身就是一个系统，需要被看作一个系统单元再进行分解。离心泵用密封有两种密封形式：一种是填料密封；另一种更常用的是机械密封。

a. 填料密封的可靠性。

如果是填料密封，结构相对简单，只有填料函和填料两部分，填料函后再盖上，为防止在轴与填料接触产生磨损有轴套通过紧配合安装在轴上，磨损程度也与运行时间相关，轴套可以定期更换。

填料由密封压盖压紧，填料密封是允许有很低泄漏的密封，因此多应用在输送非易燃易爆经济性较低的介质场合，为保证填料密封运行时间，填料不易压得过紧，微微泄漏的介质起到填料与轴的动静密封部件的润滑作用。由于磨损，填料要定期更换，填料密封可靠性比较低。

填料密封的运行寿命一般不超过 1 年。更换填料必须要将离心泵停下来。填料的寿命是离心泵部件中寿命最短的一个部件，影响离心泵寿命的可靠性。只适用在输送介质大部分是水或其他无污染的介质，泄漏后对环境无影响，经济损失很小，可靠性要求不高的场合。对输送介质是易燃易爆的离心泵用填料密封显然是不合适的，需要用可靠性更高的机械密封。

b. 机械密封的可靠性。

机械密封主要由动环、静环、密封圈、弹簧、传动座及固定销钉（键）组成。机械密封需要密封介质对动静摩擦面进行润滑，介质可以直接用于被密封介质，也可以另选用隔离液，还可以对被密封介质起到封堵的作用，同时清洗密封腔保证密封面的清洁。要维持这个功能需要外加辅助系统，系统由冷却器、相应的管线、阀门、罐等组成，有些更复杂的还需要单独地供应介质的外加泵。

对机械密封系统进行可靠性分析，是否还需要继续对系统进行分解与维修策略有关。如果采用机械密封整体更换的维修策略，即把机械密封当作不可修复部件时，机械密封系统就不需要再细分下去。如果维修是针对组成机械密封零部件层次时，就要将机械密封作为系统单元再进行细分。

机械密封可靠性高，泵用机械密封的设计寿命最少要达到 3 年。不管是填料密封还是机械密封，它们都有动静摩擦的部件。而机械密封更加复杂，还有辅助介质封堵冷却系统，具有结垢、胶圈老化等故障模式，它们的可靠性都与运行时间相关，其可靠性用 $R_{轴密封}(t)$ 表示。

⑦悬架组件的可靠性

悬架组件由悬架、标牌、排气塞、放油塞、油位视镜及支脚组成。悬架组件主要有两个功能：一是起到支撑作用，支撑转子。轴承座与油箱、支架成为一体。支架是不与介质接触的，没有介质腐蚀问题，支架通过轴承座与轴承相接触，因此支架的可靠性较高，可以看作在整个生命周期内不损坏，可靠性与运行时间无关。可靠性用 $R_{悬架支撑}$ 表示。二是由于 HO1 型离心泵悬架组件与润滑油箱合为一体，它还起到润滑的作用，可以合并到润滑系统单元去介绍。

上述对组成泵装置单元的组件或部件可靠性进行了介绍，有些部件的可靠性与运行时间有关，有些部件的可靠性与运行时间无关，将与运行时间有关的可靠性保留时间 t，而对运行时间无关部件可靠性去掉 t。则泵装置的可靠性改为：

$$R_{泵装置}(t) = R_{悬架支撑} \cdot R_{口环}(t) \cdot R_{叶轮}(t) \cdot R_{轴组件}(t) \cdot R_{轴承}(t) \cdot R_{轴密封}(t) \cdot R_{泵壳}(t)$$

$$(3-5)$$

（3）润滑系统单元可靠性

润滑系统单元的功能是保证离心泵轴承在正常的润滑状态下，避免由于润滑不良造成轴承烧损。对于大型机组，润滑是由一个系统完成的，像表 3-3 分解的那样，系统中含有油箱、带马达的泵、过滤器、冷却器、阀、管线、油。本例 OH1 型泵是一轻载泵，润滑系统只有油箱和油两项，并且油箱与泵支架一体，润滑相对简单。对轴承润滑油箱分析发现，虽然油箱与支架连成一体，具有高可靠性，但油箱两端有两个密封，这两个密封有迷宫密封和唇形密封两种，不管是哪种密封，其失效模式都是磨损，当密封磨损润滑油就会泄漏，因此密封的失效与运行时间有关。它主导润滑系统的可靠性。润滑系统的可靠性用 $R_{油箱密封}(t)$ 来表示。

(4)控制与监控系统单元可靠性

对大型复杂的离心泵需要仪表监控系统。控制和监控系统的设备包括电气开关柜和仪表控制系统，它们作为一个整体在第5、6章来讨论。由于 OH1 泵结构比较简单，一般只需现场温度及振动显示监控即可。这里控制与监控系统单元的可靠性用 $R_{控制与监控}(t)$ 来表示。

(5)其他系统

其他系统是指除上述几个单元之外的功能，为表示方便归为一个单元，在表3-3中泵还有其他系统：冷却/加热、滤清器、旋流器、法兰接头等系统。对于泵的过滤网，如果是大型的过滤器可单独分析，但一般小型的过滤网直接安装在泵的入口法兰前面短接上，一般与泵放在一起分析。过滤网堵塞直接影响泵的流量，流量低到最小流量以下时，泵产生气蚀，造成泵的损坏，是必须避免的，因此要定期清洗过滤网。清洗过滤网的间隔区间与介质的干净程度有关，从一年几次到几年一次。对于加热/冷却系统，输送介质温度高的泵有时需要对泵体加热，保证泵内外膨胀量一致，有时还要对泵体进行冷却，泵体一般做成夹套，加热需要蒸汽或导热油。冷却需要用循环水进行冷却。长时间使用循环水会导致泵壳结垢，因此要定期清洗。清洗的周期与循环水水质的控制质量有关，一般几年清洗一次。法兰的垫片，泵盖与泵体的密封一般用缠绕垫或金属垫片，属于静密封，密封比较可靠，可使用几年的时间，但每次解体维修必须更换新密封。这些不同部位，不同的故障模式总体的可靠性用 $R_{其他}(t)$ 表示。

3.1.2.4 离心泵可靠性的综合讨论

综上所述，离心泵的可靠性：

$$\begin{aligned} R_{离心泵}(t) &= R_{传动系统}(t) \cdot R_{泵装置}(t) \cdot R_{控制与监控}(t) \cdot R_{润滑系统}(t) \cdot R_{其他}(t) \\ &= R_{联轴器轴套} \cdot R_{膜片}(t) \cdot R_{悬架支撑} \cdot R_{口环}(t) \cdot R_{轴组件}(t) \cdot R_{轴承}(t) \cdot \\ &\quad R_{轴密封}(t) \cdot R_{泵壳}(t) \cdot R_{油箱密封}(t) \cdot R_{控制与监控}(t) \cdot R_{其他}(t) \end{aligned} \tag{3-6}$$

综合各单元部件的可靠性分析可知，离心泵的可靠性与制造安装质量有关，制造安装原因引起的可靠性失效大多与运行时间无关，这确定了离心泵的可靠性有随机的成分。另外，有很多部件的可靠性与运行寿命有关，如叶轮、泵壳、减漏环、轴承与密封等。有些与介质性质及工况有关。要想提高使用寿命，设计时要考虑介质对部件冲刷腐蚀的速度。大体上泵的减漏环或填料密封寿命较短，需定期更换或修复。然后是机械密封、叶轮，最后是泵壳与轴。具体的分散性还要看介质的冲刷腐蚀情况及工况状态来确定。越复杂的设备，零部件失效模式越多，不确定性越多，在没有维修策略干预的情况下，其设备总体的失效分布越复杂，越趋于指数分布。预防性维修策略针对其失效模式与运行时间相关的零部件或设备。下面就离心泵及其零部件维修策略的优化展开论述。

3.1.3 离心泵维修策略的优化

仅以泵装置单元的可靠性为例进行维修策略优化，泵整体维修策略优化依此类推。

由于维修策略优化是基于与运行时间相关的失效模式，因此对于失效模式与时间不相关的零部件不予考虑，如悬架，其支撑功能在正常操作条件下，离心泵在全生命周期几乎不发生功能失效，失效也是由于制造或操作原因引起的偶然失效，与运行时间无关。假如一台离心泵，只考虑失效模式与运行时间相关的口环、叶轮、轴、轴承、机械密封这几个部件的失效，则这台泵装置的可靠性简化为：

$$R_{离心泵}(t) = R_{口环}(t) \cdot R_{轴组件}(t) \cdot R_{轴承}(t) \cdot R_{轴密封}(t) \cdot R_{叶轮}(t) \qquad (3-7)$$

通过统计以往设备运行的数据，得出该泵可靠性参数见表 3-4。

表 3-4　某离心泵可靠性参数

	分布类型	分布参数	MTBF
口环	韦布尔分布	η_1, β_1, γ_1	1 年
机械密封	韦布尔分布	η_2, β_2, γ_2	3 年
轴承	韦布尔分布	η_3, β_3, γ_3	3.5 年
叶轮	正态分布	σ, μ	4 年
轴	正态分布	σ_1, μ_1	10 年

各部件运行寿命见图 3-5。

本例离心泵是一台腐蚀冲刷比较严重的在役离心泵，影响该台离心泵运行寿命的部件寿命如下。

口环：易损件，离心泵标准只规定离心泵的设计寿命至少 20 年，要求离心泵的连续运行时间至少 3 年，但不包括易损件。易损件的寿命一般少于 3 年，但口环与其他易损件不同，口环的磨

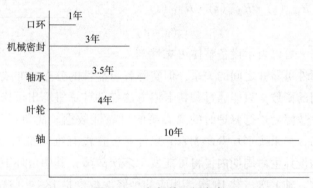

图 3-5　各部件运行寿命

损会造成离心泵流体内漏，流量、扬程下降，当下降到不可接受的程度时认为发生功能失效。更换口环也需离心泵停止运作，即离心泵的输送功能失效。对离心泵进行可靠性分析，必须要考虑口环的可靠性。本例假定口环失效分布服从形状参数、尺寸参数、位置参数分别为 η_1、β_1、γ_1，平均失效时间 $MTBF_{口环}$ 为 1 年的韦布尔分布。

机械密封：机械密封本身是复杂组件，讨论机械密封的寿命就一定要先确定对机械密封的维修策略，本例中机械密封的维修策略是整套的更换，而不是对机械密封内部部件的更换或维修，对机械密封的故障统计是对机械密封所有故障模式引起机械密封失效的综合统计，本例机械密封的故障分布也是韦布尔分布，形状参数、尺寸参数、位置参数分别为 η_2、β_2、γ_2。平均失效时间 $MTBF_{密封}$ 为 3 年。

轴承的维修策略是对整套的更换，轴承的失效分布也是韦布尔分布，形状参数、尺寸参数、位置参数分别为 η_3、β_3、γ_3。平均失效时间 $MTBF_{轴承}$ 为 3.5 年。

叶轮的可靠性分布为正态分布，分布参数为 σ、μ，平均失效时间 $MTBF_{叶轮}$ 为 4 年。

轴的分布也为正态分布，分布参数为 σ_1、μ_1，平均失效时间 $MTBF_{轴}$ 为 10 年。

由于离心泵是可维修设备，在20年的使用时间内，在不考虑维修策略的情况下离心泵大多数部件都有可能发生失效，部件失效就会造成离心泵失效，将各部件的平均失效时间MTBF、可靠性、考虑的分散性，以轴的$MTBF_{轴}$10年为期，画在一张图中，见图3-6。

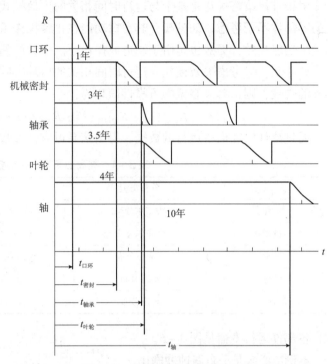

图3-6 各部件全生命周期分布

从图3-6中可以看出，如果把它们组合在一起，对于可修复设备要想通过部件的可靠性计算出离心泵的可靠性比较复杂，上例通过以下公式：

$$R_{离心泵}(t) = R_{口环}(t) \cdot R_{轴}(t) \cdot R_{轴承}(t) \cdot R_{密封}(t) \cdot R_{叶轮}(t)$$

$$(3-8)$$

可以表示设备整体可靠性与部件可靠性之间的关系，但实际各可靠性的分布并非线性关系，无法解出总体可靠性与时间的函数，只能通过蒙特卡洛方法借助计算机算出可修复设备在没有优化维修策略时，发生故障后进行修理时的离心泵的可靠性数据。简单通过上面的部件可靠性数据可以推断出，如果按平均寿命MTBF来计算，在没有维修策略干预的情况下，这台离心泵在10年的设计生命周期内，将可能发生多次故障，其中口环10次、密封3次、轴承2次、叶轮2次、轴1次。共18次，相应的维修次数也是18次。这18次维修是以各个部件的平均寿命MTBF为基础计算的，MTBF是可靠性为50%时的寿命，而实际运行时间是有一定分散度的，也可能远没有达到MTBF部件就失效了，也可能远远超过MTBF才失效。预先做好准备工作提前主动停车处理比失效后处理事故后果损失小得多，因此准备工作做好主动停车处理也是预防性工作的一种，如果对每一个部件都用这种预防性维修策略，应该在运行到与可接受的可靠性所对应的运行时间点上的寿命，即安全性寿命时进行检修。$t_{口环}$、$t_{密封}$、$t_{轴承}$、$t_{叶轮}$、$t_{轴}$分别表示口环、密封、轴承、叶轮、轴的安全寿命。必须指出的是，上述讨论都是在没有维修策略干预的情况下可能出现的情况，在有维修策略干预的情况下，维修次数是不同的，因此可以根据不同的维修策略对检修时机进行优化，提高运行时间。

维修策略的优化如下：

策略一：如果这台泵在装置流程中的位置不重要，它的任何功能失效都不会产生安全或环境的后果，或重大经济损失，它只是产生维修费即更换备件的费用。那么我们对这台泵任何部件产生的失效都应该采取事后维修的策略。检修的次数为：

$$10 年/MTBF_{口环} + 10 年/MTBF_{密封} + 10 年/MTBF_{轴承} +$$

$$10 年/MTBF_{叶轮} + 10 年/MTBF_{轴} = 18$$

策略二：如果这台泵在装置流程中的位置非常重要，泵功能的丧失将产生安全或环境的后果，或造成巨大的经济损失。那么最简单减少停车次数的方法，是以运行寿命最短的口环运行寿命为基础，当口环故障事故后进行维修时，计算在口环失效的下一个周期内，密封、轴承、叶轮、轴有可能失效的时间，提前进行检修，与更换口环同步进行，则 10 年内检修次数将为 10 年/$MTBF_{口环}$，即 10 次。可以看出，对可维修设备，通过优化维修策略能大幅度减少维修次数，即减少了故障的总体后果影响。

策略三：如果这台泵并不是每一次停止运行都产生安全或环境的后果，或造成巨大的经济损失。如口环的磨损虽然使泵的流量降低造成泵的功能失效，但由于更换口环的检修时间很短，在短期可以调整工艺操作不至于产生安全或环境的后果，或巨大经济损失后果，而其他部件引起的泵的功能损失检修时间较长，仍然造成安全或环境的后果，或造成巨大的经济损失。这时，对口环的摩擦引起的功能失效，可以采用事后维修的策略，对其他部件引起的泵功能失效，采取以第二短的部件寿命即密封的安全寿命为基础，进行预防性维修，预判在密封的下一个运行周期内其他部件运行将失效时，在维修密封时同步进行检修。这时的检修次数是 10 年/$MTBF_{口环}$ + 10 年/$MTBF_{密封}$。

离心泵可靠性管理应注意的问题如下：

(1) 当一台新泵投入运行时，它的部件（口环、密封、轴承、叶轮、轴）的运行都是在同时投入运行的。在运行一段时间后，由于部件寿命分布的随机性，更换的时间不同，在某时刻每个部件的运行时间是不同的。所以，需要对每个部件维修更换时间、运行时间认真记录，即对每一个部件运行状态进行管理，才能预测出整个设备的运行状态和检修时机。当设备组件较少时靠简单的管理计算还可以应付，但对包括很多部件组成的系统设备就需要专业软件进行管理。

(2) 以上分析中假定离心泵各部件失效之间是相互独立的事件，或者说一个部件的失效对另一个部件没有影响，是将各失效模式控制在相互独立的范围内。而实际很多情况下失效模式是相关的。如轴承的失效，如果轴承间隙增大会引起振动增加，到一定程度时，虽然轴承转动正常，泵也能打出需要的流量和必要的压力，但机械密封对振动比轴承更敏感，轴承的振动必然引起系统的振动，达到机械密封对振动的忍耐极限，虽然轴承还没失效，机械密封会先发生泄漏。在离心泵各部件中，机械密封对振动是最敏感的一个部件，机械密封泄漏常常并不是机械密封本身的问题。如果记录到机械密封的数据中，会造成机械密封可靠性曲线的偏差。因此，对失效机理的分析要考虑系统的影响。

3.2　离心式压缩机的可靠性

3.2.1　概述

3.2.1.1　离心式压缩机的原理及应用

在现代大型石油化工装置中，除个别需要超高压、小流量的场合外，在一般大型生产中常采用离心式压缩机，离心式压缩机靠叶轮旋转、扩压器扩压而实现介质气压的提高。

石油化工行业的离心式压缩机，输送的气体压力一般在 350kPa 以上。离心式压缩机具有以下优点：

(1)排气量大，结构紧凑，机组尺寸小，重量轻，占地面积小。

(2)运转平稳可靠，易损件少，连续运转时间长，机器利用率高，操作维修费用低。

(3)可以做到绝对无油的压缩过程，对于不允许气体带油的某些工艺过程具有重要意义。

(4)机器转速高，适宜采用工业汽轮机或燃气轮机直接驱动，使生产过程中产生的蒸汽、烟气等副产品得以利用，降低产品成本。

所以，离心式压缩机成为压缩和输送各种气体的关键设备，占有极其重要的地位。如在化肥厂使用的离心式氮氢气压缩机、二氧化碳压缩机，石油化工厂使用的离心式石油气压缩机、乙烯压缩机，烃类气体压缩机，以及制冷用的氨气压缩机等。

离心式压缩机的工作原理：汽轮机(或电动机)带动压缩机主轴叶轮转动，在离心力作用下，气体被甩到工作轮后面的扩压器中去，从而在工作轮中间形成稀薄地带，前面的气体从工作轮中间的进气部分进入叶轮，由于工作轮不断旋转，气体能连续不断地被甩出去，从而保持了气压机中气体的连续流动。气体因离心作用增加了压力，并以很大的速度离开工作轮，气体经扩压器逐渐降低了速度，动能转变为静压能，进一步增加了压力。如果一个工作叶轮得到的压力还不够，可通过使多级叶轮串联工作的办法来达到对出口压力的要求。级间串联通过弯道、回流器来实现。

离心式压缩机的结构和工作原理与离心泵相似，都是依靠高速旋转的叶片推动流体流动，从而增加流体的动能和压力能。但是离心式压缩机压缩的是气体介质，其介质密度小，所产生的离心力小，因而依靠离心做功获得的能量较少。为使气体获得更多的能量以提高气体的压力，离心式压缩机均采用很高的转速。转速往往高达每分钟几千到近万转或每分钟一万转以上。转速越高，压缩机内气体的流速也越高。

3.2.1.2 离心式压缩机的种类

离心式压缩机的种类繁多，根据其性能、结构特点，可按以下几个方面进行分类，见表 3-5。典型离心式压缩机结构类型见图 3-7。

表 3-5 离心式压缩机的分类

分类方法	类型名称	结构特点或用途
按照机壳数目分	单缸型	只有一个机壳
	多缸型	具有两个以上机壳
按照气体在压缩过程中的冷却次数分	单段型	气体在压缩过程中不进行冷却
	多段型	气体在压缩过程中至少冷却一次
	等温型	气体在压缩过程中每次都进行冷却
按照机壳的剖分方式分	水平剖分型	机壳被水平剖分为上下两半
	筒型	机壳为垂直剖分的圆筒
	整体齿轮增速型	整体齿轮增速

(a)垂直剖分压缩机　　　　(b)水平剖分压缩机　　　　(c)整体齿轮增速型压缩机

图 3-7　典型离心式压缩机结构类型

3.2.2　离心式压缩机的结构及部件的可靠性分析

石油化工行业离心式压缩机设计通常应用美国石油协会 API 617 标准《石油、化学和气体工业用离心压缩机》，国内相对应标准为 JB/T 6443，该标准规定压缩机设计确保最短寿命为 20 年，连续运转寿命最短为 5 年。

离心式压缩机可靠性分析需对其进行单元分解，分解可根据 GB/T 20172—2006《石油天然气工业、设备可靠性和维修数据的采集与交换》标准进行。标准中没有针对离心式压缩机进行单元分解，离心式压缩机包含在压缩机分类中，见表 3-6。

表 3-6　压缩机分类

设备分类		类型		应用	
描述	代码	描述	代码	描述	代码
压缩机	CO	离心式	CE	天然气加工	GP
		往复式	RE	天然气输出	GE
		螺杆式	SC	注气	GI
		风机式	BL	气举压缩	GL
		轴流式	AX	压缩空气	AI
				冷冻	RE

注：在本表中列出的"类型"和"应用"是石油天然气工业中的典型实例。本表并非详尽无遗。

压缩机设备的边界见图 3-8。

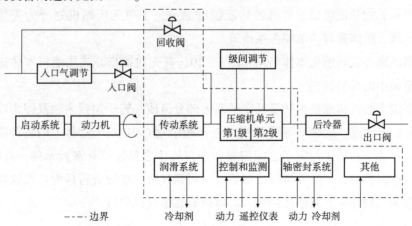

图 3-8　压缩机设备边界

压缩机设备单元细分见表3-7。

表3-7　压缩机设备单元细分

设备单元	压缩机					
子单元	传动系统	压缩机	控制和监测	润滑系统	轴密封系统	其他
维修产品	齿轮箱变速驱动 轴承 主动轮联轴节 润滑 密封 从动轮联轴节	壳体 叶片转子 平衡活塞 级间密封 径向轴承 推力轴承 轴密封 内部管线 阀 抗喘振系统，包括回收阀和控制器 活塞 汽缸套 填料	控制 激励装置 监测阀 内部动力 供应	带加热系统的油箱 带马达的泵 单向阀 冷却器 滤清器 管道 阀 润滑油	带加热系统的油箱 贮水槽 带马达/齿轮的泵 滤清器 阀 缓冲器 密封油 干气密封 密封器 刷子	底座 管线及支架和波纹管 控制绝缘和单向阀 冷却器 消音器 净化空气 磁轴承控制系统 法兰接头 其他

注：本表中列出的维修产品与压缩机类型有关。

根据表3-7，GB/T 20172—2006标准将压缩机可再划分为传动系统、压缩机、控制和监控、润滑系统、轴密封系统及其他子单元，在可靠性框图中，由于各单元是串联结构，压缩机的可靠性框图见图3-9。

图3-9　压缩机单元细分

可靠性为各单元可靠性的乘积：

$$R_{压缩机}(t) = R_{传动系统}(t) \cdot R_{压缩机单元}(t) \cdot R_{控制与监控}(t) \cdot R_{润滑系统}(t) \cdot R_{轴密封系统}(t) \cdot R_{其他}(t)$$

$$(3-9)$$

本例只分析压缩机单元的可靠性，其他单元分析过程与此类似。

压缩机单元的功能可根据各部件功能继续划分，子单元压缩机划分为壳体、叶片转子、平衡活塞、级间密封、抗喘振系统等。

筒型多级离心式压缩机本体结构见图3-10，首先对该离心式压缩机本体进行单元分解，分解至最小的维修级别。

筒形多级离心式压缩机由转子及定子两大部分组成。转子包括主轴及固定在主轴上的叶轮、轴套、平衡盘、联轴节等零部件。定子则由气缸和定位于缸体上的各种隔板以及轴承等零部件组成。在转子与定子之间需要在密封气体之处还设有密封元件。有些压缩机，气体从气缸中间排出，到缸外进行冷却后，再回到气缸内继续进行压缩，有这样中间排出又返回的称为二段压缩，有的压缩机一缸可以有几个这样的段。

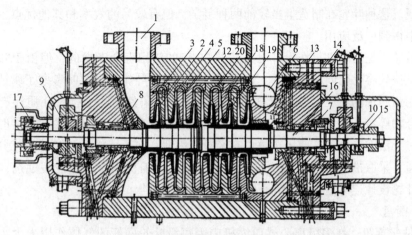

图 3 – 10　筒式离心式压缩机结构

1—吸入室；2—叶轮；3—扩压器；4—弯道；5—回流器；6—蜗壳；7，8—轴端密封；
9—支持轴承；10—止推轴承；11—卡环；12—机壳；13—端盖；14—螺栓；15—平衡盘；
16—主轴；17—联轴器；18—轮盖密封；19—隔板密封；20—隔板

（1）主轴

16 号件主轴，起到支持旋转零件及传递扭矩作用。转子上的各零部件紧套在主轴上，随着主轴高速旋转。过盈装配不仅是传递扭矩需要，还是为防止转动部件在旋转时由于离心力的作用而松动。另外，主轴与叶轮、平衡盘、推力盘等部件间还设有键，起到传递扭矩和防止松动的作用。各转子零部件在主轴上的定位是靠轴肩、定距套、锁进螺母及卡环来实现的。根据主轴的结构形式分为阶梯轴和光轴两种。

由于主轴不是易损件，如果不是发生特大事故主轴的寿命与机组的寿命相同，即至少达到 20 年的使用寿命。

（2）叶轮

2 号件叶轮又称工作轮，是压缩机转子上最主要的部件，叶轮随着主轴高速旋转，对气体做功。气体在叶片的作用下，跟着叶轮作高速旋转，受旋转离心力的作用，以及叶轮里的扩压流动，在流出叶轮时，气体的压力、速度和温度均得到提高。它是压缩机中唯一的做功部件。按结构形式叶轮分为开式、半开式和闭式三种。

开式叶轮结构最简单，仅由轮毂和径向叶片组成。在叶轮上，叶片槽道两个侧面都是敞开的，气体通道由叶片槽道和与叶片前后有一定间隙的机壳形成。这种通道对气体流动不利，流动损失很大。此外，在叶轮和机壳之间引起的摩擦损失也最大，故这种叶轮的效率最低。

半开式叶轮的叶片槽道一侧被轮盘封闭，另一侧敞开，改善了气体通道，减少了流动损失，提高了效率。但是，由于叶轮侧面间隙很大，有一部分气体从叶轮出口倒流回进口，内泄漏损失大。此外，叶片两边存在压力差，使气体通过叶片顶部从一个槽道潜流向另一个槽道，因而这种叶轮效率仍不高。

闭式叶轮由轮盖、轮盘和叶片组成。这种叶轮对气体流动有利。轮盖处装有气体密封，减少了内泄漏损失。叶片槽道间潜流引起的损失也不存在，因此效率比前两种叶轮高。另外，叶轮侧面和定子间隙也不像半开式叶轮那样要求严格，可以适当放大，使检修时拆装方便。这种叶轮在制造上虽较前两种复杂，但有较高的效率和其他优点，使其在工业压缩机中得到广泛应用。

叶轮虽然不是易损件，在设计时是按照20年的使用寿命考虑的，但由于叶轮与介质相接触，是比较容易出问题的部件。比如，腐蚀，虽然叶轮在选材时考虑了腐蚀性介质的影响，选用耐腐蚀的材质，但有时材料的选择受较多条件制约，有时介质还有结焦、结盐、结聚合物等特性，这些特性都与运行时间有关联，会大大降低叶轮运行的时间，这些特性设计时无法准确预测，使用单位更有经验。因此，在压缩机设计时就要充分与使用单位进行沟通，采取措施消除或减少这些因素，如在压缩机入口增加注缓蚀剂、注水等系统。所有叶轮设计连续运作的时间只能达到连续运行5年。

（3）平衡盘

15号件平衡盘，在多级离心式压缩机中因每级叶轮两侧的气体作用力大小不等，使转子受到一个指向低压端的合力，这个合力称为轴向力。轴向力对于压缩机的正常运行是有害的，容易引起止推轴承损坏。平衡盘是利用它两侧的气体压力差来平衡轴向力的零件。平衡盘位于高压端，它的一侧压力是末级叶轮盘侧间隙中的压力，另一侧通向大气或进气管，通常平衡盘只平衡一部分轴向力，剩余轴向力由止推轴承承受，在平衡盘的外缘需安装气封，用来防止气体漏出，保持两侧的压差。轴向力的平衡也可以通过叶轮的两面进气和叶轮反向安装来平衡。

平衡盘与叶轮一样与介质相接触，因此叶轮可能出现的问题，平衡盘都可能出现，不同的是与平衡盘相接触的介质是在压缩机最末端，介质相对比较洁净，但温度可能更高，并且平衡盘处介质是死区可能更容易结焦。

（4）推力盘

推力盘在图3-10中没有单独标出，圆盘形，固定在主轴上，两侧是正负推力轴承，由于平衡盘只平衡部分轴向力，其余轴向力通过推力盘传给止推轴承上的止推块，实现力的平衡，推力盘与推力块的接触表面，应做得很光滑，在二者的间隙内要充满合适的润滑油，在正常操作下推力块不致磨损，在离心压缩机启动时，转子会向另一端窜动，为保证转子应有的正常位置，转子需要两面止推定位，其原因是压缩机启动时，各级的气体还未建立，平衡盘二侧的压差还不存在，只要气体流动，转子便会沿着与正常轴向力相反的方向窜动，因此要求转子双面止推，以防止造成事故。

推力盘不与压缩介质接触，不存在类似叶轮的问题，与润滑油接触，在极限负荷比较高的油温下，推力盘会有积碳结焦的现象，这种现象也是与时间有关联的，降低运行寿命。

（5）联轴器

17号件联轴器，由于离心式压缩机具有高速回转、大功率，以及运转时难免有一定振动的特点，所用的联轴器既要能够传递大扭矩，又要允许径向及轴向有少许位移，联轴器分为齿型联轴器、膜片联轴器和盘膜联轴器等，目前常用的是膜片联轴器，该联轴器具有无油润滑、无磨损、热补偿性好、自动对中性好等特点。

联轴节一般采用API 671标准，可靠性分析总体与离心泵联轴节相同。很显然要与离心式压缩机相匹配的联轴应是特殊设计的联轴节，通常离心式压缩机用膜片联轴节，离心式压缩机的转速更高，联轴节易损件是膜片，承受交变疲劳载荷的频率更高，这些部件的可靠性是通过实验做出来的，在可靠性寿命内及时更换。

（6）机壳

12 号件是压缩机的壳体，又称机壳，由壳身和进、排气室构成，隔板、密封体、轴承体等零部件组成压缩机的气缸。壳体性能要求如下：

（1）有足够的强度以承受气体的压力；

（2）法兰结合面应严密，保证气体不向机外泄漏；

（3）有足够的刚度，以免变形。

离心式压缩机机壳可分为水平剖分型和垂直剖分型（筒型）两种。气体压力比较低（一般低于 5MPa）的多采用水平剖分型气缸，气体压力较高或易泄漏的，要采用筒型缸体。

水平剖分型气缸有一个中分面，将气缸分为上下两半，分别称为上、下气缸，在中分面处用螺栓把法兰连接在一起。法兰结合面应严密，保证不漏气。一般进、排气接管或其他气体接管都装在下气缸，以便拆卸时起吊上气缸方便。打开上气缸，压缩机内零部件，如转子、隔板、迷宫密封等都容易进行拆装。

垂直剖分型气缸适用于中高压压缩机。气缸是一个圆筒，两端分别有端盖板，用螺栓把紧。为导向和防止隔板束转动，在气缸下部设有纵向键。轴承座可以和端盖板做成一个整体，易于保持同心，也可以分开制造，再用螺栓连接。与水平剖分型缸体比较起来，筒型缸体具有以下优点：第一，筒型缸体强度高；第二，缸体泄漏面小，气密性好；第三，筒型缸体的刚性比水平剖分型好，在相同条件下变形小。筒型缸体的最大缺点是拆卸困难，检修不便。

机壳是压缩机的静止部件，其设计寿命期限最少是 20 年。

（7）隔板

20 号件是隔板，隔板形成固定元件的气体通道，根据隔板在压缩机中所处的位置，隔板有 4 种类型：进气隔板、中间隔板、段间隔板和排气隔板。

进气隔板和气缸形成进气室，将气体导流到第一级叶轮入口，对于采用可调预旋的压缩机，在进气隔板上还要装设可调导叶，以改变气体流向第一级叶轮的方向角。

中间隔板的任务有两个：一是形成扩压器；二是形成弯道（与气缸一起）和回流器。

段间隔板是指在分段叶轮对置的压缩机中分隔两段的排气口。

排气隔板除与末级叶轮前隔板形成扩压器外，还要与气缸形成排气室（蜗壳）。

隔板内部各部位功能如下：

①扩压器：气体从叶轮流出时，它仍具有较高的流动速度。为充分利用这部分速度能，以提高气体的压力，在叶轮后面设置了流通面积逐渐扩大的扩压器。

②弯道：弯道是由机壳和隔板构成的弯环形空间，位于扩压器之后，其作用是为使气体进入下一级叶轮，将扩压出口流出的离心流动的气体做 180°的转向，变为向心流动。

③回流器：在弯道后面连接的通道就是回流器，回流器的作用是使气流按所需的方向均匀地进入下一级，它由隔板和导流叶片组成。导流叶片通常是圆弧的，可以和气缸铸成一体也可以分开制造，然后用螺栓连接在一起。

④蜗壳：蜗壳的主要目的是把扩压器后面或叶轮后面流出的气体汇集起来引出压缩机，

由于蜗壳外径的不断增大和流通截面的渐渐扩大，也使气流起到一定的降速扩压作用。

　　隔板虽然也是静止部件但与介质接触，因此要考虑介质对其的影响。介质的影响主要有腐蚀、产生聚合物、结焦。隔板的结焦等故障会引起流道的流通面积减小，压缩机的排气压力、温度升高，隔板压差的增大，会降低压缩机的处理能力，严重时机组的轴向平衡力被打破，引起轴承温度升高，损坏轴瓦。可靠性与时间的关系与介质状况有关，这些数据应在实践中加以统计。设计中可考虑在压缩机入口或段间留有加助剂的接口。隔板清理聚合物或结焦的周期根据不同的介质条件而变化，设计最短为5年。

　　(8) 密封

　　离心式压缩机密封分内密封和外密封两种：一是轮盖密封18、隔板密封19为内密封，内密封的作用是防止气体在级间倒流，如轮盖处的轮盖密封，隔板和转子间的隔板密封。二是，轴端密封7、8为外密封，外密封是为减少和杜绝机器内部的气体向外泄漏，或外界空气窜入机器内部而设置的。

　　离心压缩机中密封种类很多，常用的有以下几种：

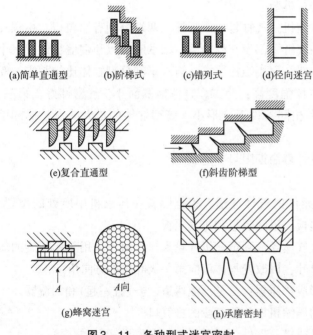

(a)简单直通型　　(b)阶梯式　　(c)错列式　　(d)径向迷宫

(e)复合直通型　　　　　　(f)斜齿阶梯型

(g)蜂窝迷宫　　　　　　(h)承磨密封

图 3 - 11　各种型式迷宫密封

　　① 迷宫密封

　　迷宫密封目前是离心式压缩机用得较为普遍的密封装置，用于压缩机的外密封和内密封。迷宫密封见图 3 - 11。当气体流过梳齿形迷宫密封片的间隙时，气体经历了一个膨胀过程，压力从高压端降至低压端，这种膨胀过程是逐步完成的。当气体从密封片的间隙进入密封腔时，由于截面积的突然扩大，气流形成很强的旋涡，使得速度几乎完全消失。随着气体压力的下降，速度应该增加，温度应该下降，但是由于气体在狭小缝隙内的流动是属于节流性质的，此时气体由于压降而获得的动能在密封腔中完全损失掉，而转化为无用的热能，这部分热能转过来又加热气体，从而使得瞬间刚刚随着压力降落下去的温度又上升，恢复到压力没有降低时的温度。气流经过随后的每一个密封片和空腔就重复一次上面的过程，一直到低压端压力为止。由此可见，迷宫密封是利用节流原理，当气体每经过一个齿片，压力就有一次下降，经过一定数量的齿片后就有较大的压降，实质上迷宫密封就是给气体的流动以压差阻力，从而减小气体的通过量。

　　常用的迷宫密封有以下几种。

　　a. 平滑型见图 3 - 11(a)、(h)，轴是光轴，密封体上设有梳齿或者镶嵌有齿片，结构简单。

　　b. 曲折型见图 3 – 11(c)、(d)，为增加每个齿片的节流降压效果，发展了曲折型的迷宫密封，密封效果比平滑型好。

　　c. 台阶型见图 3 – 11(b)、(f)，这种型式的密封效果也优于平滑型，常用于叶轮轮盖的密封，一般有 3~5 个密封齿。

　　d. 蜂窝型见图 3 – 11(g)，这种密封加工工艺复杂，但密封效果好，密封片结构刚度大。

　　迷宫密封由于受到流体的冲刷、腐蚀，有时伴有结焦并处于疲劳载荷条件下，是最容易损坏的部位，轻者气体走短路，降低压缩机效率，重者可引起气流激振，使压缩机振动。但由于一般迷宫密封造价较低，建议在大修中更换，使用 5~6 年后失效风险较大。

　　②浮环密封(油膜密封)

　　浮环密封的原理是靠高压油在浮环与轴套之间形成油膜而产生节流降压，阻止机内与机外的气体相通。浮环密封既能在环与轴的间隙中形成油膜，环本身又能自由径向浮动。

　　图 3 – 12 所示为浮环密封的结构简图，它由几个浮动环组成，浮环能在轴上上、下浮动，但受销钉限制不能随轴转动。浮环密封需要专门的密封液，一般为润滑油。封油从进油口注入，通过浮环和轴之间的间隙，沿轴向左右两端流动。封油压力仅比轴封前机内气体压力高约 0.05MPa，所以向机内泄漏的封油量很少。流至高压侧的封油与气混合，排出到油气分离器，经分离后封油可继续使用。流到低压侧(大气侧)的封油没有被气体污染，可以回油箱循环使用。

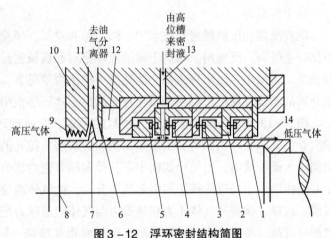

图 3 – 12　浮环密封结构简图

1—低压侧浮环；2—L 形固定环；3—销钉；4—弹簧；
5—高压侧浮环；6—挡油环；7—甩油环；8—轴；
9—高压侧预封密梳齿；10—梳齿座；11—高压侧回油孔；
12—泄油腔；13—进油口；14—低压侧回油腔

浮环密封利用了轴承工作原理，当轴转动且有封油存在时，磨得很光的浮环端面，在压力油和弹簧作用下紧贴在 L 形固定环上，防止泄漏。同时因浮环不能转动，环与轴之间形成油楔。油的流体动压将浮环托起，轴与环之间形成油膜，不仅避免了轴和环的直接接触磨损，又阻止了机内气体的外漏。由于轴与环的间隙很小，也大大降低了封油的泄漏量。

　　一般高压侧浮环只有一个，低压侧浮环数量由介质压力与大气压力的压差而定，压差大时用两个甚至三个浮环。

　　浮环密封安全可靠，在离心式压缩机上使用比较广泛。但是这种密封有一套较复杂的压力控制系统，包括封油循环系统、高位罐及控制仪表等。如前所述，该系统应严格控制封油压力，确保浮动环浮动及避免封油泄漏超标。

浮环密封虽然是结构比较简单可靠的密封，但其内部也有弹簧部件，因此有弹簧疲劳问题。正常情况下浮环是在油膜中浮动的，在运行工况不稳定的情况下，局部油膜未建立，会出现磨损的情况。虽然这种情况磨损很轻，一般连续使用5年以上是没有问题的，但随着时间的积累对密封性的影响会逐渐加大，超过5年后可靠性会加速降低。如果被密封的介质有腐蚀性则浮动环的寿命要根据腐蚀的速度来评估。浮环密封由于耗油量大、辅助系统复杂、消耗电力等原因逐渐被干气密封所取代。

③机械密封

压缩机用的机械密封结构与一般泵用的机械密封相同，不同点是压缩机转速高，轴颈大，线速度大，PV值高，摩擦热大和动平衡要求高等。因此，在结构上一般将弹簧及其加荷装置设计成静止式而且转动零件的几何形状力求对称，传动方式不用销子、链等，以减少不平衡质量所引起的离心力的影响，同时从摩擦件和端面比压来看，尽可能采取双端面部分平衡型，其端面宽度要小，摩擦副材料的摩擦系数低，同时还应加强冷却和润滑，以便迅速导出密封面的摩擦热。

④干气密封

随着流体动压机械密封技术的不断完善和发展，螺旋槽面气体动压密封即干气密封在石化行业得到广泛应用。相对于封油浮环密封和机械密封，干气密封具有较多的优点：泄漏量少、磨损小、使用寿命长、能耗低、操作简单可靠，特别适合于密封油有可能污染系统介质的场合。现已广泛用于石化行业的离心式压缩机中。

图3-13所示为螺旋槽面干气密封的示意。它由动环4、静环3、弹簧2、密封圈5、轴套6组成。动环表面精加工出螺纹槽而后研磨、抛光的密封面。当动环旋转时将密封气周向吸入螺旋槽内，由外径朝向中心，径向朝着密封堰流动，而密封堰起着阻挡气体流向中心的作用，于是气体被压缩引起压力升高，此气体膜层压力企图推开密封，形成要求的气膜。这样，被密封气体压力和弹簧力与气体膜层压力配合好，使气膜具有良好的弹性即气膜刚度高。形成稳定的运转并防止密封面相互接触，同时具有良好刚度的气膜可有效地限制泄漏量。干气密封的类型可分成单列密封、串联密封、双列对置密封和三列密封等。

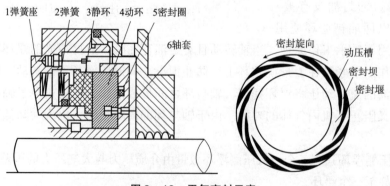

图3-13　干气密封示意

机械密封和干气密封是离心式压缩机最常使用的密封形式，它们的详细可靠性分析将在后面通用部件的可靠性分析中详细介绍。

（9）轴承

离心式压缩机有径向轴承和推力轴承。因压缩机转速较高，负荷较大，所用的为滑动轴承，径向轴承的作用是承受转子重量和其他附加径向力，保证转子转动中心和气缸中心一致，并在一定转速下正常旋转。止推轴承的作用是承受转子的剩余轴向力，限制转子的轴向窜动，保持转子在气缸中的轴向位置。离心式压缩机一般采用油膜滑动轴承，它是依靠轴颈（或止推盘）本身的旋转，把润滑油带入轴颈（或止推盘）与轴瓦之间，形成楔状油膜，受到负荷的挤压建立起油膜压力以承受载荷。

①径向轴承

径向轴承主要由轴承座、轴承盖、轴瓦等组成。

轴承座：是用来放置轴瓦的，可以与气缸铸在一起，也可以单独铸成后支撑在机座上，转子加给轴承的作用力最终都要通过它直接或间接地传给机座和基础。

轴承盖：盖在轴瓦上，并与轴瓦保持一定的紧力，以防止轴承跳动，轴承盖用螺栓紧固在轴承座上。

轴瓦：用来直接支承轴颈，在轴瓦的上半部内有环状油槽，这样使得润滑油能更好地循环，并对轴颈进行冷却。

离心式压缩机应用最早的是圆形轴承，见图 3-14，后来逐渐采用椭圆形轴承，见图 3-15，目前大型机组多采用可倾瓦轴承，见图 3-16。

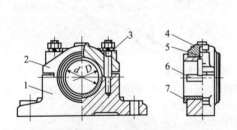

图 3-14　圆形轴承

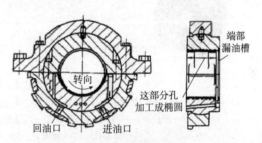

图 3-15　椭圆形轴承

1—轴承座；2—轴承盖；3—双头螺柱；4—螺纹孔；
5—油孔；6—油槽；7—剖分式轴瓦

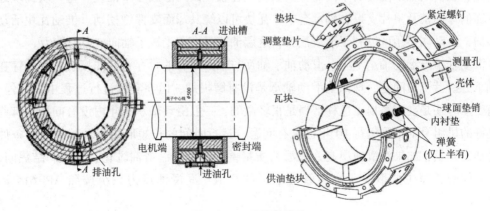

图 3-16　可倾瓦轴承

可倾瓦轴承由多块瓦组成，瓦块可以摆动，在工况变化时能形成最佳油膜，抗振性好，不容易产生油膜振荡。可倾瓦沿轴颈圆周均匀分布，其中一块在轴颈下方，以便停车时支撑轴颈及冷态时找正。为保证运行中适应速度、负载的变化，瓦块在瓦壳上自由摆动，形成最佳油膜。

②推力轴承

离心式压缩机推力轴承，其作用是平衡转子的轴向推力，一般用推力滑动轴承，推力轴承与推力盘一起作用，安装在轴上的推力盘随着轴转动，把轴传来的推力压在若干块静止的推力块上。

滑动推力轴承要确保在液体润滑条件下正常工作，必须使其油膜厚度符合设计值推力瓦与推力盘之间构成油楔，形成一定的油膜，承受轴的推力。滑动推力轴承又可分为固定瓦推力轴承和可倾瓦推力轴承，离心式压缩机多用可倾瓦推力轴承，见图 3 – 17。

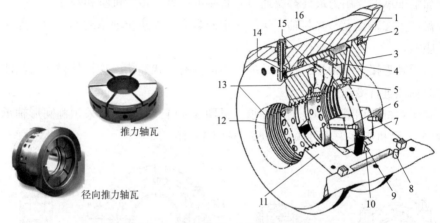

推力轴瓦

径向推力轴瓦

图 3 – 17　推力轴承(可倾瓦推力轴承)
1—前轴承座；2—调整垫片；3—轴承壳体上半；4—进油孔；5—内环；6—圆柱销；7—主推力瓦块；
8—定位销；9—转子推力盘；10—内油槽；11—轴承壳体下半；12—封油齿；
13—排油孔；14—温度计；15—付推力瓦块；16—外油槽

可倾瓦通常由 N 块能在支点上自由倾斜的弧形巴氏合金瓦块组成。瓦块在工作时可以随转速、载荷及轴承温度的不同而自由摆动，在轴径四周形成多个油楔。每一块瓦块通过其背面的球面销及垫片支撑在轴承套中，瓦块可以绕其球面支撑销摆动。推动瓦块活动灵活多向，自动调整角度以利于形成油膜，这层油膜具有承受转子轴向推力的能力。

滑动轴承与滚动轴承不同，滑动轴承轴瓦与轴由于有油膜存在是非接触的，不存在滚动轴承的疲劳寿命问题，理论上滑动轴承是没有磨损的，但在实际运行过程中在开停车、负荷变动时还是会有磨损，这种磨损是很轻微的，一般滑动轴承 5 年内没有问题，有些运行良好的机组滑动轴承运行 10 年也没有问题。运行时间的长短取决于轴瓦的运行条件和润滑油的质量，如果润滑油温高，润滑油质量差容易引起润滑油乳化、变质、结焦问题，运行时间的长短主要取决于润滑管理水平的高低。润滑油压力系统按照 API 614 标准设计。

滚动轴承和滑动轴承的可靠性讨论将在后面的章节介绍。

离心式压缩机主要部件设计及实际运行年限见表 3 – 8。

表 3 - 8　离心式压缩机主要部件设计及实际运行年限

主轴	设计可靠性 100% 运行时间最少 20 年，实际运行可靠性 100%
叶轮	设计可靠性 100% 运行时间最少 20 年，实际运行可靠性根据介质情况统计分析
平衡盘	设计可靠性 100% 运行时间最少 20 年，实际运行可靠性根据介质情况统计分析
推力盘	设计可靠性 100% 运行时间最少 5 年，实际运行可靠性运行时间 5 ~ 10 年
联轴器	设计可靠性 100% 运行时间最少 5 年，实际运行可靠性运行时间 5 ~ 20 年
气缸	设计可靠性 100% 运行时间最少 20 年，实际运行可靠性运行时间 20 年
迷宫密封	设计可靠性 100% 运行时间最少 5 年，实际运行可靠性运行时间 5 ~ 10 年
机械密封或干气密封	设计可靠性 100% 运行时间最少 3 年，实际运行可靠性运行时间 3 ~ 10 年
隔板	设计可靠性 100% 运行时间最少 20 年，实际运行可靠性根据介质情况统计分析
轴瓦	设计可靠性 100% 运行时间最少 5 年，实际运行可靠性运行时间 5 ~ 10 年
其他	设计可靠性 100% 运行时间最少 20 年，实际运行可靠性根据介质情况统计分析

综上所述，从理论上分析，新离心式压缩机在运行的第一个 5 年里可靠性应为 100%，在 5 ~ 10 年由于叶轮、隔板、密封、轴瓦的问题随着运行时间的延长可靠性逐渐降低，失效率逐渐增加。由于离心式压缩机本体分解单元的任何部件失效，离心式压缩机本体都会失效。离心式压缩机本体的可靠性：

$$R_{压缩机本体}(t) = R_{隔板}(t) \cdot R_{叶轮}(t) \cdot R_{迷宫密封}(t) \cdot R_{轴承}(t) \cdot R_{干气密封}(t) \cdots R_{其他}(t)$$

$$(3 - 10)$$

3.3　往复式压缩机

往复式压缩机是指通过气缸内活塞或隔膜的往复运动使缸体容积周期变化并实现气体的增压和输送的一种压缩机，属容积型压缩机。根据做往复运动的构件分为活塞式和隔膜式压缩机。本书以活塞式压缩机为例分析往复式压缩机的可靠性。

往复式压缩机结构见图 3 - 18，其工作原理是由曲轴带动连杆，连杆带动活塞，活塞做上下运动。活塞运动使气缸内的容积发生变化，当活塞向下运动时，气缸容积增大，进气阀打开，排气阀关闭，空气被吸进来，完成进气过程；当活塞向上运动时，气缸容积减小，出气阀打开，进气阀关闭，完成压缩过程。通常活塞上有活塞环来密封气缸和活塞之间的间隙，气缸内有润滑油润滑活塞环。

目前应用较多的往复式压缩机的标准主要有 API 618、ISO 13707、GB/T 20322、SH/T 3143、SY/T 6650、JB/T 9105、ISO8012，JB/T 8685 等。ISO 13707、SY/T 6650 是根据 API 618 起草的；GB/T 20322 根据 ISO 13707 修改；SH/T 3143 根据 GB/T 20322 进程修改的。因此，这些标准的基础都是 API 618，它们更偏重于为买方提供采购规范的石化标准，这些标准对往复式压缩机的要求相对严格。而其他标准应用于范围更广的一般往复式压缩机标准，应能适应标准范围内的往复式压缩机的基本要求。下面对 API 618 标准涉及的可靠性要求进行介绍。

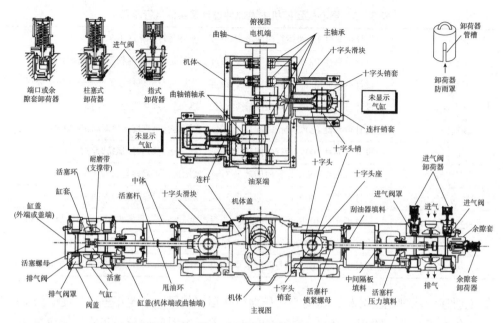

图 3 - 18　往复式压缩机结构及各部件名称

3.3.1　API 618 标准可靠性要求

对设计可靠性的具体要求主要体现在以下几个方面。

(1)标准涉及的设备(包括辅助设备)在设计和制造时应保证最低 20 年的使用寿命,并至少不间断运行 3 年。与离心泵标准一样,上述设计寿命不包括由于易损件引起的运行中断。工程中很多易损件达不到连续运行 3 年,并且易损件的失效会引起压缩机功能失效,标准并没有给出易损件清单。

(2)重载压缩机一般材料为椭圆形轴瓦,对于不大于 150kW(200hp)的压缩机运行采用滚动轴承,但只允许采用锥形耐磨轴承,不允许选用圆柱形及球形滚动轴承。所有滚动元件轴承按 ISO 281 - 1 或 AFBFMA 11 计算,在额定工况下连续运行 50000h,或在最大轴向和径向负荷和额定转速下运行 25000h。

(3)一般往复式压缩机油泵设计在轴头上,随着主机电动机运行而运行,对每个公称机身额定功率大于 150kW(200hp)的机组,为保证开车前或停机后能对轴瓦的润滑,标准要求卖方应提供单独的、独立驱动的、全容量、全压力的辅助油泵,其有低油压促发自动启动的性能,并包括停机后的润滑措施。为确保可靠性采购方可根据自身需要明确对机身额定功率小于 150kW(200hp)的机组是否供给这类润滑系统。

(4)对压缩机的易损件,如气阀、活塞环、填料、O 形圈的可靠性没有提出时间要求,只是对其结构、材料、设计负荷等提出了要求,唯一与时间有关联的是对 O 形圈的材料选择要考虑压缩机快速降压的敏感性,敏感性与降压次数有关。这是压缩机设计时容易忽视的问题。

3.3.2　其他标准对可靠性的要求

其他标准对压缩机运行寿命没有超过 API 618 标准的要求，但对某些具体指标会有一些不同，如对许用速度的要求。API 618 规定活塞的最大许用平均速度和最大许用转速应不高于制造方规定的额定转速，以致在规定的使用条件下减少维修并无故障运行。这一规定实际允许制造厂按照自己的理解提出速度要求，相信制造厂的能力和信誉。可是实际有些国内制造工厂的信誉不高，很可能应用不成熟的技术来进行投标。因此在 SH/T 3143—2012 标准中对最大曲轴转速和活塞平均速度进行了限定，这也是间接对机组的可靠性提出了具体详细的要求。

3.3.3　往复式压缩机可靠性分析

往复式压缩机设备单元细分仍然应用 GB/T 20172—2006 标准的划分方法，将压缩机再划分为传动系统、压缩机、控制和监控、润滑系统、轴密封系统、其他子单元。压缩机设备单元细分仍用表 3-7，可靠性框图中仍用图 3-9，可靠性公式仍用式(3-9)。但由于往复式压缩机与离心式压缩机不同，再向下零部件层次细分表现出根本的不同。

单从 API 标准上看，往复式压缩机的设计可靠性不包括易损件的可靠性，认为由于易损件的损坏造成设备停止运转是可以理解的，但很多用户并不这样认为，他们认为任何压缩机的停车，哪怕是由于易损件影响的短时间停车也会造成生产上巨大的经济损失是不允许的。但易损件的使用寿命确实不可能达到使往复式压缩机连续运行 3 年的要求，因此对用户而言只能尽量延长易损件的寿命。不同厂家易损件的寿命不同，易损件的可靠性必须要考虑，特别是采用预防性维修策略的机组，需要进行易损件的 FMEA 分析，以便精确地了解易损件的运行周期，对易损件进行可靠性统计分析。对往复式压缩机整体寿命影响的主要易损件可靠性分析如下。

3.3.3.1　气阀的可靠性分析

气阀是往复式压缩机运行寿命最短的部件，气阀的制造要求没有相应的国际标准，各厂家有各厂家的设计要求，由于设计制作水平不同，运行时间相差较大，气阀的价格也相差很大，因此使用单位还是根据气阀故障后果来选择不同可靠性的气阀。

气阀的结构见图 3-19，气阀的易损件是阀片、缓冲片、弹簧，这些是气阀的运动件，在气阀的生命周期中要经历数十万次冲击，承受的是交变载荷，失效模式是阀片疲劳断裂、气阀结焦集聚合物等。气阀的设计寿命根据 JB/T 12952—2016《往复活塞压缩机用聚醚醚酮

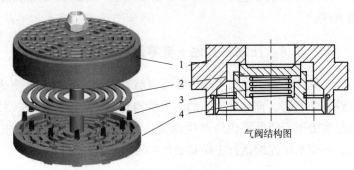

图 3-19　气阀的结构
1—阀座；2—阀片；3—弹簧；4—升程限制器

（PEEK）阀片》标准是 8000h，不同厂家气阀设计的结构、材质选定相差可能很大，有些阀片选金属的，有些选非金属的，弹簧弹性力和材质选定也非常复杂，气阀内各部件寿命的分散性很大，因此气阀维修时要更换全部内部件，这样才能达到气阀整体的设计寿命。

3.3.3.2 活塞环组件

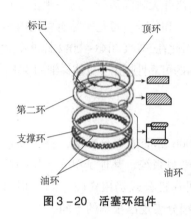

图 3-20 活塞环组件

活塞环组件是压缩机内部的核心部件，结构见图 3-20。它和气缸、活塞、气缸壁等一起完成气体的密封，由活塞环与支撑环组成。它的主要作用是：

（1）气密性

活塞环的第一个作用是保持活塞与气缸壁之间的密封，控制漏气到最低限度。这种作用主要由气环来承担，即压缩机在任何运转条件下，其压缩空气和燃气的泄漏均要控制到最少，以提高热效率；防止因漏气而引起气缸与活塞或气缸与环之间咬死；防止润滑油的劣化而引起的故障等。

（2）支撑性

因活塞略小于气缸内径，如无活塞环，则活塞在气缸内不稳定，就不可能运动自如。同时，活塞环还要防止活塞直接与气缸接触，起到支撑作用。因此，活塞环在气缸内上下运动，滑动是靠活塞环组件中的支撑环来承担的。

由于活塞环组件与压缩机缸壁不可避免地接触和磨损，磨损、疲劳是它的主要失效机理。设计寿命为 8000h，但实际应用分散性很大。由于活塞环组件还起到支撑活塞杆的作用，当活塞环磨损时活塞会下沉，通过监控活塞杆下沉的位移量可以对活塞环磨损情况进行监测。

3.3.3.3 活塞杆填料环及刮油环

活塞杆填料环主要作用是密封气缸座与活塞杆之间的间隙，阻止气体沿着活塞杆方向泄漏。刮油环的作用是减少润滑油的泄漏量。活塞环与刮油环多为非金属密封材料加工而成，这些材料的耐温、耐压及耐模型等各不相同，因此分散性很大。一般设计寿命也是 8000h。

3.3.3.4 压缩机其他主要零部件的设计寿命

往复式压缩机主要零部件还有气缸、活塞、连杆、十字头、轴瓦等。由于它们不是易损件，除气缸、轴瓦外，它们的设计寿命要求达到 20 年以上，甚至更长时间，而气缸中的缸套由于与活塞环组件产生摩擦，虽然不是易损件，但相对于其他部件还是容易损坏的，一般来说连续运行 3 年是最低标准。

3.3.3.5 往复式压缩机可靠性分析

往复式压缩机可靠性分析时要注意的是由于往复式压缩机一般都是多段压缩，每一段都有一组活塞组件、填料环刮油环，每段都有几个气阀，它们都是易损件，寿命分散性很大，不可能每次检修都把它们一起换掉，因此组合在一起考虑，往复式压缩机的可靠性分布就很复杂。

虽然压缩机设备单元细分仍用表 3-7，可靠性框图中仍用图 3-9，可靠性公式仍用式 (3-9)。但在压缩机单元的细分中，往复式压缩机又与离心式压缩机结构不同，细分部件差异较大，往复式压缩机不存在离心式压缩机的叶片转子、平衡活塞、级间密封、抗喘振系统等。只保留了壳体，增加了活塞气缸套填料等往复式压缩机特有的功能单元。其他单元的细分也要根据往复式压缩机的部件功能特性来细分，具体分到哪个层级根据维修的需要来确定。

如在 OREAD 数据库中对往复式压缩机的功能单元又进行了如下细分：

执行装置：底座、电缆和接线盒、壳体、止回阀、控制装置、冷却器、联轴器、气缸套、过滤器、齿轮箱、流量仪表、通用仪表、液位仪表、压力仪表、速度仪表、温度仪表、振动仪表、内部管道、内部电源、级间密封，监控系统、润滑油系统、其他、填料、管道：管道支持 + 波纹管、活塞、泵/马达泵、马达/齿轮泵、密封、消音器、子单元、未知、阀门。

分别对每一种零部件、每一种失效模式及对整体压缩机失效分布进行了统计分析。

3.4　轴承的可靠性

3.4.1　轴承的设计寿命的相关理论

早在 1939 年，韦布尔提出滚动轴承的疲劳寿命服从某一概率分布，这就是后来以其名字命名的韦布尔分布，认为疲劳裂纹产生于滚动表面下最大剪切应力处，扩展到表面，产生疲劳剥落，韦布尔给出了生存概率 S 与表面下最大剪切应力 τ、应力循环次数 N 和受应力体积 V 的关系。

$$\ln \frac{1}{S} \propto \tau^c N^e V \tag{3-11}$$

瑞典科学家帕姆格林经过数十年的研究积累，于 1947 年和朗德贝格一起提出了滚动轴承的载荷容量理论，又经过 5 年的实验研究，加以完善。该理论认为接触表面下平行于滚动方向的最大交变剪切应力决定着疲劳裂纹的发生，考虑材料冶炼质量对寿命的影响，同时指出：应力循环次数越多、受力体积越大，则材料的疲劳破坏概率就越大，提出了处理接触疲劳问题的指数方程：

$$\ln \frac{1}{S} \propto \frac{\tau_0^c N^e V}{z_0^h} \tag{3-12}$$

式中，S 为可靠度（幸存者概率）；τ_0 为最大交变剪切应力幅；z_0 为最大交变剪切应力的深度；c、h 为待定指数，由轴承实验数据确定；V 为应力集中的体积；N 为应力循环次数，以万次计；e 为寿命离散度，即实验确定的韦布尔斜度。

该模型称为 L-P 模型。在此基础上，瑞典于 1950 年 2 月向 ISO 提出第一份提案"球轴承的额定载荷"。1959 年发布了 ISO 建议草案 No.278，1962 年被 ISO 委员会接受为 ISO/R 281《滚动轴承额定动载荷和额定寿命》。以后该标准不断被发展完善。我国也接受此标准，相应标准为 GB/T 6391—2010《滚动轴承额定动载荷和额定寿命》。该标准规定轴承的额定寿命计算公式：

$$L_{10} = \left[\frac{C}{P} \right]^{\varepsilon} \qquad (3-13)$$

式中，L_{10} 为基本额定寿命，百万转；C 为基本额定动载荷；P 为当量动载荷；ε 为寿命指数，球轴承取 3，滚子轴承取 10/3。

3.4.2 修正额定寿命计算

在进行轴承基本额定寿命计算时，着重对通用状态下影响额定动负荷的各因素进行了综合考虑，此时计算出的轴承基本额定寿命 L_{10} 就大多数应用场合而言，已完全可以满足其需要。然而，为不断适应轴承新技术应用及轴承材料研究与冶炼技术的提高，随着轴承润滑理论的完善以及制造技术的不断提高有必要对轴承的计算寿命进行修正。ISO 组织早在 1977 年就已提出了对轴承寿命计算的修正公式，并不断发展完善。

$$L_{nm} = \alpha_1 \alpha_{iso} L_{10} \qquad (3-14)$$

式中，L_{10} 为基本额定寿命，百万转；L_{nm} 为运转条件及不同可靠性要求下的修正额定寿命，$10^6 r$；α_1 为可靠性的寿命修正系数；α_{iso} 为寿命修正系数，基于寿命计算的系统方法。

该修订公式中的修正系数考虑材料、润滑、环境、杂质颗粒、套圈中内应力、安装和轴承载荷等因素对轴承寿命的影响。对于要求不同的可靠度、特殊的轴承性能及运转条件不属于正常情况下的轴承寿命计算时，可采用修正额定寿命计算公式。

（1）α_1——可靠性的寿命修正系数

一般轴承寿命是指在可靠性为 90% 时轴承寿命，而在有些情况需要轴承的可靠性高于 90% 时，应加入可靠性寿命修正系数见表 3-9。

表 3-9 可靠性寿命修正系数 α_1

可靠性/%	90	95	96	97	98	99	99.2	99.4	99.6	99.8	99.9	99.92	99.94	99.95
α_1	1	0.64	0.55	0.47	0.37	0.25	0.22	0.19	0.16	0.12	0.093	0.087	0.080	0.077
L_{nm}	L_{10m}	L_{5m}	L_{4m}	L_{3m}	L_{2m}	L_{1m}	$L_{0.8m}$	$L_{0.6m}$	$L_{0.4m}$	$L_{0.2m}$	$L_{0.1m}$	$L_{0.08m}$	$L_{0.06m}$	$L_{0.05m}$

（2）α_{iso}——寿命修正系数

该系数计算比较复杂，主要影响因素是疲劳载荷和润滑条件。具体计算可以根据 ISO 281 标准给出的公式及表格选取。

3.4.3 额定寿命计算

根据式（3-13）基本额定寿命（$10^6 r$）L_{10} 取决于 C/P 值，C 为基本额定动载荷，它是指当轴承运行到 10^6 转时有 90% 轴承损坏时的载荷。如果轴承结构形式、材质制造精度一定，该载荷也是确定的。在设计中该载荷由轴承类型、尺寸查表获得。当选定轴承型号时 C 为定值，因此基本额定寿命 L_{10} 根据 P 的大小而不同。P 为当量动载荷(N)，设计考虑根据应用载荷，所受径向力、轴向力合成计算。

3.4.3.1　当量动载荷 P 的计算

轴承在实际使用时承受纯径向或纯轴向负荷的机会并非很多，在大多数的情况下是同时承受径向和轴向负荷的联合作用，因而在进行轴承寿命计算时必须将实际负荷换算为当量动负荷。具体换算方法为：

$$P = XF_r + YF_\alpha \tag{3-15}$$

式中，P 为当量动载荷，N；F_r 为径向载荷，N；F_α 为轴向载荷，N；X 为径向动载荷系数；Y 为轴向动载荷系数。

系数 X 和 Y 根据不同类型的轴承应取不同的值。深沟球轴承的系数 X、Y，见表 3-10。

表 3-10　深沟球轴承的系数

轴承类型	相对轴向载荷		单列轴承				双列轴承				e
			$F_\alpha/F_r \leqslant e$		$F_\alpha/F_r > e$		$F_\alpha/F_r \leqslant e$		$F_\alpha/F_r > e$		
	F_α/C_{or}	F_α/zD_w^2	X	Y	X	Y	X	Y	X	Y	
深沟球轴承	0.014	0.172				2.30				2.30	0.19
	0.028	0.345				1.99				1.99	0.22
	0.056	0.689				1.71				1.71	0.26
	0.084	1.03				1.55				1.55	0.28
	0.11	1.38	1	0	0.56	1.45	1	0	0.56	1.45	0.30
	0.17	2.07				1.31				1.31	0.34
	0.28	3.45				1.15				1.15	0.38
	0.42	5.17				1.04				1.04	0.42
	0.56	6.89				1.00				1.00	0.44

角接触球轴承的系数 X、Y 见表 3-11。

表 3-11　角接触球轴承的系数

轴承类型		相对轴向载荷		单列轴承				双列轴承				e
				$F_\alpha/F_r \leqslant e$		$F_\alpha/F_r > e$		$F_\alpha/F_r \leqslant e$		$F_\alpha/F_r > e$		
		F_α/C_{or}	F_α/zD_w^2	X	Y	X	Y	X	Y	X	Y	
角接触球轴承	$\alpha=5°$	0.014	0.172	1	0	此类轴承用单列深沟球轴承的 X、Y 和 e 值		1	2.78	0.78	3.74	0.23
		0.028	0.345						2.40		3.23	0.26
		0.056	0.689						2.07		2.78	0.30
		0.085	1.03						1.87		2.52	0.34
		0.11	1.38						1.75		2.36	0.36
		0.17	2.07						1.58		2.13	0.40
		0.28	3.45						1.39		1.87	0.45
		0.42	5.17						1.26		1.69	0.50
		0.56	6.89						1.21		1.63	0.52

续表

轴承类型		相对轴向载荷		单列轴承 $F_\alpha/F_r \le e$		单列轴承 $F_\alpha/F_r > e$		双列轴承 $F_\alpha/F_r \le e$		双列轴承 $F_\alpha/F_r > e$		e
		F_α/C_{or}	F_α/zD_w^2	X	Y	X	Y	X	Y	X	Y	
角接触球轴承	$\alpha=10°$	0.014	0.172	1	0	0.46	1.88	1	2.18	0.75	3.06	0.29
		0.029	0.345				1.71		1.98		2.78	0.32
		0.057	0.689				1.52		1.76		2.47	0.36
		0.086	1.03				1.41		1.63		2.29	0.38
		0.11	1.38				1.34		1.55		2.18	0.40
		0.17	2.07				1.23		1.42		2.00	0.44
		0.29	3.45				1.10		1.27		1.79	0.49
		0.43	5.17				1.01		1.17		1.64	0.54
		0.57	6.89				1.00		1.16		1.63	0.54
	$\alpha=15°$ (7000C)	0.015	0.172	1	0	0.44	1.47	1	1.65	0.78	2.39	0.38
		0.029	0.345				1.40		1.57		2.28	0.40
		0.058	0.689				1.30		1.46		2.11	0.43
		0.087	1.03				1.23		1.38		2.00	0.46
		0.12	1.38				1.19		1.34		1.93	0.47
		0.17	2.07				1.12		1.26		1.82	0.50
		0.29	3.45				1.02		1.14		1.66	0.55
		0.44	5.17				1.00		1.12		1.63	0.56
		0.58	6.89				1.00		1.12		1.63	0.56
	$\alpha=20°$	—	—	1	0	0.43	1.00	1	1.09	0.70	1.63	0.57
	$\alpha=25°$(7000AC)	—	—			0.41	0.87		0.92	0.67	1.41	0.68
	$\alpha=30°$	—	—			0.39	0.76		0.78	0.63	1.24	0.80
	$\alpha=35°$	—	—			0.37	0.66		0.66	0.60	1.07	0.95
	$\alpha=40°$(7000B)	—	—			0.35	0.57		0.55	0.57	0.93	1.14
	$\alpha=45°$	—	—			0.33	0.50		0.47	0.54	0.81	1.34

推力球轴承的系数 X、Y，见表 3-12。

表 3-12　推力球轴承的系数

轴承类型	α	单向轴承① $F_\alpha/F_r > e$		双向轴承 $F_\alpha/F_r \le e$		双向轴承 $F_\alpha/F_r > e$		e
		X	Y	X	Y	Y	X	
推力球轴承	45°	0.66	1	1.18	0.59	0.66	1	1.25
	50°	0.73		1.37	0.57	0.73		1.49
	55°	0.81		1.60	0.56	0.81		1.79
	60°	0.92		1.90	0.55	0.92		2.17
	65°	1.06		2.30	0.54	1.06		2.68
	70°	1.28		2.90	0.53	1.28		3.43
	75°	1.66		3.89	0.52	1.66		4.67
	80°	2.43		5.86	0.52	2.43		7.09
	85°	4.80		11.75	0.51	4.80		14.29
	$\alpha \ne 90°$	$1.25\tan\alpha \times \left(1-\dfrac{2}{3}\sin\alpha\right)$	1	$\dfrac{20}{13}\tan\alpha \times \left(1-\dfrac{1}{3}\sin\alpha\right)$	$\dfrac{10}{13}\tan\alpha \left(1-\dfrac{1}{3}\times\sin\alpha\right)$	$1.25\tan\alpha \times \left(1-\dfrac{2}{3}\sin\alpha\right)$	1	$1.25\tan\alpha$
推力滚子轴承	$\alpha \ne 90°$	$\tan\alpha$	1	$1.5\tan\alpha$	0.67	$\tan\alpha$	1	$1.5\tan\alpha$

其他向心轴承的系数 X、Y，见表 3-13。

表 3-13　其他向心轴承的系数

轴承类型	单列轴承				双列轴承				e
	$F_\alpha/F_r \leq e$		$F_\alpha/F_r > e$		$F_\alpha/F_r \leq e$		$F_\alpha F_r > e$		
	X	Y	X	Y	X	Y	X	Y	
调心球轴承	1	0	0.40	$0.40\cot\alpha$	1	$0.42\cot\alpha$	0.65	$0.65\cot\alpha$	$1.5\tan\alpha$
磁电机球轴承	1	0	0.50	0.25					0.2
圆锥滚子轴承 $\alpha \neq 0°$	1	0	0.40	$0.40\cot\alpha$	1	$0.45\cot\alpha$	0.67	$0.67\cot\alpha$	$1.5\tan\alpha$

3.4.3.2　冲击负荷的影响

轴承处于有振动冲击的工况条件下工作，这时要精确计算实际工作负荷是相当困难的，为满足计算需要引入冲击负荷系数 f_p，修正后的当量动负荷按式(3-16)计算：

$$P = f_p(XF_r + YF_\alpha) \tag{3-16}$$

冲击负荷系数 f_p 选取，见表 3-14。

表 3-14　冲击载荷系数 f_p

载荷性质	f_p	举例
无冲击或轻微冲击	1.0~1.2	电机、汽轮机、通风机、水泵等
中等冲击	1.2~1.8	车辆、机床、起重机、内燃机等
强大冲击	1.8~3.0	破碎机、轧钢机、振动筛等

3.4.3.3　温度的影响

温度的影响体现在温度系数 f_t 中。当滚动轴承工作温度高于120℃时，需引入温度系数，见表 3-15。

表 3-15　温度系数 f_t

工作温度/℃	<120	125	150	175	200	225	250	300
f_t	1.00	0.95	0.90	0.85	0.80	0.75	0.70	0.60

工作温度为 T 时的额定动负荷为 C_T：

$$C_T = f_t C \tag{3-17}$$

考虑载荷及各种因素对冲击负荷的影响后，按式(3-15)计算出额定寿命。

轴承最终的额定寿命是考虑这些因素计算出的结果，设备设计时选择的轴承要满足于设备最小设计要求，如 API 要求离心泵轴承的寿命要高于 25000h，设计时轴承的选择一定要高于这个要求。由于轴承是成系列的，选择的轴承很少恰好满足这个最低要求，大部分都有一定余量，同时设计时各个系数选择是一个范围，因此最终选择的轴承使用寿命会有一定的分散性。

3.4.4 滚动轴承的失效模式

滚动轴承有多种失效模式,见表 3 – 16,主要分为自然失效与人为失效,自然失效滚动轴承的失效分布服从韦布尔分布,轴承能够运行到额定寿命,人为因素有安装、使用不当、润滑不良等多种。人为因素导致轴承不能运行到额定寿命,失效分布为指数分布。

表 3 – 16 滚动轴承的失效模式

失效模式	现象	原因	根本原因
疲劳剥落	轴承工作表面因滚动疲劳引起鳞片状的剥落	交变接触应力多次反复作用	自然损坏
			人为因素
磨损	轴承噪声增大	杂质侵入或润滑不良	人为因素
		残磁吸附	人为因素
		轴承不旋时受环境影响振动,在滚动体与内或外圈之间产生相对反复微小的滑动	自然损坏
			人为因素
破裂	裂纹	疲劳引起的破裂	自然损坏
			人为因素
腐蚀	轴承零件表面形成暗黑色的斑点和溃烂	湿气或水分浸入轴承内部	自然损坏
			人为因素
		使用性质不佳的润滑剂	人为因素
火花熔融	局部表面熔融,使滚道上出现坑疤	电流通过轴承,在滚道和滚动体的接触点上	人为因素

滚动轴承的使用和维护主要是保证良好的润滑,滚动轴承润滑主要分为润滑脂、润滑油和油雾润滑形式,其中润滑脂和润滑油需要定期补充和更换。更换周期视润滑方式的不同而定,润滑脂润滑时只要运行温度不超过 50℃并且没有污染现象发生一般一年换一次即可,但随着温度的升高更换周期相应缩短,如运行温度达 100℃时必须每三个月换一次油,采用循环油润滑时应视机油的循环快慢及机油是否经过冷却而定,其换油周期只能通过实验运转对机油定期检查看油是否有污染和氧化现象而定,喷油润滑也可按此原则办理,油雾润滑时,机油属一次性使用,不存在更换问题。

3.5 滑动轴承可靠性寿命

滑动轴承以轴瓦直接支撑轴颈、承受载荷并保持轴的正常工作位置,是滑动摩擦性质的轴承。滑动轴承与滚动轴承相比,在某些场合具有显著的优越性。例如,液体动压滑动轴承的承载能力很大,且润滑油膜能起缓冲和阻尼作用,因而这种轴承能耐冲击和振动,适用于高速、大功率和低速重载的工作条件。液体动压或静压滑动轴承的运转平稳性极好,可得到很高的旋转精度。使用特别润滑材料的滑动轴承,可在极其严峻、苛刻的情况工作下运转。同时，滑动轴承的制造成本低，装拆修理均较方便，因此得到了广泛应用。

滑动轴承按其油膜形成的方式，可分为液体动压轴承和液体静压轴承。

静压轴承由外部的润滑油泵提供压力油来形成压力油膜，以承受载荷。虽然许多动压轴承也用润滑油泵供给压力油，但其性质是不同的，最明显的是供油压力不同，静压轴承的供油压力比动压轴承高得多。静压轴承的主要特点之一是在完全静止的状态下也能建立起承载油膜，能保证在启动阶段摩擦处两表面没有直接接触，这在动压轴承是绝对不可能的。因此，启动采用静压轴承的转子时，必须先启动静压润滑系统。在石油化工领域大型机组一般同时配备静压轴承系统和动压轴承系统，静压轴承系统仅仅在启动及低转速盘车时应用，在高转速时轴承靠液体动压润滑。

液体动压轴承是靠液体润滑剂动压力形成的液膜隔开两摩擦表面，并承受载荷的滑动轴承。液体润滑剂是被两摩擦表面的相对运动带入两摩擦面之间的。润滑油把轴和轴承的两个摩擦表面完全隔开而不直接接触，摩擦和磨损都极微小。石油化工大型机泵主要采用液体动压轴承。因此，本书主要讨论液体动压轴承的可靠性。

3.5.1　动压轴承的工作原理

液体摩擦润滑产生的机理，是依靠油的动压把轴颈顶起，故也称为液体动压润滑。建立液体动压润滑的过程如下。

轴在静止状态时，由于轴的自重而处在轴承中的最低位置，见图 3－21(a)，轴颈与轴承孔形成楔形油隙。当轴按箭头方向旋转时，依靠油的黏性和油与轴的附着力，轴带着油层一起旋转，油在楔形油隙中产生挤压而提高了压力，即产生了动压。但当转速不高，动压不足以使轴顶起时，轴与轴承仍处在接触摩擦状态，并可能沿轴承内壁上爬，见图 3－21(b)。当轴的转速足够高，动压升高到足以平衡轴的载荷时，轴便在轴承中浮起，形成了动压润滑，见图 3－21(c)。

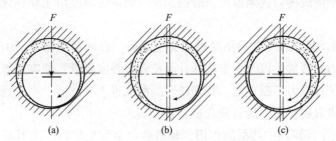

图 3－21　液体动压轴承润滑过程

滑动轴承在液体动压润滑条件下工作时，轴颈中心顺旋转方向偏移和上浮，与轴承孔中心之间的距离 e 称为偏心距，见图 3－22，显然，此时的偏心距要比静止时小。当轴的转速越高和载荷越小时，偏心距也越小。但此时油楔角过小而影响动压的建立，故有时可能使轴的工作不稳定。h_{min} 为最小油膜厚度，它保证了轴与轴承两金属间完全隔离所需的间隙。最小油膜厚度不足时，当轴颈与轴承孔表面粗糙度欠佳，或轴颈在轴承中工作时轴线产生倾斜时，无法实现两种金属表面之间的完全隔离，而达不到液体动压润滑的目的。

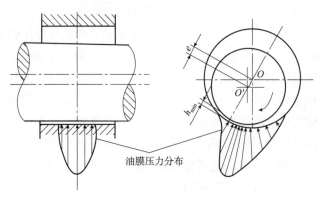

油膜压力分布

图 3 – 22　液体动压润滑时的状态

由于液体动压轴承需要油楔，因此动压轴承按照油楔形式，可分为单油楔动压轴承和多油楔动压轴承，多油楔又细分为刚性油楔和自动调心油楔轴承，即可倾瓦轴承。

3.5.2　动压轴承失效现象及原因

轴承失效是由于轴承损坏造成的，轴承损坏是指轴承内外表面变化而引起的摩擦功能劣化现象，从轴承功能劣化开始到寿命的终止。轴承损坏的征兆从设备的运行状态上表现出来，如运行温度、振动、噪声、异味等。

滑动轴承损坏的外观是指对损坏轴承内外表面观察到的现象。常见的有擦伤、磨损、疲劳、腐蚀气蚀及烧瓦等。

(1)擦伤。由于轴承与轴颈表面发生金属直接接触而产生的斑痕或严重擦痕称为擦伤。擦伤通常发生在瞬时缺乏润滑的情况下。

(2)磨损。磨损是滑动轴承的最常见的损伤。除不可避免的正常磨损外，压缩机在使用末期承受的不平衡载荷会逐渐加大，磨损加快。磨损还可能由于使用维修不当引起早期磨损和过度磨损。

(3)疲劳。滑动轴承在工作中承受循环交变载荷。在局部高温处，由于温差应力和油膜最大峰值压应力的叠加，以及由于该处升温使合金强度降低，便有可能首先在该处产生显微裂纹。以后随着应力不断重复，特别是当润滑油进入裂纹后，由于润滑油的楔裂作用促使裂纹加深并沿表层扩展，最后使合金剥落。

(4)腐蚀。由于润滑油中残酸的作用，轴承合金会发生腐蚀。尤其是含铅较多的轴承腐蚀尤为严重。腐蚀后的轴承工作表面呈天花状的溃烂和麻点，还会产生显微裂纹，使疲劳强度降低。轴承的深度磨损会增加轴承对腐蚀作用的敏感性。在发生深度磨损后，因缺乏对腐蚀有抵制作用的表面层，腐蚀会加剧。腐蚀与疲劳损坏形式很相似，常常被混淆。细致观察可以区分，腐蚀的麻坑较小且密集，通常在轴承工作表面上分布比较均匀，而且被腐蚀的轴承有特有的颜色。

(5)气蚀。气蚀是在液体中产生的气泡爆破，而在接触的固体表面产生的一种破坏形式。由于气穴爆破的强度很高，并会同冲蚀一起造成损坏。当轴承表面受到气蚀的侵害时，表面起初会因糙化而稍微变色，然后在表面特别是晶界上会形成小的孔隙和初始裂纹，随着裂纹的扩展损坏轴瓦表面。

（6）烧瓦。烧瓦是滑动轴承的恶性损伤，是由于轴承中产生"高热"造成的，其主要原因有以下几个方面：

①长时间缺乏润滑。当缺乏润滑持续较长的时间时，轴承的温度将急剧增高，轴承和轴颈表面的合金发生局部熔化，使轴与轴承黏结在一起，发生"抱轴"。"抱轴"后，会产生轴承表面撕裂。

②启动后立即加力。如果主轴启动后立即加力，由于润滑油还未来得及供给，轻者会造成擦伤，重者还可能引起烧瓦。

③装配和几何形状误差太大轴承的润滑对轴承间隙的大小十分敏感。

3.5.3 动压轴承损坏现象及原因分析的标准化

对轴瓦的损坏研究已形成标准 GB/T 18844，ISO 7146《滑动轴承 液体动压金属轴承损坏类型、外观特征和原因分析》。将滑动轴承损坏进行了标准化处理，分为损坏外观、损坏类型和损坏原因。

1. 损坏外观

沉积物；蠕变；温度循环引起的形变；热裂；疲劳损坏；材料脱落（结合丧失）；摩擦腐蚀；融化，咬合；抛磨，划伤；混合润滑磨痕，材料磨损；变蓝变黑；腐蚀，冲蚀；嵌入的颗粒，粒子滑动痕迹，金属丝形成；电弧放电痕迹；气蚀外观，材料损坏；钢背开裂。

2. 损坏类型

①静压过载。材料负荷超出与实际运行温度相对应的压缩屈服强度。

②动压过载。材料负荷超出与实际运行温度相对应的疲劳强度。

③机械磨损。机械磨损是轴颈与轴承之间的相互机械摩擦作用造成的微观几何形状改变和材料损失。轴瓦和轴承座之间的运动也会加重机械磨损。

④过热。润滑剂、工作环境和冷却系统未能实现设计阶段所要求的热平衡，导致温度高出预期值。随着温度升高，润滑剂黏度降低，承载能力下降。反过来又使温度继续升高，导致轴承损坏。

⑤润滑不良（不足）。导致摩擦。

⑥污染。润滑剂被外来颗粒或化学反应产物污染，导致轴承损坏。外来颗粒嵌入轴瓦和轴承座之间，也容易使轴承损坏。

⑦气蚀。液体压力的减小导致液体蒸发并形成气泡，这些气泡在液体压力增加时爆炸，局部产生极高压力，引起轴承滑动表面的侵蚀。

⑧电腐蚀。轴颈和轴承之间的电位差会导致携带局部强电流的电弧放电，它会损坏轴颈和轴承表面。

⑨氢扩散。轴承钢背、减摩合金或者电镀层中可能会含有氢气，如果氢向外扩散时被材料薄层所阻，就会形成气泡。

⑩结合失效。轴承衬和衬背之间或其他相邻层之间剥离。

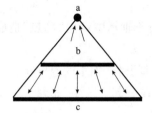

说明：
a——损坏原因；
b——损坏类型；
c——损坏外观。

图 3-23　损坏类型、外观和原因
之间的典型关系

损坏类型为损坏原因的分析提供依据，损坏原因与损坏外观和损坏类型之间变化过程见图 3-23。不同损坏类型可能对应相同的损坏外观。同一个损坏类型也可能对应多种损坏外观。一种损坏原因可能导致多种损坏类型。

滑动轴承损坏类型和损坏外观的相互作用见表 3-23。

表 3-17　典型损坏类型和损坏外观的相互作用

损坏外观																	损坏类型	条款
衬背开裂	沉积物	蠕变	温度周期性变化引起的形变	热裂	疲劳磨损	材料脱落（结合丧失）	摩擦，腐蚀	熔化，咬粘	抛磨，划痕	混合润滑磨痕，材料磨损	变蓝变黑	腐蚀	冲蚀	嵌入颗粒 颗粒滑动痕迹 金属丝形成	电弧放电痕迹	气蚀：材料损坏		
	×	×		×						×							静压过载	6.2
					×	×											动压过载a	6.3
					×			×									动压过载b	7.2
									×	×							机械磨损a	6.4
										×							机械磨损b	7.3
	×	×	×	×						×							过热	6.5
								×		×	×						润滑不良（不足）	6.6
	×									×		×	×	×			污染（颗粒，化学物）a	6.7
	×									×			×	×			污染（颗粒，化学物）b	7.4
																×	气蚀	6.8 和 GB/T 18844.2
															×		电腐蚀	6.9
						×											氢扩散	6.10
						×											结合失效	6.11
×																	微动磨损	7.3

a 滑动面的损伤。

b 轴承背的损伤。

表 3–17 出自 GB/T 18844.1—2018《滑动轴承　液体动压金属轴承损坏类型、外观特征和原因分析　第1部分：通则》表1，表中第三列条款一栏是对该损坏类型所涉及的损坏外观及原因的具体描述，并附有典型示例。

例如，条款6.3 动压过载介绍如下：

(1)典型的损坏外观

疲劳裂纹：在滑动表面过载区域蔓延的呈网状分布状裂纹，裂纹在结合面上方向改变。

疲劳裂纹发展的最终结果是衬层脱落。通常会存在不规则的合金残层(铝合金衬层留有存铝层)或岛状残留镀层。有时在背面会出现7.1 状的残留外观。

(2)可能损坏的原因

当工作温度下的动载荷超过轴承材料下的疲劳极限时，便开始产生裂纹。该损坏不是由结合失效所致。由于各种原因下的附加载荷，如在突起部位产生的高应力区域，以及高温及边缘加载等。会加剧疲劳的危险。

并列出了典型示例图。

疲劳裂纹发展过程示意见图 3–24，典型的内燃机轴承疲劳裂纹见图 3–25。

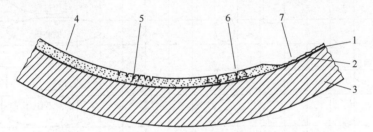

图 3–24　疲劳裂纹发展过程示意

说明：1—衬层材料；2—结合面；3—衬背材料；4—裂纹；
5—被侵蚀的裂纹；6—呈垂直发展的裂纹；7—材料脱落

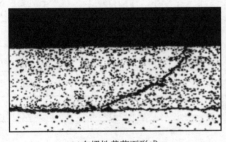

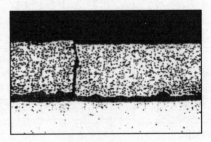

(a)在惯性载荷下形成　　　　　　　　(b)在燃气负荷下形成

图 3–25　典型的内燃机轴承疲劳裂纹(材料：钢/铝合金)

将滑动轴承作为可维修部件进行 FMEA 分析。损坏外观相当于失效现象，损坏类型相当于失效机理，损伤原因是对发生失效机理的进一步描述，即根原因。

具体损伤类型、外观、原因及它们之间的关系可查标准。损坏工作记录表可参照标准表格编制，见表 3–18。

表3-18　滑动轴承损坏工作记录表

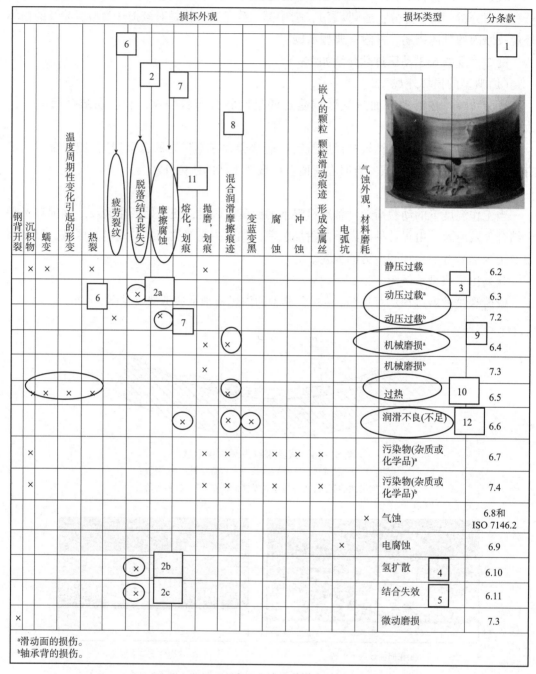

损坏外观																	损坏类型	分条款
钢背开裂	沉积物	蠕变	温度周期性变化引起的形变	热裂	疲劳裂纹	脱落(结合丧失)	摩擦腐蚀	熔化,划痕	抛磨,划痕	混合润滑摩擦痕迹	变蓝变黑	腐蚀	冲蚀	嵌入的颗粒 颗粒滑动痕迹 形成金属丝	电弧坑	气蚀外观,材料磨耗		
×	×			×						×							静压过载	6.2
					⊗												动压过载a	6.3
					×	⊗											动压过载b	7.2
							⊗	×									机械磨损a	6.4
								×									机械磨损b	7.3
×	×	×		×						⊗							过热	6.5
								⊗		⊗	⊗						润滑不良(不足)	6.6
	×							×		×		×	×	×			污染物(杂质或化学品)a	6.7
	×							×		×							污染物(杂质或化学品)b	7.4
																×	气蚀	6.8和 ISO 7146.2
															×		电腐蚀	6.9
						⊗											氢扩散	6.10
						⊗											结合失效	6.11
×																	微动磨损	7.3

a 滑动面的损伤。
b 轴承背的损伤。

3.5.4　滑动轴承的根原因分析

虽然 GB/T 18844 对滑动轴承损坏类型、外观特征和原因分析进行标准化，便于规范地对滑动轴承进行失效分析，但在具体对滑动轴承进行可靠性分析时对失效的根原因还要区别自然损坏和管理原因。

使用、维护、安装和维修不当是轴瓦损坏的管理原因，是人为因素，导致失效可靠性分布服从指数分布。而自然机理如疲劳、腐蚀、气蚀机理等导致的分布为韦布尔分布，表现与运行时间相关。这两种因素共同作用造成滑动轴承寿命可靠性分布分散性很大，造成某种损伤后还能运行多长时间即 P－F 间隔，具有很大的分散性，比较难以判断。这些要通过对具体设备滑动轴承的 FMEA 分析，进行数据统计，得出可靠性分布参数。

3.6　机械密封和干气密封的可靠性

之所以将机械密封与干气密封放在一起讨论是因为它们的结构、材料相近。不同的是密封的介质不同。机械密封的密封端面是液体介质，干气密封的密封端面对应的是气体介质，致使它们在设计、材料、结构细节上有些差别。

3.6.1　设计标准要求

3.6.1.1　机械密封及标准要求

（1）机械密封

机械密封是一种旋转机械的轴封装置。用在离心泵、离心机、反应釜和压缩机等设备上。这些由于传动轴贯穿在设备内外，这样，轴与设备之间存在一个圆周间隙，设备中的介质通过该间隙向外泄漏，如果设备内压力低于大气压，则空气向设备内泄漏，因此必须有一个阻止泄漏的轴封装置，应用最普遍的密封形式是机械密封。

机械密封又称端面密封，在国家有关标准中是这样定义的："轴和腔体在发生相对转动时由至少一对垂直于旋转轴线的端面在流体压力和补偿机构弹力（或磁力）的作用以及辅助密封的配合下保持贴合并相对滑动而构成的防止流体泄漏的装置。"工程上习惯于将端面液膜润滑的密封称为机械密封，而将开槽密封技术用于气体密封的轴端密封，称为干气密封，干气密封属于非接触密封。

（2）标准要求

国际上机械密封标准有 API 682 标准《离心泵、转子泵用轴封系统》（*Shaft Sealing Systems for Centrifugal and Rotary Pumps*），该标准是美国石油协会 1994 年 10 月发布的石油、化工类泵用机械密封的。此外还有国际标准组织制定的标准，ISO 21049 标准。API 682 第二版与 ISO 21049 相同，以后 API 682 不断升级，ISO 21049 没有相应升级。国内标准有 GB/T 33509—2017《机械密封通用规范》，该标准是根据我国机械密封制造及原材料供应和使用情况，参考国外标准制定的，不限于石油化工领域。还有行业标准 JB/T 4127.3—2016《机械密封》也是应用范围比较广的一个标准。

近年来，密封技术发展很快。集装式机械密封不断完善及新材料的不断应用，使密封寿命大大延长，泄漏量大大减少。API 682 标准充分反映了密封技术的这种发展，使用户受益于这些发展。API 682 不但能被符合 API 610 的离心泵或符合 API 676 的转子泵所引用，而且也能被其他转动设备所引用。

API 682 标准对离心泵和转子泵用的机械密封提出了最低限度要求，API 682 标准对密封可靠性的要求是：在满足环保机构对泄漏量规定的条件下，要求机械密封连续运转周期最少3年(25000h)，其辅助密封(对双端面机械密封来说，密封冲洗、润滑、封堵介质的密封)在主密封失效时能运行8h。

GB/T 33509与JB/T 4127要求使用期在选型合理、安装使用正确的情况下，被密封介质为清水、油类及类似介质时，机械密封的使用期不少于8000h。被密封介质为腐蚀性介质时，机械密封的使用期不少于4000h。使用条件苛刻时不受此限。泵用干气密封使用期不少于16000h，显然国内标准要求低于API 682。因此，石油化工企业对使用易燃易爆介质的场合，通常选择API 682标准。

API 682标准对机械密封及辅助系统的设计、制造、安装、运行条件及实验都做了一系列的规定以保证机械密封的可靠性。

API 682标准对密封的检验实验提出了很高的要求，认为严格实验能保证密封质量，实验是机械密封连续运转周期至少为3年的可靠保证。标准要求每一个类型的密封要在相应的实验台上做鉴定实验，每一个密封在销售前都要做适当实验。鉴定实验不作为认可实验。

若有注明，经密封件制造商和买方双方共同商定，可选用另种方案的实验。在可实施的条件下，买方可指定实验条件，与标准的鉴定实验有所不同。

各个实验液体的每一项认定实验都包括以下三个阶段：①动态阶段应在恒温、恒压、和恒定转速下实验(基点)；②静态阶段应在0r/min和与动态阶段相同的恒温、恒压下实验；③循环阶段应在变温和变压包括开车停车条件下实验。对于闪蒸性烃类，循环实验阶段将包括蒸发为蒸气和冷凝变回为液体的过程(闪蒸和回凝)。这个实验包括动态阶段、静态阶段和循环阶段。这三个实验阶段应该连续进行，并不拆开密封。认定实验的动态阶段应在基点条件和3600r/min转速下至少连续运行100h。按美国环保署方法21测量，所有密封泄漏量都应控制在1000ml/m³(1000ppm vol)以内，或者满足用户当地颁布的更严标准。

大部分制造厂家实验台的数量很少，实验条件与现场条件差别较大，大批量机械密封出于对成本的和供货进度的要求一般不做实验，除非特别关键的设备如大型关键泵才提出要求，实验也不是可靠性实验，只是对要求高的密封出厂检验的一项内容。因为对机械密封来说价格比较贵，实验至密封失效意味着实验成本巨大，目前还很少有厂家真正做可靠性实验的，大部分可靠性数据还是在实际应用中获得。

机械密封可以分解成机械密封本体和密封冲洗系统两个单元。除密封本体可靠性外，密封冲洗系统的可靠性也非常重要，API 682不但规定了密封本体结构、材质要求等，还规定了机械密封辅助系统的冲洗方案。

机械密封系统的可靠性是机械密封本体和冲洗系统可靠性的组合。

$$R_{机械密封系统} = R_{机械密封}(t) \cdot R_{冲洗系统}(t) \tag{3-18}$$

3.6.1.2 干气密封及标准要求

(1)干气密封

干气密封是20世纪60年代末期在气体动压轴承的基础上通过对机械密封进行根本性改进发展起来的一种新的非接触式密封，英国的约翰克兰公司于20世纪70年代末期率先将干气密封应用到海洋平台的气体输送设备上并获得成功。干气密封最初是为解决高速离心式压缩机轴端密封问题而出现的，由于干气密封为非接触式运行，密封摩擦副材料基本不受 PV 值的限制，特别适合作为高速高压设备的轴端密封。

干气密封与一般机械密封的平衡型集装式结构一样，实际上主要通过在机械密封动环上增开了动压槽，以及随之相应设置了辅助系统而实现密封端面的非接触运行，这种带动压槽的密封在机械密封上也存在，只不过机械密封的封堵液是液体，相对于没有动压槽的机械密封液膜厚度增加，泄漏会增大而很少采用。但干气密封主要密封的是压缩机压缩的工艺气体，隔离气多为氮气，与机械密封设计有所不同，表面上有几微米至十几微米深的沟槽，端面宽度较宽。不同于机械密封端面的边界摩擦，动环旋转时，流体动压槽把外径侧(称为上游侧)的高压隔离气体泵入密封端面之间，由外径至槽径处气膜压力逐渐增加，而自槽径至内径处气膜压力逐渐下降，因端面膜压增加使所形成的开启力大于作用在密封环上的闭合力，在摩擦副之间形成很薄的一层气膜(1~3μm)从而使密封工作在非接触状态下，这个气膜具有较强的刚度使两个密封端面完全分离，并保持一定的密封间隙，所形成的气膜完全阻塞了相对低压的密封介质泄漏通道，同时气膜的存在，既有效地使端面分开又使相对运转的两端面得到了冷却，两个端面非接触，故摩擦、磨损大大减小，使密封具有长寿命的特点。

干气密封开发出来后很快普及，在离心式和螺杆式压缩机设备上几乎完全替代了机械密封和浮环密封，因为它们有一个共同特点即都需要很复杂带有正压泵的辅助系统，能耗高，并且封堵液如果泄漏到工艺介质侧有时会污染工艺系统。而干气密封一般是用氮气体做封堵，氮气为惰性气体，对工艺介质无污染。对石油化工厂氮气是公用系统，辅助系统不需要压缩氮气的设备，因此辅助系统相对简单，能耗低，可靠性高，普遍被接受。干气密封最初是用在高速运转的大型离心机上，目前在转速较低的螺杆压缩机、搅拌器和大型的离心泵中也有大量的应用。

(2)标准要求

过去干气密封的设计和制造都根据 API 614《石油、化工和气体工业用润滑、轴密封和控制油系统及辅助设备》和 API 617、API 619 有关轴封的要求进行。API 614 是石油化工用轴封的标准一般，并没有单独对干气密封提出要求，API 617 是离心式压缩机、轴流、膨胀机的标准，API 619 是螺杆式压缩机的标准，它们都没有单独提出干气密封的标准。2012 年四川密封研究所等几家单位起草了我国干气密封技术要求即 JB/T 11289—2012《干气密封技术条件》。2018 年美国石油协会将 API 617 和 API 614、API 619 对干气密封的要求进行了整合，提出了干气密封的标准 API 692《轴向离心式、螺杆式压缩机和膨胀机干气密封》。对干气密封提出了系统完整的要求，这个版本正式作为一个压缩机干气密封标准，其地位和 API 682 对泵的标准指导作用相当。

在干气密封 API 692 标准上没有对干气密封的使用寿命提出要求，但由于相关标准 API 617、API 619 等对设备寿命提出了一般连续运行时间大于 5 年和 3 年的要求，API 692 标准的相应压缩机种类应符合相应标准要求，规定对于小于 3 年的情况交由业主进行审查，由业主根据自己的实际情况来判断是否接受这个设计寿命。我国 JB/T 11289—2012 标准明确规定压缩机干气密封设计寿命大于 3 年，泵用大于 2 年，目前在大型离心机上干气密封连续运行 5 年已是很普遍的，但泵用干气密封应用方面寿命分布还比较大，需要具体问题具体分析。

与机械密封一样，干气密封也分解成干气密封本体和密封冲洗系统两个单元。与机械密封的冲洗系统一样，干气密封辅助系统也是集机械、电气、仪表于一体的联合系统。不同的是干气密封冲洗系统是气体系统，没有冲洗油泵，而机械密封冲洗、密封端面润滑都是靠液体介质进行的，因此系统带有冲洗油泵系统。

干气密封系统的可靠性是干气密封本体和冲洗系统可靠性的组合。

$$R_{干气密封系统} = R_{干气密封}(t) \cdot R_{冲洗系统}(t) \qquad (3-19)$$

3.6.2 密封本体结构及可靠性

3.6.2.1 机械密封本体结构及可靠性

根据 API 682 要求，机械密封要求在 25000h 内不会失效，这意味着机械密封内所有零部件最低寿命都应达到这个指标，如果机械密封的检修策略采取整套更换的策略就不用考虑机械密封零部件如弹簧、动静环等的寿命分布。而实际 25000h 只是设计要求的整体安全寿命，密封内各部件的寿命分散性很大，有的可能远远超过 25000h 的几倍，有的可能刚刚超过安全线，如果将机械密封作为一个可维修部件，机械密封的检修需要更换将要失效的密封内部件，就要搞清楚机械密封各部件的可靠性寿命分布。

最简单典型的单端面机械密封结构见图 3-26，复杂一些的双端面机械密封见图 3-27。

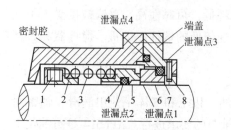

图 3-26　单端面机械密封

1—紧定螺钉；2—弹簧座；3—弹簧；
4—动环辅助密封圈；5—动环；6—静环；
7—静环辅助密封圈；8—防转销

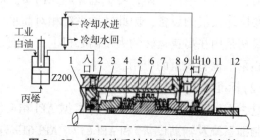

图 3-27　带冲洗系统的双端面机械密封

1—静环防转销；2—介质侧静环；3—介质侧动环；4，7—动环弹簧；
5—内置泵效环；6—轴套；8—机械密封腔外套；9—大气侧动环；
10—O 形密封圈；11—大气侧静环；12—轴套定位套

机械密封的结构虽然有多种，但内部主要部件及功能都与单端面机械密封相同，主要部件由弹簧、动环辅助密封圈、动环、静环、静环辅助密封圈等组成。机械密封中流体可能泄漏的途径有 4 个，如图 3-26 中泄漏点 1~4。其中 3 泄漏通道是静止环与压盖、4 泄漏通道是压盖与壳体之间的密封，二者均属静密封。2 通道是动环(旋转环)与轴套之间的密封，它看起来像静密封，但实际在端面磨损时，它能随补偿环沿轴向做微量移动，同时在运转动环断面液膜厚度会有微小变化，实际上仍然是总体相对静密封但有微动的密封。这些泄漏通道相对来说比较容易封堵。机械密封主要的泄漏通道是 1 通道。即动环和静环端面的密封通道。该通道是旋转环与静止环的端面彼此结合做相对滑动的动密封面。因此，对密封端面的加工要求加工精度很高。

为使密封端面间保持必要的润滑油膜，必须严格控制端面上的单位面积压紧力。端面上单位压力过大，不易形成稳定的润滑液膜，会加速断面的磨损。断面上单位压力过小，泄漏量增加。端面比压的维持主要靠弹簧或金属波纹管形成初始密封，因为弹簧总是压在动环上，对密封面位移能自动补偿，除弹簧压力外，正常运行时密封端面的压力主要靠密封介质的压力形成自紧密封。设计和密封压力的选择可控制很重要，要保持端面单位压力值在最适当的范围内，需要对弹簧和动、静环的结构进行针对性的设计。

如果对机械密封维修策略选择更换或维修机械密封零部件，则需要统计分析机械密封零部件的可靠性。机械密封的易损件有辅助密封(O 形圈、C 形环等)、弹簧或波纹管、动环和静环，这几种部件的可靠性分布均与运行时间有关。辅助密封随着运行时间会出现老化，弹簧或膨胀节会出现弹力松弛，动静环会出现磨损。其他部件如没有制造和安装原因应该为无限寿命。因此机械密封的可靠性为：

$$R_{机械密封}(t) = R_{弹簧/波纹管}(t) \cdot R_{辅助密封}(t) \cdot R_{动静环}(t) \tag{3-20}$$

3.6.2.2　干气密封本体结构及可靠性

干气密封与机械密封的结构基本相同，只是由于密封、隔离为气体而进行相应的改变。密封工作时端面为气膜，形成的开启力与由弹簧和介质作用力形成的闭合力达到平衡，从而实现非接触运转。干气密封的弹簧力很小，主要目的是当密封不受压或不工作时能确保密封的闭合，防止意外发生。结构上除主密封为端面密封，在靠近工艺介质侧和轴承侧相应地增加了工艺侧密封或隔离密封，结构更为复杂。结构上可分为单密封、串级密封和双密封等。

(1)单密封

单密封由一组密封面组成，将工艺气体与大气分离。单密封适用于非易燃易爆气体密封的应用场合。密封气体可用氮气，但多数情况下用压缩机出口气体经过滤、冷却脱水从工艺侧迷宫密封和主密封之间注入。大部分密封气体流入压缩机，少量流过主密封面。密封气体压力在通过整个密封面时被降低，进入排放系统。密封面泄漏的气体通常被排放到大气中或火炬系统中。排放气后面有一个分离密封，用来隔离密封气与轴承，隔离密封中间注入隔离气体。图 3 - 28 所示为一个工艺侧迷宫密封和轴承侧非接触衬套隔离密封的单密封配置。

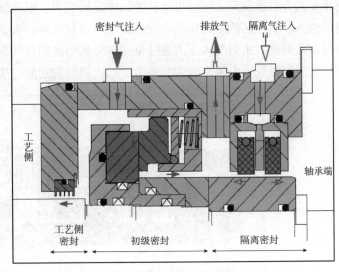

图 3 - 28　工艺侧迷宫密封和轴承侧非接触衬套隔离密封的单密封配置

（2）串级密封

串级密封分为带有中间迷宫密封的和结构不带中间迷宫密封的结构。

带有中间迷宫的串联密封由两个单独的密封串联而成，由一个迷宫隔开，结构见图 3-29。带中间迷宫的串联密封适用于不能接受工艺密封气体泄漏到大气的介质和高压应用场合。在工艺侧密封和主密封之间注入密封气体。大部分密封气体流入压缩机，少量流过主密封面。密封气体压力通过主密封降低到初级排气系统。中间迷宫为第一和第二密封之间提供了一个空间，二次密封气体在中间迷宫和二次密封之间提供屏障，防止主密封（初级密封）泄漏到达二次密封。从初级密封泄漏的气体被二级密封气体稀释，并被输送到排气系统。二次密封的泄漏压力下降，通常会进入大气。在主密封失效的情况下，二次密封被设计为在主密封条件下运行，防止一次密封失效时介质不受控制地泄漏到大气中，并实现压缩机的安全关机。

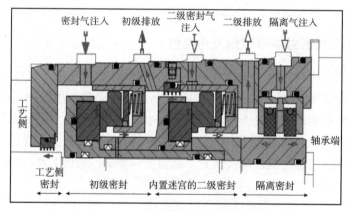

图 3-29　带中间迷宫的串联密封

无内置迷宫密封的串联密封由两个单密封串联排列而成，结构见图 3-30。串联密封适用于工艺介质泄漏到大气时可以接受的中高压场合，以及轴向空间限制不允许安装中间迷宫的地方。在工艺侧密封和主密封之间注入密封气体。大部分密封气体流入压缩机，少量流过主密封面。密封气体压力通过主密封降低初级到排气系统。主密封泄漏的气体再经过第二密封使排气压力减小到大气压力。二次密封的功能与前述功能相同。

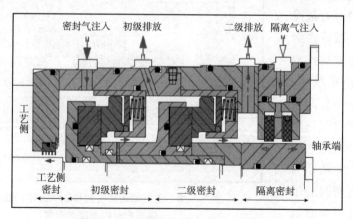

图 3-30　无内置迷宫密封的串联密封

(3) 双密封

双密封包括两组单密封排列成相对置形的结构，结构见图 3 – 31。双密封适用于低压、工艺气体泄漏到大气时不可接受的应用场合。端面密封气体要用氮气，在对置密封之间供应，氮气的压力要高于工艺气体，这需要一个比较高压力的氮气供应系统。缓冲气的作用是将没有处理过的工艺气体吹出，不让其进入主密封。从主密封泄漏的气体连同缓冲气体被引入压缩机体/工艺侧。通过二级密封泄漏的密封气体通常会进入大气。二次密封的功能与前述相同。

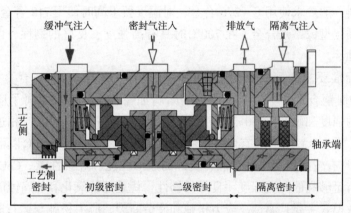

图 3 – 31　带有过程侧密封和非接触衬套分离密封的双密封

由于干气密封主要应用于压缩机，工艺介质为气体，密封及缓冲气也为气体，因此与机械密封本体结构相比，还多了两道密封，即前部工艺侧的密封和后部隔离密封。

上面讨论了干气密封本体的结构，由于密封工艺介质为气体，以及密封吹扫封堵介质也为气体，从结构上比机械密封更复杂。但总体结构相仿，其内部也是由密封圈、弹簧、动静密封环等组成。由于压缩机在装置中一般都是重要设备，干气密封是核心部件之一，价格昂贵，虽然对干气密封的检修大多采取整体更换的策略。但一般整体更换的干气密封是事前在制造厂检修好的，在制造厂检修的干气密封大多也是修复的，既要保证干气密封的可靠性，也要降低维修成本，这就要对组成干气密封的部件进行可靠性评价，尽量延长零部件的寿命，并且要对修复后的干气密封进行寿命评估。与机械密封类似，干气密封本体的可靠性为：

$$R_{干气密封}(t) = R_{弹簧/波纹管}(t) \cdot R_{辅助密封}(t) \cdot R_{动静环}(t) \cdot R_{工艺侧密封}(t) \cdot R_{隔离密封}(t)$$

$$(3 – 21)$$

3.6.3　机械密封、干气密封零部件的可靠性

3.6.3.1　弹簧、金属波纹管的可靠性 $R_{弹簧/波纹管}(t)$

机械密封和干气密封都需要弹簧对密封端面产生预紧力，机械密封在高温环境多应用金属波纹管。材料的选择主要是考虑材料的耐腐蚀性和高温稳定性。由于承受交变载荷，长期使用对弹簧和波纹管的弹性变形能力会有影响，对波纹管的焊缝易产生疲劳裂纹，要

合理选择材料。单弹簧密封应用在轴颈比较小的场合，GB/T 33509—2017《机械密封通用规范》推荐轴径大于70mm时，宜采用多弹簧结构，而 API 682 没有具体要求。单弹簧的横截面较大，不易被腐蚀，可以使用 316 不锈钢材料。多弹簧密封用在轴颈较大的设备，离心力较大，条件比较苛刻的场合，使用多弹簧容易平衡离心力，使弹簧力分布均匀，但由于多弹簧横截面较小，相对容易被腐蚀，因此机械密封标准 API 682 对多弹簧密封的弹簧要求使用更高级的 C–276 合金或 C4 合金材料。C276、C4 是哈氏合金 C 系列代表性材料，属于镍基耐蚀合金，这种合金耐氯腐蚀效果更好，C4 合金还具有耐高温、耐腐蚀性能。金属波纹管材料一般要求使用 C–276 合金，对温度要求高时使用 718 合金，718 合金是含铌、钼的沉淀硬化型镍铬铁合金，在 700℃时具有高强度、良好的韧性，以及在高低温环境均具有耐腐蚀性。

干气密封标准要求弹簧材料除上述材料外还有 500 合金，750 合金，CoCrNi 合金。500 合金是一种镍铜合金，不但具有出色的耐腐蚀性、优异的抗氯离子应力腐蚀开裂性能，还有极高的强度和硬度。750 合金主要是以 γ''[Ni3（Al、Ti、Nb）] 相进行时效强化的镍基高温合金，在 980℃以下具有良好的耐腐蚀和抗氧化性能，800℃以下具有较高的强度，540℃以下具有较好的耐松弛性能、良好的成形性能和焊接性能。CoCrNi 合金为钴铬镍基合金，具有足够高的高温强度、良好的韧性、优越的抗氧化和热腐蚀能力。

弹簧的失效模式主要是腐蚀、应力松弛和疲劳断裂，应力松弛与运行时间相关，疲劳断裂与弹簧的制造质量有很大关系。材料的内部缺陷，加工的精度都严重影响疲劳寿命。由于密封弹簧规格型号很多，应根据具体的规格型号进行针对性的可靠性统计。

弹簧寿命是影响干气密封和机械密封寿命的主要因素，因为弹簧是承受不平衡力的主

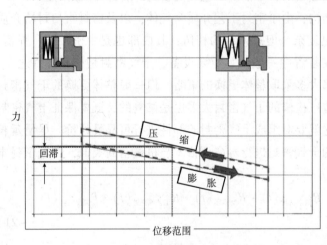

体，承受交变载荷，在机械密封中第一级密封的弹簧与密封介质直接接触，一般密封介质比较脏，即使有冲洗液也不能保证十分干净，容易在弹簧死角产生结焦和聚合物，影响弹簧的工作弹力。而对干气密封一般介质有过滤器等前处理设备，相对比较干净。弹簧的预紧力要适当，对组装好的弹簧密封组件需做压力位移测试，测试检验在一定的弹簧力作用下克服摩擦力的补偿能力，见图 3–32。这项测试主要

图 3–32　弹簧补偿位移测试图

是检验弹簧弹性力、静环密封圈与弹簧座表面的摩擦力和端面预紧比压是否合适。

弹簧、波纹管常见的失效模式见表 3–19。弹簧或波纹管正常的使用寿命，可以由弹簧制造厂或密封制造厂通过实验测定，分布为韦布尔分布。非正常失效可由使用用户根据现场条件进行数据积累。

表3-19 弹簧、波纹管常见的失效模式

序号	失效模式	失效分布	根原因	
			自然机理	管理原因
1	弹簧断裂	韦布尔分布	腐蚀、疲劳	
		指数分布		材料缺陷 操作失误
2	端面比压不足	韦布尔分布	松弛、结焦，积碳	材料选择错误/制造错误
		指数分布		材料选择错误/制造错误/操作失误
3	端面比压不均匀	指数分布	多弹簧，弹簧弹力不均	安装错误/制造偏差

3.6.3.2 辅助密封的可靠性$R_{辅助密封}(t)$

辅助密封的作用是密封动、静环与套筒及壳体之间的间隙，一般认为是静密封，但实际有些场合，如动环与套筒之间的密封是动密封，随着动环的位移振动处于微动状态。

辅助密封主要分为：O形密封圈，C形、U形环，柔性石墨密封环及柔性石墨缠绕垫片。后两种主要用在密封压盖与泵体的密封，与静设备的密封没有太大区别。这里主要介绍密封腔内的辅助密封，采用O形密封圈，C形、U形环密封等，由橡胶或聚四氟乙烯材料制造。

橡胶是聚合物、填充剂、固化剂的组合。所有橡胶辅助密封元件的选择、组合和设计都有一定应用条件限制(介质、时间、温度、压力和静态、动态工作负荷)。当超出这些应用条件限制时，橡胶辅助密封元件的使用寿命可能达不到预期要求。橡胶制品的性能差别很大，选择时要考虑硬度、抗高低温的能力，与其他介质的相容性，抗压能力，即回弹能力等。

辅助密封O形密封圈材料主要有：丁腈橡胶(NBR)、氢化丁腈橡胶(HNBR)、乙丙橡胶(EPM/EPDM)、四丙氟橡胶(FEPM/TFE)和全氟橡胶(FFKM)等。

考虑石油化工介质的易燃易爆特性，API 682要求O形圈优先选择氟橡胶(FKM)，如果FKM受到工作温度和化学相容性的限制而不能使用，则O形圈应使用性能更好的FFKM。但是，通常情况下FKM不宜用于低于-7℃(20℉)的工况，在低温工况可以使用NBR，它的使用温度最低为-40℃(40℉)，更低的温度可用EPM/EPDM，使用温度最低为-50℃(-58℉)，聚四氟乙烯，最低使用温度-270℃(-400℉)，但要慎重考虑化学兼容性、硬度等性能。

还有如四丙氟橡胶(TFE)的O形圈，在接触面上具有较低的摩擦性能和化学稳定性，但是要注意包覆层的失效可能会导致O形圈的失效。

其他种类密封如C形、U形或V形的橡胶(或PTFE)密封件，它们通常需要采用一些措施(如弹簧)来提供预接触应力，是一种弹簧自紧式的组合辅助密封。

弹簧自紧组合密封圈由两部分组合而成，密封外唇和内部带有预压缩的弹簧，通过预压缩的弹簧来给密封外唇与接触面提供适当的接触压力。弹簧自紧组合密封圈只适用于工程密封中的高压或低摩擦的工况。通常密封外唇的材料为耐腐蚀性好、摩擦系数低的聚四氟乙烯(PTFE)。

在对辅助密封件进行选择时还要注意某些压缩永久变形、溶胀、硬度等关键特性，并且动态辅助密封使用的额定温度可能会降低，橡胶密封的材料不能使用再生橡胶材料。

在设计 O 形圈沟槽时应按照全氟橡胶 O 形圈设计尺寸做，因为 FFKM 的热膨胀性比其他大多数的 O 形圈材料(如 FKM)的热膨胀性更大。如果在为氟橡胶设计的 O 形圈槽内安装全氟橡胶 O 形圈会导致 O 形圈损坏。如果按照全氟橡胶设计的 O 形圈槽设计，即使安装氟橡胶 O 形圈时也是合适的。所以，为避免全氟橡胶 O 形圈损坏，应采用宽槽作为标准 O 形圈槽，同时也减少了所需的备件数量。全氟橡胶 O 形圈的热膨胀损伤经常与 O 形圈的化学膨胀损伤是不同的故障模式，应特别注意。辅助密封圈的使用范围见表 3-20。

表 3-20　辅助密封圈的使用范围

材料	D1418	最低温度/℃(℉)	最高温度/℃(℉)	备注
氟橡胶	FKM			
烃介质工况		-7(20)	175(350)	机械/干气密封
水介质工况		-7(20)	121(250)	机械密封
全氟橡胶(耐高温)	FFKM	0(32)	290(554)	机械/干气密封
全氟橡胶(耐化学介质)	FFKM	-7(20)	260(500)	机械密封
丁腈橡胶	NBR	-40(-40)	121(250)	机械/干气密封
氢化丁腈橡胶	HNBR	-30(-22)	150(302)	干气密封
乙丙橡胶	EPM/EPDM	-50(58)	150(320)	机械密封
四丙氟橡胶	FEPM/TFE	-7(20)	210(410)	机械/干气密封
硅橡胶	VMQ	-55(-67)	200(392)	干气密封
氟硅橡胶	FVMQ	-60(-76)	121(250)	干气密封
聚四氟乙烯	PTFE	-270(-454)	315(599)	机械/干气密封
柔性石墨	—	-240(-400)	480(896)	机械/干气密封

橡胶制品在储存和使用过程中，容易受到外界环境不利因素的影响而导致性能变差，甚至失去使用价值。导致其老化机理非常复杂，是热、氧、光和臭氧等经过一定时间的作用使橡胶产生交联或降解等化学反应，宏观则表现为物理—力学性能的改变，最终失去使用性能。许多研究人员在这方面做了很多工作。目前国内常用经验公式简化为式(3-22)。

$$f(P) = \exp(-Kt) \tag{3-22}$$

式中，P 为性能残余率；K 为反应速度常数；t 为老化时间。

为保证橡胶制品能够有效发挥作用，需要对其储存期和使用寿命进行合理的预测和评估，如 O 形圈的总寿命通常不超过 15 年。总寿命包括储存、在设备上安装待运和使用时间。储存要求 O 形圈必须密封不透明包装，以防止光暴露，远离温度源。所有的备件应该标定日期和批次，以便确定密封寿命。

在干气密封中密封的介质是气体，除了受温度和几何形状(特别是槽形)的影响，压力极限对材料影响更大，当使用弹性体密封时，气体快速减压(爆炸减压)是应特别关注的问题。高压气体能够渗透到弹性体，特别是橡胶材料如 O 形圈的微观结构内部，从而形成高压气体袋，并被困在材料中。一旦系统压力突然降低时，这些凹槽仍处于高压状态，O 形圈可能会由于袋与袋之间的压差，气体膨胀而产生拉伸破裂。通常减压速度为 20bar/min 时要考虑这个因素，对橡胶密封材料做 NORSOK M710 挪威橡胶抗爆检测。

聚四氟乙烯（PTFE）具有耐腐蚀、摩擦系数小等特点，但作为密封件，在长期处于承载条件下，会产生压缩蠕变，引起尺寸的变化，发生密封件根部挤压损坏现象，影响密封性能。改性 PTFE 能降低压缩蠕变量。使用温度和载荷的升高加大蠕变量，蠕变随着使用时间增加。由于橡胶和 PTFE 具有老化和压缩蠕变现象，所以由橡胶和 PTFE 制成的辅助密封有老化和压缩蠕变引起的密封失效问题。辅助密封的老化和蠕变也取决于材料性能和使用环境。老化和蠕变与时间的变化关系应由制造厂实验或通过大量的应用实践所得的数据积累。

辅助密封圈的成本在机械密封总成本占比相对较低，每次检修不重复利用，采取成套更换的策略。由于橡胶在自然状态下也发生老化，因此对备品备件要加强管理。要将备件的储存时间计入老化时间。辅助密封常见的失效模式见表 3-21。

表 3-21　辅助密封常见的失效模式

序号	失效模式	失效分布	根原因	
			自然机理	管理原因
1	磨损、硬化、变形	韦布尔分布	老化/微动疲劳/结焦/积碳/污垢	材料缺陷 操作失误 材料选择错误 制造错误 安装错误
2	断裂	指数分布	介质溶胀	
3	变形	指数分布	强度低/介质溶胀	
4	破裂	指数分布	爆胀/介质溶胀	

3.6.3.3　动静密封环的可靠性 $R_{动静环}(t)$

与其他密封相比机械密封和干气密封特点是将介质的动、静部件之间泄漏点从轴向引到与机械旋转轴线垂直的动静密封环端面上，动环与静环表面形成近似正压密封。机械密封端面从微观上看，两表面只是部分接触，接触面需要润滑，机械密封面实际是支撑在一个能够漂移的很薄的液膜上，这种泄漏量通常很少，往往在肉眼见到之前就蒸发了。对不能很快蒸发的液体，会慢慢积累，在操作若干小时后，可在压盖下部见到。而干气密封端面是由正压气膜组成的非接触密封。

动静环材料的选择及其材料组对是非常关键的。它决定机械密封和干气密封的可靠性。密封端面材料众多，每一种都具有相对的优点和缺点。机械密封与干气密封动静环材料大体相同，主要密封端面材料的最高使用温度见表 3-22。

表 3-22　密封端面材料的最高使用温度

密封端面材料	最高使用温度/℃（℉）[a]
碳化钨	1100（2012）[b]
碳化硅（无压烧结，SSiC）	1650（3002）[b]

续表

密封端面材料	最高使用温度/℃(℉)^a
碳化硅(反应烧结,RBSiC)	1400(2552)^b
加碳碳化硅(无压烧结,SSiCG)	550(1022)^b
加碳碳化硅(反应烧结,RBSiCG)	550(1022)^b
碳石墨：浸渍树脂、浸渍锑	285(550),500(932)^b

注：^a除无压烧结 SSiC 外,密封端面材料的化学相容性随温度和工况而变化;

    ^b 机械密封 API 682 标准温度极限是 400℃(750℉),当该材料用于高于此温度极限的情况被视为工程密封。

(1)碳石墨

碳石墨被广泛地用作密封环材料,通常由非结晶的碳和高结晶度的石墨由沥青黏合,在高温下烧结而成。碳石墨材料具有良好的耐磨性和机械性能,承受间歇轻微接触的能力,但普通碳石墨材料具有多孔性和渗透性,因此,需要浸渍树脂或金属以减少气孔,降低渗透性,加强机械和抗磨特性。树脂浸渍具有良好的耐化学性,但机械性能较差,剪切应力会导致密封端面容易起泡,降低密封性能。浸渍锑具有更高的强度和耐吸泡性,但牺牲了耐化学性质。浸渍镍可以改善性能和耐化学性。碳石墨本身具有较好的耐温和耐腐蚀性能。但是,相对于金属碳化物来说,碳石墨弹性模量较小,受压容易弯曲或者扭转。不管采用哪种黏结剂,不同碳石墨材料具有不同的机械强度和性能,要限制在一定的条件使用。

在干气密封中碳石墨只能做静环材料,主要根据露点的不同,低速接触会产生细小的粉尘颗粒,填充凹槽从而降低了密封面的提升能力。

(2)碳化硅

碳化硅被广泛地用作密封环材料。碳化硅是用石英砂、石油焦(或煤焦)、木屑(生产绿色碳化硅时需要加食盐)等原料通过电阻炉高温冶炼而成的。其主要优点是硬度高,在常用的几种材料中硬度最高,耐腐蚀性强、导热性好。原始的碳化硅是经过各种化学工艺流程后得到碳化硅微粉。机械密封和干气密封应用的碳化硅材料是将碳化硅微粉烧结而成的材料。这种碳化硅材料不仅有上述碳化硅材料的优点,与石墨配对时的摩擦系数低。碳化硅材料与碳石墨材料相比具有较高的硬度更不易变形,因此可以用于高压密封。

由于碳化硅断裂韧性比较低,典型失效机制是脆性断裂,特别是在低速运行条件下,干气密封端面没有形成气膜容易造成端面的损坏。为防止这种损坏,在干气密封表面涂有 $1 \sim 5\mu m$ 的金刚石涂层。由于碳化硅破裂后小碎片分散在密封件周围,进而导致其他密封问题,结构上采用套筒罩来容纳这种碎片。

机械密封和干气密封的碳化硅材料主要有反应烧结碳化硅和无压烧结碳化硅。两种类型的碳化硅作为密封环的材料应用时性能上存在一些差异,但并不悬殊。除反应烧结碳化硅和无压烧结碳化硅被广泛地应用于机械密封中之外,碳化硅的新型产品也得到了应用,如加碳碳化硅。

①反应烧结碳化硅

反应烧结碳化硅工艺是在碳化硅粉料中预混入适量含碳物质,利用高温使碳与碳化硅粉料中残余硅反应合成新的碳化硅,从而形成致密结构的碳化硅材料。反应烧结碳化硅与石墨配对时的摩擦系数更低,其耐磨损性能和润滑特性是所有硬质材料中最好的,它不易碎，但没有无压烧结碳化硅坚硬。因此，这种材料更适用于高压和高速的工况。虽然具有良好的化学稳定性，一般情况下，当 pH 值在 4 ~ 11 时推荐使用反应烧结碳化硅；但是，反应烧结碳化硅中一些游离的硅可能会受到化学侵蚀，如氢氧化钠和其他的胺、氢氟酸及含少量氢氟酸的磷酸。

②无压烧结碳化硅

无压烧结碳化硅完全是由碳化硅组成的，由纯碳化硅粉利用非氧化烧结剂反应形成，结构为均匀的碳化硅，不含游离硅。这种特性使得无压烧结碳化硅在所有的腐蚀环境中具有化学稳定性。因为其抵抗化学腐蚀性能最好，能够用于各种流体，特别是反应烧结碳化硅不能适用的环境。但是其 PV 值低于其他类型碳化硅，易碎。

③加碳碳化硅

加碳反应烧结碳化硅和加碳无压烧结碳化硅在实际工程均有使用。碳化硅中添加碳的目的是为改善密封环的干运转能力和硬对硬配对时的 PV 极限值，如采用碳化硅对碳化硅的硬对硬配对时，若采用加碳碳化硅则端面性能能够得到改善。采用加碳碳化硅的密封端面材料和改善密封接触面的结构均是为提高接触面的润滑特性 PV 极限值。加碳碳化硅的强度会有所降低，但是摩擦性能改善。这种端面组对的耐磨性能不如纯碳化硅好，但是比碳石墨好。在选用前，需考虑这种材料用于指定工况的经验。

(3) 碳化钨

碳化钨是一种由钨和碳组成的化合物，硬度与金刚石相近，为电、热的良好导体。碳化钨不溶于水、盐酸和硫酸，易溶于硝酸 – 氢氟酸的混合酸中。纯的碳化钨易碎，机械密封和干气密封的碳化钨材料是由钨粉与炭黑按一定摩尔比的混合物烧结而成，掺入少量钛、钴等金属减少脆性。加入碳化钛、碳化钽或它们的混合物提高抗爆能力。常用的黏合剂是钴和镍。镍黏结剂提高了耐化学性。

碳化钨材料与碳化硅材料相比硬度稍低，但具有更高的强度和刚度，抗变形能力强，因此能承受更高的压力。但与其他密封材料相比，碳化钨等级的密度最大，旋转密封面的密封转子组件的质量更大，更需要考虑动平衡问题。高表面速度(通常大于 130m/s) 需要评估。要考虑当操作过程中发生故障容易产生碎片对周围区域造成损害，这种损害由于比碳化硅材料具有更高的强度和密度，不容易形成粉末而更具有破坏性。在干气密封中，碳化钨旋转密封面可能会导致密封面隔绝了气体，从而影响端面冷却效果。这与密封面材料的热特性相关，这种情况提高了材料发生热裂纹劣化的风险，过度的热应力会在密封面产生径向裂纹，并产生细裂缝。

(4) 氮化硅材料

氮化硅材料抗拉强度、断裂韧性和密度在碳化硅与碳化钨之间，弹性模量低于碳化硅。一般在碳化硅材料的机械性不能承受高转速(通常 180m/s)，需要更高的抗拉强度和断裂韧性要求时选择应用。尽管有这些优点，但氮化硅并不具有与碳化硅材料相同的耐化学性能，因此限制其使用。典型的失效机制与碳化硅相似。

(5) 合金钢材料

合金钢材料有时用于需要避免脆性破坏后果的场合。合金钢材料刚度相对较低，有时密封面涂上一层硬涂层，由于有局部变形问题，只能限制在较低的压力(<50bar) 和在较

低密封性能要求环境下使用。典型的失效模式是热损伤和密封端面接触碰磨导致变形引起的高泄漏。与硬质合金材料不同，合金钢旋转密封失效不会导致脆性碎片污染周围区域。

制造密封环的材料需要具有足够弹性模量、强度和断裂韧性，以抵抗挠度限制内施加的载荷。而旋转载荷应力受密度的影响很大。密度较低的材料在给定速度下产生的力最小，而密度大的材料承受的离心力及产生的应力也大。因此，密封环材料的选择是根据实际需要对材料各种性质综合评价的结果。常用密封材料典型物理性能见表 3 - 23。

表 3 - 23　常用密封材料典型物理性能

	碳石墨 （浸渍树脂）[b] （沉浸锑）[c]	碳化硅	碳化钨	氮化硅	合金钢
弹性模量/（kN/mm^2）	28	400	611	311	200
强度/（N/mm^2）	123	418	1503	756	656
断裂韧性/（MPa·m^3）	1	4	12	7	100
密度/（T/m^3）	2.36	3.15	15	3.35	8.36
硬度/HV	31.4	2300	1590	1450	300
膨胀系数/（m/m/K×10^{-6}）	4.5	4.4	5.2	3.1	11
导热系数/（W/mK）	8.23	110.65	100	25.23	16

对于高速运行的工况，由于大多数旋转密封面材料是由粉末材料制成的，因此验证密封面的结构完整性很重要。典型的应力失效与速度相关，因此通过单独旋转测试密封面的速度来实现，其速度远远超过预期的操作条件。涂层合金钢旋转密封面也做这项测试，目的是测量涂层和基体之间的结合强度完整性。实验通常在最高连续运行转速的 122% 时进行，这时在材料中诱发应力超过 50%。

（6）动环与静环的组对选择原则

上述各种材料作为密封动静环材料都有自己的优点和缺点，应根据使用场合合理选用，通常情况密封端面选择不同的材料进行组对。API 682 推荐选用碳石墨与碳化硅的端面组对。在机械密封制造行业中，用 PV 值来表示机械密封的工作能力。P 为保证密封面贴合，密封端面的接触压力或比压（MPa）；V 为密封端面的平均滑移速度（m/s）。机械密封的 PV 值越高，表示机械密封的工作能力越强；工况 PV 值越高，表示机械密封要承载的负荷越高。机械密封的寿命取决于动静密封环的磨损速度。端面的线磨损量 Δ 与摩擦面比压 P 和摩擦路径 L 成正比。可表示为：

$$\Delta = kPL = kPVt \tag{3-23}$$

式中，k 为磨损系数；t 为磨损时间。

同时机械密封工作时摩擦产生的热量也与 PV 值有关，产生的热量 Q 与 PV 值的关系为：

$$Q = \frac{P_f V}{J} = \frac{fAPV}{J} \tag{3-24}$$

式中，P_f 为摩擦力；A 为摩擦面积；f 为摩擦系数。

因此，PV 值是机械密封摩擦副材料选择条件的一个重要指标，其实不只是机械密封，在工程上凡是有摩擦副的地方对这个指标都很重视，如滚动轴承设计等。各种摩擦副材料有一个极限 PV 值，部分材料的 PV 摩擦副的极限值见表 3 – 24，这些 PV 值是实验做出来的，但实验的条件有些并不清楚，API 682 也没有给出标准，只是给出几种常用配对组合相对 PV 值对比关系见图 3 – 33。目前 PV 值的确定主要靠各个制造厂的经验。

表 3 – 24　不同材料摩擦副的极限值

不同材料摩擦副				
密封环材料				PV 极限值/ $(MPa \cdot m/s)$[1]	备注
动环		静环		
材料	硬度(HS)	材料	硬度	
碳石墨	60～105	镍护层	(131～183)HBS	3.503	比陶瓷更耐热冲击
		陶瓷($Al_2O_3$85%)	87HRC		不如镍护层耐热冲击，但耐蚀性好得多
		陶瓷($Al_2O_3$99%)	87HRC		耐蚀性优于($Al_2O_3$85%)的陶瓷
		碳化钨(Co6%)	92HRC	17.515	填充青铜的碳石墨极限 PV 值为 14.73
		碳化钨(Ni6%)			可以镀镍改善耐蚀性
		碳上渗碳化硅	90HR15T		良好的耐磨性。碳化硅层很薄。可以相互研磨
		碳化硅	86～88HR45N		比碳化钨耐蚀性好，但耐热冲击性差

相同材料摩擦副			
密封环材料	硬度		
碳石墨	(60～105)HS	1.751	PV 值低，但能很好地防止表面气泡
陶瓷	87HRC	0.350	适用于密封染料
碳化钨	92HRC	4.204	采用更好的胶黏剂，PV 值可达到 6.481
碳上渗碳化硅	90HR15T	17.515	极好的耐磨粒磨损性能，比碳化硅便宜
碳化硅	86～88HR45N		极好的耐磨粒磨损性能，良好的耐蚀性，中等的耐热冲击性

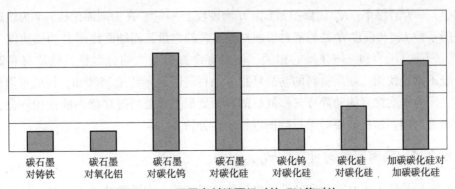

图 3 – 33　不同密封端面组对的 PV 值对比

干气密封由于是非接触密封，因此没有 *PV* 值要求，但是干气密封面有两种操作状态：一是在分离转速上方运行，分离转速为与旋转速度和/或压力相关。在分离转速上方，动环端面沟槽将压缩气体注入端面，形成气膜，在旋转面和静止面之间没有接触，无摩擦，在密封面无接触的情况下，只要化学相容性合适，且材料能够承受最大速度、温度和压力，那么密封端面配对就不是什么大问题。二是在分离转速下方，由于端面形成不了气膜，密封面之间可能发生轻微接触。任何干气密封面如果在大量持续接触条件下都能导致密封失效。由于干气密封不可能做成完全平衡型，在高压情况下容易失效。为避免这种后果，需要在密封端面上进行涂层。

碳化硅材料作为干气密封材料由于无法承受间歇性的轻微接触，在高压干气密封中，一般来说，即使是平面配对碳化硅之间的轻微接触也会出现问题，特别是在棘轮盘车期间。因此在启动/关闭，以及棘轮盘车的操作条件下，摩擦端面需要涂层来保护密封界面，以便在启动、关闭和盘车操作条件下，使纯接触的破坏性影响降到最低。合成金刚石涂层现在用于干气密封端面技术。这些涂层的厚度一般在 $1 \sim 5\mu m$。该技术分为两类，类金刚石（DLC）和多晶金刚石（PCD）。DLC 涂层具有类似于石墨的混合六角形晶格结构，使其具有与 SiC 材料相似的良好摩擦性能。PCD 涂层具有类似金刚石的非晶结晶结构，具有极高的硬度。

（7）硬对硬端面组对

在一些工况中，由于软环的磨损速率太大，需要采用硬对硬的端面组对。以下工况中应考虑使用硬对硬的端面组对，如反应烧结碳化硅、无压烧结碳化硅和碳化钨等：

①被密封的介质中含有磨蚀性颗粒；

②介质黏性大；

③介质有结晶倾向；

④介质可能聚合；

⑤存在严重的振动；

⑥密封端面内侧压力高，需要采用更高拉伸强度的材料。

（8）端面磨损量的评估

动静摩擦环磨损失效是机械密封主要的失效形式，设计只考虑正常条件下的磨损，磨损量计算见式（3 - 25）：

$$\gamma = (K_w/H)PV \qquad (3-25)$$

式中，γ 为磨损率；K_w 为磨损系数；H 为硬度，N/m^2；P 为端面比压；V 为线速度。

磨损系数 K_w 和硬度 H 是与密封端面材质有关的常量，而端面比压 P 和线速度 V 与密封尺寸、转速、压力和液体介质的相关。使用寿命具有很大的分散性，软质材料磨损较快，一般不重复使用。硬质材料的动静环很多运行时间远远超过 25000h，因此可以修复重复使用，但对研磨修复的动静环，修复后的寿命要根据修复情况严格判断使用寿命，确定合适的检查周期。这些需要对运行数据进行统计分析。

3.6.3.4　隔离密封的可靠性 $R_{隔离密封}(t)$

隔离密封是位于干气密封和轴承座之间的装置，防止润滑油从轴承座向干气密封的泄漏，并防止干气密封泄漏气体进入轴承座。在干气密封失效的情况下，隔离密封也能将使流向轴承壳的工艺气体减少到最少。

隔离密封的组成是一静部件和一旋转部件，它们之间有间隙，隔离气体通过此间隙。旋转部件为轴套，静部件在干气密封壳体上有防旋转装置。隔离气体以大于下游轴承座和外密封排气腔压力的压力供应到中心端口，通过静止表面和旋转表面之间的间隙，向轴承座和外部密封排气腔流动。气体通过这些间隙的速度阻止油泄漏到密封腔和密封泄漏气体进入轴承座。在润滑系统投用期间，都要注入隔离气体。主要形式有浮动环密封和迷宫密封两种。

（1）浮动环密封

隔离密封由两套分段炭环、一个缠绕环外径的螺旋弹簧保持在一起。这些分段炭环自由地定位在静止的壳体内，允许径向运动。分段炭环具有防旋转装置，通过径向漂浮保持在正常工作时内径与旋转套筒需要的间隙。浮动环有非接触和接触两种。

①非接触式密封，结构见图 3 - 34(a)，密封圈采用压力平衡的设计，并且当工作温度从冷/静态到热/动态变化时，接头可以伸缩，环可以径向运动，保证操作条件下的间隙，这种设计特点是可以减少磨损。该密封典型的控制方案是流量控制或压力控制。

②接触式密封，结构见图 3 - 34 (b)，同样将分段炭环设计成与旋转套接触。隔离气体的压力大于下游轴承座和密封排气腔的压力。由于分段炭环和旋转表面接触，因此隔离气体消耗更少。对于这种隔离密封类型，典型的控制方法是压力控制。由于接触设计，密封会磨损，不适当的分离气体压力会加速磨损，磨损的炭粉容易吹进干气密封造成

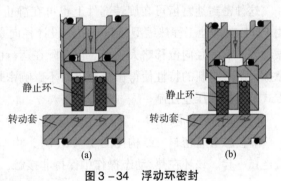

（a）　　　　　　（b）

图 3 - 34　浮动环密封

密封失效，在实际应用中对隔离器压力控制要非常精准。

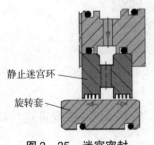

图 3 - 35　迷宫密封

（2）迷宫密封

隔离迷宫由旋转轴套与静止迷宫环组成，见图 3 - 35，旋转轴套与浮动环密封相同，迷宫由两个同等对称的齿迷宫环组成，每个迷宫环中心剖分，固定在壳体上，由铝制成。迷宫密封在流向上至少有三个齿。该设计是非接触的、径向固定的，旋转套与迷宫梳齿间隙大于最大轴承间隙加上可能的径向轴运动，中心留有空间及带孔引入隔离气体。隔离气体压力大于下游轴承座和密封排气腔压力供应到中心。隔离气体通过齿与旋转表面之间的环空流动。

迷宫密封设计包含的组件很少。与其他隔离密封类型相比，迷宫密封具有最大的间隙，因此增加了隔离气消耗。这种密封类型，典型的控制方法是流量控制。

3.6.3.5　工艺侧密封的可靠性 $R_{\text{工艺侧密封}}$

一般工艺侧密封位于干气密封和压缩机内部部件之间。当提供密封气体或缓冲气体

(用于双密封)时，它阻止工艺气体流向干气密封。

工艺侧密封多为迷宫密封，与隔离侧迷宫密封具有两端迷宫梳齿不同，工艺侧迷宫由一段迷宫梳齿和旋转套组成。密封原理与上述相同，功能是防止未经处理的工艺气体、碎片或液体到达干气密封内部。在密封失效的情况下，工艺侧密封可以作为限制工艺气体释放的限制。密封缓冲气体被供应到干气密封和工艺侧密封之间的空腔中，其压力或流量足以在工艺侧密封上保持一个正差，引导气流进入机器内部，密封或缓冲气体通过工艺侧密封具有一定的速度，防止工艺气体到达干气密封。气体在压缩机加压前供应，以防止污染干气密封。工艺侧密封与工艺气体直接接触。材料相容性是基于气体成分、压力和温度的一个重要考虑因素。工艺侧密封类型有不同的间隙，影响密封或缓冲气体的消耗。

(1)标准的迷宫

这种密封迷宫齿是在静止部件上，结构见图3-36(a)，密封间隙大于最大轴承间隙及最大可能的轴径向位移的总和，设计保证在任何操作工况下迷宫齿与旋转套不接触，因此气体泄漏也是最大的。控制方案是流量控制。

(2)可磨损的迷宫

这种密封迷宫齿可在旋转部件上也可在静止部件上，结构见图3-36(b)，摩擦材料用PTFE或其他工程热缩型材料制造。设计径向是非接触的，间隙的设计比轴承的间隙与振动等影响的径向位移略大一点。但实际在运行中，由于偏差和振动不可避免地会有接触摩擦，由于材料的特性使得微小摩擦时不影响密封特性。气体泄漏量比标准迷宫小，控制方式是流量或压差控制。

(3)非接触套管密封

非接触套管密封，结构见图3-36(c)，由一个分段炭环通常由静止环，并由吊带弹簧连在一起。该环在热/动态操作中保持非接触，并允许径向运动。

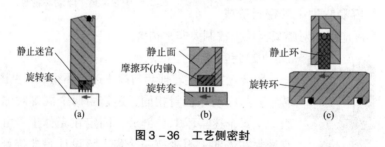

图3-36 工艺侧密封

对于这种工艺侧密封，典型的控制方法是流量控制或压差。虽然API 692允许这种设计，但现实中由于可靠性不如上两种密封，实际应用较少。

3.6.4 密封冲洗、隔离系统的可靠性

3.6.4.1 机械密封系统

密封系统是由密封本体及冲洗系统组成的，上面介绍过机械密封端面是处于边界摩擦状态，摩擦面之间有一很薄的液体膜，起到润滑和冷却作用，对单端面机械密封来说，这层膜的介质是被密封介质，而对于双端面密封来说，这层膜是隔离液。需要配备相应的冲

洗系统，冲洗系统是密闭的冲洗、隔离系统，最高压力可达 4MPa。冲洗方案根据密封所应用的工况进行设计，见图 3–37。

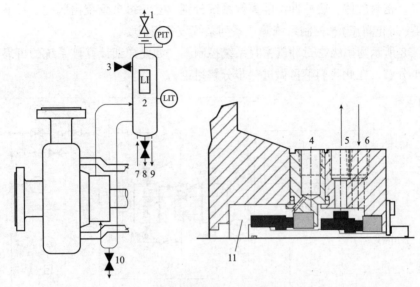

图 3–37　机械密封 52 式冲洗方案

1—到收集系统；2—储罐；3—缓冲液加注口；4—冲洗口（F）；5—缓冲液出口（LBO）；LI—液位计；

6—缓冲液进口（LBI）；LIT—带现场显示的液位变送器；7—冷却水进口；PIT—带现场显示的压力变送器；

8—缓冲液储罐排液口；9—冷却水出口；10—缓冲液的排液口；11—密封腔

　　冲洗方案有多种方式，图 3–37 是机械密封 52 式冲洗方式，52 只是某种形式的代码，并不是第 52 种冲洗方式。对于这种比较复杂的冲洗方式，冲洗系统由很多其他附件，如冷却器、密封罐、过滤器、旋风分离器及相应的仪表及相应管道等组成，密封介质的选择非常重要。密封冲洗系统的可靠性是这些附件可靠性的组合，因而有必要对这些附件的可靠性进行分析。

$$R_{冲洗系统}(t) = R_{冷却器}(t) \cdot R_{密封罐}(t) \cdot R_{旋风分类器}(t) \cdots R_{过滤器}(t) \qquad (3-26)$$

　　一般密封冲洗系统的仪表只有报警功能，而没有联锁功能，因此仪表的损坏不会造成密封失效功能丧失，系统中仪表的可靠性暂不考虑。而其他附件功能丧失将发生密封液高温，密封液泄漏，密封管路堵死等故障，致使密封损坏，因此系统其他附件可靠性要继续细分。如冷却器随着运行时间的增加，冷却水结垢会越来越严重，最后导致换热效果不好引起密封液高温，密封面摩擦失效。过滤器可能会堵塞、旋风分离器可能产生磨损影响密封系统的寿命。缓冲流体或隔离流体需满足密封连续运转最少 3 年而不严重变质的要求。缓冲流体或隔离流体不宜形成沉淀、结晶或结碳。当工艺介质为烃类蒸汽并采用矿物油做缓冲液或隔离液，温度超过 70℃（158℉）时矿物油可能降解。上述故障模式是与运行时间有关系的，要根据运行实际来观察统计分析。

　　机械密封系统的可靠性是机械密封本体和冲洗系统可靠性的组合。

$$R_{机械密封系统} = R_{机械密封}(t) \cdot R_{冲洗系统}(t)$$

3.6.4.2　干气密封系统

　　与机械密封冲洗系统功能一样，干气密封需要密封气体对工艺介质进行封堵、冲洗，对端面形成气膜的作用，与机械密封不同的是，密封冲洗隔离介质是气体不是液体，不需要泵，只需要带有一定的气体压力，一般冲洗气体为经过滤、冷却、脱水、干燥后的工艺介质或氮气。密封气体、缓冲冲洗隔离等系统分别设立，每个系统由阀门、过滤器、冷却器、加热器(防止露点)、控制系统等一系列系统设备组成。

图 3－38 所示为串级密封冲气密封系统控制图，如要详细计算该系统的可靠性还需要对其进一步分解。在此我们不再做进一步分解讨论。

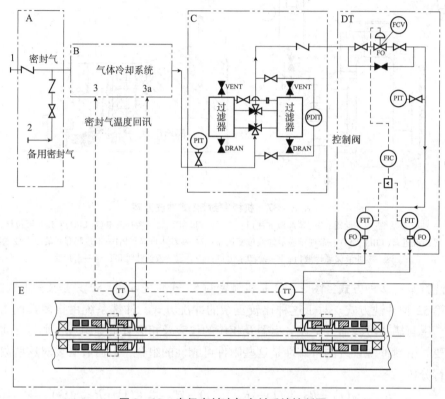

图 3－38　串级密封冲气密封系统控制图

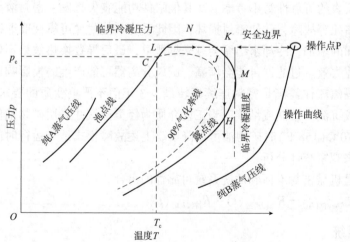

图 3－39　两组分体系 P－T 相图

需要注意的是，干气密封的密封气体必须保持其气态状态，整个干气密封包括排气系统要防止由于密封气体带有液体而损坏干气密封。气体流经密封气体系统时受到压力和温度的影响，这些变化会导致气体凝结。因此，操作要保持一定的安全裕度。图 3－39 操作曲线是一条减压曲线，是与露点留有一定余量的曲线，它们之间的距离为安全距离。

由于干气密封气是混合气体，精确计算出露点并不容易，特别是混合气体的组成有时随着工艺操作参数的变化而变化的情况，见图 3 - 39。因此留有足够的裕量非常必要。在实际操作中由于进料组成的变化导致露点温度的变化，或者由于管线保温加热设施失效而导致密封气体带液体致使干气密封失效是干气密封失效的主要故障模式之一。

保证干气密封气系统的可靠性 $R_{密封气系统}$ 非常重要。

3.6.5　使用条件和环境对机械密封的影响

使用条件和环境的影响是比较大的，在炼油化工行业主要体现在高温油泵，催化装置含有固体颗粒的油浆泵，含有聚乙烯、聚丙烯颗粒的循环泵，裂解装置的低温泵等工况比较恶劣的泵上。为改善环境，在对这些密封的密封腔设计时都带有自冲洗功能，但自冲洗功能往往不能完全解决问题，如炼油焦化装置进料泵，由于高温，焦粉和结焦在所难免，虽然冲洗可以减少结焦和焦粉在局部的集结沉积，但随着时间的推移会越来越严重。即使管理很到位，密封的磨损和补偿也会出现问题。

运行有时发生系统的波动，供电网电压瞬时大幅波动时，只有几十毫秒，泵的惯性使泵仍然旋转，外表看不出有变化，但实际轴位移由于失电发生串动，机械密封端面比压变化很大，会引起短时泄漏，密封介质会串到密封油中，稀释密封油，引起端面磨损，会影响密封的运行时间等。

辅助系统复杂带来管理问题复杂，对辅助系统的设计未考虑与整体设计寿命一致或检修计划不合理。

虽然按照 API 682 的要求是机械密封要保证连续 3 年的运行，这是一个最低的要求，即要求 25000h、100% 可靠性，可是各密封生产厂即使按照此标准制造机械密封，各厂的质量控制体系不一样，产品没有可靠性实验做支撑，除设计缺陷、管理问题，实际具体应用环境也不一定完全一样，即实际应用强度制造厂无法预测，因此机械密封的寿命分散性还是很大的，如某大型石油化工企业大多装置的机械密封 MTBF 为 18000h。

3.6.6　密封设计共因因素对可靠性的考虑

设备在实际使用中可能会产生超过设计条件下的工况，当介质易燃易爆时很容易出安全事故，如轴承的磨损量超过了设计范围，轴承的磨损超过设计范围的表现设备功能没有丧失，但设备振动偏大。较大的振动可能导致动静环和密封套直接碰磨；有些泵经常在最小流量附近运行，气蚀的风险很大，由于某些突发因素将导致泵中控制轴和腔体径向位置的零部件可能会损坏、腐蚀或者磨损，将减少机械密封的使用寿命，甚至引起突发事故。因此，密封设计考虑在极限情况下的安全性。在双端面密封第一道密封失效的情况下，还要保证密封第二道密封能够连续运行至少 8h。尽可能地减小密封泄漏率和降低摩擦生成火花的可能性。应定期进行操作条件监测、可控检测维修。

3.6.7　密封泄漏的判断

动环与静环表面形成一近似正压的密封，接触面必须润滑。实际上两表面只是部分接触，端面的摩擦是边界摩擦，机械密封面实际是点撑在一个能够漂移很薄的液膜上，机械密封的端面之间总存在一定质量的流体通过，当此液膜进至大气中，可将其归类为泄漏。这种泄漏量通常很少，在肉眼见到之前就蒸发了。对不能很快蒸发的液体，如隔离液其泄漏会慢慢积累，在操作若干小时后，可在压盖下部见到。因此，所有的密封都存在某种程度上的"泄漏"。泄漏的标准要满足安全和环境的要求。API 682 标准允许泄漏率规定如下：

API 682 及 GB/T 30599 要求相同，采用 EPA21 方法，即美国环境保护署第 21 种检测方法，蒸汽浓度应小于 $1000mL/m^3$，当使用不挥发的润滑油作为隔离流体时，也可以产生液滴状可见泄漏，泄漏速率一般小于 5.6g/h(每分钟 2 滴)。JB/T 41271—2013 规定：工作压力 $0<p\leq5.0$ 时，轴径 $d\leq50mm$ 时，泄漏速率 $\leq3mL/h$；$50<d\leq120mm$ 时，泄漏速率 $\leq5mL/h$；当工作压力 $5.0<p\leq10.0$ 时，$d\leq50mm$ 时，泄漏速率 $\leq15mL/h$；$50<d\leq120mm$ 时，泄漏速率 $\leq20mL/h$，且都必须达到当地环境部门的规定。显然 API 682 的标准要求更严格。

干气密封由于是非接触密封，密封端面需要气体维持一定的刚性，因此允许泄漏，但泄漏的是密封隔离气体而不是被密封介质气体。泄漏量与动压密封面的槽型、密封面宽度、转速等有关，由密封制造厂来提供。总体来说密封很小，泄漏出的气体排火炬系统，由流量监控时报警值为正常泄漏保证值的 300%，或由压力进行监控时报警值的设定取决于排放系统背压、排放压力和工艺系统压力。

3.6.8 机械密封、干气密封的故障模式分布

机械密封的可靠性的数据来源有两种方法：一是对机械密封进行分解收集其零部件的可靠性数据，再对机械密封进行整体可靠性计算。二是对现场运行的机械密封做可靠性统计。顾永全对炼油厂机械密封失效进行统计，列出了几种工艺装置泵用机械密封在某时期表现出的部分失效模式分布情况，见表 3－25。本文结合 API 682、API 692 等标准，列出机械密封和干气密封常见失效模式现象、机理及处理措施，见表 3－26。

表 3－25 典型工艺装置泵用机械密封部分失效模式分布情况

类别	介质或泵		韦布尔指数	密封副材料	主要故障
1	含固体颗粒的原油泵		2.10～2.15	WC—Cu	静环磨损；WC 环脱落
			1.22	SiC—SiC	—
2	重油	塔底泵	0.85	WC—WC	WC 环脱落
			1.2～1.3		—
3		腊油泵	1.04～1.35	DH—C / WC—C	磨损 / 弹簧不弹
4	轻油	热柴油泵	0.70～2.50	DH—C	静环磨损；WC 环脱落
			0.70～0.85	WC—C	WC 环脱落；水垢
5		冷油泵	2.75～3.40	DH—C	磨损剧烈
			1.10～1.65	WC—C	
6	水类	热水泵	1.91～2.35	WC—C	磨损
7	轻	似液相	0.85～1.25	WC—C	动环不弹
8		似汽相	2.35～3.00		非平衡型；无冲洗；磨损；不稳定
9	烃	全汽相	1.50～2.00		静环磨损
10	酸泵		0.7～0.8	WC—C	动环卡住；WC 环转动；腐蚀

表 3-26　机械密封和干气密封常见的失效模式现象、机理及处理措施

部位	故障模式	现象	机理	处理措施
动静密封环	裂纹	可以在摩擦面发现微小的裂纹。沿晶边界扩展。动静环都出现	施加在动静环的载荷过大，足以使材料内部的微观结构不断受到冲击引起内部裂纹并扩展	必须更换
	划痕	径向或周向的细线，动静环都出现	碎片或颗粒物划过密封面	如果划痕很浅可以研磨修复，如果过深需要更换
	碎片	端面边缘处有很小一部分如颗粒状的或类似区域材料脱离。动静环都出现	安装时端面两边有轻微的碰触或边缘部分有内部缺陷在负载下暴露出来	根据具体脱离的区域和大小来判断是否继续修复使用或报废
	磨痕或擦伤	表面一系列的磨痕擦伤痕迹。动静环成对出现	相对密封表面接触	不可修复使用，必须更换
	热损伤	密封端面沿着径向形成一系列很浅的径向裂纹。只出现在动环	不能通过材料把热量散发出去	不可修复，需要更换
	擦痕	局部区域变色。动静环都出现	端面没有形成良好气膜，局部有些轻微接触	根据具体接触的区域大小来判断是否继续使用。严重时要更换
	微振磨损	在一定的区域内变色	定位或相反运动配合地方出现相对运动	不能继续使用，需更换

续表

部位	故障模式	现象	机理	处理措施
动静密封环	剥痕	表面中心小孔坑	端面内部有气孔和夹渣等缺陷，致使结构强度降低，在摩擦过程中，表面中心有小块剥离	不能继续使用，需更换
	起泡	在端面产生气泡和裂纹	工艺气体碳的微观结构，引起局部热影响而发生缺陷	不能继续使用，需更换
O形密封圈（柔性密封）	切口、裂纹、撕裂	结构不均匀或有毛刺，裂纹	配合不好，或安装拆卸不当。老化	不能继续使用，需更换
	爆裂	表面沿着O形圈环向产生裂纹	内部由于高压介质迅速降压，造成材料裂纹	不能继续使用，需更换
	挤出损伤	O形圈边缘被咬伤	过高的压力和温度致使密封材料挤进间隙中	不能继续使用，需更换
	压缩变形	配合面变成平面	操作不当引起超温	不能继续使用，需更换
	径向裂纹	材料硬化并产生径向裂纹	操作不当引起超温	不能继续使用，需更换
PTFE组合密封	切口、裂纹、撕裂、削薄		配合不好，或安装拆卸不当。老化	不能继续使用，需更换
	挤出损伤		过高的压力和温度致使密封材料挤进间隙中	不能继续使用，需更换
迷宫密封	迷宫损伤	齿尖磨损或弯曲、断裂	间隙预留不当，对中不好	根据具体状况可以修复使用，严重时更换
浮动环密封	磨损	变形、划痕、过量粉尘或碎末、套变色、可测量的磨损	间隙不合适，安装不当、操作压力过高	根据具体状况可以修复使用，严重时更换

续表

部位	故障模式	现象	机理	处理措施
密封金属元件	凿痕、划痕	 凹坑或划痕	相配合或连接件表面碰到，大部分是安装原因	必须修复，严重的需要更换
	振动磨损	 两接触件之间磨出一系列的线	由于过盈及振动	修复
	销钉凹痕，压平或磨损		不正确的尺寸、不对中、过扭矩	修复，严重时更换

参考文献

[1]裴峻峰，葛慧中，任名晨，等．炼化装置离心泵的维修周期及可靠性研究[J]．机械设计与制造，2019(增刊1)：57-60.

[2]庄健彬，洪流，董宏远，等．离心泵常见故障的判断与处理[J]．化工设计通信，2017，43(11)：71-72.

[3]侯国安，马琳．浅析离心泵的使用与维护[J]．化学工程与装备，2015(10)：178-181.

[4]API 610．石油、石化和天然气工业用离心泵．

[5]GB/T 5656—2008，离心泵技术条件(Ⅱ类)．

[6]GB/T 16907—2014，离心泵技术条件(Ⅰ类)．

[7]GB/T 5657—2013，离心泵技术条件(Ⅲ类)．

[8]GB/T 3215—2019，石油、石化和天然气工业用离心泵．

[9]API 617．石油、化学和工业气体用轴流、离心式压缩机和膨胀机-压缩机标准．

[10]李军．离心式压缩机运行中故障与检修分析[J]．化学中间体．2017(1)：119-120.

[11]裴峻峰，郑庆元，姜海一，等．离心式压缩机定期维修周期及可靠性研究[J]．中国石油大学学报(自然科学版)，2014(6)：127-133.

[12]许幸发．探析离心式压缩机故障原因分析及处理措施[J]．化学工程与装备．2016(11)：134-141.

[13]么鑫．炼油厂离心式压缩机故障处理[J]．设备管理与维修，2019(14)：102-103.

[14]李艳艳．离心式压缩机几种常见故障及处理[J]．神华科技，2018，16(1)：70-73.

[15]钟亚东．往复式压缩机常见故障的判断与处理措施[J]．化工设计通信，2017，43(8)：128.

[16]郑琢，付涛．往复式压缩机气阀的故障原因及解决方案[J]．化工设计通信，2019，45(2)：129.

[17]何丽红，张勤，侯铁成．大型往复式压缩机气阀寿命的探讨[J]．吉林化工学院学报．2008，25(1)：72-75.

[18]郑学鹏．提高往复式压缩机运行可靠性的方法浅析[J]．石油化工设备技术，2004，25(4)：28-32.

[19]刘海涛．往复式压缩机运行过程中的故障分析与维护措施[J]．当代化工研究，2016.04.：67-68.

[20]JB/T 12952—2016，往复活塞压缩机用聚醚醚酮阀片．

[21] API 618—2001，石油化工和天然气工业用往复式压缩机.

[22] 蒋玉孝，刘少军. ISO 281：1990 与 ISO 281：2007 滚动轴承寿命计算标准的比较[J]. 机械强度，2015，37(3)：498 – 503.

[23] 【美】Wallace R. Blischke，【孟加拉】M. Rezaul Karim，【澳】D. N. Prabhakar Murthy. 保修数据收集与分析[M]. 张颖，郭霖翰译. 北京：国防工业出版社，2014.

[24] 赵双群，董建新，谢锡善. Ni – Cr – Co 基高温合金 704℃ 和 760℃ 时效组织稳定性[J]. 中国有色金属学报，2003，13(3)：565 – 569.

[25] 李兴林，殷建军，谢盈忠，等. 滚动轴承疲劳寿命及可靠性强化实验计算现状及发展[J]. 现代零部件，2007(2)：65 – 71.

[26] 鄢建辉，李兴林，蒋万里，等. 轴承疲劳寿命理论的新进展[J]. 轴承，2005(11)：38 – 44.

[27] JB/T 50013，轴承数据处理方法，滚动轴承寿命及实验规程.

[28] JB/T 50093，滚动轴承 寿命及可靠性实验评定方法.

[29] GB/T 18844，滑动轴承 液体动压金属轴承损坏类型、外观特征和原因分析第 2 部分：气蚀及对策.

[30] ISO 7146，Plain bearings – Type，Appearance and characterization，causes of damage to metallic hydrodynamic bearings.

[31] GB/T 6391，滚动轴承 额定动载荷和额定寿命.

[32] ISO 281，Rolling bearings – Dynamic load ratings and rating life.

[33] GB/Z 32332，对 ISO 281 的注释.

[34] 轴承样本. 洛阳轴承集团有限公司.

[35] NSK 轴承选型手册.

[36] 李兴来，李俊卿，张仰平，等. 滚动轴承快速寿命实验及现状发展[J]. 轴承，2006(12)：44 – 47.

[37] 顾永泉. 机械密封磨损率的预算[J]. 石油化工设备，1999(1)：26 – 30.

[38] 顾永泉. 机械密封的 PV 值(一)[J]. 化工与通用机械，1981. 05.

[39] 李新. 机械密封的使用与维修[J]. 氯碱工业，2004(3)：37 – 38.

[40] 顾伯勤，蒋小文，孙见君，等. 机械密封技术最新进展[J]. 化工进展，2003，22(11)：1160 – 1164.

[41] API 682—2014，离心泵和转子泵用轴封系统.

[42] GB/T 33509—2017，机械密封通用规范.

[43] API 692，Dry Gas Sealing Systems for Axial，Centrifugal，Rotary Screw Compressors and Expanders.

第4章 典型生产装置及关键设备的可靠性

4.1 装置的可靠性分析

生产装置可靠性的分析是将装置作为一个设备系统来看待，同样用失效模式及影响分析方法来分析，但与设备不同的是装置涵盖更多的层次、更复杂的结构及影响因素。

(1)首先要明确装置的功能及功能失效，对装置功能的描述比设备更复杂，涉及的因素更多，如装置的原料、产品、产量、质量能耗、物耗等。当要明确装置生产的具体性能指标时，涉及的因素更多，如原料种类、消耗量、组成，质量要求；产品的种类、产量、质量；要明确性能标准具体指标的可接受标准，如产品质量标准，多大的生产量、多大的负荷，多大的能耗是可接受，对环保安全等影响多大能承受；等等。

当装置停工时意味着全部功能丧失，此时，装置处于功能完全失效状态。当这些指标中某部分指标达不到要求时，装置的部分功能丧失，装置部分功能失效指标不太好确定。对石油化工企业装置进行可靠性管理首先要确定装置的功能失效标准。如什么是装置的非计划停工等都需要明确的定义。需要企业管理者针对本企业对风险的承受情况来确定。总体来说，对装置功能失效的确定需要分析以下几个方面：

①安全功能是否丧失。

②环境功能是否丧失(环保指标是否超过地方政府法律法规的要求)。

③是否装置停工(功能的完全丧失)。

④是否部分功能丧失到不可接受的程度(产量、产品质量、能耗、物耗等)。

(2)将装置划分为不同的功能单元。一套石油化工生产装置往往是由几百台设备，几千台仪表安装工艺流程组织的复杂系统，虽然对一套装置的设备可靠性分析最终要落实到设备的可靠性分析上，但由于生产装置的复杂性，不易直接分解到设备层级，需要先将装置按照工艺流程分解到不同生产功能单元，由不同的生产单元再细分到设备层级。表4-1所示为标准ISO 14224列出的部分装置明细表。表4-2所示为不同装置分解下层系统单元明细表。ISO 14224试图将装置分解进行标准化，并对常用装置进行了标准化分解。但由于石油化工技术发展得很快，新装置新流程不断出现，还有很多装置没有纳入标准，需企业根据新工艺流程的特点进行分解。

(3)分析了装置的功能及功能失效、划分了生产单元后还需要对装置单元进一步分解，一直分解到设备层级。由于装置是由设备根据不同工艺流程组成的，设备是组成装置的最小单元，如维修针对的是设备，因此要分解到设备层级。但不是所有设备的功能失效都引起装置功能失效，因此首先要分析哪些设备能引起装置的功能丧失，能引起装置功能丧失的设备是装置的关键设备。

表 4 - 1　石油化工装置明细表

业务			
上游(E&P)	中游	下游	化工
钻井	NGL 提取	下游—生产	甲醇
移动式海上钻井装置(MODU)	NGL 分馏	气体液化(GTL)	乙烯
陆上钻机	管道压缩机站	热电联产/联供(CHP)	醋酸
海上	管道泵站	生物燃料	聚乙烯
海上平台	公用工程	**炼油—生产**	聚丙烯
浮动生产存储和卸载(FPSO)	卸载	原油蒸馏装置	聚氯乙烯
浮式钻井,生产储存和卸载(FDPSO)		延迟焦化装置	公用工程
浮动存储单元(FSU)		加氢处理装置	厂外及辅助设施
顺应塔式平台		催化裂化装置	
离岸装载		硫黄回收装置	
海底生产		制氢装置	
海底		尾气回收装置	
海底干预和支援船(SISV)		**通用**	
安装船		公用工程	
陆上		厂外及辅助设施	
陆上生产厂—常规井			
陆上生产厂—非常规井			

表 4 - 2　石油化工装置分解下层系统单元明细表

生产单元种类			
上游(E&P)	中游	下游	化工
过程— 一般	**过程— 一般**	**原油蒸馏**	**生产—通用**
S1. 石油加工与处理	S28. 石油加工与处理	S40. 预热	S57. 氢蒸汽重整(制氢)
S2. 天然气加工与处理	S29. 天然气加工与处理	S41. 脱盐	S58. 异构化
S3. 注水	S30. 石油/冷凝水出口	S42. 常压	S59. 酚精制(精炼 萃取)
S4. 石油/冷凝水出口	S31. 天然气出口	S43. 减压	S60. 聚合单元
S5. 天然气出口	**中游公用工程**	**加氢处理**	S61. 溶剂脱沥青
S6. 储存	S32. 燃料气	S44. 进料	S62. 溶剂脱蜡
上游公用工程	S33. 废水处理	S45. 反应	S63. 溶剂精制
S7. 油性水处理	**LNG 生产**	S46. 再生(循环再利用)	S64. 蒸汽裂解
S8. 密闭排水管	S34. 气体处理	S47. 汽提	S65. 蒸汽甲烷重整
S9. 甲醇	S35. 液化	S48. 干燥	S66. 脱硫醇
S10. 燃料气	S36. 分馏	**催化裂化**	
S11. 新鲜水	S37. 液化	S49. 进料	
离岸系统	S38. LNG 储存和装载	S50. 转化	
S12. 压载水	**LNG 公用工程**	S51. 气体压缩	
S13. 海水	S39. 液化与存储	S52. 烟气回收	
S14. 位置固定		S53. 脱丁烷塔	
S15. 制冰管理		**下游公用工程**	
钻井和井		S54. 燃料气	
S16. 钻井设施		S55. SNOX	
S17. 钻井过程		S56. 废水处理	
S18. 钻井控制			
S19. 钻井控制和监测			
S20. 立管和井顶			
S21. 井的生产与注入			
S22. 下井的完成			
S23. 井的修复			
海底			
S24. 海底,脐带,冒口流线(SURF)[d]			
S25. 海底修井			
S26. 海底加工			
S27. 海底生产共用工程			

（4）对装置失效模式进行分析时要先确定装置的关键设备。这需从装置的流程、各个功能单元来进行分析。

上一章介绍了根据设备风险排序来确定设备的优先级别，是一种定量和半定量的方法。对装置设备的可靠性分析时对装置关键设备确定的主要目的是合理分配资源，不需要在这方面花费大量的工作，消耗大量的资源，这种方法也可以确定关键设备。也可以采取另一种简单的以后果为导向的方法。后果一定是装置失效引起确定某种经济或安全环境后果，如经济后果中是否能引起装置停工。

装置停工是完全的功能丧失，首先要分析影响装置停工的单元，有些单元虽然工艺流程很复杂，设备也很多，但是这个单元不工作不影响产品的产出，即它对装置停工没有影响可以先不考虑它，应该把重点投向那些影响产品产出的单元。

找到这些影响产品产出的单元，然后再向下分析，寻找哪些设备停止运行会致使产品无法产出。如果这些设备一旦失效发生，停止运行了，也就相当于整个装置停止了产品产出，即装置发生了停工。影响装置停工的设备就是关键设备。

对于从影响安全环境后果查找关键设备，可考虑这种安全环境后果是影响较大的违反法律法规的后果，可以按照图 4-1 的逻辑框架查找。虽然石油化工生产装置处理的大多是有毒、有害、易燃易爆物质，有些设备发生失效并不一定产生安全环境后果，可是如果该设备或上下游设备没有足够防护，会导致泄漏、爆炸、着火的情况，这些设备就是安全关键设备。

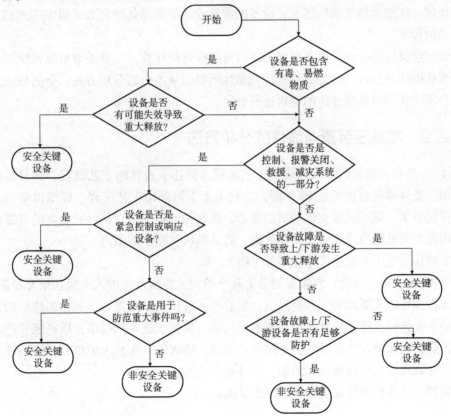

图 4-1　装置安全环境后果关键设备分析逻辑

装置的关键设备确定后，就可根据上一章介绍的方法对设备进行详细的 FMEA 分析。然后通过设备的可靠性及与装置单元、装置可靠性框图的逻辑关系计算出装置的可靠性。

4.2 常减压装置的可靠性分析

以常减压装置为例对装置的可靠性进行分析。

4.2.1 常减压装置的功能分析

主要功能：把进料的原油生产出各种馏分油和液化气。

装置功能失效：装置处于不安全、不环保，不能生产出合格产品，能耗、物耗消耗过大的状态。（具体标准各企业有所不同，如有些企业认为停止进料超过 24h 才是不可接受的）

失效模式：任何引起违反安全、环境标准，装置无法生产合格产品，停止生产，能耗、物耗超出企业能承受的水平设备的失效模式都是装置的失效模式。

失效后果分析：当组成常减压装置的设备由于某种失效模式导致装置功能失效时，会导致以下后果：装置有安全、环保后果；引起装置大的经济损失，如装置停车完全不能产出产品；或虽然装置能够继续运行产出部分产品，但能耗如电力、蒸汽、燃料气过高，物耗如催化剂、添加助剂等消耗过大；设备的维修成本如备品备件和人工成本等达到了企业无法承受的程度。

从装置层级层层分解到设备层级再进行可靠性分析计算，主要采取可靠性框图分析方法。可靠性框图的分析方法是解决系统可靠性问题的最主要的分析方法，分析的难点是如何将被分析主体按可靠性分析的逻辑进行分解。

4.2.2 常减压装置可靠性的分析方法

图 4 - 2 所示为装置的常减压装置工艺流程，描述了装置的工艺过程，这只是简化原则流程图，更详细的流程图是 P&D 图，流程图上不但画出工艺流程、详细设备而且还有仪表和控制方案，施工三维立体图更加复杂，从这种流程图中直接计算装置的可靠性比较困难。因此要将流程分功能进行简化处理，将其换成可靠性框图。

将常减压装置工艺流程按单元划分见图 4 - 3。

从图 4 - 3 中可以看出，将装置划分为几个单元，原油首先进入电脱盐单元脱除盐分，然后进入初馏塔单元脱除干气和轻汽油，然后进入常压炉单元进行加热，加热后的馏分进入常压塔单元进行蒸馏，从常压塔顶蒸馏出汽油，从侧线进入汽提塔，塔底组分进入减压炉单元加热，侧线油在汽提塔气提出煤油和柴油，塔底组分在减压炉单元加热后进入减压塔单元，在减压塔侧线出柴油和蜡油，在塔底出渣油。

将装置工艺流程图转化为可靠性框图见图 4 - 4。

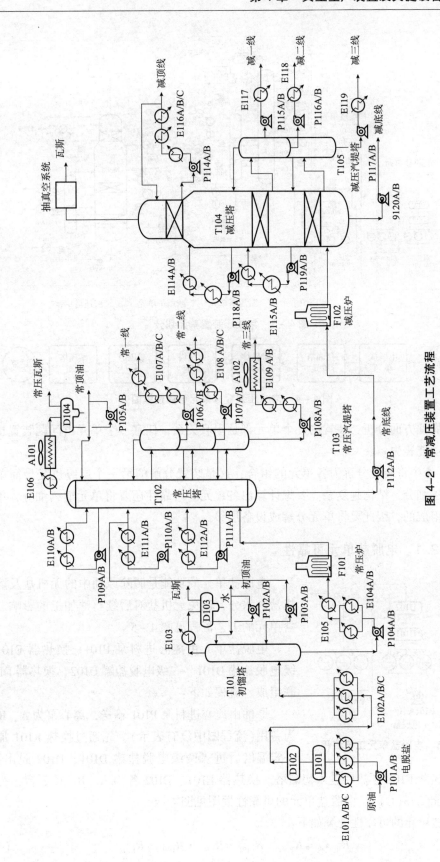

图 4-2　常减压装置工艺流程

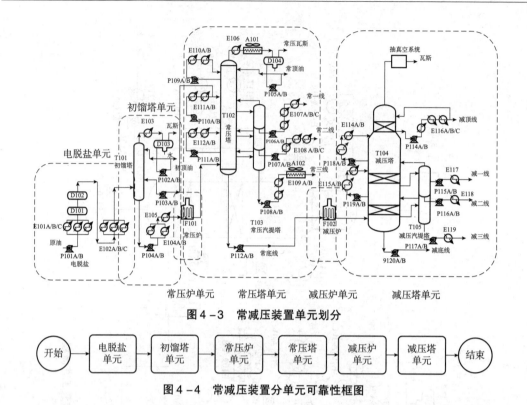

图 4 - 3　常减压装置单元划分

开始 → 电脱盐单元 → 初馏塔单元 → 常压炉单元 → 常压塔单元 → 减压炉单元 → 减压塔单元 → 结束

图 4 - 4　常减压装置分单元可靠性框图

从可靠性方面分析，装置的几个单元都是串联关系，任意一个单元出问题装置也不能生产，即功能丧失。

图 4 - 4 中将装置分解为各单元的组合，这是装置分解的第一个层级也是最简单的层级，层级越细分，结构越复杂。要想计算出各单元的可靠性还要将单元继续细分，单元是由设备所组成的，因此要将单元分解成设备层级。

4.2.2.1　电脱盐单元可靠性

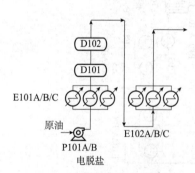

图 4 - 5　电脱盐单元工艺流程

电脱盐单元的功能是脱除原油中的无机盐及溶解无机盐的水分，避免无机盐对后续石油加工的影响。电脱盐单元的工艺流程见图 4 - 5。

电脱盐单元由离心进料泵 P101、换热器 E101、一级电脱盐罐 D101、二级电脱盐罐 D102、换热器 E102 串联组成。流程如下：

原油由离心进料泵 P101 输送，离心泵为 A、B 台互为备用(流程图中没有表示)，先通过换热 E101 加热至一定温度后进入两级电脱盐罐 D101、D102 脱出盐分，再经过换热器 E102 预热后进入初馏塔。换热器 E101、E102 各为 A、B、C 三台，为三取二表决系统[2/3(G)]。电脱盐单元的可靠性框图见图 4 - 6。

电脱盐单元的可靠性计算如下：

$$R_{电脱盐} = R_{P101} \cdot R_{E101} \cdot R_{D101} \cdot R_{D102} \cdot R_{E102} \qquad (4-1)$$

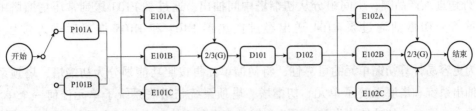

图 4 -6　电脱盐单元可靠性框图

泵 P101 是由 A、B 泵互备组成的一个冷储备系统，R_W代表转换系统的可靠性，当第一台泵运行时间为 t_1，第二台泵继续运行时间为 t_2，则可靠性为：

$$R_{P101} = R_W \iint\limits_{t_1+t_2>t} f_s(t_1,t_2)\mathrm{d}t_1\mathrm{d}t_2 \tag{4-2}$$

由于 A、B 离心泵是完全相同的泵，单台泵的可靠性相同，为指数分布，失效率为 λ，R_W代表转换系统的可靠性，假定转换系统的可靠性为 1，即百分之百的可靠。则可靠性为：

$$R_{P101} = \mathrm{e}^{-\lambda t}(1+\lambda t) \tag{4-3}$$

换热器 E101 是由 A、B、C 三台相同的换热器组成的 2/3(G)表决系统，正常三台换热器同时工作，当一台失效，两台工作时系统仍然工作，当两台或三台都失效时，系统失效。由于三台设备是相同的，单台设备可靠性为 R_{E101A}。

则系统可靠性为：

$$R_{E101} = R_{E101A}\cdot R_{E101A}\cdot R_{E101A} + R_{E101A}\cdot R_{E101A}(1-R_{E101A}) + R_{E101A}(1-R_{E101A})(1-R_{E101A}) \tag{4-4}$$

同 E101 一样，E102 也是由 A、B、C 三台相同的换热器组成的 2/3(G)表决系统。由于三台设备是相同的，单台设备可靠性为 R_{E102A}。

则系统可靠性为：

$$R_{E102} = R_{E102A}\cdot R_{E102A}\cdot R_{E102A} + R_{E102A}\cdot R_{E102A}(1-R_{E102A}) + R_{E102A}(1-R_{E102A})(1-R_{E102A}) \tag{4-5}$$

4.2.2.2　初馏单元

初馏单元的工艺流程见图 4-7。其功能是把从电脱盐单元来的脱出大部分盐及水的原油进入初馏塔，初馏塔也称预分离塔，其作用是在较低温度下，把原油中的轻组分汽油和气相 $C_1 \sim C_4$ 脱出，并将其含有的酸性物质 HS，Cl^+，含有少量的水除掉，提高处理量。

工艺流程描述如下：从电脱盐单元处理完的原油进入初馏塔 T101，在塔内进行初馏，塔顶轻组分通过换热器 E103 冷却后再进入塔顶罐 D103，在 D103 进行气液分离，罐顶气相液化气进入液化气系统，罐底轻汽油组分通过离心泵

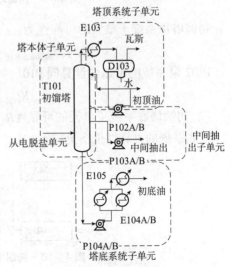

图 4 -7　初馏单元工艺流程及子单元划分

P102 外送进入产品罐，中间组分从初馏塔中间抽出，通过泵 P103 送到常压精馏塔中段。塔底重组分初低油通过泵 P104 送出经过换热器 E104 和 E105 加热后进入常压加热炉 F101。

为更容易计算初馏单元的可靠性，将初馏单元再按照功能划分为初馏塔、塔顶系统、中间抽出系统和塔底系统子单元。初馏塔、塔顶系统与塔底系统子单元任何一个单元失效，整个初馏单元的功能将失效，因此它们是一串联系统。中间抽出子单元的功能是将中间馏分用泵打入常压塔，降低常压炉的负荷，提高装置的负荷。如果这个部分功能失效，可以调整控制参数，将这部分的物流从初馏塔底进入常压塔，再进行蒸馏，装置的负荷会降低，但不会使生产中断，装置的功能不会完全丧失，只会部分丧失。如果仅仅计算装置完全功能丧失的可靠性，可以不用考虑中间抽出子单元的可靠性。装置完全功能丧失初馏单元的可靠性框图见图 4-8。

图 4-8　初馏单元可靠性框图

因此初馏单元的可靠性为：

$$R_{初馏单元} = R_{初馏塔本体} \cdot R_{初馏塔顶系统} \cdot R_{初馏塔底系统} \tag{4-6}$$

（1）塔顶系统子单元可靠性 $R_{初馏塔顶系统}$

塔顶系统的可靠性框图见图 4-9，设备之间可靠性逻辑关系如下：

由 E103 和 D103 串联，然后再与两台互为备用的离心泵 P102A/B 串联，由于两台离心泵互为备用，因此它们之间是相互的储备冗余关系。

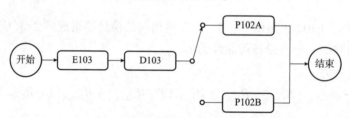

图 4-9　初馏塔顶系统子单元可靠性框图

初馏塔顶系统子单元的可靠性为：

$$R_{初馏塔顶系统} = R_{E103} \cdot R_{D103} \cdot R_{P102} \tag{4-7}$$

P102 泵系统的可靠性计算同 P101：

$$R_{P102} = e^{-\lambda t}(1 + \lambda t) \tag{4-8}$$

（2）初馏塔底系统子单元的可靠性 $R_{初馏塔底系统}$

塔底系统的可靠性框图见图 4-10，设备之间可靠性逻辑关系如下：

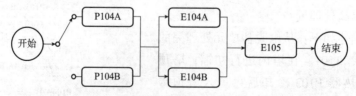

图 4-10　初馏塔底系统子单元可靠性框图

塔底为互为备用的离心泵 P104A/B 与换热器 E104 串联，E104 为 A、B 两台换热器并联，然后再与换热器 E105 串联。

则初馏塔底系统子单元可靠性为：

$$R_{初馏塔底系统} = R_{P104} \cdot R_{E104} \cdot R_{E105} \qquad (4-9)$$

由于 P104 是两台同样的泵互为备用，是储备系统，其可靠性同式(4-8)，则

$$R_{P104} = e^{-\lambda t}(1 + \lambda t) \qquad (4-10)$$

换热器 E104 为并联系统，其可靠性为：

$$R_{E104} = 1 - (1 - R_{E104A})^2 \qquad (4-11)$$

4.2.2.3　常压加热炉单元

由于相比其他设备，加热炉结构比较复杂，因此将加热炉作为一个单元单独分析，在简化流程图 4-2 中只是单独画出了一个炉型标准表示常压炉 F101，实际常压炉单元由不同的设备和炉体不同的功能段组成，常压炉的结构和流程见图 4-11。

常压加热炉主要由炉体、炉管、风机、空气预热器和烟气冷却器(图中标注的是热管冷却器，还有结构更为复杂的水热煤冷却

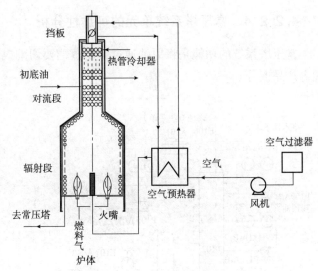

图 4-11　常压炉结构及流程

器)组成，它们任何一个系统有问题，加热炉都不可能正常工作，因此加热炉与几个设备可靠性的关系为串联模型。

(1)加热炉单元的可靠性 $R_{常压加热炉}$

$$R_{常压加热炉} = R_{炉体} \cdot R_{炉管} \cdot R_{风机} \cdot R_{空气预热器} \cdot R_{热管冷却器} \qquad (4-12)$$

(2)炉体的可靠性 $R_{炉体}$

炉体包括炉墙、燃料系统、烟筒、烟气挡板等，炉墙、烟筒内有保温绝热材料，其可靠性主要取决于保温、绝热材料的老化程度。材料老化后保温效果不好，炉外挡板超温，热损失大，烟气窜入对挡板造成腐蚀，其可靠性与运行时间有关。烟道挡板有时由于腐蚀产物堆积造成关闭不严及卡涩现象无法调节烟气量。

燃料系统主要由燃料管线和火嘴组成，其寿命主要取决于火嘴在高温下的氧化程度。每台炉有多个火嘴，由于火嘴可以单独更换，因此其燃料系统的可靠性较高。

(3)热管冷却器和空气预热器可靠性 $R_{空气预热器} \cdot R_{热管冷却器}$

由于冷却器和空气预热器都与烟气换热，烟气有腐蚀性，烟气露点腐蚀是它们的主要失效模式，其可靠性与运行时间有关。冷却器和空气预热器有多种不同结构和材质可以选择，如冷却器有水热煤式与热管式，冷却器材质有铸铁翅片式、陶瓷式、玻璃式，不同的形式有其独特的失效模式。如热管冷却器 5 年左右热管效率明显降低，需要更换热管。它

们是加热炉最薄弱的环节，可靠性较低。

(4)炉管的可靠性$R_{炉管}$

炉管由对流段和辐射段组成，从初馏单元来的物流首先进入对流段预热，然后进入辐射段加热升温后进入常压塔。对流段主要涉及烟气的腐蚀问题，辐射段主要涉及高温蠕变和管内结焦问题，加热炉炉管属于可靠性比较低的系统。

(5)风机的可靠性$R_{风机}$

风机包括风机和过滤器，风机为动设备，介质为空气无腐蚀性，运行条件不苛刻，因此可靠性比较高。

4.2.2.4 常压塔系统单元的可靠性分析

常压塔系统的功能是将原油通过常压蒸馏要切割成汽油、煤油、轻柴油、重柴油和重油等产品馏分。

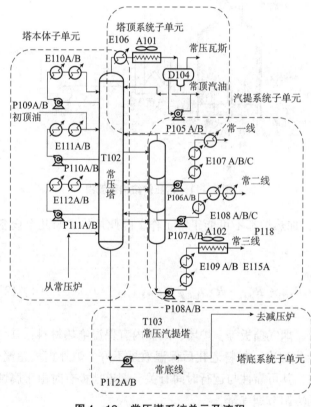

图4－12　常压塔系统单元及流程

常压塔系统典型流程见图4－12，为更容易计算常压塔系统单元可靠性，将其再分解为常压塔本体、塔顶系统、汽提塔系统、塔底系统4个子单元，它们之间是串联的关系。

常压塔本体子单元由塔体T102及泵P109和由换热器E110、泵P110、换热器E111、泵P111、换热器E112组成的侧线组成。由于侧线为塔的内回流，只对装置产品质量和能耗有影响，不会引起装置的生产中断，因此在计算装置切断进料，完全失效的可靠性时可不考虑常压塔本体侧线的可靠性，只计算常压塔塔体T102的可靠性。

从常压加热炉来的物料进入常压塔T102底进行蒸馏，馏出产品从塔顶、中部、塔底分别进入塔顶、汽提、塔底系统子单元。

在塔顶系统子单元，常压塔顶组分经过换热器E106和空气冷却器A101冷却后进入塔顶缓冲罐D104，塔顶缓冲罐顶为液化气送出装置，缓冲罐底为常顶汽油，由塔顶泵P105送出装置，一部分回流进入常压塔作为常压塔回馏液使常压塔蒸馏操作正常运行。

在汽提系统子单元，常压塔中段有三股物料进入汽提塔T103，在汽提塔本体汽提，每段汽提出的气相回到常压塔，中间用管线连接，没有其他设备。液相用泵送出装置，分别为常一线、常二线、常三线产品，即煤油、柴油和塔底蜡油，煤油、柴油作为产品分别由泵 P106、P107 及换热器 E107、E108 冷却后进入产品罐。蜡油由泵 P108 和换热器 E109 和空气冷却器 A102 冷却后进入中间产品罐。

常压塔底物料为常压渣油，由塔底泵 P112 从塔底送入减压炉进行加热。

$$R_{常压塔单元} = R_{常压塔本体} \cdot R_{常压塔顶系统} \cdot R_{常压塔底系统} \cdot R_{汽提塔系统}$$

（1）常压塔顶系统子单元的可靠性

常压塔顶系统可靠性框图略，框图逻辑如下：塔顶换热器 E106 与空气冷却器 A101、塔顶缓冲罐 D104、塔顶泵 P105 组成一串联系统。因此常压塔顶系统子单元可靠性为：

$$R_{常压塔顶系统} = R_{E106} \cdot R_{A101} \cdot R_{D104} \cdot R_{P105} \tag{4-13}$$

其中，塔顶泵 P105A/B 互为备用的储备系统，其可靠性为：

$$R_{P105} = e^{-\lambda t}(1 + \lambda t) \tag{4-14}$$

空气冷却器 A101 为 8 台相同的空气冷却器，其中有 6 台能够正常运行，整个常压塔就能正常运行，因此，空气冷却系统为 6/8(G) 的表决系统：

$$R_{A101} = R_{6/8(G)} = \sum_{i=6}^{8} \binom{6}{i} R_{A101A}^{i}(1 - R_{A101A})^{8-i} R_d$$

$$= \sum_{i=6}^{8} C_6^8 R_{A101A}^6 (1 - R_{A101A})^{8-6} R_d \tag{4-15}$$

R_d 是切换系统的可靠性，在这里切换百分之百可靠，$R_d = 1$

（2）汽提塔系统

汽提塔系统可靠性框图略，框图逻辑如下：系统由汽提塔本体 T103，煤油泵 P106 和换热器 E107A/B/C，柴油泵 P107 和换热器 E108A/B/C，塔底蜡油泵 P108 和换热器 E109A/B、空气冷却器 A102 串联所组成。

汽提塔系统的可靠性如下：

$$R_{汽提塔} = R_{汽提塔本体} \cdot R_{煤油系统} \cdot R_{柴油系统} \cdot R_{塔底蜡油系统} \tag{4-16}$$

由于煤油泵、柴油泵、蜡油泵都是 2 台同样的泵互为备用，因此它们各是储备系统。因此

$$R_{煤油系统} = R_{E107A} \cdot R_{E107B} \cdot R_{E107C} \cdot R_{P106} \tag{4-17}$$

$$R_{柴油系统} = R_{E108A} \cdot R_{E108B} \cdot R_{E108C} \cdot R_{P107} \tag{4-18}$$

$$R_{塔底蜡油系统} = R_{E109A} \cdot R_{E109B} \cdot R_{A102} \cdot R_{P108} \tag{4-19}$$

$$R_{汽提塔本体} = R_{T103} \tag{4-20}$$

（3）常压塔底系统

常压塔底系统的流程比较简单，设备只有常压塔底泵，功能是将常压塔底油送到减压加热炉，塔底泵也是 2 台同样的泵互为备用。因此常压塔底系统的可靠性为：

$$R_{常压塔底系统} = e^{-\lambda t}(1 + \lambda t) \tag{4-21}$$

（4）常压塔本体

从流程图看，常压塔上、中、下段都是由泵和换热器组成的内回流独立系统，这些系统的功能是对馏分的质量进行微调，只影响产品质量和能耗，这部分功能失效不会造成生产中断装置停工，从而造成装置的完全功能丧失。针对装置切断进料完全功能失效的失效

模式，可不对这部分设备进行可靠性分析。因此，能使装置进料中断，装置完全功能丧失的失效模式，只有对常压塔本体可靠性有影响的常压塔本体失效模式，主要失效模式是塔盘的冲刷、腐蚀、填料的堵塞，其可靠性$R_{常压塔本体}$与运行时间相关，运行的时间与物料性质有关，一般在 5~7 年。

4.2.2.5 减压加热炉单元

由于减压加热炉结构与常压加热炉相同，因此可以借鉴常压加热炉的可靠性计算模型和公式。

$$R_{减压加热炉} = R_{炉体} \cdot R_{炉管} \cdot R_{风机} \cdot R_{空气预热器} \cdot R_{热管冷却器} \qquad (4-22)$$

4.2.2.6 减压蒸馏单元

减压蒸馏的功能是将在常压下很难汽化的组分，利用抽真空来降低系统压力来降低其沸点，蒸馏分离出重柴油、蜡油、渣油等，视各段抽出产品性质和使用要求而可作为乙烯裂解、催化裂化、加氢裂化、润滑油基础油和石蜡、延迟焦化、氧化沥青和减黏裂化的原料，以及燃料油的调和组分。

为更容易计算减压蒸馏单元的可靠性，对减压蒸馏系统可以再进一步分解为塔本体系统，塔顶系统、汽提系统，塔底系统子单元，它们之间可靠性逻辑关系为串联关系。图 4-13 所示为减压塔系统单元及流程。

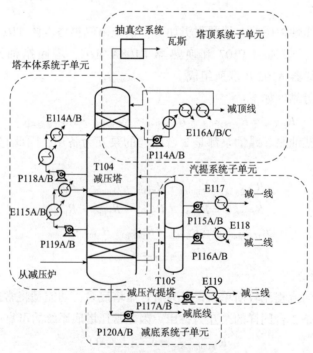

图 4-13　减压塔系统单元及流程

从减压炉来的常压渣油进入减压塔 T104 继续蒸馏，塔顶系统一路为减压塔顶由抽真空系统抽真空，燃料气进瓦斯系统。另一路为减顶线由泵 P114 抽出经过换热器 E116 换热后一部分回流，该部分为柴油组分送产品罐。

汽提塔产出的产品有减一线、减二线、减三线、分别由泵 P115、P116、P117 送出，经过换热器 E117、E118、E119 降温到相应的储罐，其组分均为蜡油组分，可作为各种润滑油，减压塔底系统产品为减压渣油，由泵 P120 送其他装置进一步深加工。

因此减压蒸馏单元的可靠性如下：

$$R_{减压蒸馏单元} = R_{塔顶系统} \cdot R_{减压塔本体} \cdot R_{汽提系统} \cdot R_{减压塔底系统} \tag{4-23}$$

由于各子系统可靠性的计算与常压单元子单元可靠性类似不再介绍，这里只重点介绍塔顶系统子单元中抽真空系统的可靠性$R_{抽真空系统}$，图 4-13 只用一个方框来表示，将抽真空系统展开还是一个复杂的系统。其工艺流程见图 4-14。

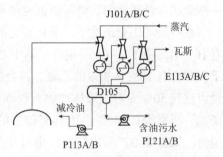

图 4-14　抽真空系统工艺流程

抽真空系统的流程如下，从减压塔来的轻组分气体进入一级蒸汽喷射泵 J101A 抽出后，冷凝液经过换热器 E113A 进入真空水罐的 D105，气体冷却后进入二级喷射泵 J101B 继续抽真空，冷凝液经过换热器 E113B 再次进入真空水罐，气体再次冷凝后进入三级蒸汽喷射泵 J101C 抽真空，冷凝液经过换过器 E113C 进入真空水罐，真空水罐顶轻组分燃料气进入瓦斯系统，底部油通过泵 P113 将含油部分送入其他装置，含油污水通过泵 P121 进入污水处理装置。

抽真空系统中的各个设备如果任一设备失效将导致抽真空系统失效，因此它们之间的关系是串联关系，其中离心泵都是两台同样泵互相备用的储备系统。

可靠性可表示为：

$$R_{抽真空系统} = R_{J101A} \cdot R_{E113A} \cdot R_{J101B} \cdot R_{E113B} \cdot R_{J101C} \cdot R_{E113C} \cdot R_{D105} \cdot R_{P113} \cdot R_{P121} \tag{4-24}$$

本节(4.2)介绍了如何对常减压装置进行可靠性计算。总结如下：一是将装置系统分解为单元，画出各子单元可靠性框图，清楚其逻辑关系。二是对各单元再进行分解为子单元，清楚其逻辑关系。三是将子单元分解为以设备为单位的流程系统，梳理组成子单元设备可靠性逻辑关系。四是计算设备可靠性，根据设备与设备、设备与子单元及单元、装置之间的可靠性逻辑关系，计算各子系统的可靠性，进而通过计算出来各子系统可靠性数据计算出常减压装置的可靠性数据。

4.3　催化裂化装置的可靠性

常减压蒸馏，是将原油切割成直馏汽油、煤油、轻重柴油、蜡油、各种润滑油馏分及渣油等，通常称为原油的一次加工。为提高产品的质量和轻质油收率，通常需将重柴油、蜡油、渣油等重组分作为原料，进行原油二次加工，如热裂化、催化裂化、催化重整、加氢裂化等。其中，催化裂化是炼厂最重要的一种重油轻质化工艺技术。

4.3.1　装置概述

催化裂化是重质油在酸性催化剂作用下采用循环流化床技术，在 500℃左右、$1 \times 10^5 \sim$

3×10^5 Pa 下发生裂解，生成轻质油、气体、焦炭的过程。因催化裂化工艺能够最大量化生产高辛烷值汽油组分，是炼厂获取经济效益的重要手段。

装置功能：催化裂化装置的功能主要是将重质馏分油和掺入的渣油，经过高温催化裂解，生产出目标产品。

馏分油主要是直馏减压馏分油（VGO），馏程 350～500℃，也包括少量的二次加工重馏分油如焦化蜡油等；渣油主要是减压渣油、脱沥青的减压渣油、加氢处理重油等。对于一些金属含量很低的石蜡基原油也可直接以常压重油作为原料。

在一般的工业条件下，催化裂化的产品中有气体：气体产率为 10%～20%。气体中含有 H_2、H_2S 和 C1～C4 等组分。其中 C1～C2 的气体称为干气，占气体总量的 10%～20%，干气中含有 10%～20% 的乙烯。其余的 C3～C4 气体称为液化气（或液态烃），其中烯烃含量可达到 50% 左右。液体产物有汽油：产率为 30%～60%，其研究法辛烷值 80～90。轻柴油：产率为 0～40%，因含有较多的芳烃，而安定性差。重柴油：馏程在 350℃ 以上的组分，以重柴油产品出装置，也可作为商品燃料油的调和组分。油浆：产率 5%～10%，是从催化裂化分馏塔底得到的渣油，油浆经沉降除去催化剂粉末后称为澄清油，因富含多环芳烃（含量 50%～80%），是制造针状焦的好原料，也可作为商品燃料油的调和组分，或作为加氢裂化的原料。

装置功能失效：凡是导致不能生产出上述产品，或产品产量、能耗、物耗不达标，或发生安全、环境事故的事件。

4.3.2　催化裂化工艺过程

催化裂化装置由反应—再生系统、再生烟气能量回收系统、分馏系统和吸收—稳定系统组成，其工艺流程图及分系统图见图 4－15、图 4－16。以馏分油催化裂化工艺为例分系统说明如下。

4.3.2.1　反应—再生系统

新鲜原料油经换热后与回炼油混合，入加热炉加热至 200～400℃ 后，由喷嘴经雾化蒸汽雾化喷入提升管底部，回炼油浆与蒸汽雾化后喷入提升管中部。两路油料喷入反应器后与来自再生器的高温（600～750℃）催化剂相遇、汽化并发生反应。油气与雾化蒸汽及预提升蒸汽一起以 7～8m/s 的入口线速携带催化剂沿提升管向上流动，在 470～510℃ 反应温度下停留 2～4s，以 12～18m/s 的高线速通过提升管出口的快速分离器进入沉降器。夹带有少量催化剂颗粒的裂化油气与蒸汽的混合气体经两级旋风分离器，进入集气室，由沉降器顶部，经油汽线进入分馏系统。

经快速分离器分出的积有焦炭的催化剂（称待生催化剂）由沉降器底部落入汽提段，经旋风分离器回收的催化剂通过料腿流入汽提段，汽提段的待生催化剂用蒸汽吹脱吸附的油气后，经再生斜管以切线方向进入再生器，在 640～700℃ 的温度下与压缩空气（主风）进行流化烧焦。再生后的催化剂（称再生催化剂）经溢流管、再生斜管，返回提升管反应器循环使用。

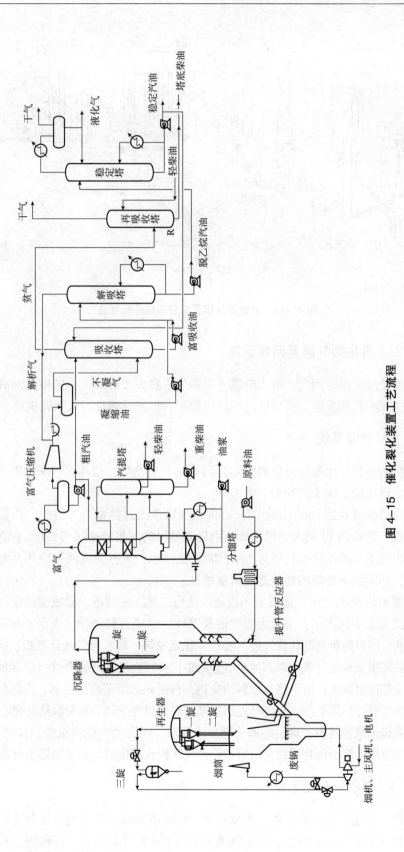

图 4-15　催化裂化装置工艺流程

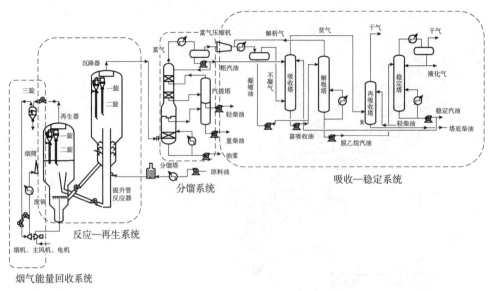

图4-16　催化裂化装置工艺系统单元划分

4.3.2.2　再生烟气能量回收系统

从再生器烧焦生成的烟气，进入旋风分离器分离除去大部分携带的催化剂后，进入烟机，回压力能和收热能发电，然后通过废热锅炉进一步回收热量后从烟筒排放。

4.3.2.3　分馏系统

分馏系统的主要作用是把反应器(沉降器)顶的气态产物，按沸点范围分割成富气、汽油、轻柴油、重柴油、回炼油和油浆等馏分。

由于分馏塔的进料是460℃以上的带有催化剂粉末的过热油气，因此，在分馏塔底部设有脱过热段，装有约10块人字形挡板。由塔底抽出的油浆经冷却至280℃后返回脱过热段上方与由塔底上来的反应油气经过人字挡板逆流接触，一方面使油气冷却至饱和状态以便进行分馏，同时洗下夹带的粉尘避免堵塞塔盘。

由反应器来的460～510℃的反应产物油气从底部进入分馏塔，经底部的脱过热段后在分馏段分割成几个中间产品：塔顶为粗汽油及富气，侧线有轻柴油、重柴油和油浆，塔底产品为原料油。塔顶的粗汽油和富气进入吸收-稳定系统；轻、重柴油经汽提、换热、冷却后出装置；油浆用泵从脱过热段底部抽出后分两路：一路直接送进提升管反应器回炼，若不回炼，可经冷却送出装置；另一路与原料油换热，再进入油浆蒸汽发生器，大部分作为循环回流返回分馏塔脱过热段上部，小部分返回分馏塔底，以便于调节油浆取热量和塔底温度。

若在塔底设油浆澄清段，可脱除催化剂出澄清油，作为生产优质炭黑和针状焦的原料；浓缩的稠油浆再用回炼油稀释送回反应器进行回炼并回收催化剂。如不回炼也可送出装置。

4.3.2.4　吸收-稳定系统

吸收-稳定系统主要由吸收塔、再吸收塔、解吸塔及稳定塔组成。从分馏塔顶油气分离器出来的富气中带有汽油组分，而粗汽油中溶解有C3、C4组分。其作用是利用吸收与精馏的方法将分馏塔顶的富气和粗汽油分离成干气、液化气和蒸气压合格的稳定汽油。

从分馏系统来的富气经加压、冷凝冷却后与来自吸收塔底部的富吸收油，以及解吸塔顶部的解吸气混合，进一步冷却到 40℃，进入平衡罐（或称油气分离器）进行平衡汽化，其中的不凝气进入吸收塔底部，罐底抽出的凝缩油与稳定塔底的稳定汽油换热到 80℃ 后，进入解吸塔顶部。

在吸收塔中，由粗汽油作为吸收剂，稳定塔来的稳定汽油作为补充吸收剂，分别由塔顶打入，与塔底进入的不凝气逆向接触。气体中大部分的 C3 以上组分（部分 C2 组分）被吸收。吸收塔塔顶来的气体携带有少量吸收剂（汽油组分），称为贫气，去再吸收塔。在再吸收塔中，用轻柴油馏分作为吸收剂再次回收其中的汽油组分，塔顶所得干气送至瓦斯管网，塔底柴油返回分馏塔。

吸收塔底的富吸收油中含有 C2 组分，不利于稳定塔的操作，解吸塔的作用就是将富吸收油中的 C2 解吸出来。塔底有重沸器供热，塔顶出来的解吸气除含有 C2 组分外，还有相当数量的 C3、C4 组分，与压缩富气混合，经冷却进入平衡罐。塔底为脱乙烷汽油，入稳定塔。

稳定塔实质上是一个从 C5 以上的汽油中分离出 C3、C4 的精馏塔。脱乙烷汽油与稳定汽油换热到 165℃，打到稳定塔中部。稳定塔底有重沸器供热，将脱乙烷汽油中的 C4 以下组分从塔顶蒸出，得到以 C3、C4 为主的液化气，经冷凝冷却，一部分作为塔顶回流，另一部分送去脱硫后出装置。塔底为蒸气压合格的稳定汽油，先后与脱乙烷汽油、解吸塔进料油换热，冷却到 40℃，一部分用泵打入吸收塔顶作为补充吸收剂，其余部分送出装置。

4.3.3　装置可靠性计算

根据上面的工艺流程，可以将催化裂化装置分成四个可靠性单元，见图 4 - 16 反应再生系统单元的可靠性 $R_{反应再生系统}$、烟气能量回收系统可靠性 $R_{烟气能量回收系统}$、分馏单元系统的可靠性 $R_{分馏系统}$ 和吸收稳定单元系统的可靠性 $R_{吸收稳定系统}$。如果反应再生系统、分馏系统和吸收稳定系统中任何一个系统功能失效，则催化裂化装置将不能生产出产品，装置完全失效。如果烟气能量回收系统失效，装置还能够维持低负荷生产，但能耗将大幅上升，是否能维持生产，将根据产品市场价格与能耗的具体情况决定，装置完全失效还是部分失效取决于企业对能耗的承受能力。如果企业无法承受由于烟气能量回收系统失效造成能耗升高的损失，则由于上述四个单元可靠性为串联关系，催化裂化装置的可靠性为：

$$R_{催化裂化} = R_{反应再生系统} \cdot R_{烟气能量回收系统} \cdot R_{分馏系统} \cdot R_{吸收稳定系统} \qquad (4-25)$$

4.3.4　催化裂化特殊设备的可靠性

对装置可靠性进行计算需要再将单元的可靠性分解至设备层级，计算设备的可靠性。由于分解过程与常减压装置分解方法相同，因此本节只对反应再生系统进行分解，不再对其他单元分解进行介绍，以下着重介绍催化裂化装置特殊设备可靠性的分析方法。

4.3.4.1　催化反应器的可靠性

上节介绍了催化裂化装置可靠性为 4 个单元系统的可靠性之积。其中反应再生系统单元的可靠性$R_{反应再生系统}$是催化裂化装置可靠性的一个系统单元。从反应再生系统工艺流程可以看出，反应再生系统的可靠性由反应器原料油进料泵，加热炉，主风机、反应器、再生器组成。每一台设备失效都会造成反应再生系统的功能失效，它们在可靠性逻辑上为串联系统。因此反应再生系统的可靠性为：

$$R_{反应再生系统} = R_{进料泵} \cdot R_{加热炉} \cdot R_{主风机} \cdot R_{反应器} \cdot R_{再生器} \qquad (4-26)$$

在常减压装置的可靠性分析中，对离心泵、加热炉的可靠性进行了分析。催化裂化装置中进料泵和加热炉的可靠性分析与常减压装置进料泵及加热炉方法类似，在此不再介绍。由于催化裂化装置的反应器由提升管反应器及沉降器部分组成，再生器的结构与反应器、沉降器结构类似，在此只介绍反应器的可靠性分析。

提升管反应器及沉降器如图4-17，工作原理如下：提升管底端设有混合区，是原料油与再生催化剂的混合、汽化和开始加速的重要区域。为降低混合区的热裂化程度和充分发挥沸石催化剂的固有活性，必须确保催化剂和油在起始接触点上就充分混合。并在油气和催化剂流通经过垂直提升管时，要尽可能使原料均匀分布减少反混。从提升管上来的经过反应的油气在快速分离器分离，固态催化剂靠重力向反应器底部落下，油气夹带部分催化剂上升到反应器顶部，进入旋风分离器，油气在旋风分离器分离后从外集合气管进入集气室后进入分馏系统，分离的催化剂进入分离器的料腿进入反应器底部。在反应器底部有蒸汽喷嘴使催化剂再汽提出一部分油气，催化剂汽提后进入环形挡板，一级一级下落，最后通过待生斜管进入再生器。

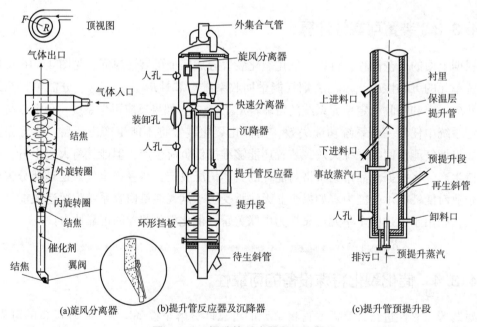

(a)旋风分离器　　　(b)提升管反应器及沉降器　　　(c)提升管预提升段

图4-17　提升管反应器及沉降器

可以将提升管反应器及沉降器作为系统，再进行组件等级的细分，

$$R_{反应沉降器} = R_{提升管反应器} \cdot R_{沉降器} \qquad (4-27)$$

可将沉降器再细分为部件。

$$R_{沉降器} = R_{快速分离器} \cdot R_{旋风分离器} \cdot R_{壳体} \cdot R_{环形挡板} \qquad (4-28)$$

旋风分离器还可以继续细分为元件。

$$R_{旋风分离器} = R_{旋风分离器筒体} \cdot R_{翼阀} \qquad (4-29)$$

旋风分离器分解至筒体与翼阀时，已分解到最底层部件级别，因为维修针对的是对筒体和翼阀的维修。细分出的这些部件每一个失效都将造成反应沉降器失效。因此，反应沉降器的可靠性可表示为：

$$R_{反应沉降器} = R_{提升管反应器} \cdot R_{快速分离器} \cdot R_{旋风分离器筒体} \cdot R_{翼阀} \cdot R_{壳体} \cdot R_{环形挡板} \qquad (4-30)$$

旋风分离器筒体失效模式如下。

（1）衬里脱落

由于筒体衬里脱落，暴露出的器壁被冲蚀、磨损至穿孔，未被分离的烟气或油气夹带催化剂直接从穿孔部位窜进旋风分离器内部并从升气管逃逸，见图 4-18。

图 4-18　筒体衬里脱落磨损

催化衬里结构比较复杂，有耐磨衬里和隔热衬里，或复合衬里。结构见图 4-19。

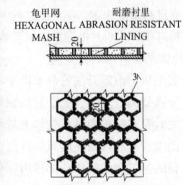

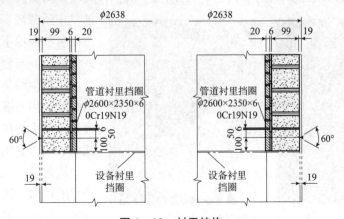

图 4-19　衬里结构

衬里结构主要由以下材料组成：①龟甲网、端板、柱型保温钉均应采用0Cr13材质，要求钢线膨胀系数低，含碳量低，可焊性好；②衬里材料、水泥要求标号要高，要求耐高温、耐冲刷，对化学成分有明确要求；③矾土熟料、陶粒(大颗粒珍珠岩)。对施工过程质量要求严格。

衬里损坏失效模式的机理如下：

①由于催化裂化反应过程中不饱和碳氢化合物渗透进衬里及衬里与金属壳体之间的空隙中，缩合生成的焦炭逐步积累，从而造成衬里的剥落或者使锚固钉与金属壳体间的焊接断裂形成衬里鼓包，出现龟甲网翘起现象。

②以Ω锚固钉为骨架的隔热耐磨衬里，其顶端均为开放式，对衬里表层的约束力比较小，在生产过程中容易产生裂纹，随着催化剂的磨损裂纹会逐渐扩大，最终造成大量裂纹甚至出现开裂式裂纹。

③局部应力过于集中。龟甲网、锚固钉与壳体都是硬性焊接，没有足够的膨胀余量。这些部位在装置正常运行中会受到很大的热膨胀应力，过大的内部应力容易导致龟甲网解扣或接头点开裂，造成衬里损坏，再加上这个部位也是催化剂冲刷磨损的重要部位，所以一旦衬里发生损坏，损坏面积会迅速扩大。

④材质在高温条件下发生脱碳劣化，强度剧烈下降，进而导致损坏。

上述失效模式与运行时间相关，也与操作条件相关，特别是装置正常开停工过程和事故状态下温度剧烈变化下的热胀冷缩也是造成衬里表面出现裂纹的原因之一。此外，施工质量对衬里寿命有很大影响，衬里制作过程中要求外表面平整光滑，为保证衬里内部密实度需要对衬里表面进行多次抹压。在抹压过程中由于部分衬里可能会出现已凝结的情况，抹压后衬里内部结构有损坏，对衬里强度造成影响，在经过装置内部升温催化剂磨损后容易脱落。

(2)筒体结焦脱落堵住翼阀

沉降器旋风分离器升气管外壁由于有重油油滴和催化剂的沉积形成结焦，并逐渐增长成焦块，导致旋风分离器丧失了分离催化剂的功能，造成催化剂大量跑损。

这种失效模式的机理是：气体夹带粉尘从旋风入口进入，在速度的作用下在旋风内离心分离，比重较大的颗粒在旋风的外层，靠近器壁，在重力的作用下，下降到排污管从翼阀排出，轻的油气在中间从顶部排出，但有些质量较小的粉尘在靠近内上升管的外壁处集聚，此处是死区，流速小，停留时间长，在高温下沉积在旋风分离器升气管外壁上的反应油气中重芳烃、胶质、沥青质等重组分在高温下发生缩合反应形成焦炭，并与催化剂颗粒附着在一起。粉尘结焦，长时间结焦越结越厚，当有振动或速度波动时容易形成大块焦块脱落，堵住料腿或翼阀。见图4-20。

失效发生的时间取决于结焦速度的快慢、结焦速度与油气的流速，与催化剂的含量、加工的油种，以及操作温度压力等相关。

图4-20　结焦堵塞

由于反应器操作条件是变化的，结焦的速度也存在一些不确定性。因此，平均失效时间的分布是比较大的。某企业运行 27 个月就发生结焦严重的非计划停工，而有些企业运行 5 年还能正常停工检修。积累数据是长期工作，有时积累数据没超过几个失效间隔可能设备就要进行改进，因此大多数是在小样本，在数据很少的情况下需对运行周期进行专家集体评估。

（3）吊挂、拉杆、料腿断裂

吊挂、拉杆、料腿断裂是由于工作时各级旋风分离器的下沉幅度，不同温差形成的热应力造成的，这种破坏的原因一方面是温差热应力较大材料的高温强度不足，这种情况是设计原因导致的。另一方面是有时料腿和拉杆受到气固两相流的不稳定扰动形成诱导振动，进而产生交变应力

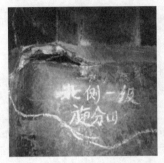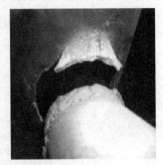

图 4-21　吊挂拉杆断裂

发生疲劳断裂，见图 4-21。这种情况多与操作有关。因而这种失效模式分布呈偶发性指数分布。

在催化裂化（FCC）装置中，再生器二级旋风分离器的料腿和沉降器顶部旋风分离器的料腿均安装有翼阀。翼阀的作用一方面是使料腿内保持一定的料封高度，平衡料腿内外的压差，保证料腿内的颗粒逆压差下行；另一方面是防止翼阀外部的气体反串进入料腿，影响旋风分离器的效率。然而在实际生产中，由于料腿是一个负压差立管，外部的压力高于内部的压力，在翼阀开启排料过程中，外部气体就有可能夹带悬浮的催化剂反串进入料腿，由此造成翼阀阀板表面的冲蚀磨损，见图 4-22，甚至磨损穿孔。若经常发生翼阀阀板磨损甚至磨穿的现象，会影响旋风分离器的排料，导致分离效率下降，催化剂跑损。磨损部位主要发生在阀板的椭圆接触密封面上，是逐渐形成的，因此该失效模式与运行时间相关。

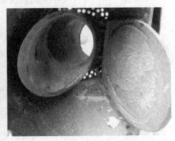

图 4-22　翼阀磨损

从上述失效模式和损坏机理分析看，损坏的根原因分为两类：一类是施工质量和设计的原因；另一类是损坏与运行时间有关的原因。对设计和施工的原因，只有加强施工管理才能避免。但现实是，不可能对所有部位的质量进行百分之百的监控，这就要评估在现有的质量管理水平下可能出现的部位损坏情况的概率及对运行的影响。如在正常施工质量条件下衬里可能使用 10 年，在出现质量问题条件下可能使用 4~5 年。翼阀磨损失效模式的发生周期为 3~6 年。因此，每 3 年应停工检查衬里的磨损情况，检测翼阀磨损的状态。

如有需要进行修复或更换。

上述着重对提升管反应器沉降器中旋风分离器的可靠性失效模式及机理进行分析介绍，其他部分可靠性的分析过程与此类似，提升管反应器沉降器主要失效模式及危害分析FMEA 见表 4 – 3。

表4 – 3　提升管反应器沉降器主要失效模式及危害分析 FMEA

设备	功能部件（单元）	元件（子单元）		失效模式	失效现象	失效统计分布	失效后果	根原因	
								自然机理	管理因素
反应器	提升管反应器	壳体		冲刷、衬里老化	隐性，局部借助红外测温仪器可观察	韦布尔分布	重大经济损失、停车	冲刷、衬里老化	施工质量
									操作
		喷嘴		高温冲刷、腐蚀	隐性	韦布尔分布安全寿命4年	重大经济损失、停车	高温冲刷、腐蚀	操作
		快速分离器		冲刷、磨损、结焦	隐性	韦布尔分布	经济损失、降低负荷	冲刷、磨损、结焦	操作
	沉降器	旋风分离器	筒体	衬里老化脱落、冲刷、磨损	隐性	韦布尔分布	重大经济损失、停车	冲刷、磨损	施工质量
									操作
				筒体结焦	隐性	韦布尔分布	重大经济损失、停车	结焦	操作
				金属材料老化	隐性	韦布尔分布	重大经济损失、停车	蠕变、石墨化	设计
			翼阀	结焦或杂物堵住翼阀	隐性	韦布尔分布	重大经济损失、停车	结焦、焦块或衬里脱落	操作
				翼阀磨损漏气	隐性	韦布尔分布	重大经济损失、停车	冲刷、磨损	
		壳体		内壁衬里老化、冲刷、磨损	隐性	韦布尔分布	重大经济损失、停车	衬里冲刷、磨损	操作
		环形挡板		焦块堵塞挡板	隐性	随机指数分布	经济损失、降低负荷	顶部结焦脱落	操作
				挡板结焦	隐性	韦布尔分布	经济损失、降低负荷	结焦	
				挡板冲刷、穿孔	隐性	随机指数分布	重大经济损失、停车	冲刷、磨损	

4.3.4.2　催化裂化特殊设备、四机组的可靠性分析

在催化裂化装置中反应再生系统中压缩风是由一台轴流压缩机及一台离心式压缩机组成的备用系统，由于轴流式压缩机具有流量大、效率高的特点。作为主风机轴流式压缩机

的可靠性低因此需要一台备机。备机选用成本相对较低、可靠性较高的离心式压缩机。选择的离心式压缩机的流量只有轴流压缩机流量的 60% ，目的是确保在轴流压缩机检修时装置能够在 60% 负荷下短期运行，避免主风机失效造成生产的巨大损失。主风机可靠性低不仅仅是因为主风机是轴流式压缩机，还因为能量回收系统的烟气、驱动电机和蒸汽透平与主风机靠联轴器连接成一个机组系统，是催化裂化装置特有的机组，称为四机组。

（1）四机组简介

四机组是催化裂化装置的核心设备，催化裂化装置四机组包括烟气轮机、轴流式压缩机、汽轮机还有电动/发电机。四机组采用同轴式，将烟气轮机、轴流压缩机、齿轮箱、汽轮机和电动发电机通过联轴器连接到同一

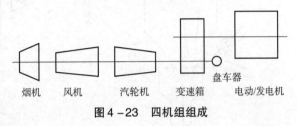

图 4 -23　四机组组成

轴上，其组成见图 4 -23。由于其结构复杂，再加上对运行环境有严格要求，导致单个设备的运行工况多样，因此出现的失效模式也是比较复杂的。

（2）四机组的工作流程

主风机轴流风机将空气增压至 0.4MPa 左右，将被压缩的空气送至再生器的底部。空气流与结了焦的热催化剂流接触烧焦放出大量的热量，产生烟气，烟气经过一、二级旋风分类器分离出大部分催化剂粉末再进入三级旋风分离器，正常烟气进入烟气轮机，烟气轮机以催化裂化再生的高温高压的烟气为介质，在烟气轮机内膨胀做功，将烟气的热能和压力能转化为转子的机器能，从而驱动轴流压缩机供风和发电机发电；如果烟气的能量所转换的功率不能满足轴流压缩机为再生器供风，则由汽轮机或者电动发电机辅助推动；如果烟气的能量满足轴流压缩机的供风要求，而且还有很多剩余的能量，则会推动电动/发电机发电，将电能发送到电网。烟气膨胀做功后还有剩余的温度，使用余热锅炉进行回收，给余热锅炉给水，将产生的蒸汽引入汽轮机，从而带动汽轮机，达到能量回收的目的。如烟气轮机失效可通过可关闭烟气蝶阀，打开旁路阀，对烟气轮机进行检修。由于烟气轮机、主风机、蒸汽透平和发电机同轴，任何设备失效将引起其他设备失效，因此可靠性相对较低。四机组工作流程见图 4 -24。

由于四机组中蒸汽透平与电机为通用设备，下面着重介绍特殊的轴流式压缩机和烟气轮机的可靠性分析。

（3）轴流式压缩机的可靠性

轴流式压缩机在催化裂化装置中的作用是给再生器提供大量的压缩空气，保证催化剂表面黏着的碳分子充分燃烧。

轴流式压缩机属于速度型压缩机，也称为透平式压缩机，由于气体在机器内部基本沿轴向流动，所以称为轴流式压缩机。轴流式压缩机具有单位面积气体流通量大，效率高、相同工况下需要的径向尺寸小等特点，特别适合大流量的场合。

催化裂化装置采用的是静叶可调节(AV)系列轴流式压缩机，由于静叶可调节，所以适应的工况更加广泛，流量变化范围比固定静叶(A)系列大一倍。静叶可调节(AV)系列轴流式压缩机还具有噪声小、不易发生喘振的优点。

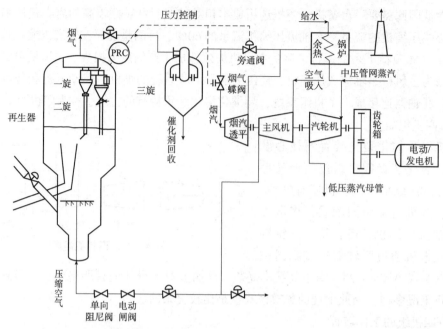

图4-24 催化裂化装置四机组工艺流程示意

（4）轴流式压缩机结构及原理

①轴流式压缩机结构

轴流式压缩机主要由转子、定子及其辅助系统组成。转子包括转鼓、动叶、止推盘等；定子包括气缸、静叶、扩压器、收敛器、出口导流器、进气导流器、排气管等。AV系列轴流式压缩机结构见图4-25。

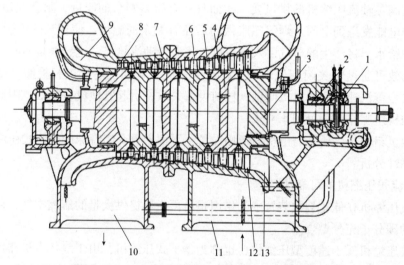

图4-25 AV（静叶可调节）系列轴流式压缩机结构

1—推力轴承；2—轴向轴承；3—转子；4—导流器（静叶）；5—动叶；6—前气缸；7—后气缸；
8—出口导流器；9—扩压器；10—排气管；11—进气管；12—进气导流器；13—收敛器

②轴流式压缩机原理

轴流式压缩机工作原理是在工作时旋转动叶将机械能传递给气体，使气体的动能与压力能增加，而后气体进入静叶中，静叶使气体的动能减少压力能进一步提高，并改变气流方向使之以适当的角度进入下一级，因此气体的压力逐渐升高，最后由排气管排出。

③轴流式压缩机系统划分

按照第 3 章对设备的可靠性分析流程，首先要对轴流式压缩机进行系统单元的划分，轴流式压缩机系统划分及其系统功能如下。见表 4 - 4。

表 4 - 4　轴流式压缩机各部件功能

序号	系统(单元)	部件(子单元)	功能
1	监测系统	振动保护开关	监测振动变化，异常时报警停机保护机组
		状态监测系统	监测温度等变化，异常时报警停机保护机组
		电气仪表控制回路	监控压力温度等变化并控制
2	压缩系统	进气室	使气体均匀进入环形收敛器
		收敛器	确保气流有均匀速度和压力场
		进气导流器	将气流以一定的速度和方向推向一级动叶
		动叶	对气体做功，提高其速度和压力
		静叶	将来自动叶的气体动能转化为压力能，同时使气体以一定的速度和压力进入下一级
		出口导流器	将末级导流器的气流方向转为轴向
		扩压器	提高出口导流器流出气体的压力
		排气室	收集气体，再由排气管排出
		止推轴承	承受轴向力
		径向轴承	承受径向力和转子重量
		主轴承	传递转矩给叶轮
		平衡盘	平衡轴向力
3	驱动系统	变速器	改变机组转速
		联轴器	将主轴与原动机连接，传递扭矩
		盘车器	检验装配问题
		齿轮	啮合变速
		轴承	传递叶轮扭矩
4	油路系统	储油箱	供给、储存润滑油
		润滑油泵	供给润滑油
		油冷却器	冷却润滑油
		油过滤器	过滤润滑油
		油气分离器	将油气混合物分离
		蓄能器	确保控制压力稳定
		高位油箱	油泵发生故障时，位于高位油箱中的润滑油通过重力流入需要的部位
		阀门	控制流量
		调节阀	调节流量
5	密封系统	内部密封	防止内部各空腔气体泄漏
		外部密封或轴密封	防止外部气体进入压缩机
6	控制系统	调节控制单位	调节转速
		电气联锁	使电气设备相互制约
		仪表联锁	将一仪表内容反映给另一仪表
		防喘振阀	防止低流量时喘振
		防阻塞阀	控制流量上限，防止阻塞工况
		止回阀	防止气体倒流
7	冷却系统	冷却器	冷却气体
		分离器	对含有雾滴气体进行气液分离
8	管网系统	进/排气管道	输送气体介质
		阀门	控制气体流量
		过滤器	过滤气体杂质
9	其他	底座	固定机组
		安全附件	确保机组安全运行

④轴流式压缩机系统单元及功能

a. 监测系统：监测原动机、压缩机的进出口气体的压力、温度、管路中流量、功率、振动、转速、轴向位移、油位等参数。

b. 压缩系统：通过轴和叶轮，传递原动机的机械能给气体，主要增加气体的静压能，附加动能。

c. 驱动系统：为压缩机提供原动力。

d. 油路系统：润滑轴承，减少轴承与轴或轴套之间的摩擦，并带走摩擦产生的热量；保证控制系统正常工作，确保控制压力稳定，确保密封效果。

e. 密封系统：防止机壳中的气体沿轴向泄漏或外界空气漏入机壳内。

f. 控制系统：机组的启动、停车。调节转速与工况点，令压缩机保持最佳工作状态，并与检测、在线实时监测系统联锁，实现智能停车，确保机组安全。

g. 冷却系统：控制油温，带走热量，确保设备安全。

h. 管网系统：控制压缩机进、出气体，确保压缩机正常工作。

i. 其他：安全附件、底座、基础。

(5)再细分各系统单元的零部件及功能

根据轴流式压缩机的结构和功能、说明书以及操作规程确定部件功能，见表4-4。

(6)轴流式压缩机FMEA

根据已有的历史资料、检修记录等信息来确定轴流式压缩机可能造成停机的失效模式见表4-5。

表4-5 轴流式压缩机主要失效模式及影响分析(FMEA)

设备	功能部件（单元）	元件（子单元）	失效模式	失效现象	失效统计分布	失效后果	根原因	
							自然机理	管理因素
轴流式压缩机	压缩系统	进气室 收敛器 进气导流器 动叶 静叶	动静叶片磨损	振动	韦布尔分布	使用性	腐蚀、冲刷磨损	
							旋转失速	操作
								设计
		出口导流器 扩压器 排气室	动静叶片断裂	剧烈振动、噪声	随机指数分布	安全后果	腐蚀、磨损、疲劳	
							喘振	操作
							旋转失速	设计
								操作
			不平衡	振动	韦布尔分布	使用性	动叶片变形	设计、安装
							滑移	
							叶片结垢	

续表

设备	功能部件 （单元）	元件 （子单元）	失效模式	失效现象	失效统计分布	失效后果	根原因	
							自然机理	管理因素
轴流式压缩机	驱动系统	联轴器	不平衡	振动	随机指数分布	使用性	不对中	安装
			联轴器膜片断裂	振动	韦布尔分布	使用性	疲劳	
		变速器	齿轮磨损	振动、噪声	韦布尔分布	使用性	润滑问题	操作
		轴承[1]	轴承磨损	振动	韦布尔分布	使用性/非使用性	润滑、外部因素	操作、设计
					随机指数分布			
				轴位移	韦布尔分布			
					随机指数分布			
		盘车器	无法盘车	涡轮蜗杆无法啮合	随机指数分布	使用性	润滑	维护
				盘车电机不转	随机指数分布		盘车电机失效	制造质量
	油路系统	储油箱 润滑油泵 油冷却器 油过滤器 油气分离器 蓄能器 高位油箱	过滤器堵塞	过滤器压差高	韦布尔分布	使用性	润滑油	操作
			润滑油泵失效	连锁停车	随机指数分布	非使用性	略[1]	略[1]
			储能器压力低	连锁停车	随机指数分布	非使用性	内囊泄漏	维护
	密封系统[1]	内部密封 外部密封 或轴密封	密封内漏 密封外漏	空气内漏 漏油	随机指数分布	使用性	磨损/外部因素	操作 维护
	控制系统[2]	调节控制单位	静叶可调失效	无法调节流量	随机指数分布	使用性	调节器失效	维护
							油压过低	
		电气联锁 仪表联锁	联锁失效	误联锁 拒联锁	随机指数分布	使用性	元器件失效	维护
		防喘振阀 防阻塞阀 止回阀	阀门卡涩	喘振	随机指数分布	使用性	润滑	维护
	冷却系统	冷却器 分离器	冷却器内漏	润滑油乳化	韦布尔分布	使用性	腐蚀	维护
			冷却器结垢	油温度高	韦布尔分布	使用性	结垢	维护
	管网系统	进/排气 管道 阀门 过滤器	过滤器堵塞、破损	振动	随机指数分布	使用性	堵塞机体内部间隙	维护
	其他	底座 安全附件	基础下沉 结构变形	振动	韦布尔分布	使用性	变形	安装质量

注：[1]详细离心泵、轴承、密封等通用设备的可靠性分析方法见第 3 章。[2]控制系统可靠性分析在第 4 章详细介绍。

(7)烟气轮机

烟气轮机(又称烟气透平)广泛运用于石油化工中的催化裂化装置,是催化裂化装置中的关键设备。烟气轮机利用催化裂化生产过程中产生的高温、高压烟气膨胀做功转换为转轴上的机械能,驱动轴流压缩机或者带动发电机发电,实现能量回收。大多数烟气轮机为轴流式烟气轮机,轴流式烟气轮机不但效率高,而且能满足大功率要求。

(8)烟气轮机结构及原理

①烟气轮机结构

烟气轮机主要包括转子组件(主轴、轮盘和动叶片)、进/排气机壳、静叶组件、轴承箱、轴承、底座、气封系统和轮盘冷却系统等部分。烟气轮机的静叶和轮盘上装有动叶的工作轮是组成烟气轮机的最基本的工作单元,称为"级"。烟气轮机按级数的不同分为单级或多级烟气轮机。只有一个级的烟气轮机称为单级烟气轮机;含有两个级的烟气轮机称为两级烟气轮机;同理,两级以上的称为多级烟气轮机。两级烟气轮机比单级烟气轮机效率高4%~6%。典型烟机结构见图4-26。

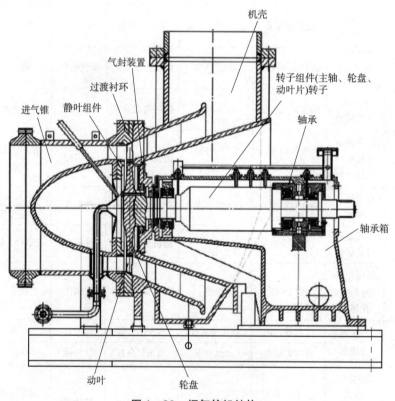

图4-26 烟气轮机结构

②烟气轮机工作原理

烟气轮机是将烟气的热能和压力能转变为转轴上的机械能的原动机。

静叶流道内,烟气在喷嘴中膨胀做功,把烟气的热能和压力能转化为动能;烟气的压力由 P_0 膨胀到 P_1,气流速度得到相应提高。烟气经过静叶提速后以一定的速度喷向动叶,烟气在动叶流道的作用下流动方向发生改变;由于动叶上的力作用于烟气使其方向发生改变，那么烟气必定有个与之相反的作用力作用在动叶上，这个反作用力的轴向分力推动工作轮旋转，这就是烟气轮机热势能转为机械能的工作原理。

（9）烟气轮机系统划分

对烟气轮机系统进行单元划分，其单元及部件功能见表 4 - 6。

表 4 - 6　烟气轮机各部件功能

序号	系统	部件	功能
1	冷却系统	蒸汽管线节流阀	冷却轮盘
2	润滑系统	与轴流式风机共用系统	见轴流式风机润滑系统
3	驱动系统	动叶片 轮盘 主轴 拉杆螺栓及套筒 轴承 外壳 轴承箱 空气及蒸汽密封	将烟气的热势能转化为转轴上的机械能 固定动叶片，带动动叶片旋转 连接轮盘传递扭矩 连接、紧固部件轮盘 支撑主轴并引导主轴做旋转运动 保护内部元件且防止烟气泄漏 支撑和润滑轴承 防止空气及蒸汽泄漏
4	密封系统	轴封	阻挡轴承箱盖和轴承箱体前端润滑油泄漏
5	进气系统	烟气入口管 静叶组件 导流锥	引导烟气进入壳体 改变烟气流向，提高动能 引导烟气分布均匀
6	过渡系统	过渡机壳 二级导流叶环组件 （双级烟机）	保护内部元件且防止烟气泄漏 改变烟气方向
7	排气装置	扩压器	引导烟气排出壳体
8	监测系统	温度计承插管子 热电偶 转速探头 轴位移探头 开关设备 隔离装置 附件 电缆	监测一级轮盘温度 测量烟气温度 监测转子的转速 监测主轴的位移量 闭合或断开电缆回路电流 隔离或转换电荷 防护罩、接头等 传输电力 保护电缆
9	其他	管路系统 底座	连接共用工程 固定机身

（10）烟气轮机 FMEA

烟气轮机是个零部件众多且又相互联系的辅助系统，其中某个部件发生功能故障有可能会对整个烟气轮机的正常运行造成影响。有些重要的零部件只要一发生故障就导致其相应的功能丧失，进而使烟气轮机停机，甚至造成人员伤亡。所以，对烟气轮机的重要零部件进行故障模式及影响分析尤为重要。烟气轮机重要系统单元及零部件 FMEA 见表 4 - 7。

表4-7　烟气轮机重要单元及零部件 FMEA

设备	功能部件（单元）	元件（子单元）	失效模式	失效现象	失效统计分布	失效后果	根原因	
							自然机理	管理因素
烟气轮机	冷却系统	蒸汽管线及节流阀	冷却不足	轮盘温度高	随机指数分布	使用性		操作
	润滑系统	与轴流风机共用一系统	见轴流风机	见轴流风机	见轴流风机	见轴流风机	见轴流风机	见轴流风机
	驱动系统	动叶片轮盘主轴拉杆螺栓及套筒轴承外壳轴承箱	叶片断裂	振动、噪声	韦布尔分布	安全性后果	疲劳	
			叶片、轮盘磨损	振动、噪声	韦布尔分布	使用性	冲刷、磨损	操作
					随机指数分布	非使用性	催化剂粉尘超标	
			拉杆螺栓松弛	振动、噪声	韦布尔分布	使用性	高温、蠕变	
			轴承磨损	轴承温度高	随机指数分布	使用性	润滑	操作
	密封系统	迷宫密封蒸汽、空气回路	迷宫磨损	泄漏烟气	随机指数分布	使用性	磨损	操作安装
	进气系统	烟气入口管静叶组件导流锥	静叶磨损	振动、噪声	韦布尔分布	使用性	磨损	操作
					随机指数分布	使用性	催化剂粉尘超标	
	监控系统[1]	温度计承插管子热电偶转速探头轴位移探头开关设备隔离装置电缆	联锁失效	误联锁拒联锁	随机指数分布	非使用性	元器件失效	维护
	其他	底座安全附件	基础下沉结构变形	振动	韦布尔分布	使用性	变形	安装质量

注：[1] 监控控制系统可靠性分析在第4章详细介绍。

由于催化裂化装置是炼油厂最容易产生非计划停工的装置，因此很多研究者对催化裂化装置的可靠性进行了研究。程光旭等对催化裂化反应再生系统进行了失效模式危害度分析，采用危险顺序数(Risk Priority Number) RPN 的数学定义为 RPN = S×O×D。其中：S 为危害度，即失效模式发生后果的严重程度，取值为 1~10；O 为发生概率，即失效可能发生的频率，取值为 1~10；D 为查明难度，即发生失效的产品在检验中未被发现，被误认为是合格品的可能性，取值为 1~10。列出了反应再生系统的 FMECA 分析表见表4-8。

表 4-8　反应再生系统的 FMECA

设备	功能	失效模式	失效原因	失效效应	失效检测	可选择的预防措施	危害度 S	发生概率 O	查明难度 D	危险顺序数 RPN
烟机	进行能量回收	振动	结垢热态对中不良	声音异常被迫停机	观察机组的振幅	(1)加强烟机冷却和密封蒸汽的质量；(2)平稳操作、确保再生器特别是三旋的分离效果降低烟气中催化剂浓度	9.5	9	2.5	214
		冲蚀	催化剂粉尘冲蚀	烟机叶片严重磨损	催化剂的循环量	(1)降低烟气中催化剂粉尘的含量；(2)烟机叶片的耐磨性；(3)改善烟机结构；(4)加强涂层质量	4.5	8.5	4.5	172
增压机	提供压动力	推力瓦损坏	轴向力过大，润滑油泄漏	影响机组的平稳运行	声音异常	(1)增加叶轮气封齿数；(2)加大推力瓦面积	8.5	3.5	2.5	74.4
泵	输送	振动	不平衡	机组平稳运行	声音异常	(1)对叶轮结构作必要的改动；(2)更换轴承；(3)撤压	8.5	6.5	3	166
反应器	原料油在此反应产生油气	嘴结点	油气黏在器壁上	影响系统的压力平衡，影响反应的正常裂解	催化剂的循环量	(1)改进预提升段设计和操作，实现气相输送，减少催化剂返混，使催化剂与原料充分混合；(2)选择新型的雾化喷嘴，增加雾化蒸汽，改进雾化效果；(3)尽量提高进料段温度，使再生剂与进料的混合温度高于进料的临界温度，严格控制原料中残碳和沥青质量含量；(4)选择合格的反应条件和温度	3.5	10	2	70
		膨胀节裂开	露点腐蚀	液体漏出影响反应进行	液体漏出	(1)更换材料，选超低碳钢或双向不锈钢；(2)制造成型后应进行稳定化热处理；(3)保证反应温度在露点以上；(4)避免液相设计时防止膨胀节受剪力	9	3.5	2.5	79
双动滑阀	调节流量	螺栓断裂	高温腐蚀	调节失控	压力变化	(1)工艺操作平稳，避免尾燃或二次燃烧；(2)加强管理零部件的材料质量	8.5	2.5	3	64

设备	功能	失效模式	失效原因	失效效应	失效检测	可选择的预防措施	危害度 S	发生概率 O	查明难度 D	危险顺序数 RPN
滑阀、塞阀	调节流量	堵塞	催化剂堵	催化剂循环量波动	循环量	(1)清理； (2)更换	8.5	4.5	3	115
仪表	控制	失灵	机械故障	制造问题	观察	(1)加强现场仪表的改造； (2)推广新近的控制技术； (3)开发应用和推广在线分析仪	5	5	2.5	63
风机	提供动力	振动	不平衡	影响机组平稳运行	声音观察	(1)严格要求转子的动静平衡； (2)确保操作的平稳	8.5	4	2.5	85
再生器	催化剂再生	龟甲网脱落或鼓包	膨胀系数的不同	壁温升高	人眼观察	(1)更换，采用新型衬里； (2)修补	2.5	10	1.5	37.5
		料腿堵塞	衬里脱落	催化剂循环量减少	催化剂循环量变化	清理	9.5	1.5	1.5	21.4
		翼阀堵塞	催化剂沉积	催化剂循环量减少	催化剂循环量变化	清理	9.5	1.5	1.5	21.4
		化学腐蚀	原料含氯化物	壁厚减薄	检测壁厚	(1)修复； (2)补焊； (3)更换材料	7.5	1.5	8	90
		H_2S腐蚀	原料含硫	壁厚减薄	检测壁厚	(1)修复； (2)补焊； (3)更换材料	8	1.5	8	96
		人为因素	误操作	影响生产	仪表异常	(1)加强现场管理，严格遵守工艺纪律和操作纪律； (2)加强职工的责任心，不断提高职工素质	1.5	1.5	8.5	19.1
沉降器	分离油剂	结焦	油气黏在器壁上	循环量变化	油浆循环量和进料量	(1)增加防焦蒸汽量； (2)减少二次反应； (3)采用快分加一级高效旋分器； (4)改进汽提段设计，采用高效汽提技术，减少结焦	3.5	9	2	63

设备	功能	失效模式	失效原因	失效效应	失效检测	可选择的预防措施	危害度 S	发生概率 O	查明难度 D	危险顺序数 RPN
三旋	分离剂油	露点腐蚀	壁温低于烟气露点	泄漏	观察	(1)提高器壁温度； (2)更换材质； (3)三旋外包保温层	4.5	5.5	7.5	186
换热器	加热	腐蚀	硫腐蚀	管束泄漏	人眼观察有液体泄漏	(1)堵塞有泄漏的管； (2)如果换热器中的管束大部分都有泄漏，则需整体更换换热器	3.5	8.5	2.5	74.4
		磨损	原油含固体组分				3.5	6.5	2.5	56.9

4.4　加氢装置的可靠性分析

4.4.1　加氢装置概述

加氢裂化是石油炼制过程重要的二次加工装置之一，加氢裂化装置功能是将蒸馏装置得到的重质馏分油（包括减压渣油经溶剂脱沥青后的轻脱沥青油），通过在高温、高压条件下加氢发生裂化反应，再通过分离等工艺，将其转化为气体、汽油、航煤、柴油或用于生产润滑油原料。因此，装置功能故障为凡是导致装置不能生产出上述产品，或产品产量、能耗、物耗不达标，发生安全、环境事故的事件。

目前，加氢裂化工艺绝大多数均采用固定床反应器，根据原料性质、产品要求和处理量的大小，加氢裂化装置一般按照两种流程操作：一段加氢裂化和两段加氢裂化。除固定床串联加氢裂化外，还有沸腾床加氢裂化和悬浮床加氢裂化等工艺。

(1)固定床一段加氢裂化工艺

一段加氢裂化主要用于由粗汽油生产液化气，由减压蜡油和轻脱沥青油生产航空煤油和柴油等。

一段加氢裂化只有一个反应器，原料油的加氢精制和加氢裂化在同一个反应器内进行，反应器上部为精制段，下部为裂化段。

(2)固定床两段加氢裂化工艺

两段加氢裂化装置中有两个反应器，分别装有不同性能的催化剂。第一个反应器主要进行原料油的精制，使用活性高的催化剂对原料油进行预处理；第二个反应器主要进行加氢裂化反应，在裂化活性较高的催化剂上进行裂化反应和异构化反应，最大限度地生产汽油和中间馏分油。两段加氢裂化有两种操作方案：第一段精制，第二段加氢裂化；第一段除进行精制外，还进行部分裂化，第二段进行加氢裂化。两段加氢裂化工艺对原料的适应性大，操作比较灵活。

（3）固定床串联加氢裂化工艺

固定床串联加氢裂化装置是将两个反应器进行串联，并且在反应器中填装不同的催化剂：第一个反应器装入脱硫脱氮活性好的加氢催化剂，第二个反应器装入抗氨、抗硫化氢的分子筛加氢裂化催化剂。其他部分与一段加氢裂化流程相同。同一段加氢裂化流程相比，串联流程的优点在于只要通过改变操作条件，就可以最大限度地生产汽油或航空煤油和柴油。

（4）沸腾床加氢裂化工艺

沸腾床加氢裂化工艺是借助于流体流速带动一定颗粒粒度的催化剂运动，形成气、液、固三相床层，从而使氢气、原料油和催化剂充分接触而完成加氢裂化反应。该工艺可以处理金属含量和残炭值较高的原料（如减压渣油），并可使重油深度转化。但是该工艺的操作温度较高，一般在 $400 \sim 450℃$。

（5）悬浮床加氢裂化工艺

悬浮床加氢裂化工艺可以使用非常劣质的原料，其原理与沸腾床相似。其基本流程是以细粉状催化剂与原料预先混合，再与氢气一同进入反应器自下而上流动，并进行加氢裂化反应，催化剂悬浮于液相中，且随着反应产物一起从反应器顶部流出。

4.4.2 典型加氢装置的可靠性分析

以典型固定床串联加氢裂化为例介绍装置的可靠性计算，简化工艺见图 4 – 27。

原料经过进料缓冲罐 V1 缓冲后被进料泵 P1 送入加氢精制反应器 R1，在进入 R1 前通过换热器 E2 与加氢裂化反应器 R2 出口物料换热，原料 R1 加氢后进入 R2，反应产物从 R2 出来后进入换热器 E1 与循环氢换热，再经过换热器 E2 与原料换热，进入换热器 E3 与低分来的油换热，经过空气冷却器 A1 冷却后进入高压分离器 V2。

在高压分离器分成气液两路，气相（主要成分是氢气）从高压分离器顶部进入循环氢脱硫塔 T3 脱除硫化氢后进入循环氢压缩机 C1，经 C1 被压缩后分成两路，一路分别进入加氢精制反应器 R1 和加氢裂化反应器 R2，另一路与换热器 E1 与加氢裂化反应产物换热后分别进入循环氢加热炉 F1 和 F2 加热后与进料混合。高压分离器的另一路液相从高压分离器 V2 底部采出，进入低压分离器 V3。

在低压分离器物流又分成两路，顶部气体进入燃料气系统，底部油通过换热器 E3 换热后进入脱丁烷塔 T1，在脱丁烷塔又分为气液两项，气相从塔顶采出后通过与塔顶冷凝器换热进入塔顶储罐，在储罐顶部轻组分为燃料气，进入燃料气系统，底部为丁烷进入丁烷存储系统。在脱丁烷塔顶部液相出来后分两路，一路进入脱丁烷塔加热炉后重新进入脱丁烷塔自身循环，另一路进入分馏塔 T2。

在分馏塔，物流分为几个馏分，塔顶出来组分为石脑油送出装置，塔中部一路抽出组分为煤油送出装置。另一路抽出组分为柴油送出装置，塔底未转化油进入循环油缓冲罐 V6。

未转化油从循环油缓冲罐 V6 被循环油泵 P2 送到加氢裂化反应器进一步反应。另外，新鲜氢气作为补充氢气从界区外通过新氢压缩机加压后送出与循环氢进行混合进入加热炉 F3。

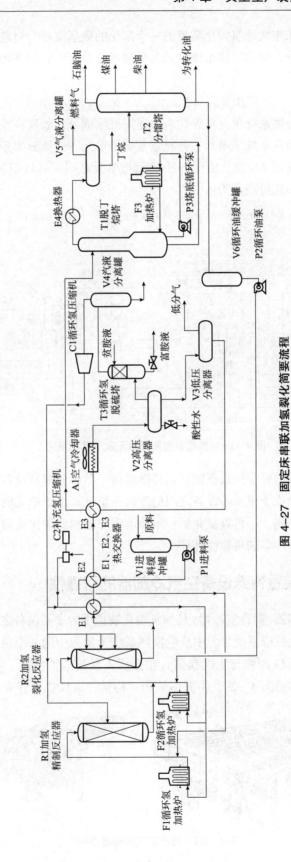

图 4-27　固定床串联加氢裂化简要流程

以上是典型固定床串联加氢裂化装置的一个简化的概括流程,对装置可靠性计算将装置按功能进行单元划分,分为反应系统单元与分馏系统单元,它们为串联结构,加氢裂化装置的可靠性为:

$$R_{加氢裂化} = R_{反应系统单元} \cdot R_{分馏系统单元} \qquad (4-31)$$

反应系统单元、分馏系统单元可靠性未知还需继续细分,如反应系统单元可分解为反应系统子单元、反应换热系统子单元、补充氢系统子单元、气液分离系统子单元、循环氢及脱硫系统子单元,见图4-28。由于各子单元与单元之间可靠性逻辑关系是串联关系,因此反应系统单元可靠性可表示为:

$$R_{反应系统单元} = R_{反应系统子单元} \cdot R_{反应换热系统子单元} \cdot R_{补充氢系统子单元} \cdot R_{气液分离系统子单元} \cdot R_{循环氢及脱硫系统子单元}$$

$$(4-32)$$

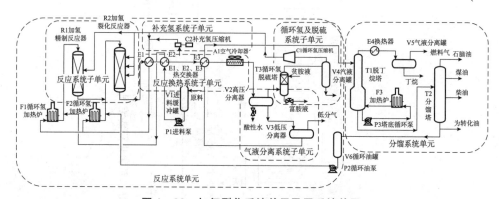

图4-28　加氢裂化系统单元及子系统单元

如没有子单元层级的可靠性数据则还需要继续将子单元分解到设备层级,画出子单元的可靠性框图,根据组成子单元各设备之间的逻辑关系计算出子单元的可靠性。由于计算方法与上节计算方法相同,不再重复介绍。本节着重介绍加氢裂化关键设备,反应换热系统子单元中高压空气冷却器的可靠性计算。

4.4.3　加氢装置特殊设备空气冷却器的可靠性

加氢裂化空气冷却器(简称空冷器)是加氢裂化装置中的重要设备之一,从图4-27可以看出,它是加氢裂化反应系统单元中反应换热系统子单元中的一个设备,设备位号A1。其功能是将加氢裂化反应产物与空气换热,在高压下使反应产物从150℃冷却到49℃左右。单台空冷器的结构见图4-29,主要由管箱、构架、通风机、管束等组成。空冷器是

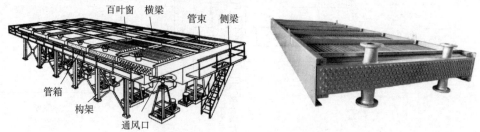

图4-29　高压空气冷却器结构

动静组合的设备,既有换热静设备又包含电动机风机等。由于电动机风机属于通用设备,其可靠性与上节所讲大致相同。在此仅介绍具有特殊失效模式的空冷器换热部分空冷片可靠性的计算。

加氢裂化空冷器系统(空冷器组)的可靠性如下:

加氢裂化空气冷却器在加氢裂化简要流程图中是一个设备,用位号 A1 表示,实际加氢裂化空气冷却器是由 8 台空冷器组成的一个子系统单元。图 4 – 30 所示为加氢裂化装置空气冷却器设备和管线布置图。可以看出,8 台空冷器是并联布置。局部空冷器出现失效,可以切出,装置负荷会受影响并不能切断进料致使装置停工。一般认为如果一台空冷失效切出对装置负荷的影响是可以接受的,两台空冷器如果出现问题对装置负荷的影响为 1/4,即 25%,3 台空冷器即 3/8,37.5%,认为装置的可调整负荷最小可达到 60%,3 台空冷器失效也勉强维持生产。如果 4 台空冷器失效,装置负荷低于 60%,将无法维持生产,是不可接受的。因此计算加氢裂化空冷器组的可靠性应计算 8 台并联空冷器有 3 台同时失效的可靠性。即该系统为 3/8(G) 的表决系统。

将空冷器系统布置图转为可靠性框图见图 4 – 31。由于该系统中的各空冷器为独立的失效,系统的可靠性模型为:

$$R_s = \sum_{i=3}^{8} \binom{8}{i} R^5 (1 - R)^3 \qquad (4 - 33)$$

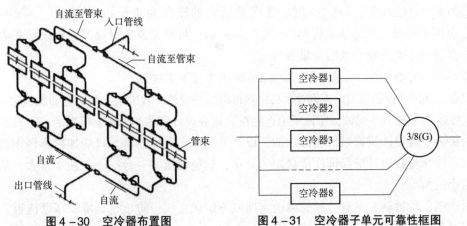

图 4 – 30　空冷器布置图　　　　图 4 – 31　空冷器子单元可靠性框图

空冷器换热部分空冷片的主要失效模式是空冷器管束腐蚀穿孔,各国学者对加氢裂化高压空冷器腐蚀问题已有很多研究成果,最有影响的是 1968 年美国标准石油公司 R. L. Piehl 和美国腐蚀工程师协会(NACE)的 T – 8 – 1 课题组的调查报告。我国 1982 年引进第一套加氢裂化装置,后又先后引进及自主研发建立了多套加氢裂化装置。对加氢裂化空冷器管束腐蚀穿失效模式也进行了长时间的研究。综合起来加氢裂化空冷设备的主要原因可归结为:①设计及制造原因;②非正常使用条件下的腐蚀;③正常条件下的腐蚀。

不管正常还是非正常使用条件下失效的腐蚀。对加氢裂化空冷器管束的腐蚀普遍认为酸性水的冲刷腐蚀是主要原因,图 4 – 32 所示为某企业加氢裂化控制腐蚀穿孔的图片,经检查,管子(包括衬管部位)内有垢物,有些部位的垢物为整圈且较均匀,最厚处有 2.2mm,有些部位为垛部结垢,沿轴向和环向形状不均匀,呈黑色,有氨气味。有些管子已完全堵死，垢物为黄褐色，较硬，见图4-32(b)。该垢物不水解，在空气中有一定的韧性。根据分析结果，测出垢物中含有30%~60%的铁、17%~26%的硫、3%~5%的氨盐、小于0.1%的稠环芳烃和微量的催化剂粉末混合物。

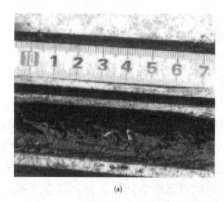
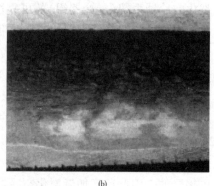

(a)　　　　　　　　　　(b)

图4-32　某企业加氢裂化控制腐蚀穿孔的图片

各国通过大量调查统计找到以下规律：

①将硫化氢和氨的浓度以KP值表示[(H₂S)分子% × (NH₃)分子%]，当KP不大于0.07%时根本无腐蚀；当KP值增加时，为延长管束的寿命，介质流速的允许范围变窄，当KP值很低时，能允许较高的流速而不会出现严重腐蚀。

②当KP值在0.2%~0.3%时，管内最适宜的流速为4.6~6.09m/s。一般不大于6m/s，腐蚀不明显。如流速太慢时(不大于3m/s)，可能会发生氨盐沉积导致管束堵塞。

③介质中无氰化物和氧的含量为微量。

④当硫氢化氨浓度(质量分数)低于2%时不可能发生腐蚀。

只要上述因素控制得当，碳钢管束可以获得满意的效果。我国第一套引进加氢裂化企业运行最长将近20年没发生腐蚀，印证了上述结论。这在设计制造和操作上提出了一定的要求。

为提高空冷器碳钢管束抗腐蚀性能，设计上采取在空冷器管入口端加衬不锈钢套，避免偏流，注水流程设计应保证注水量均匀分布，避免偏流某一台空冷器注水量大，某一台注水量小的情况。

对碳钢管的冲刷；向空冷器管束内定期或不定期注水，防止氨盐堆积堵塞流道；出入口管道对称布置以防止偏流等措施。

注水量及注水流程要求：

①在含硫污水中，控制NH₄HS浓度为2%~3%的注水量；

②以反应器前进料油的5%为注水量；

③在空冷器入口，使残余液相为注水量的25%控制注水量。

进入2000年后，由于我国各炼油厂普遍加工高含硫原油，而相应配套设计没有根本性变化，并在原油中发现了氯离子存在，增加了原料的复杂性，对此腐蚀机理相应的系统研究不多。于是在设备材料上升级材料档次来提高防腐性能成为热点。美国腐蚀工程协会(NACE)1976年的调查结果显示：KP>0.5时，当流速低于3.05m/s或高于7.62m/s、酸性水中NH₄HS的质量分数大于8%时，应选用Monel，Incoloy825，P11等高合金材料。API 932《加氢裂化反应器流出物空冷系统腐蚀研究》指出碳钢管的速度上限是6.1m/s，合金钢管可以在更高的速度下操作。合金钢管 800 的速度可达到 12.2m/s，二硫化物浓度是 8% ~ 15% 时，则必须使用合金钢管 800。2002 年我国高压空冷制造厂开发出了 Incoloy 825 材料制造的高压空冷器。Incoloy 825 合金中，Ni、Cr、Mo 的质量分数均较高，不仅具有很强的抗腐蚀能力，而且强度高、韧性好。在处理加氢裂化反应产物中含 H_2S、NH_3、H_2 等成分介质时，表现出优越的耐蚀性能，同时具有耐 PTA SCC 和氯化物应力腐蚀开裂(简称"氯化物 SCC")的能力。

热高分气高压空冷器受压元件选用 Incoloy 825 镍基合金，提高了空冷器的使用寿命。但在使用初期也发现了由于设计和制造不成熟带来的问题。如初期由于 Incoloy 825 焊接、机加工等应力变形控制技术方面经验不足，导致发生丝堵套泄漏的制造缺陷，后期该问题得到解决。但升级更好的材料需要更大的投资成本，每种方案都是经济性的折中方案。虽然升级到 Incoloy 825 是一种趋势，但不见得是最经济的。由于国内应用 Incoloy 825 材质的空冷器运行时间还不够长，缺乏统计资料，这方面的研究还在进行。

下面以某企业根据自身情况为例对两套加氢裂化空冷器的可靠性进行的分析。

(1)2#加氢裂化装置

高压空冷器 8 台(设备位号：A101ABCDEFGH)，厂家兰州长征，管束材质 Incoloy 825 无缝钢管。

2013 年投用，在刚投用时出现过空冷丝堵泄漏问题，泄漏位置为 A101E 西侧堵头，见图 4 – 33。运行至今未见其他问题，没更换过空冷器。

该失效模式是制造质量问题为随机指数分布。

(2)1#加氢裂化装置

高压空冷器 8 台(设备位号：A101ABCDEFGH)，于 1982 年投用，管束材质 STB – 35 S – C，设计单位为日本日晖公司。具体更换空冷器时间如下：

①1985 年初检修时，因催化剂再生烧焦导致其中两台空冷器管束腐蚀穿孔，为保安全，更换了全部 8 台高压空冷器，为原厂日本 SASAKURA 生产。

图 4 – 33　空冷丝堵泄漏

②1993 年，为了解空冷器的腐蚀情况，将其中一台空冷器拆下解剖，换上一台备用的空冷器，为原厂日本 SASAKURA 生产。

③2000 年底更换了 5 台空冷器，2003 年，A101G 空冷器泄漏，装置紧急停工，堵管后再开。

④2004 年 5 月大修时，更换 A101ABCDEFG 等全部 8 台空冷器。

⑤2007 年 4 月装置检修时更换了 8 台高压空冷器管束，哈空调生产，管束材质 10#，$\phi25 \times 3.5$，设计压力 18MPa。

⑥2010 年 12 月更换高压空冷器 A101EFGH，哈空调生产，管束材质 10#，$\phi25 \times 3.5$，设计压力 18MPa。

⑦2014 年 2 月更换高压空冷器 A101ABCD，江阴中迪生产，管束材质 10#，$\phi25 \times 3.5$ 设计压力 17.8MPa。统计时间为 2019 年，仍然在使用。

用 Incoloy 825 材料制造的空冷器，由于应用时间短，统计样本少，仅仅对使用时间长，有可靠性数据统计基础、碳钢材料制造的空冷器做可靠性统计分析。

以 1985 年开始时间，2019 年为实验结束时间。其间所有更换过的空冷器为实验设备进行可靠性分析。整理成表 4 – 9。

表 4 – 9　某企业高压空冷器腐蚀穿孔失效模式统计

实验次数	设备台数（台）	运行时间（年）	实验类型	操作条件		实验是否有效
1	2	19	定时结尾（拆除腐蚀检查不能继续运行）（1985—2004）	15 年正常 4 年异常	含硫 高含硫	有效
2	5	15	定时结尾（拆除检查仍可继续运行）（1985—2000）	正常	含硫	有效
3	1	9	定时结尾（拆除检查仍能继续运行）（1985—1993 末）	正常	含硫	有效
4	1	10	定时结尾（拆除检查仍可继续运行）（1993 末—2004）	6 年正常 4 年异常	含硫 高含硫	有效
5	4	8	定时结尾（拆除检查仍可继续运行）	正常	高含硫	有效
6	4	4	定时结尾（拆除检查仍可继续运行）	正常	高含硫	有效
7	4	3	定时结尾（拆除检查仍可继续运行）	正常	高含硫	有效
8	8	3	定时结尾（旧管箱修复管束）	正常	高含硫	无效
9	1	3	腐蚀失效（拆除检查不可继续运行）	异常	高含硫	无效
10	4	4	腐蚀失效（拆除检查不可继续运行）	异常	高含硫	无效

因为该项分析的目的是统计在正常操作条件下高压空冷器的可靠性分布，而第 9 次、第 10 次实验由于操作异常，造成腐蚀加快，因此为无效数据；第 8 次实验，由于管束为修复管束，未达到新管束质量标准，运行了 3 年多便进行更换，所以这次实验数据也是无效数据；第 1 次与第 3 次虽然运行末期也是在非正常工况下，但由于前面已在正常工况下运行了很多年，非正常工况腐蚀的速度要比正常工况快很多，保守的估计运行的时间是有效数据；其他都是正常工况数据，都是有效数据。

所有都是定时结尾实验，实验前都没有发生过设备失效，因此运行时间应该按照运行最长定时结尾实验时间来确定。从表 4 – 9 可得出该企业加氢裂化空冷器可靠性分布如下。

在正常工况条件下，在含硫原油条件下一次有 2 台空冷器抗腐蚀运行时间可达到 19 年，其他 3 次含硫条件下定时结尾时间均小于 19 年，但在正常操作条件下都可以继续运行。在高含硫条件下，有一次 4 台可达到 8 年，其他 4 次实验均小于 8 年，但在正常操作条件下都能继续运行。因此，可以认为在正常操作条件下，对含硫原油运行 19 年是可靠的，对高含硫原油运行 8 年是可靠的。

4.5　催化重整装置可靠性

4.5.1　催化重整装置的功能

催化重整是石油化工生产中重要的二次加工装置之一。催化重整装置按产品可分为生产高辛烷值汽油组分、生产芳烃两大类。

催化重整的功能：对生产高辛烷值汽油类的重整是将常减压等装置生产的馏分油再进行深度加工，在高温、加氢加压和催化剂存在的条件下，使原油蒸馏所得的轻汽油馏分（或石脑油）转变成富含芳烃的高辛烷值汽油（稳定汽油），并副产裂解气、液化石油气和氢气。对生产芳烃类重整是将重整汽油再进一步分离和芳烃抽提得到苯、甲苯和二甲苯、戊烷油、重芳烃抽余油等产品。

装置功能失效：凡是导致不能生产出上述产品，或产品产量、能耗、物耗不达标，发生安全、环境事故的事件。

4.5.2　催化重整装置可靠性计算

催化重整装置工艺流程主要由原料预处理系统、重整反应系统，反应产物分离系统组成。对催化重置装置可靠性计算时可以将它们看作三个串联的单元，见图 4 - 34。

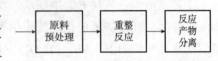

图 4 - 34　催化重整单元可靠性框图

因此，催化重整装置的可靠性为：

$$R_{催化重整装置} = R_{原料预处理} \cdot R_{重整反应} \cdot R_{反应产物分离} \tag{4-34}$$

（1）原料预处理系统单元工艺流程及其子单元

原料预处理目的是切取符合重整要求的馏分和脱除对重整催化剂有害的杂质。原料预处理系统单元可靠性计算需再将系统单元细分为预分馏、预加氢、蒸发脱水三个系统子单元，工艺流程见图 4 - 35。

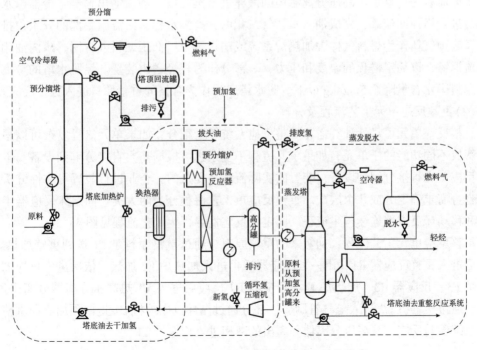

图 4 - 35　原料预处理系统单元及子单元工艺流程

①预分馏子单元

预分馏的作用是为后续的重整原料切取合适的初馏点，一般应切取大于 C6 烃类，即初馏点在 90℃左右。从而满足馏分组成的要求。

工艺流程为：原料通过原料泵经过换热器换热后进入预分馏塔，塔顶气通过换热器和空冷器冷却后进入塔顶分离罐，分离罐顶为燃料气，底部为拔头油。一部分用罐底泵循环回流，大部分送出。预分馏塔塔底液通过塔底泵一部分经过加热炉加热底部循环，大部分送到预加氢系统。

②预加氢子单元

预加氢的作用是脱除原料油中对催化剂有害的杂质，使杂质含量达到工艺要求的含量以下，同时也使烯烃饱和以减少催化剂的积碳倾向，从而延长装置的生产周期。

工艺流程为：从预分馏塔底来的物料通过换热器预热，再经过氢炉加热，然后进入预加氢反应器，在预加氢催化剂的作用下使原料油中的含硫、含氮、含氧有机化合物进行分解，生成相应的 H_2S、NH_3、H_2O，它们在后续的高压油气分离器和蒸发脱水塔塔顶回流罐中排除；原料中的烯烃加氢饱和；原料中的含铅、砷、铜等微量金属有机物经加氢还原后，生成单质吸附在催化剂床层上。脱除杂质的烃类产物经换热、冷却进入预加氢高压油气分离罐，分离出的氢气部分循环使用，部分作为废氢排至加热炉的燃料系统中，液相作为重整原料换热去蒸发脱水塔。

③蒸发脱水子单元

蒸发就是进一步有效地脱除预加氢精制油中的硫化氢、氨和水分，使其符合重整进料的要求。另外，重整进料要求蒸发塔底馏出物水含量要严格控制，以免破坏水氯平衡。

工艺流程为：预加氢高压分离罐内的液体进入蒸发塔，塔顶馏出物经空冷器、水冷器冷却后进入塔顶回流罐，完成油、水、气三相的分离，水相从回流罐底部的分水包排污线排出；罐顶气体作为燃料气体去加热炉系统或输送至全厂低压燃料气管网。罐内油相一部分回流返塔，以稳定塔顶的温度和压力，一部分作为轻烃送出装置。经脱水塔的分离，将重整原料中水含量降至 5mg/kg 以下。脱水塔底油作为合格的重整原料进入重整反应系统。

（2）重整反应单元工艺流程及分解

重整反应单元可靠性计算需将重整反应系统单元细分，如果单元流程复杂可以根据功能分解成不同功能的子单元，如果单元流程不复杂也可根据需要直接分解到设备。本例将重整反应单元直接分解到设备，装置的实际流程是复杂的，企业进行装置可靠性分析时可根据自身需求确定分成几个层次。重整反应单工艺流程分为两大类：固定床反应器半再生流程和移动床反应器连续再生流程。固定床反应器半再生工艺流程见图 4 - 36。

重整反应单元工艺流程：加氢来的重整原料，通过重整原料泵 P1 送到重整加热炉 F1 加热后进入重整反应器 R1，出一号反应器后再进入加热炉 F2 加热、依次进入反应器 R2、加热炉 F3、反应器 R3、加热炉 F4、反应器 R4 反应后进入 V1 热高压分离器分离出氢气，一部分通过压缩机 C2 进入氢气管网，一部分通过循环氢压缩机 C1 返回预加氢和重整进料系统继续参与反应；从高压分离器分离出的液相进入稳定塔 T1。

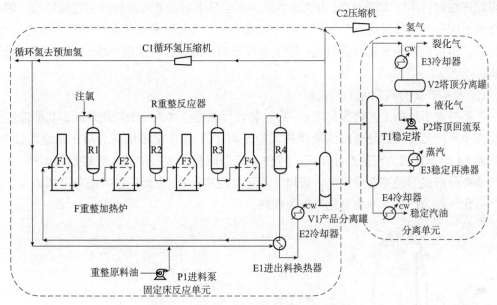

图4-36 固定床反应器半再生工艺流程

重整反应器是催化重整反应发生的主要场所。重整反应系统中，各种烃类发生重整反应速率是不同的，4个反应器内发生的反应也是不同的，每个反应器内的反应需要的热量也不同，所以每个加热炉的供热量也是不同的。装置运行周期越长，催化剂失活越来越严重，就需要提高温度来弥补反应深度的不足，到装置生产末期，提高温度对反应的影响不明显时，就需要装置停工，更换催化剂。为避免由于催化剂失活影响装置停工，因而产生了移动床反应器连续再生流程。

移动床反应器连续反应部分流程见图4-37，催化剂再生部分流程见图4-38。

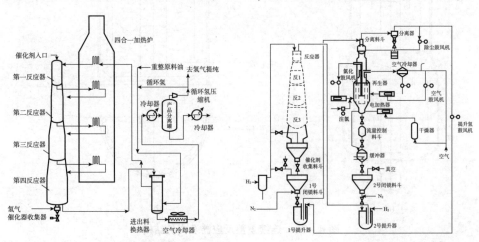

图4-37 移动床反应器连续反应部分流程   图4-38 催化剂再生部分流程

在连续重整反应系统流程中，与固定床反应流程不同的是反应加热炉是4台炉，实际上是一台炉分成4段，称为四合一炉。4台反应器叠在一起，催化剂从反应器上部进入，从下缓慢流出，然后进入催化剂再生系统再生，再生后返回，因而称为连续重整。

由于重整催化剂再生系统一旦功能失效，系统内残留催化剂还能维持装置生产，装置还可以连续运行7d，如果在7d内消除故障，不会马上对装置的运行产生直接影响。因此，在分析系统失效对装置运行产生停车的失效模式时，无须对重整催化剂再生系统进行可靠性分析。但反应系统失效就会对生产产生直接影响。因此需对反应系统的可靠性进行详细分析。

（3）反应产物分离单元工艺流程

产品分离系统的工艺流程见图4-39，装置可靠性分解为一个功能单元。功能流程为：从反应单元产品分离罐分离出的液体进入稳定塔T1，在稳定塔塔底分离出稳定汽油经过换热器E4冷却后成为汽油产品出厂，或作为芳烃原料，进一步进入芳烃抽提系统，将稳定汽油再分解成芳烃等各种组分，塔顶段器经过换热器E2冷凝后进入塔顶分离罐V2，液相为液化气作为产品，气相裂化气作为燃料。

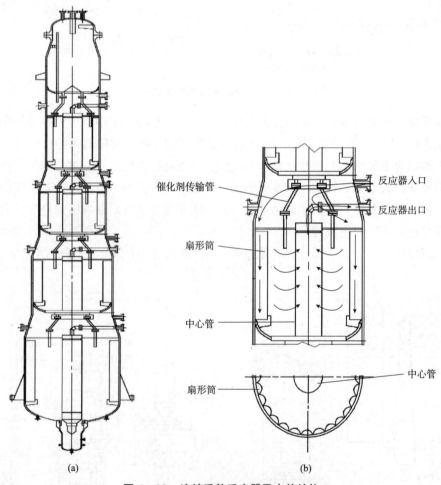

图4-39 连续重整反应器及内件结构

本例没有再将反应产物分离单元分解为子单元，而直接分解到设备，装置的可靠性计算是在计算出设备可靠性后，再根据设备上层各子单元及单元之间的可靠性逻辑关系计算出装置的可靠性。由于反应产物分离单元与其他装置产品分离系统流程类似，计算方法相同，计算过程不再重复。本节着重分析连续重整中比较特殊的反应系统的可靠性。

连续重整反应系统单元的可靠性需将单元再分解为设备层级，对设备进行可靠性分析，连续重整反应系统单元主要设备是反应器与加热炉，加热炉的可靠性在前面对常减压蒸馏装置进行可靠性计算时已介绍过了，重整加热炉可靠性分析与其类似，因此本节着重介绍连续重整反应器的可靠性分析。

重整反应器是连续重整装置的核心设备，是炼油静设备中技术要求最高的设备之一。反应器的特点是将4个直径不同的反应器通过锥体变径段重叠连接成一台"四合一"连续重整反应器，其工艺先进、结构合理，具有占地面积小、反应物料均匀，催化剂利用充分，动能消耗低等优点，反应器见图4-40(a)。

操作时，上一级反应器物料由入口进入沿内壁均布的扁筒，通过流动催化剂床身，汇入中心管从出口流出，经外部加热炉加热后进入下一级反应器。而催化剂从顶部进入靠自身重力向下流经一级、二级、三级和四级反应器，形成一个流动的催化剂床层，见图4-40(b)。

实际这四台反应器从结构设计上是一台反应器分为四段。对反应系统第一、第二、第三和第四反应器进行可靠性逻辑分析，可以得出它们之间形成串联关系。

$$R_{重整反应器} = R_1 \cdot R_2 \cdot R_3 \cdot R_4 \tag{4-35}$$

每个反应器结构相同，只是大小不同，都是由外壳与内部扇形管与中心管组成，连续重整反应是在一径向移动床内进行，催化剂自上而下通过由扇形管和中心管所形成的环形空间，物料自扇形管径向通过催化剂床层，反应后产物通过中心管与催化剂进行分离。

连续重整反应中产生的焦炭沉积在催化剂表面上，使催化剂的活性下降，需经过再生过程使催化剂恢复活性。

反应器主要由筒体和内构件组成，筒体在整个生命周期内不失效，失效的主要是内构件。重整反应器的内构件主要是扇形管和中心管，见图4-40(d)。反应器扇形管和中心管网采用轴向条形筛网制造，条形筛网(又称约翰逊网)是一种通用工业产品，由V形截面丝和支撑杆或加强筋组成，见图4-40(a)。由于其具有开孔率均匀，并可达到较大的开孔率，优异的强度、刚度、不宜堵塞，可取代传统的丝网、冲孔部件等，广泛应用于冶金、炼油、化工、医药等行业中的过滤、气液分配、气固分离等工艺过程。

V形截面丝与支撑杆(或加强筋)的规格和支撑杆的间距可根据强度或刚度确定，V形截面丝的间距根据所要求的开孔率，以及需隔离的催化剂颗粒大小确定，为防止损坏催化剂V形截面的边缘需打磨光滑。

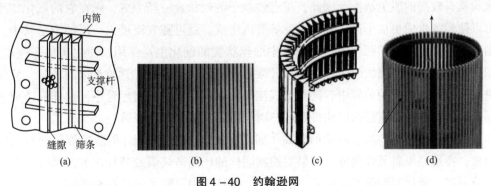

图4-40　约翰逊网

中心管在操作时主要承受两部分载荷，即介质流动造成的内、外压力降(外高内低)和催化剂床层静压，因此，可将其视作一个受外压的圆筒。内件扇形管是重整反应器的关键部件之一，它输送高温原料油气并使其均匀分配进入催化剂床层，又可隔离催化剂，避免其跑损。它们的形状要求非常严格，配合间隙和公差要求严格，制造难度大。

中心管的损坏多发生在其外表面包裹的焊接条形筛网，典型的损坏形式有纵向焊接接头处开裂和筛条断裂等。

制造安装质量不好是反应器内件经常产生的问题之一。如由于设备运行时填满催化剂，可以对扇形管产生一定的支撑力，对扇形管的变化起到约束作用，如果扇形管与密封盖板之间间隙过小则在升温过程中，扇形管受热膨胀伸长后，导致密封盖板弯曲变形，焊接开裂。

设备在安装完成后扇形管与密封压条之间是贴紧的，在升温过程中，如不能很好吸收热膨胀的应力，或扇形管之间受热膨胀应力不均匀，且扇形管径向无约束力，将导致扇形管受热膨胀时相互挤压发生前后错位，密封压条崩开。

设备质量问题可通过加强质量监控来提高设备的可靠性。运行期间可能导致反应器失效的失效模式是可靠性分析的重点。

在运行中重整反应器内件扇形管和中心管损坏的主要失效模式是内部积碳。在扇形管和中心管存在某些死区，死区催化剂在高温环境下会烧结、积碳，长时间将造成扇形管大面积破损见图4–41。

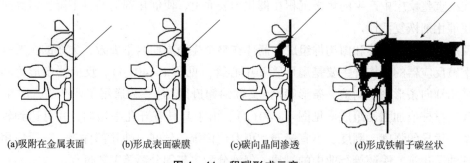

(a)吸附在金属表面　　(b)形成表面碳膜　　(c)碳向晶间渗透　　(d)形成铁帽子碳丝状

图4–41　积碳形成示意

反应器内部的积炭从表观看可分为粉状炭和块状炭。部分的粉状炭和小块的块状炭可以在催化剂循环时被带出反应系统。金属器壁上的积炭是带有铁粒子的丝状炭，从机理上看该炭具有较高的脱氢活性，因此，带有铁粒子的丝状炭一经生成，则在它的催化作用下就可以使炭的生成更加迅速。如在一反炉管内生成，就可随气流进入一反的扇形管中，因此扇形管下部逐渐被堵死。由于扇形管中的丝状炭的催化生炭作用，使生炭量迅速增加，体积变大，从而产生强大的力而把扇形管胀破；随后又造成中心管被支撑圈顶破，使催化剂进入下一个加热炉的炉管中，甚至被气流带入下一反应器的扇形管中，这样就造成了恶性循环，从而导致反应器的内构件随运转时间的延长损坏得更严重。

在现工艺条件下，反应的苛刻度高(如高温低压、低氢油比)是造成催化剂积碳的主要因素；特别是原料芳烃越低，如果要控制同样的产品辛烷值或芳烃产率，就必须提高反应的苛刻度，催化剂积碳速率必然有所增加。循环气中氯和水的存在是必需的，但氯和水有利于炭的生成和长大；在有氯且有较多水的情况下，金属上积碳的形成速度迅速增加，而系统水位较低时，即使有较多的氯，其积碳的形成速度也没有那么快。因此，较多的氯和水的存在对积碳的生成有促进作用。

反应器内积碳与反应条件及运行时间有关，反应条件好则运行时间长，积碳的时间随着物料和操作条件存在一定的分散性，具体企业需根据装置运行条件及类似条件统计分析。目前通常的做法是调整操作使运行周期与催化剂的活性周期6~7年同步。反之不注意操作条件的变化，或误操作运行1~2年或几个月就可能导致装置停车。重整反应器的主要失效模式见表4-10。

表4-10　重整反应器的主要失效模式

失效模式	失效现象	失效原因	失效后果	失效统计分布	根原因分析	
					自然机理	管理因素
催化剂跑剂	扇形管破裂、变形	重整反应器受原料、温度、压力波动影响，长期高温运行的变形	严重被迫停工	韦布尔分布（运行时间或开停工次数）	蠕变、材质劣化	
	中心管破裂、变形	温度和压差的突然变化，使反应器扇形管出现凹陷或者破损		随机指数分布	温差应力	操作
反应器结焦	扇形管破裂、变形	内部积碳	严重被迫停工	韦布尔分布	死区催化剂长时间将造成扇形管大面积破损	
				随机指数分布		操作

续表

失效模式	失效现象	失效原因	失效后果	失效统计分布	根原因分析	
					自然机理	管理因素
反应器压差升高	扇形管 中心管堵塞 	催化剂破碎、细分多	严重被迫停工	韦布尔分布	长期运行积累	
				随机指数分布		操作

总之,反应器的可靠性与制造安装质量有关,在正常运行期间反应器内积碳是引起装置失效的主因,积碳的速度与重整反应的原料、温度、压力波动影响极大,失效分布与运行时间关系为韦布尔分布。由于扇形管与其他内构件连接部位较多,在高温热膨胀过程中,膨胀量不一,造成反应器扇形管、锥形盖板等内构件发生变形、开裂、破损等,最终导致在扇形管内积有大量催化剂,出现凹陷或者破损。特别是重整反应器在系统开始工作和系统紧急停车瞬间,扇形管底端的应力突增,其最大值为正常工作条件下应力值的十余倍,容易造成反应器失效。这些是操作原因引起的,操作原因与制造安装质量原因引起的失效呈指数分布,应加强工艺纪律管理,在一个运行周期中,应尽量减少装置的非计划停车次数。

参考文献

[1]刘人锋,刘晓欣,王仲霞,等.FCC沉降器旋风分离器翼阀磨损实验分析[J].炼油技术与工程,2013,43(12):23-26.

[2]关宏军,夏长斌,扈玉华.沉降器旋风分离器料腿堵塞原因分析[J].当代化工,2004,33(6):359-360.

[3]程光旭,刘亚杰,李春树,等.催化裂化反应-再生系统的失效模式、效应和危害度分析[J].化学工程,2003,31(2):55-60.

[4]吴世权.催化裂化汽提段穿孔原因分析及解决办法[J].炼油技术与工程,2016,46(10):36-38.

[5]王宝鹏.催化裂化装置衬里的设计选型和施工[J].广东化工,2017,44(17):162-164.

[6]王涛.催化裂化装置两器内构件损伤案例分析[J].齐鲁石油化工,2018,46(4):308-315.

[7]周力.催化裂化装置轴流风机叶片结垢原因分析及防范措施[J].流体机械,2007,54(9).

[8]包忠臣. 催化装置烟气轮机组的维护与故障处理[J]. 炼油与化工, 2017, 28(6)：59 - 60.

[9]丁网英. 加氢热高分高压空冷器丝堵泄漏原因分析及修复[J]. 石油和化工设备, 2012, 15
　　(5)：55 - 56.

[10]齐嵘. 加氢裂化高压空冷器进出口管道的选材[J]. 上海化工, 2015, 40(11)：11 - 15.

[11]张国信. 加氢高压空冷系统腐蚀原因分析与对策[J]. 炼油技术与工程, 2007, 37(5)：18 - 22.

[12]API 923 - A, 加氢裂化反应器流出物空冷系统腐蚀研究.

[13]胡洋, 王昌龄, 薛光亭, 等. 重油加氢装置反应系统高压空冷器的腐蚀[J]. 石油化工腐蚀与防护,
　　2003, 20(1)：33 - 36.

[14]韩建宇, 苏国柱. 加氢裂化高压空冷器管束穿孔失效分析[J]. 石油化工设备技术, 2004, 25(2)：
　　50 - 52.

[15]偶国富, 金浩哲, 包金哲, 等. 加工高硫原油加氢空冷系统失效分析及防护措施[J]. 石油化工设备
　　技术, 2007, 28(6)：17 - 24.

[16]杨智勇, 王菁, 赵建章, 等. 催化裂化装置旋风分离器机械故障的原因分析[J]. 炼油技术与工程,
　　2019, 49(2)：37 - 49.

[17]孙秋荣. 3.2 Mt/a 连续重整装置非计划停工原因分析及建议[J]. 石油化工, 2018, 47(12)：
　　1415 - 1420.

[18]李啸东. 连续重整反应器中心管损坏原因分析及结构改进[J]. 石油化工设备技术, 2019, 40(2)：
　　1 - 4.

[19]沈姆柱. 重整反应器约翰逊外网损坏造成的危害及原因分析[J]. 石油化工设备技术, 2005, 26(2)：
　　9 - 12.

第 5 章　电气设备的可靠性

5.1　综述

随着石化的发展及电气设备的更新换代，电气自动化水平越来越高，对电气管理提出了更高的要求。从总体上看，电力系统的根本任务是尽可能经济且可靠地将电力供给各用户。安全、经济、优质、可靠是对电力系统的根本要求。由于供电系统功能的部分甚至全部丧失，会给社会的生产和生活带来巨大损失。因此电力系统可靠性是一项具有巨大经济价值和重大社会意义的课题。

国外对于供配电系统可靠性评估的研究比较早，加拿大早在 20 世纪 50 年代就开始研究供电的连续性和可靠性问题，并于 1959 年成立了专门的供电连续性委员会，英国在 20 世纪 60 年代就开始了配电网可靠性方面的管理工作，英国电力委员会于 1964 年制定了《国家标准事故和停电报表》，英国电力委员会于 1975 年又颁布了《全国设备缺陷报表》，开始全面展开配电网可靠性统计管理工作。1968 年美国成立了北美电力可靠性协会，1981 年，加拿大、墨西哥的电力公司也加入了该组织；2003 年大停电后，美国更加重视大电网的安全可靠运行；2007 年，联邦能源管理委员会 FERC 授权北美电力可靠性协会作为全美唯一的电力可靠性组织，并改称为北美电力可靠性公司，同时 FERC 授权 NERC 制定强制性可靠性标准。日本是在 20 世纪 70 年代开始走上正轨的。

我国对配电系统供电可靠性的研究始于 20 世纪 80 年代初期，与发电和输电系统的供电可靠性研究相比，配电系统供电可靠性研究的起步较晚。1983 年，我国电力实验研究所根据水力电力部的安排，结合我国的国情和实际生产管理的经验，制定了一整套可靠性指标的《配电系统供电可靠性统计评价办法》，并在昆明地区 10kV 系统中建立了试点。与此同时，山东、上海等省市也开始在局部地区开展配电网供电可靠性的统计工作。随后电力实验研究所在 1985 年 4 月正式颁布了《配电系统供电可靠性统计评价办法》。1989 年能源部电力可靠性管理中心对原有办法作了部分修改后，更名为《供电系统用户供电可靠性统计办法》，以后又经过多次修订，我国的配电网供电可靠性的管理工作由此全面展开。

目前对于配电网供电可靠性的研究已成为电力领域中的研究热点，我国已有组织、有计划地开展了配电网供电可靠性的研究工作，制定了配电网供电可靠性的统计方法，开发了配电网供电可靠性统计软件，建立了有效的配电网供电可靠性数据信息库和可靠性管理体系。其可靠性的研究包括可靠性的评估、可靠性管理、近年将 RCM 以可靠性为中心的维修应用到电力系统也成为趋势。

总的来说，我国配电网供电可靠性研究开展得比较晚，但这样也有利于充分借鉴国外配电网供电可靠性方面的研究成果，并结合我国的实际情况，特别是我国社会制度的优越性，即电网为国家所有，能够统一规划，统一标准，形成了一套适合国情的配电网供电可靠性研究之路。

石化企业处于电力系统末端，直接与用电设备相连，为最终用户，电网的失效将威胁安全生产，造成重大损失，要求电网的可靠性高。另外，大型石化企业都有自己的电力系统，该系统包括用电设备、发电系统、输变电系配电网的系统，其可靠性要求与地方电网有所区别，电网不仅包括传统的供电设备和系统可靠性，更重要的是要保证用电设备安全运行。

5.1.1　石油化工电力系统的基本概念

发电机把机械能转化为电能，电能经变压器、变换器和电力线路输送并分配到用户，再经电动机、电炉和电灯等设备又将电能转化为机械能、热能和光能等。这些生产、输送、分配、消耗电能的电动机、变压器、电力线路及各种用电设备联系在一起构成的统一整体称为电力系统。图 5 - 1 所示为一个大型电力系统的系统图，虚线部分为企业工厂内部电力系统。石油化工企业工厂电力系统一般从地方电网接入，除此之外，大多企业工厂系统也有自己的热电厂和发电设备。一般企业自身的发电能力不能满足自身用电需求，大部分企业还需要地方电网供电。

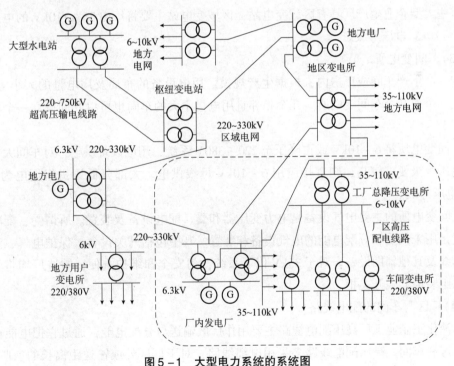

图 5 - 1　大型电力系统的系统图

工厂供电系统的组成

图 5 - 1 所示的工厂电力系统由地方电网和地方电厂供电，由电网提供的电分为两个部分：一部分是转供区域电网的 220kV 的高压电进入炼厂自备电厂，另一部分直接降压为

35~110kV 电压等级供给工厂 35~110kV 电压电网，从地区电厂供电为 220~330kV，进入工厂厂内电站的 220kV 系统。厂内变电站一路降压至 35~110kV 电压等级，进入厂内 35~110kV 电压系统。另一路直接降压至 6kV 电压等级。炼厂内的电网系统一般有三个等级，第一个是 35~110kV 电网，该电网的电力来源是地区变电所和自备发电厂将 220kV 电压降压得到的；第二个是 6kV 或 10kV 电网，是通过炼厂的总降压变电所和外部热电厂和自备电厂发电或降压得到的；第三个是 220~380V 电网，是将 6kV 或 10kV 电网通过各车间变电所降压得到的。

工厂供电系统是由总降压变电所、区域变电站、厂区高压配电线路、车间变电（配电）所、车间低压配电线路，以及用电设备组成。它的任务是按工厂需要把电能输送并分配到用电设备。工厂供电系统是电力系统中的一部分。

（1）总降压变电站

一个大型工业企业工厂内设有一个或几个总降压变电站，从电力系统接受 110~220kV 高压电能，降压后向区域变电站或各车间变电所和高压电动机供电。为提高供电可靠性，总降压变电站根据负荷情况选配降压变压器数量，由两条或多条电源进线供电。各个总降压变电站之间也可以互相联络，每台变压器容量从几千到几万千伏安。

（2）区域变电站

有些大型企业生产厂具有区域变电站，区域变电站主要将厂内 35~110kV 的电压等级降至 6~10kV 电压等级。

（3）车间变电所

在一个生产车间或厂房内，根据生产规模，用电设备的布局及用电量的大小等情况，可设立一个或几个车间变电所。几个相邻且用电量不大的车间也可以共同设立一个车间变电所。

车间变电所将 6~10kV 或再降压至 220~380V 系统，用电设备供电，对车间大型机组用电电压等级要求较高，则直接应用 6~10kV 母线供电。大部分低压机组用电为 220~380V 电压等级。

车间变电所的主要电气设备是电力变压器和受、配电设备及装置。所谓受、配电设备及装置是用来接受和分配电能的电气设备和装置。其中包括开关设备、保护电气、测量仪表、母线及其他辅助设备。对于 35kV 以下系统，为安全和维护方便，制造厂均将受、配电设备组装成套式开关柜。

（4）厂区与车间的配电线路

石油化工企业工厂高压配电线路主要用作厂区输送与分配电能，通过它把电能输送到各个厂房和车间。高压配电线路多采用电缆线路，对于厂区外或输送距离长的空旷地带，由于架空线路建设投资小且维护与检修方便，高压配电线路可以采用架空线路。

车间低压配电线路主要用于向低压用电设备供电，在厂区外敷设的低压配电线路目前多采用架空线路，并尽可能与高压线路同杆架设以节省建设费用。在厂区内部根据具体情况采用桥架敷设或电缆穿管敷设。穿管敷设线路，通常可以沿墙敷设，或沿棚敷设明管，也可以预先将管理入墙内。

5.1.2　工厂企业供电系统网络的接线方式

5.1.2.1　主接线的概念

主接线是指由电力变压器、各种开关电气及配电线路，按一定顺序连接而成的表示电能输送和分配路线的电路，也称主电路。

主接线常用主接线图(主电路图)表示，是用国家标准规定的电气设备图形符号并按电流通过顺序排列，表示供电系统、电气设备或成套装置的基本组成和连接关系的功能性简图。由于交流供电系统通常是三相对称的，故一次接线图一般绘制成单线图。

电气主接线对工厂供电系统的运行、电气设备选择、厂房、配电装置的布置、自动装置的选择和控制方式起到决定性作用，直接影响变配电所的技术经济性能和运行质量。

5.1.2.2　主接线的基本形式

(1)线路—变压器组接线

变电所只有一路电源进线和一台变压器时可采用线路—变压器组接线，见图5-2。

图5-2(a)中变压器的高压侧仅具有断路器 QF 和隔离开关 QS，是最典型的连接型式。

图5-2(b)中变压器的高压侧仅设置负荷开关 QL，负荷开关具有简单的灭弧装置，因而能通断一定的负荷电流和过负荷电流，但不能断开短路电流，因而它必须与高压熔断器 FU 串联使用，借助熔断器来切除短路故障。

图5-2(c)中变压器的高压侧仅设置负荷开关，而未设保护装置。这种接线仅适于距上级变配电所较近的车间变电所采用。

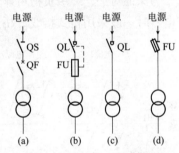

图5-2　线路—变压器组接线

图5-2(d)是户外杆上变电台的典型接线形式，户外跌落式熔断器 FU 作为变压器的短路保护，也可用来切除空载运行的小容量变压器。

这种线路—变压器组接线优点是接线简单，使用设备少，投资小。缺点是任何一个设备发生故障或检修均造成停电，可靠性不高。

(2)单母线接线

当变电所出线较多时，必须使每一出线都能从电源供电，以保证供电的可靠性和灵活性，此时需要设置母线，便于汇集和分配电能。

①单母线不分段主接线

图5-3所示为单母线不分段主接线，有一路电源进线，4路出线，每路进线或出线都装有隔离开关和断路器，断路器是用来接通或切断电路，隔离开关用来隔离带电部分。

单回路进线只有一种运行方式，进线简单，使用开关设备少，单可靠性较差，一旦电源和母线故障都会造成停电。只适用于三级负荷。为提高供电可靠性可以采用两路电源进线，即双电源并列运行或一用一备运行，见图5-4。

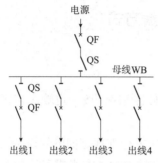

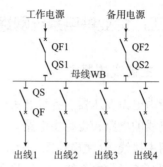

图5-3 单母线不分段主接线   图5-4 双电源单母线不分段主接线

②单母线分段主接线

如图5-5所示，母线用隔离开关或分段断路器分成两段或多段，通常用于两路或多路电源进线的情况，可采用双电源并列运行或一用一备的运行方式。当一段母线故障分段断路器断开可保证非故障段母线负荷继续供电。当一回路电源故障，另一回路电源可保证所有负荷不中断供电。提高了供电可靠性。

（3）桥式接线

为保证对一、二级负荷可靠性供电，在工厂总降压变电所中，有两个电源进线和两台变电器时一般采用桥式接线。桥式接线分为内桥和外桥两种，见图5-6。

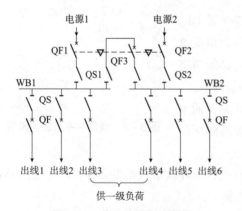

图5-5 单母线分段主接线

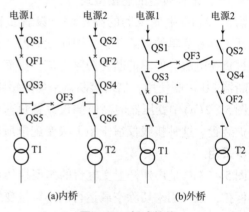

图5-6 桥式接线

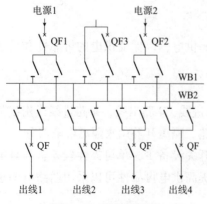

图5-7 双母线接线

桥式接线能实现电源线路和变压器的充分利用，如变压器T1故障，可以将T1切除，由电源1和电源2并列给T2供电以减少电源线路中的能耗和电压损失；若电源2线路故障，可以将电源2切除，由电源1同时给变压器T1和T2供电，以充分利用变压器并减少其能耗。

桥式接线简单，使用设备少，节约投资，可靠性高，适用于35～110kV变电所使用。

（4）双母线接线

双母线接线见图5-7。

双母线接线与单母线接线相比从结构上而言，多设置了一组母线，同时每个回路经断路器和两组隔离开关分别接到两组母线 WB1、WB2 上，两组母线之间可通过母线联络断路器 QF3 连接起来。

正常工作时一组母线工作(如 WB1)，一组母线备用(如 WB2)，各回路中连接在工作母线上的隔离开关接通，而连接在备用母线上的隔离开关均断开。

双母线接线使运行的可靠性和灵活性大为提高。能保证所有出线的供电可靠性，用于有大量一、二级负荷的大型变配电所。

5.1.2.3　石油化工企业电力系统典型主接线介绍

石油化工企业电力系统110kV 主接线为最典型的接线形式见图 5-8。110kV 系统采用内桥式接线和6kV 双母联分段接线。

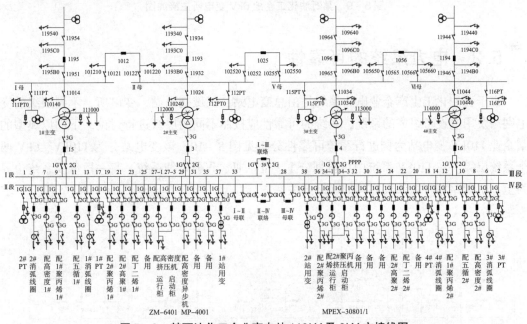

图 5-8　某石油化工企业变电站 110kV 及 6kV 主接线图

典型企业 6kV 变电所主接线图见图 5-9，采用单母线分段运行，该变电所有两台大容量电动机：MP-4001、ZM-6401 电机，由总降压变电所南站直接供电。

5.1.3　石油化工企业供电系统可靠性的基本要求

(1)供电可靠性。石化企业生产厂要求供电系统有足够的可靠性，特别是连续供电，要求供电系统在任何时间内都能满足生产用电的需要，即便在供电系统中局部出现故障情况，仍不能对某些重要生产的供电有很大的影响。因此，为满足供电系统的供电可靠，要求电力系统应具备足够的备用容量。

(2)电力网运行调度的灵活性。石油化工企业内部电网也是一个庞大的电力系统，一般设备电力调度岗位，对电网的运行方式进行灵活的调度管理，解决对系统局部故障检修及生产负荷变化对电力的需求，从而达到系统的安全、可靠、经济、合理地运行。

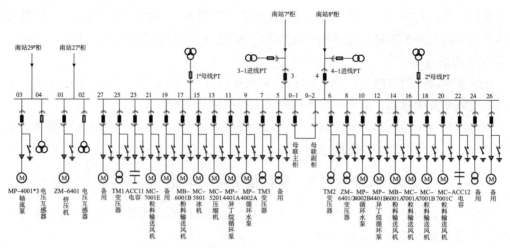

图 5-9　某石油化工企业 6kV 变电所主接线图

5.2　电力系统的可靠性

由于石油化工生产企业电力系统是由总变电站、区域变电站、变电所、不同层级的变电网络及用电设备组成的系统，系统的可靠性应按照不同的层级进行讨论。下面以典型的某企业 110kV 变电站为例进行系统可靠性分析见图 5-10。该变电站分为 110kV、6kV 两个系统层级。在 110kV 系统中可再划分Ⅰ、Ⅱ、Ⅲ、Ⅳ段母线系统。每一段母线系统边界为上下游断路器与相邻段之间的联络开关。

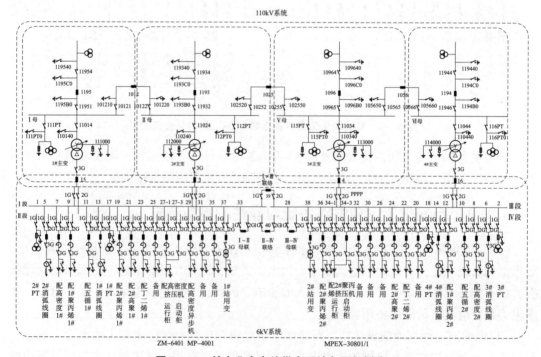

图 5-10　某企业变电站供电系统各层级划分

5.2.1 110kV 电力系统的可靠性

110kV 系统由 4 条不同上游变电站来的进线与四条输出不同 6000V 母线及内部四段不同母线组成的系统。正常四段母线都带负荷工作,当任一段母线故障失效切出,其他三段母线能够保持整个系统工作不失效。可以将该系统简化成 3/4(G) 的表决系统,其可靠性框图见图 5-11。

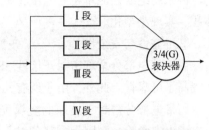

图 5-11 110kV 系统可靠性框图

系统可靠性:

$$R_s = \sum_{i=3}^{4} \binom{4}{i} R^i (1-R)^3 \qquad (5-1)$$

计算母线的可靠性首先要分析母线连接了多少设备,每台设备对母线可靠性的影响。四段母线结构相同,以第一段母线为例分析。第一段母线由上游下游及联络三个断路器(1195、15、1012)及相应的隔离、接地开关,一台变压器,电流互感器,电压互感器(PT),综合保护设备组成,其中综合保护设备为两台设备并联工作。

电流互感器失效时不会直接导致母线失效,而是通过综合保护逻辑系统判决后决定是否切断母线,因此计算该段母线可靠性时可单独不考虑电流互感器的可靠性。其他设备失效时均造成母线失效。因此第一段母线的可靠性为:

$$R_1 = R_{变压器} \cdot R_{上游断路器} \cdot R_{下游断路器} \cdot R_{联络断路器} \cdot R_{隔离开关} \cdot R_{接地开关} \cdot R_{电压互感器} \cdot R_{综合保护设备}$$

$$(5-2)$$

其中综合保护设备为两台综合保护并联组成的子系统。

$$R_{综合保护设备} = 1 - (1 - R_{综合保护})^2 \qquad (5-3)$$

5.2.2 110kV 电力系统设备的可靠性分析

5.2.2.1 六氟化硫封闭式组合电器

对系统电网来说,由于电压高,断路器用的大多是耐压更高的气体绝缘开关设备(Gas Insulated Switchgear),行业简称 GIS 柜。110kV 电力系统断路器用的也是 GIS 柜,绝缘气体为六氟化硫。它将一座变电站中除变压器以外的一次设备,包括断路器、隔离开关、接地开关、电压互感器、电流互感器、避雷器、母线、电缆终端、进出线套管等,经优化设计有机地组合成一个整体,所以也叫六氟化硫封闭式组合电器设备。由于外绝缘设计可靠性和占地面积少等原因,气体绝缘组合电器更是成为高压供电系统开关的首选。尽管 GIS 柜拥有较高的可靠性——根据全国电力可靠性统计,2013 年 GIS 柜的可用系数为99.989%,强迫停运率为 0.209。但随着 GIS 柜越来越广泛的应用,以及应用位置的重要性,GIS 柜故障也成为一个不可忽视的问题。

（1）GIS 的特点

①小型化

因采用绝缘性能卓越的六氟化硫气体做绝缘和灭弧介质，所以能大幅度缩小变电站的体积，实现小型化。

②可靠性与安全性

由于带电部分全部密封于惰性 SF6 气体中，不与外部接触，不受外部环境的影响，大大提高了可靠性。此外，由于所有元件组合成为一个整体，具有优良的抗地震性能。

因带电部分密封于接地的金属壳体内，因而没有触电危险。SF6 气体为不燃烧气体，所以无火灾危险。又因带电部分以金属壳体封闭，对电磁和静电实现屏蔽，噪声小，抗无线电干扰能力强。

③安装与维护

安装周期短。由于实现小型化，可在工厂内进行整机装配和实验合格后，以单元或间隔的形式运达现场，因此可缩短现场安装工期，又能提高可靠性。因其结构布局合理，灭弧系统先进，大大提高了产品的使用寿命，因此检修周期长，维修工作量小，而且由于小型化，离地面近，因此日常维护方便。

（2）GIS 结构及可靠性分析

GIS 外形见图 5 - 12。

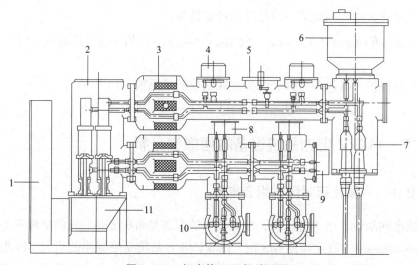

图 5 - 12 钢壳体 GIS 柜外形图

1—汇控柜；2—断路器；3—电流互感器；4—接地开关；5—出线隔离开关；6—电压互感器；7—电缆终端；8—母线隔离开关；9—接地开关；10—母线；11—操作机构

①汇控柜

汇控柜功能是对 GIS 柜运行状态进行监控和保护。控制系统直接反映元件的工作状态，电力系统运行状态和变电站的运行方式，实现就地及远方操作，与主控屏连接后，可实现自动跳闸和重合闸。控制部分实现 GIS 元件的闭锁和元件之间的联锁，保证一次设备安全运行，现代化汇控柜带远传功能，由计算机统一管理，实现电站无人化。

汇控柜内主要由二次回路、各种继电器、综合保护系统组成，其中综合保护系统为两台串联结构，只有两台综合保护系统失效时，才可能导致 GIS 柜系统多重失效。

②断路器组件

断路器功能是开断电路，断路器组件有三相共箱式或分相式断路器。每相灭弧室有独立的绝缘筒封闭。灭弧室为单压式，采用轴向同步双向吹弧式工作原理，结构简单，开断能力强。断路器的可靠性指标主要为电寿命，如某厂某型号 GIS 柜断路器电寿命为开断满容量 20 次；开断额定工作电流 2000 次；快速接地开关关合短路 2 次之后；快速隔离开关开合母线转移电流 150 次之后；由于操作机构一般为机械、电力和液压或气动机构的组合体，结构较复杂，有机械寿命。但由于动作不频繁，一般均能达到设计寿命。也因为结构复杂，制造安装质量要求较高，某些零部件的缺陷可能导致断路器失效，制造安装引起的失效分布为指数分布。有些零部件如液压系统密封圈、继电器等为橡胶及塑料材质存在老化失效机理，失效分布为韦布尔分布。

③电流互感器

电流互感器的功能是对电流进行测量。由于电流互感器失效不会直接导致该段母线的功能失效，在计算母线的功能失效可靠性时可不考虑电流互感器的可靠性。

④接地开关

接地开关可以配手动、电动或电动弹簧机构。手动和电动机构用于检修用的接地开关；电动弹簧机构用于具有开合电磁感应电流、静电感应电流能力和需要关合短路电流的接地开关。

接地开关可用作一次接引线端子，因此，在不需要放掉 SF6 气体的条件下，用于检查电流互感器的变化和测量电阻等。

⑤隔离开关

隔离开关作用是将断路器与系统隔离，有母线隔离开关见图 5 – 12 中 8，与出线隔离开关见图 5 – 12 中 5，隔离开关可以配手动、电动或电动弹簧机构。手动和电动机构主要用于无负载电流时分合隔离开关；电动弹簧机构用于需要切合电容电流、电感电流和母线转换电流的隔离开关。

由于隔离开关、接地开关都是在断路器断开的情况下操作，因此开关动作不会导致再用母线失效，但由于它们都是一次线路的一部分，其本身的绝缘问题、过热等失效模式会导致母线失效。

⑥电压互感器

电压互感器的功能是对电压进行检测。一次线圈的匝间短路等失效模式会造成母线失效。

⑦母线

这里的母线是指 GIS 柜内部的母线，由各导电杆及相应的电连接组成。导电杆由铜基或铝基材料通过表面处理制成，其可靠性取决于制造、安装质量。

⑧操作机构

操作机构是指断路器和各种开关的操作机构，操作机构一般由机械、电子、油动或启动装置组成。断路器的操作机构失效直接会导致断路器失效，从而导致母线失效，计算母线的可靠性需考虑断路器操作机构的可靠性。GIS 断路器操作机构见图 5 – 13，结构较复杂，有机械寿命。对动作不频繁，一般均能达到设计寿命。也因为结构复杂，制造安装质量要求较高，某些零部件的缺陷可能导致断路器失效，制造安装引起的失效分布为指数分布。有些零部件如液压系统密封圈，继电器等为橡胶及塑料材质存在老化失效机理，失效分布为韦布尔分布。

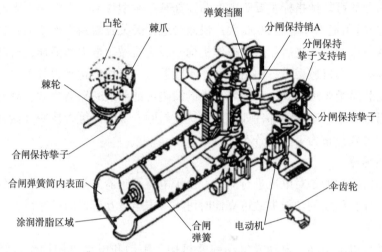

图5-13　GIS断路器操作机构

⑨气隔

GIS柜的每一个间隔，用不通气的盆式绝缘子(气隔绝缘子)划分为若干个独立的SF_6气室，即气隔单元。各独立气室在电路上彼此相通，而在气路上则相互隔离。设置气隔具有以下优点：

　　a. 可以将不同SF_6气体压力的各电气元件分隔开；

　　b. 特殊要求的元件(如避雷器等)可以单独设立一个气隔；

　　c. 在检修时可以减少停电范围；

　　d. 可以减少检查时SF_6气体的回收和充/放气工作量；

　　e. 有利于安装和扩建工作。

　　每一个气隔单元有一套元件，即SF_6密度计、自封接头、SF_6配管等。其中，SF_6密度计带有SF_6压力表及报警接点。除可在密度计上直接读出所连接气室的SF_6压力外，还可通过引线，将报警触点接入就地控制柜。当气室内SF_6气压降低时，则通过控制柜上光字牌指示灯及从自系统报文发出"SF_6压力降低"的报警信号，如压力降至闭锁值以下，则发闭锁信号，同时切断断路器控制回路，将断路器闭锁。

　　气隔壳体带有防爆膜，当气隔内开关设备发生故障时高温能使气隔内气体压力升高，防爆膜破裂保护设备。

　　由于分析GIS的可靠性的目的是计算母线的可靠性，因此分析GIS的可靠性时，只需分析GIS中对母线失效有影响的部件和失效模式。GIS可靠性可以看成是GIS中能够引起母线失效的部分部件可靠性的串联。

$$R_{GIS} = R_{汇控柜} \cdot R_{断路器} \cdot R_{隔离开关} \cdot R_{接地开关} \cdot R_{电压互感器} \cdot R_{母线} \cdot R_{气隔} \qquad (5-4)$$

典型失效模式及影响分析见表5-1。

表 5 – 1　GIS 典型失效模式及影响分析

设备	功能部件（单元）	元件（子单元）	失效模式	失效现象	失效统计分布	失效后果	根原因	
							自然机理	管理因素
GIS	汇控柜	二次接线、继电器	接线松动	报警灯亮	指数分布	断路器拒动作将产生多重失效		质量
			继电器老化	隐性	韦布尔分布		老化	
			受潮腐蚀		指数分布		腐蚀	质量
		综合保护	电源故障	报警灯亮	指数分布	同上	老化	
	断路器组件	断路器	老化、耗损	拒分拒合	韦布尔分布	越级跳闸	老化、耗损	
			腐蚀		指数分布	越级跳闸		管理
		操作机构	腐蚀、漏油、磨损	拒分拒合	韦布尔分布	越级跳闸	老化、磨损、腐蚀	
					指数分布			制造、安装
	隔离开关 接地开关	动、静触头	磨损	拒分拒合	韦布尔分布	越级跳闸	磨损	
			污物引起短路		指数分布			质量、安装
	电压互感器	一次线圈	匝间短路	拒分拒合	指数分布	越级跳闸		质量、维护
		二次线圈	受潮					
		铁芯	铁芯谐振					
	气隔	密封元件	进入空气	密封压力降低	韦布尔分布	腐蚀引起闪络	老化	

总之，GIS 运行可靠性高、维护工作量少、检修周期长，一般设备寿命超过 20 年。其故障率只有常规设备的 20% ~40%，但 GIS 也有其固有的缺点，最常见的问题是 SF₆ 气体的泄漏、外部水分的渗入、导电杂质的存在、绝缘子老化等因素影响，都可能导致 GIS 内部闪络故障。GIS 的全密封结构使故障的定位及检修比较困难，检修工作繁杂，事故后平均停电检修时间比常规设备长，其停电范围大，常涉及非故障元件多。

根据邓用辉《高压开关设备典型故障案例汇编》中的案例介绍，约有 80% 的故障在制造及安装环节引入。从各项统计资料来看，GIS 故障大致分布为，机械故障 39.30%、绝缘故障 38.10%、二次回路故障 8.30%、本体渗漏故障 9.50%、其他故障 4.80%。除元器件老化等自然因素造成的失效，制造安装质量对早期故障影响较大，GIS 设备的内部闪络故障通常发生在安装或大修后投入运行的一年内，根据某企业统计资料，第一年设备运行的故障率为 0.53 次/间隔，第二年则下降到 0.06 次/间隔，以后趋于平稳。根据运行经验，隔离开关和盆形绝缘子的故障率最高，分别为 30% 及 26.6%；母线故障率为 15%；电压互感器故障率为 11.66%；断路器故障率为 10%；其他元件故障率为 6.74%。因此，在运行的第一年里，运行人员要加强日常的巡视检查工作，特别是对隔离开关的巡视，在巡查中主要留意 SF₆ 气体压力的变化，是否有异常的声音（音质特性的变化、持续时间的差异）、发热和异常气味、生锈等现象。如果 GIS 有异常情况，必须及时对有怀疑的设备进行检测。

5.2.2.2 变压器的可靠性

电力变压器是电力电路中最关键的一次设备，其主要功能是将电力系统中的电能电压升高或降低，以利于电能的合理输送、分配和使用。只有在对变压器各部附件结构、功能、失效特征、失效原因和影响透彻分析的基础上，才能清楚风险之间的逻辑关系，找出风险的薄弱环节。结合电力系统电力变压器失效统计资料、事故调查报告和检修纪录的整理，建立电力变压器的一系列数据库。

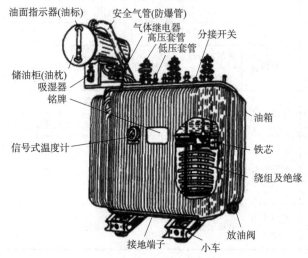

图5-14 电力变压器结构

电力变压器分类的方式有多种：按功能分，有升压变压器和降压变压器两大类。工厂变电所都采用降压变压器。终端变电所的降压变压器，也称配电变压器；按绕组型式分，有双绕组变压器、三绕组变压器和自耦变压器。工厂变电所大多采用双绕组变压器；按绕组绝缘及冷却方式分，有油浸式、干式和充气式（SF_6）等变压器。工厂变电所大多采用油浸自冷式变压器。电力变压器结构见图5-14。

（1）变压器的工作原理

变压器主要有绕组和铁芯两部分组成。图5-15(a)所示为一个最简单的单相变压器。其铁芯是一个闭合磁路，原、副绕组绕在同一磁路上。一个绕组接电源，称为一次绕组或初级绕组；另一个绕组接负载，称为二次绕组或次级绕组。

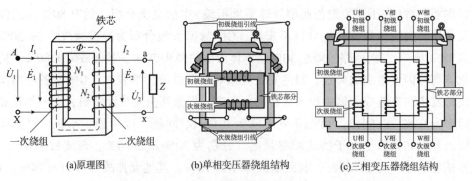

(a)原理图　　　(b)单相变压器绕组结构　　　(c)三相变压器绕组结构

图5-15 变压器的工作原理

变压器是根据电磁感应原理制成的，如果把变压器的一次绕组接在电压为 U_F 的交流电源上，这时一次绕组中就有交变电流流过。这个电流将在铁芯中产生交变主磁通 Φ（或称工作磁通）。由于一次、二次绕组在同一个铁芯上，所以铁芯中的主磁通 Φ 同时穿过一次绕组和二次绕组，并在绕组中产生感应电动势，即在变压器的一次绕组中产生自感电动

势 E_1，同时在二次绕组中产生互感电动势 E_2。对于负载来说，二次绕组中的电动势 E_2 相当于电源电动势。因而在二次绕组与负载连接的回路中就产生了电流，使负载工作，如电灯发光、电阻丝发热等。

负载所消耗的绕组电能，是由变压器铁芯中的交变磁通，通过电磁感应，从一次绕组传递到二次绕组的电能。这就是变压器的基本工作原理。变压器只能传递电能，而不能产生电能。理想状态变压器有近似公式：

$$\frac{U_1}{U_2} = \frac{E_1}{E_2} = \frac{I_2}{I_1} = \frac{N_1}{N_2} = K \tag{5-5}$$

式中，E_1，E_2 为一次、二次绕组的感应电动势；N_1，N_2 为一次、二次绕组的匝数；U_1，U_2 为一次电压、二次电压，即变压器一次、二次绕组电压；I_1，I_2 为变压器一次、二次绕组电流；K 为变压器的变压比。

变压器的基本公式，反映了变压器的电压、电流和匝数的关系。因此，在同一台变压器内，高压侧绕组匝数多，绕组内电流小，导线截面小，低压侧绕组匝数少，绕组内电流大，导线截面大。

(2) 变压器的结构

电力变压器的结构见图 5-14。它主要由铁芯、线圈、油箱、套管、分接开关、吸湿器、储油柜、安全气道、气体继电器等部分组成。

① 铁芯

铁芯是变压器磁路的主体，用于构成变压器的闭合磁路，变压器的一次、二次绕组绕在其上。铁芯分为铁芯柱和铁轭，铁芯柱上套装绕组，铁轭的作用是使磁路闭合。为减少铁芯内的磁滞损耗和涡流损耗，提高铁芯导磁能力，铁芯采用含硅量约为 5%，厚度为 0.35mm 或 0.5mm，两面涂绝缘漆或氧化处理的硅钢片叠装而成。铁芯分为铁芯柱和横片两部分，铁芯柱套有绕组；横片是闭合磁路之用。为防止直接短路，硅钢片两面均涂有较薄的绝缘漆。为防止因电磁感应在铁芯上产生悬浮电位，铁芯在运行中必须接地，但必须避免造成两点接地。为便于检查接地情况，大、中型变压器将铁芯及夹件接地，经接地套管引至变压器外。

当铁芯或其金属构件如有两点或两点以上(多点)接地时，则接地点间就会造成闭合回路，它键链部分磁通，产生电动势，并形成环路，产生局部过热，甚至烧毁铁芯。

铁芯故障主要原因：一是施工工艺不良造成短路。如油浸变压器油箱中落入了金属异物，这类金属异物使铁芯叠片和箱体沟通，形成接地。二是维护保养不当，如下夹件和铁轭阶梯间的木垫块块受潮或表面不清洁，附有较多的油泥，使其绝缘电阻值降为零时，构成了多点接地。三是变压器连续运行导致油及绕组过热，使绝缘逐渐老化。继而引起铁芯叠片两片绝缘层老化而脱落，将引起更大的铁芯过热，铁芯将烧毁。四是硅钢片表面上的绝缘漆因运行年久，绝缘自然老化或损伤后，将产生很大的涡流损耗，增加铁芯局部发热，使高、低绕组温升加剧，造成变压器绕组绝缘击穿短路而烧毁。

对铁芯接地情况可以进行状态监测。可以气相色谱分析，色谱分析中如气体中的甲烷及烯烃组分含量较高，若 CO 和 CO_2 气体含量和以往相比变化不大，或含量正常，则说明铁芯过热，铁芯过热可能是由于多点接地所致。测量接地线有无电流。正常接地线上电流很小，为毫安级(一般小于0.3A)，而接地时一般可达到几十安培。

对时间多点接地，可设置保护，当油浸变压器油劣化而产生可燃性气体，使气体继电器动作。

②绕组(线圈)

绕组是变压器的电路部分，用绝缘铜线或铝线绕制而成，并用绝缘材料构成线圈和纵绝缘，使线圈固定在一定位置，形成纵横向油道，便于变压器油流动，加强散热和冷却效果；绕组的作用是电流的载体，产生磁通和感应电动势。

绕组分为工作电压高的高压绕组和工作电压低的低压绕组。绕组结构有同心式和交叠式。同心式绕组高低压绕组在同一心柱上同心排列，低压绕组在里，高压绕组在外，便于与铁芯绝缘，结构较简单。交叠式绕组高低压绕组分成若干部分形似饼状的线圈，沿心柱高度交错套装在心柱上结构复杂。

绕组经常出现的问题如下：配电系统不稳，电流的剧增将导致变压器的线圈温度迅速升高，导致绝缘加速老化，形成碎片状脱落，使线体裸露而造成匝间短路。运行过程中维护不当，水分、杂质或其他油污混入油中，使绝缘强度大幅降低。

③油箱和变压器油

油箱由钢板焊接而成，油箱内放置变压器器身，即油浸式变压器的外壳，用来保护器身，内余空间充满变压器油，它有冷却绝缘和灭弧作用。

变压器油是石油分馏时的产物，280~350℃的石油分馏物，主要成分是烷族和环烷族碳氢化合物。变压器油的作用有以下几种：

a. 绝缘作用，用于相间、层间和主绝缘；

b. 作为冷却介质；

c. 使设备与空气隔绝，防止发生氧化受潮，降低绝缘能力。

变压器油一般不以存放时间的长短来衡量其好坏，而是看存放是否能够很好地隔绝空气，避免潮湿的空气增加油中的水分而降低其绝缘性能，应对变压器油的质量进行定期检测，除检验变压器油中水分和杂质能否达到使用要求，很重要的标准就是变压器油的交流击穿电压实验是否合格。

④净油器

净油器用来改善运行中变压器的绝缘油特性，防止绝缘油老化的装置。它利用变压器上下部的油温差形成油循环，从绝缘油中清除数量不大的一些水、渣、酸和氧化物。净油器中的吸附剂是硅胶或活性氧化铝。

⑤储油柜(油枕)

油枕也称储油柜，安装在变压器的顶端，其容量为油箱容积的8%~10%，与本体之间有管路相连。其作用有：调节变压器油量保证变压器内始终充满变压器油；减少油和空气的接触，防止变压器油的过快老化和受潮。油枕分为通用型和胶囊式。油枕上装有液位计可观察油量的变化。

⑥安全气道(防爆管)

装在油箱顶盖上，保护设备，防止出现故障时如当变压器内部发生短路或严重对地放电时损坏油箱。当变压器发生故障而产生大量气体时，油箱内的压强增大，气体和油将冲破防爆膜向外喷出，避免油箱爆裂。《变压器运行规程》规定，8000kV 及以上的变压器均需安装防爆管。

⑦分接开关

在电力系统，为使变压器的输出电压控制在允许变化的范围内，变压器的原绕组匝数要求在一定范围内调节，因而原绕组一般备有抽头，称为分接头。利用开关与不同接头连接，可改变原绕组的匝数，达到调节电压的目的。

由于局部漏油导致分接开关裸露在空气中，逐渐受潮性能下降，导致放电短路。

分接开关长期运行于过负荷状态，会引起分接开关触头出现碳膜和油垢，触头发热后又使弹簧压力降低，特别是触环中弹簧，由于材料和制造工艺差，弹性降低很快；或出现零件变形，导致分接开关的引线头和接线螺丝松动等情况，即使处理，也可能使导电部位接触不良，接触电阻增大，产生发热和电弧烧伤，电弧还将产生大量气体，分解出具有导电性能的碳化物和被熔化的铜粒，喷涂在箱体、一/二次套管、绕组层间、匝层等处，引起短路，烧坏变压器。

⑧绝缘套管与出线装置

出线装置将变压器绕组的引线从油箱内引出，使引出线穿过油箱时与接地的油箱之间保持一定的绝缘，并固定引出线。绝缘是用绝缘套管进行的，绝缘套管装在变压器的油箱盖上，作用是把线圈引线端头从油箱中引出，并使引线与油箱绝缘。电压低于 1kV 采用瓷质绝缘套管，电压在 10~35kV 采用充气或充油套管，电压高于 110kV 采用电容式套管。

绝缘套管的失效模式为套管胶垫密封失效、顶部密封不良、内部受潮。

⑨散热器或冷却装置

由于变压器运行中铁芯、绕组将产生一定的热量，将使变压器油的温度升高、比重降低，形成油的自循环，将铁芯、绕组的热量带走。冷却装置是利用变压器油的自循环，采用有效的方法，加快油的循环速度，使热量更快地散发到空气中的装置。

变压器冷却装置按照冷却方式可分为自冷式、风冷式、强迫油循环式，其中强迫油循环式又可分为风冷、水冷、导向式风冷。

⑩吸湿器

吸湿器又称呼吸器。当油枕随着变压器油的体积膨胀或缩小，呼出或吸入空气时，气体需经过吸湿器。吸湿器中的吸湿剂和底部的油封吸收空气中的水分和杂质，对空气进行过滤，从而避免变压器油受潮和氧化。吸湿剂俗称硅胶，分为可变色和不变色两种。可变色的是浸氯化钴硅胶，正常时为天蓝色，吸湿后变为红色；不变色的采用白色的活性氧化铝。

变压器在运行中产生的碳化物受热后又产生油焦等物质将油标呼吸孔堵塞，少量的变压器油留在油标内，在负荷、环境温度变化时，油标管内的油位不变化，容易产生假油面而不重视加油。

⑪保护装置

气体继电器(瓦斯继电器)：

装在变压器的油箱和储油柜间的管道中，主要保护装置。内部有一个带有水银开关的浮筒和一块能带动水银开关的挡板。当变压器发生故障，产生的气体聚集在气体继电器上部，油面下降，浮筒下沉，接通水银开关而发出信号；当变压器发生严重故障，油流冲破挡板，挡板偏转时带动一套机构使另一水银开关接通，发出信号并跳闸。

⑫测温装置

监测变压器的油面温度。小型的油浸式变压器用水银温度计，较大的变压器用压力式温度计。温度计的作用：测量变压器上层油温，监视变压器的运行状态。常用的温度计分为水银式、压力式和电阻式三种。

变压器的可靠性分析，列出上述部分部件失效将引起变压器失效的失效模式，并进行分析见表 5-2。

表 5-2 变压器的主要失效模式及影响分析

设备	功能部件（单元）	元件（子单元）	失效模式	失效现象	失效统计分布	失效后果	失效原因	根原因	
								自然机理	管理因素
变压器	铁芯		多点接地	发热	指数分布	烧毁铁芯	油中落入金属异物		质量
					指数分布		油泥沉积		运行维修
					指数分布		绝缘老化	老化	
	绕组		绝缘老化	发热、异响	韦布尔分布	匝间短路	受潮	老化、耗损	
					指数分布		多次大冲击电流		管理
	油箱	油箱	漏油	液位低	指数分布	元器件绝缘失效	密封失效	老化	质量
							发热耗损		
		变压器油	变质	发热、异响	指数分布	元器件绝缘失效	受潮、进水、杂质		质量、安装、维护
	分接开关		电弧烧伤	发热、异响	指数分布	烧坏绕组	松动		安装
							油位低	腐蚀	维护
	净油器		硅胶、氧化铝失效	发热、异响	韦布尔分布	元器件绝缘差失效	老化	老化	维护
	吸湿器		呼吸孔堵塞	发热、异响	指数分布	元器件绝缘差失效	油分解焦油	热分解	维护
	散热器或冷却装置		积灰	发热	指数分布	元器件绝缘差失效	积灰	环境	维护
	绝缘套管与出线装置		绝缘不良	闪络	韦布尔分布	变压器烧损	密封、绝缘老化	老化	维护
	气体继电器		误联锁	保护动作	指数分布/韦布尔分布	变压器失电	内部元件失效	元件老化	质量
			拒动作	隐性		烧毁变压器			

5.2.3 下游变电所电力系统设备的可靠性分析

图 5－16 所示为典型变电所 6kV 母线系统图,该变电所为两段母线,两段分列运行,上游通过断路器与总站母线系统连接,下游通过断路器连接最终用电设备,或压力更低的 380V 变电所,两段母线中间有断路器可以进行母联自投。当某段母线上游故障时,母线上游断路器动作切出母线,同时母线联络自投与另一段母线连接,保证母线运行。当母线下游用电设备故障时,下游与用电设备相连断路器动作,切出下游设备,保证母线及与母线连接其他设备安全运行。当母线及与母线相连接设备如上下游断路器,电压互感器等设备本身失效时,上游断路器及联络断路器均动作,切出本段母线。则本段母线及相关用电设备失电。母线为上游断路器与下游断路器及两段母线联络断路器之间的系统,见图 5－16。图还标注了最底层用电设备电机与断路器组成供电设备接线回路。

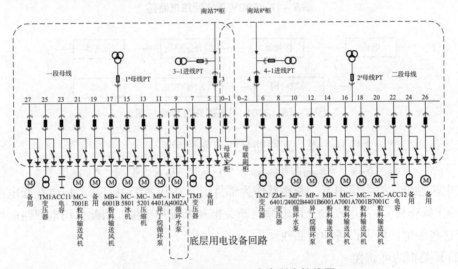

图 5－16 炼化企业 6kV 变电所主接线图

由于该变电为 6kV 变电所,送出回路除最终用电设备如电机外,还通过断路器向更低等级如 380V 变电变压器供电,380V 变电所母线接线方法与此相同,其可靠性不另行介绍。

(1)用电设备接线回路的可靠性

首先介绍最底层用电设备接线回路的可靠性,在系统图中用电回路主接线图中仅仅画出了用电设备电机,接地开关和断路器。应用此图介绍可靠性还不够详细,需把它展示为更详细的三相电路图。图 5－17 所示为最简单的 380V 用电设备电路图。

图 5－17(a)所示为用电设备为循环水泵的电路接线图,KM 表示接触器,虽然它们的位置不同,其实都在一个组合器件交流接触,见图 5－17(b),FU 是熔断器用于短路保护,还有其他保护功能在现代计算机计算发展后都整合到综合保护器中,QF 是断路器也就是电源总开关用于整个电路的短路保护。在该用电回路中可靠性取决于电动机,断路器、综合保护器、接触器、开启及停止按钮、电缆的可靠性,以及上游系统电网供电的可靠性,其可靠性框图见图 5－18。

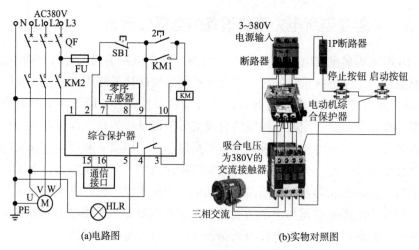

图5-17　380V用电回路电路图

图5-18　380V用电回路可靠性框图

上述各功能模块为串联关系，其回路系统可靠性为：

$$R_S = R_{电机} \cdot R_{接触器} \cdot R_{综合保护器} \cdot R_{断路器} \cdot R_{电缆} \cdot R_{开关} \cdot R_{系统电网} \quad (5-6)$$

其中接触器、综合保护器、断路器作为部件组合在开关柜中。开关柜放在变电所，电机、开关（操作柱）在用电现场，用电缆将开关柜和电机相连接。因此，用电回路的可靠性取决于这些用电回路上设备的可靠性。

（2）开关柜的可靠性

开关柜由一个或多个开关和与之相关的控制、测量、信号、保护、调节等设备，由制造厂家负责完成所有内部的和机械的连接，用结构部件完整地组装在一起的一种组合体。开关柜的主要作用是在系统进行发电、输电、配电和电能转换的过程中，进行开合、控制和保护用电设备。电力行业将应用在额定电压等级交流不超过 1000V 或直流不超过 1500V 的设备称为低压开关柜，产品符合 GB 7251.1《低压成套开关设备和控制设备》（IEC 61439《低压成套开关设备》）标准规定。目前电气成套设备等级主要有，0.4kV、0.69kV、1.2kV 低压柜；3.6kV、7.2kV、12kV、24kV 中压柜；40.5kV 高压柜。而石油化工行业也有将 380～6kV 为低压柜，将 6kV～36kV 为中压开关柜，将 36～550kV 为高压开关柜。开关柜按功能又可分为①进线柜；②出线柜；③母线联络柜；④PT 柜；⑤隔离柜；⑥电容器柜；⑦计量柜；⑧GIS 柜等。在此不再一一讨论，只以循环水泵电气回路中的出线柜开关柜为代表进行可靠性分析讨论。

低电压等级如 380V、220V 的低压开关柜，一般为抽屉型居多。见图 5-19。抽屉式开关柜采用钢板制成封闭外壳，进出线回路的电气元件都安装在可抽出的抽屉中，每一个抽屉就是一个独立的配电箱，能完成某一类供电任务的功能单元。

图 5-19　低压开关柜

在基层用电回路中，具有电路开合功能的是交流接触器和断路器，在低电压等级如 220～380V 用电回路中，需要开关频繁功能的用交流接触器，交流接触器的外形与结构见图 5-20，接触器本身不具备短路保护和过载保护能力，具有保护功能的开关是断路器，低电压等级的断路器是用空气绝缘的，即空气开关。而中压等级的用真空断路器。

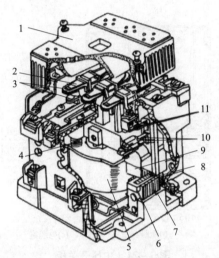

图 5-20　交流接触器

1—灭弧罩；2—触点压力弹簧片；3—主触点；4—反作用弹簧；5—线圈；6—短路环；
7—静铁芯；8—弹簧；9—动铁芯；10—辅助常开触点；11—辅助常闭触点

交流接触器由以下四部分组成。

①电磁机构

电磁机构由线圈、动铁芯(衔铁)和静铁芯组成，其作用是将电磁能转换成机械能，产生电磁吸力带动触点动作。

②触点系统

触点系统包括主触点和辅助触点。主触点用于通断主电路，通常为三对常开触点。辅助触点用于控制电路，起到电气联锁作用，故又称联锁触点，一般常开、常闭各两对。

③灭弧装置

容量在 10A 以上的接触器都有灭弧装置，对于小容量的接触器，常采用双断口触点灭弧、电动力灭弧、相间弧板隔弧及陶土灭弧罩灭弧。对于大容量的接触器，采用纵缝灭弧罩及栅片灭弧。

④其他部件

其他部件包括反作用弹簧、缓冲弹簧、触点压力弹簧、传动机构及外壳等。

电磁式接触器的工作原理如下：线圈通电后，在铁芯中产生磁通及电磁吸力。此电磁吸力克服弹簧反力使得衔铁吸合，带动触点机构动作，常闭触点打开，常开触点闭合，互锁或接通线路。线圈失电或线圈两端电压显著降低时，电磁吸力小于弹簧反力，使得衔铁释放，触点机构复位，断开线路或解除互锁。

交流接触器是开关柜的重要部件，一般维修为整体更换，看作不可修复部件。由于结构中有弹簧等部件，失效机理为疲劳，氧化等自然机理，其分布为韦布尔分布。

在电压如6000V、10kV电压等级的用电回路中，由于电压较高，不能用空气绝缘，不用交流接触器开和电路，而用真空断路器来开断电路，因此用电回路中没有交流接触器。真空断路器既有频繁开断的功能，又具有保护功能。真空断路器体积空间较大，其开关柜一般为手推车式，见图5-21。

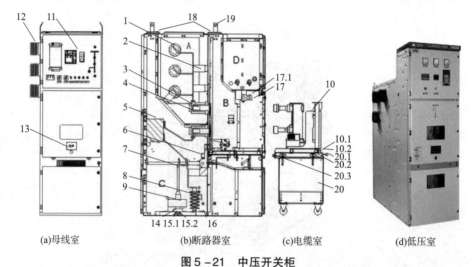

(a)母线室　　　　　　(b)断路器室　　　　(c)电缆室　　　　(d)低压室

图5-21　中压开关柜

1—母线；2—绝缘子；3—静触头；4—触头盒；5—电流互感器；6—接地开关；7—电缆终端；
8—避雷器；9—零序电流互感器；10—断路器手车；10.1—滑动把手；10.2—锁键（联到滑动把手）；
11—控制和保护单元；12—穿墙套管；13—丝杆机构操作孔；14—电缆夹；15.1—电缆密封圈；
15.2—连接板；16—接地排；17—二次插头；17.1—联锁杆；18—压力释放板；19—起吊耳；
20—运输小车；20.1—小车锁定把手；20.2—调节螺栓；20.3—锁舌

高中压开关柜中最关键的部件是真空断路器。高压真空断路器是利用"真空"灭弧的一种断路器，其触头装在真空灭弧室内。由于真空中不存在气体游离的问题，所以这种断路器的触头断开时很难发生电弧。在电路中，瞬间切断电流将会使电路出现过电压，这对供电系统是不利的。"真空"断路器，能在触头断开时因高电场发射和热电发射产生一点电弧，这电弧称为"真空电弧"，它能在电流第一次过零时熄灭。这样，燃弧时间既短，又不致产生很高的过电压。

断路器的真空灭弧室结构见图5-22。真空灭弧室的中部，有一对触头，触头的形式有圆盘式和瓷吹式两种。触头的开距，10kV一般为10~16mm，35kV一般为24~40mm。

屏蔽筒是包围在触头周围的金属圆筒，其作用是吸收燃弧过程中放出的金属蒸汽和金属液滴，防止其返回触头间隙引起重燃，防止沉积到绝缘外壳表面引起外壳绝缘强度降低。

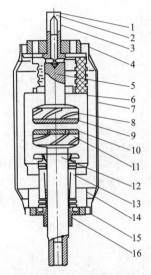

图 5-22　真空灭弧室结构

1—排气管保护罩；2—排气管密封刀口；3—环氧树脂填料；4—定端盖板；5—定导电杆；
6—屏蔽筒；7—玻壳(或陶瓷壳)；8—定触头座；9—定触头；10—动触头；11—动触头座；
12—动导电杆；13—波纹管；14—均压罩；15—动端盖板；16—导向套

波纹管是真空灭弧室重要的部件。利用波纹管的纵向可伸缩性，从真空灭弧室外部用机械方法使内部的触头运动，而又不破坏外壳的气密性。在真空灭弧室中，波纹管外部为真空，内部为大气，波纹管的内外存在一个大气压的气压差。在此压差的作用下产生一个将动触头压紧在静触头上的力，称为触头自闭力。波纹管是真空灭弧室中唯一的需要大幅度运动的机械变形的元件，容易因疲劳损坏，其寿命分布为韦布尔分布。

真空灭弧室的绝缘外壳常用材料有玻璃或高氧化铝陶瓷。玻璃外壳的强度低于陶瓷外壳，且加工精度较低，但价格低，玻璃外壳真空灭弧室适用于开断电流较小的断路器。陶瓷外壳则可用于所有的真空断路器。陶瓷玻璃都是脆性材料，受随机影响因素很大。

灭弧室内部触头开断时受电流冲击，虽然灭弧室内为真空环境，但不可能做到完全真空，每次开断时会有一定的损伤，因此触头有额定短路寿命限制。

端子触头靠弹簧压紧，开关柜断路器手车具有五防功能，见图 5-23。操作机构大部分为机械机构，存在磨损、疲劳失效模式。出线开关柜常见失效模式及影响分析见表 5-3。

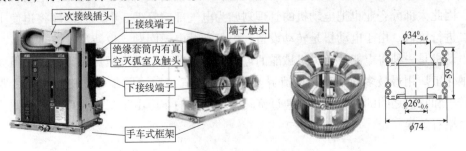

图 5-23　断路器手车

表5-3 出线开关柜的主要失效模式及影响分析

设备	功能部件（单元）	元件（子单元）	失效模式	失效现象	失效统计分布	失效后果	失效原因	根原因	
								自然机理	管理因素
出线开关柜	接触器	触点系统	触头弹簧压力过大	不动作或动作不可靠/不释放或释放慢	指数分布	越级跳闸/用电设备失电	弹簧压力大		质量
			机械可动部分被卡死				尺寸偏差		质量
		电磁系统	线圈断裂		指数分布		受潮	老化、耗损	
					指数分布		多次大冲击电流		管理
			铁芯剩磁大		韦布尔分布		使用时间长	老化	
							铁芯表面有油污或灰尘	环境污染	
		灭弧系统	触头熔焊		指数分布		灭弧罩破裂		质量
	真空断路器		接触电阻增大	隐性	韦布尔分布		长时间使用	电磨损	
			绝缘性能下降	隐性真空泡漏气	指数分布	元器件绝缘差失效	波纹管裂纹		质量
					韦布尔分布			疲劳	
	操作机构	机械机构	机械卡涩	跳跃现象	指数分布	断路器分闸	尺寸配合偏差		质量
			弹簧断裂		韦布尔分布		磨损	磨损、疲劳	
		分合闸线圈	烧损	拒动或误动	指数分布	用电设备断电或无法停车	辅助触点接触不良导致长时间充电		质量

（3）电动机的可靠性

电动机是基层电路回路中的最终用电设备，一切电路驱动设备都是通过电动机提供动力的，因此大部分企业也把电动机的管理划归为电气部门管理。电动机故障将迫使主回路停电，进行维修。由于电动机是转动设备，不仅涉及电子问题，也涉及机械问题。

电动机是一种将电能转化为机械能的电力拖动装置，电动机虽然种类繁多，但大体上在石油化工厂用得最多的是三相交流异步电动机和三相交流同步电动机。它们主要由定子、转子和它们之间的气隙构成，通过旋转磁场工作的，但由于工作原理略有不同，具体结构也略有差异。

①定子旋转磁场

三相交流同步电动机和三相交流异步电动机的旋转磁场都有定子产生，定子在铁芯槽内，嵌有位置相差 120°电角度的三相绕组。当定子绕组接通三相交流电源时，就在定子绕组中产生一个旋转磁场。当三相电流不断地随着时间变化时，所建立的合成磁场也不断地在空间旋转，见图 5-24。旋转磁场的旋转方向与三相电流的相序一致，任意调换两根电源进线，则旋转磁场反转。

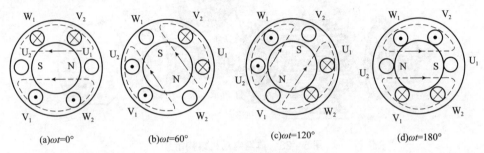

| (a)ωt=0° | (b)ωt=60° | (c)ωt=120° | (d)ωt=180° |

图 5-24　旋转磁场示意

若定子每相绕组由 p 个线圈串联，绕组的始端之间互差 $360°/p$，将形成 p 对磁极的旋转磁场。旋转磁场的转速(同步转速)可用式(5-7)表示：

$$n_0 = \frac{60f_1}{p} \tag{5-7}$$

②转子及感应电动势

异步电动机的转子是短路的绕组，旋转磁场旋转切割转子绕组，转子绕组产生感应电动势，由于转子绕组自身闭合，便有电流流过，转子绕组感应电流在定子旋转磁场作用下，产生电磁力。该力对转轴形成转矩(称电磁转矩)，它的方向与定子旋转磁场(电流相序)一致。于是，电动机在电磁转矩的驱动下，顺着旋转磁场的方向旋转，且一定有转子转速差。有转速差是异步电动机旋转的必要条件。

同步电动机转子并非短路绕组，绕组中电流并非感应电流，而是在绕组中加直流励磁电流，加励磁电源后，转子就已形成磁极。当定子的假想磁极与转子磁极异性相对时，两个磁极相互吸引而产生磁拉力，定子假想磁极拉着转子磁极以同步转速一起做旋转运动见图 5-25。如果转子轴上加上负载，转子磁极将落后定子磁极一个 θ 角，负载越大 θ 角拉开得越大，但转子仍然紧跟着定子旋转磁场同步旋转。

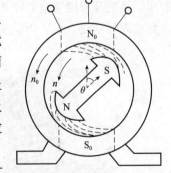

图 5-25　同步电动机工作原理

普通异步电动机具有结构简单，制造、使用和维护方便，运行可靠及质量较小，成本较低等优点。异步电动机有较高的运行效率和较好的工作特性，从空载到满载范围内接近恒速运行，能满足大多数生产机械的传动要求。异步电动机运行时，必须从电网吸取无功励磁功率，使电网的功率因数变化。因此，对驱动球磨机、压缩机等大功率的机械设备，常采用同步电动机。

③电动机整体的可靠性

电动机主要由定子和转子及润滑系统、冷却系统组成。对绕线型异步电动机还有启动控制设备，同步电动机还有励磁部分。这些涉及复杂的二次电子控制回路，在此不做详细介绍。只对主要部件进行可靠性分析。

典型电动机结构示意见图5-26。

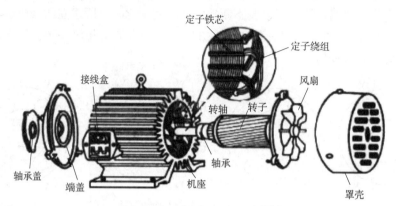

图5-26 典型电动机结构示意

该电动机由定子、转子、轴承盖、端盖、机座、接线盒、轴承、风扇、罩壳组成。由于该电动机结构比较简单，轴承用润滑脂润滑，对大型的电动机用轴瓦，并还带有轴承的润滑系统。该电机用风扇进行冷却，对大型电动机带有复杂的风冷或水冷系统。轴承等部件在第3章进行了介绍。本节着重介绍电动机特有的部件定子和转子的可靠性。

1)定子

定子由定子铁芯、定子绕组和机壳(包括机座、端盖)构成。定子铁芯是磁路的一部分，它由硅钢片叠压而成，片与片之间彼此绝缘，以减少涡流损失。每张硅钢片的内圆都冲有定子槽，用来放置绕组。硅钢片叠压之后成为一个整体铁芯，固定于机座内。对于大中型异步电动机，为使铁芯中的热量能有效散发出去，在铁芯中设有径向通风沟或称为通风道。定子绕组由许多线圈按一定规律连接而成。一般根据定子绕组在槽内布置的情况，有单层绕组及双层绕组两种基本型式。容量较大的异步电动机都采用双层绕组。双层绕组在每槽内的导线分上下两层放置，上下层线圈边之间需要用层间绝缘隔开。

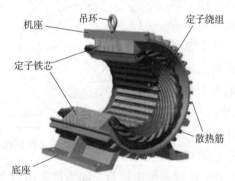

图5-27 三相异步电动定子实物

机壳主要作用是固定和支撑定子铁芯。中小型异步电动机一般都采用铸铁机座，也有用铁钢片卷焊而成。根据不同的冷却方式采用不同的机座形式。图5-27所示为三相异步电动定子实物。

机壳、机座都是静止部件，在全生命周期中不损坏，定子铁芯中的硅钢片、绕组虽然看起来也是静止的，钢片之间，绕线之间用绝缘漆绝缘。绕组通电后随着电流和交流磁场的作用，其绝缘随着使用时间的积累是降低的。应该积累绕组的可靠性寿命参数。

绕线在引出接线盒处与接线盒接触，由于引出绕线是柔性的，接线盒壁是刚性的，绕线会随着电动机的振动而振动，会与接线盒壁产生很小的摩擦，长时间会磨穿绝缘层，在很多电机上发现了这个失效模式。因此，要评估此处的可靠性。

将绕组引线与接线盒接线端子隔离绝缘的接线绝缘子存在绝缘效果降低问题，如环氧树脂绝缘子绝缘能力受湿度和时间影响，也应该对其可靠性进行分析。

2）转子

中小型异步电动机的转子由转子铁芯、转子绕组组成。转子铁芯也是电动机磁路的一部分，是由硅钢片叠压而成。它和定子铁芯、气隙构成电动机完整磁路。转子铁芯套在轴上，大容量异步电动机转子套在转子支架上，支架套在轴上。

异步电动机转子绕组一般采用鼠笼式绕组，见图 5 - 28。由于异步电动机转子导体内的电流是由电磁感应作用而产生的，无须由外电源对转子绕组供电，因此绕组可自行闭合；绕组的相数也不必限定为三相。因此，鼠笼式绕组的各相均由单根导条组成，因为异步电动机正常运行时，旋转磁场与转子导条的相对转速不大，即转差率在 5% 之下，所以导条中的感应电动势不大，如导条与铁芯之间不加绝缘，由导条与铁芯之间的接触电阻来限制导条间的漏电流也是可以的，一般无须用绝缘材料把导条与铁芯隔开，这样的绕组工艺极为简单。鼠笼式绕组由插入每个转子中导条和两端的环形端环组成。

转子绕组除鼠笼式外，还有绕线式，见图 5 - 29。它与定子绕组一样也是一个对称三相绕组，这个对称三相绕组接成星形，并接到转轴上三个集电环，再通过电刷使转子绕组与外电路接通。这种转子的特点是，通过集电环和电刷可在转子回路中接入附加电阻或其他控制装置，以便改善电动机的启动性能或调速特性。为减小电刷的磨损与摩擦损耗，中等容量以上的异步电动机还装有一种提刷短路装置。这种装置当电动机启动以后而又不需要调节速度时，移动其手柄，可使电刷提起，与集电环脱离接触，同时使三只集电环彼此短接。

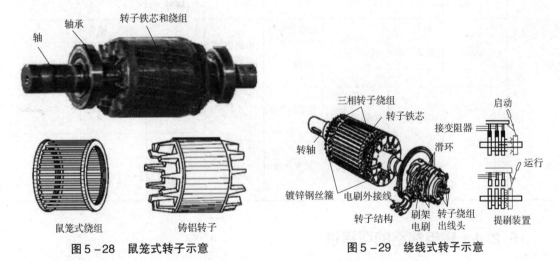

图 5 - 28　鼠笼式转子示意　　　　　　　　图 5 - 29　绕线式转子示意

三相同步电动机转子与三相绕线型异步电动机结构相同，转子都有三个集电环，通过电刷与励磁系统相连接。区别是绕组的绕线方式不同。

转子由于与定子一样由硅钢片和绕组组成，因而也有绝缘寿命问题，同时由于转子转动，存在振动问题，会加速绝缘的劣化速度。在轴承损坏时可能发生转子与定子的碰磨。

对于绕线型异步电动机和同步电动机，电刷是消耗件，需要定期更换。电动机失效模式及影响分析见表5-4。

表5-4　电动机的主要失效模式及影响分析

设备	功能部件（单元）	元件（子单元）	失效现象	失效统计分布	失效后果	失效原因	根原因	
							自然机理	管理因素
电动机	定子	铁芯	噪声/振动/温升	韦布尔分布	停机	长时间使用		质量
				指数分布	停机	振动/温升膨胀		质量
		绕组	转速下降，温升剧增，振动加剧	韦布尔分布	停机	受潮	老化、耗损	
				指数分布	停机	多次大冲击电流		管理
			忽大忽小的噪声和振动	韦布尔分布	停机	接头脱焊		质量
	转子	鼠笼式绕组	忽大忽小的噪声和振动	指数分布	停机	裂纹/接头脱焊		质量
		铁芯	与定子相同					
		其他	振动	指数分布	停机处理	轴弯曲		质量
		其他	振动	指数分布	停机处理	基础不正		安装质量
	冷却系统	风扇	噪声	指数分布	停机处理	制造/安装精度低		质量
		罩壳	电机温度高	指数分布	缩短寿命	灰尘/杂物堵塞	环境	
	轴承	见第三章	振动/发热	韦布尔分布	电机机械碰磨烧损	磨损、疲劳	磨损、疲劳	
				指数分布		磨损、疲劳		润滑管理
	电刷		转速低于额定值	韦布尔分布	停机处理	磨损	磨损	
			电刷火花	指数分布		弹簧压力过大/滑环污垢		质量

5.2.4　输电线路的可靠性

目前采用的输送电线路有两种，一种是最常见的架空线路，它一般使用无绝缘的裸导线，通过立于地面的杆塔作为支持物，将导线用绝缘子悬架于杆塔上，输电线路一般由地方供电部门提供和管理，但也有很多大型石油化工生产企业有自己的输电线路，电压等级为220～110kV；另一种是电力电缆线路，它采用特殊加工制造而成的电缆线，埋设于地下或敷设在电缆隧道中，生产厂内供电线路大部分为电缆，电压等级为 110kV 以下。送电线路的输送容量及传送距离均与电压有关。线路电压越高输送距离越远。线路及系统的电压需根据其输送的距离和容量来确定。

5.2.4.1 架空输电线路

架空输电线路由线路杆塔、导线、绝缘子等构成，架设在地面之上。导线由导电良好的金属制成，有足够粗的截面(以保持适当的通流密度)和较大曲率半径(以减小电晕放电)。架空地线(又称避雷线)设置于输电导线的上方，用于保护线路免遭雷击。重要的输电线路通常用两根架空地线。绝缘子串由单个悬式(或棒式)绝缘子串接而成，须满足绝缘强度和机械强度的要求。每串绝缘子个数由输电电压等级决定。杆塔多由钢材或钢筋混凝土制成，是架空输电线路的主要支撑结构。架空线路架设及维修比较方便，成本也较低。架空输电线路在设计时要考虑它受到的气温变化、强风暴侵袭、雷闪、雨淋、结冰、洪水、湿雾等各种自然条件的影响。架空输电线路所经路径还要有足够的地面宽度和净空走廊。

该系统处于石油化工厂供电系统的顶端，前面讨论过这时系统电网的可靠性理论上只取决于系统上下游开关的可靠性。而与系统本身设备可靠性关系不大。但有一种工作模式并不是外电网断电，而是由于某段电网故障，虽然自投及快切成功，但可能造成电网电压波动，这对底层的高压用电设备影响很大，在石油化工生产设备中大型离心压缩机、往返压缩机、挤压机等需要电压等级达到 10kV。这样大型的设备对电网波动的敏感性高，目前没有很好的解决办法。因此，外电网的避雷设备就显得非常重要。

电网上的易损部件主要为避雷器和绝缘子。

5.2.4.2 避雷器

避雷器见图 5-30，是外电网系统中的一个重要设备，避雷器能释放雷电或兼能释放电力系统操作过电压能量，保护电气设备免受瞬时过电压危害，又能截断续流，不至于引起系统接地短路。避雷器通常接于带电导线与地之间，与被保护设备并联。当过电压值达到规定的动作电压时，避雷器立即动作，流过电荷，限制过电压幅值，保护设备绝缘；电压值正常后，避雷器又迅速恢复原状，以保证系统正常供电。

图 5-30 避雷器

按照避雷器的结构不同，避雷器的类型主要有管型避雷器(保护间隙)、阀型避雷器和氧化锌避雷器。保护间隙主要用于限制大气过电压，一般用于配电系统、线路和变电所进线段保护。阀型避雷器与氧化锌避雷器用于对变电所和发电厂的保护，在 500kV 及以下系统主要用于限制大气过电压，在超高压系统中还将用来限制内过电压或作内过电压的后备保护。

(1)管型避雷器

管型避雷器实际是一种具有较高熄弧能力的保护间隙，它由两个串联间隙组成，一个间隙在大气中，称为外间隙，它的任务就是隔离工作电压，避免产气管被流经管子的工频泄漏电流所烧坏；另一个装设在气管内，称为内间隙或者灭弧间隙，管型避雷器的灭弧能力与工频续流的大小有关。这是一种保护间隙型避雷器，大多用在供电线路上作避雷保护。

（2）阀型避雷器

阀型避雷器由火花间隙及阀片电阻组成，阀片电阻的制作材料是特种碳化硅。利用碳化硅制作的阀片电阻可以有效地防止雷电和高电压，对设备进行保护。当有雷电高电压时，火花间隙被击穿，阀片电阻的电阻值下降，将雷电流引入大地，这就保护了线缆或电气设备免受雷电流的危害。在正常的情况下，火花间隙是不会被击穿的，阀片电阻的电阻值较高，不会影响通信线路的正常通信。

（3）氧化锌避雷器

氧化锌避雷器是一种保护性能优越、质量轻、耐污秽、性能稳定的避雷设备。它主要利用氧化锌良好的非线性伏安特性，使在正常工作电压时流过避雷器的电流极小（微安或毫安级）；当过电压作用时，电阻急剧下降，泄放过电压的能量，达到保护的效果。这种避雷器和传统避雷器的差异是它没有放电间隙，利用氧化锌的非线性特性起到泄流和开断的作用。每种避雷器有各自的优点和特点，需要针对不同的环境进行使用，才能起到良好的避雷效果。

各种避雷器虽然工作原理不同，但在结构上都是由不同工作原理的内件封装在绝缘的复合外套或磁外套中。

避雷器的可靠性：避雷器是不可维修设备，可靠性主要与设计制造安装质量有关，设计选型非常重要，可靠性与运行状态有关，应定期或发现问题及时更换。避雷器的可靠性与避雷器动作次数相关，不同材料绝缘的老化时间不同，爬电距离与避雷器外观如瓷瓶的洁净程度有关，瓷瓶上的污物如鸟粪等影响避雷器的放电效果，要及时维护。

绝缘子：安装在不同电位的导体或导体与接地构件之间的能够耐受电压和机械应力作用的器件，见图5－31、图5－32。绝缘子种类繁多，形状各异。不同类型绝缘子的结构和外形虽有较大差别，但都是由绝缘件和连接金具组成。按照使用的绝缘材料的不同，可分为瓷绝缘子、玻璃绝缘子和复合绝缘子（也称合成绝缘子）。玻璃陶瓷绝缘子易碎，复合材料绝缘子抗污垢能力强，但抗老化性能不如玻璃、陶瓷绝缘子。绝缘子的主要失效模式及影响分析见表5－5。

图5－31　陶瓷、玻璃绝缘子　　　　图5－32　复合绝缘子

表 5 – 5　绝缘子的主要失效模式及影响分析

设备	功能部件（单元）	元件（子单元）	失效模式	失效现象	失效统计分布	失效后果	失效原因	根原因	
								自然机理	管理因素
供电线路	避雷器/绝缘子	避雷器外套/绝缘子	外套绝缘性能下降	闪络/异响	韦布尔分布	退出运行	老化	老化	
					指数分布		污垢	环境	
							气孔或裂纹		质量
		地下引线	烧伤或断股	引线损伤或断股	指数分布	避雷器爆炸	避雷器动作/瞬态过电压		质量
		线路	短路	树木/风筝线	指数分布	短路	环境	环境	

注：管式避雷器动作 3 次，运行 3 年及雨季前应做一次全面检查。

5.2.4.3　电力电缆线路

电力电缆一般由导线、绝缘层和保护层组成，有单芯、双芯和三芯电缆。地下电缆线路多用于架空线路架设困难的地区，石油化工生产厂由于设备管线密集，除高压变电站外都用电缆连接变电站与用电设备。电缆线路故障查找时间和维修时间非常长，给电网运行的可靠性和生产带来严重的影响。

电缆的制造规范各厂并不完全一致，即使型式、电压等级及导体截面相同，其结构尺寸也难完全一样。电力电缆主要分为油浸纸绝缘电缆、缆橡塑电力电缆。

油浸纸绝缘电缆绝应用历史最悠久，缘层是以一定宽度的电缆纸螺旋状地包绕在导电线芯上，经过真空干燥处理后用浸渍剂浸渍而成。这种电缆使用寿命长、价格便宜、热稳定性高，缺点是工艺比较复杂。

以高分子聚合物作为绝缘的电力电缆称为橡塑电缆。橡塑电缆的绝缘层采用绝缘强度高的可塑性材料（如橡胶、聚氯乙烯、聚乙烯和交联聚乙烯等），在一定的温度和压力下用挤注的方式制成。它的半导电层和绝缘层一样，是一种半导电的橡塑材料，基本上与绝缘层同时挤出成型。这种电缆无论多长，其每相的绝缘层均为一个整体，又称为整体绝缘层电缆。其中以交联聚乙烯绝缘电力电缆应用较多，交联聚乙烯作为电缆的绝缘介质，比使用充油电缆经济，具有十分优越的电气性能。

在国家标准中并没有涉及电缆的设计寿命，只是规定了电缆的各项质量指标，包括老化实验的指标。电缆在实际使用中寿命受使用环境条件的影响很大，一般认为动力电缆的使用寿命为 15～30 年，最长有使用 60～70 年的电缆，在石油化工生产企业中存在大量使用时间超过 30 年的电缆还在正常使用。

电缆最常见的失效模式的根原因是老化，即使在正常使用条件下由于电缆的制造特性也存在老化问题。油浸纸绝缘电缆由于组成它的固体材料纸与浸渍剂热膨胀系数相差很大，在制造和运行过程中因温度的变化不可避免地会产生气隙。气隙是电缆破坏的主要原因之一。交联电缆也只有40多年的使用经验，交联聚乙烯绝缘在运行中易产生树枝化放电，造成绝缘老化破坏问题。这种失效模式分布为韦布尔分布。其他失效模式主要根原因是使用环境和条件加速老化造成的，分布为指数分布。但电缆本体的原因占整个电缆失效的比例并不高，某地区供电局统计2010年电缆本体故障只占总故障数的4.4%。占比例最大的是中间头故障，占故障数的45.3%。电缆接头作为电缆的一部分是电缆损坏的最薄弱环节。由于电缆接头都是在现场制作，施工环境较差，因此出现缺陷的概率也高。其他为环境因素造成的故障。电缆常见失效模式及影响分析见表5-6。

表5-6 电缆主要失效模式及影响分析

设备	功能部件（单元）	失效模式	失效现象	失效统计分布	失效后果	失效原因	根原因	
							自然机理	管理因素
供电线路	电缆/电缆头	绝缘老化	接地/短路/断路	韦布尔分布	引起上下游开关动作，线路失电	老化	老化	
		绝缘击穿	闪络			雷电	自然	
						保护故障		质量
						长期超负荷运行		运行
						材料因素		质量
		机械损伤电缆外表面损伤	电缆外表面损伤	指数分布		过度弯曲		施工质量
						保护套破裂		
						有尖角毛刺		
						密封不严		
		化学腐蚀	接地/短路/断路			酸碱性污水渗入		
		电腐蚀				附近有杂散电流		

注：对母线电缆失效时其上下游开关保护动作，供电系统可以继续供电运行，但对底层电缆失效时，其电缆保护开关动作，线路上的用电设备失电，设备停止运行，造成石油化工生产企业的生产损失，严重时引起安全后果。

参考文献

[1]国家能源局. DL/T837，输变电设施可靠性评价规程.

[2]国家能源局. 供电系统用户供电可靠性评价规程.

[3]陈晨，刘俊勇，刘友波，等. 一种考虑变电站内部的电力系统可靠性分析[J]. 电力自动化设备，2015，35(2)：103-109.

[4]李成栋. 电力系统继电保护可靠性研究[J]. 现代工业经济和信息化，2018，8(16)：113-115.

[5]温杰，楚瀛，彭富强，等. 层次分析法在继电保护系统可靠性研究中的应用[J]. 上海电力学院学报，2016，32(1)：35-40.

[6]邓永辉. 高压开关设备典型故障案例汇编(2006—2010年)[M]. 北京：中国电力出版社，2013.

[7]崔杨柳，马宏忠，王涛云，等．基于故障树理论的 GIS 故障分析[J]．高压电器，2015，51(7)：125 - 130．

[8]王一博，王福杰，马繁宗．变电站 GIS 设备常见故障原因及处理方法分析[J]．中国新技术新产品，2016(5)：30．

[9]南华兴．电厂变压器故障的检测与诊断问题研究[J]．电工技术，2019(12)：36 - 37．

[10]林林，张哲．配电变压器故障分析及处理[J]．农业科技与装备，2016(5)：62 - 63．

[11]王超，汪万平．基于 BP 神经网络和故障树分析方法的变压器故障综合诊断模型[J]．四川电力技术，2016，39(6)：32 - 36．

[12]张瑞红．变压器故障分析及诊断方式[J]．电子技术与软件工程，2019(9)：228．

[13]刘军，王丹丹．基于 RBF 神经网络的室内 10kV 真空开关柜故障诊断系统[J]．煤矿机电，2012(1)：62 - 66．

[14]马云家，杨银迪．浅析 10kV 高压开关柜故障原因及防范措施[J]．科技创新与应用，2016(7)：193．

[15]汪维．石油化工企业中高压开关柜的性能及常见故障研究[J]．通信电源技术，2019，36(1)：228 - 230．

[16]施淮生，张玲，韩先国．MNS 型抽屉式低压开关柜故障与对策剖析[J]．科技创新应用，2016(4)：165．

[17]夏浩瑄，刘子胥，王景芹，等．矿用低压开关柜可靠性增长预测[J]．工矿自动化，2015，41(2)：36 - 39．

[18]李怡，张巍．10kV 配电用避雷器故障分析[J]．现代工业经济和信息化，2016，6(20)：67 - 68．

[19]王彤，曾彦珺，李怡，等．金属氧化物避雷器故障类型比较研究及事故分析[J]．绝缘材料，2015，48(9)：47 - 52．

[20]王景，焦欣欣．绝缘子的常见故障及排除方法[J]．电气传动自动化，2014，36(6)：50 - 53．

[21]柳菲，王国亮，允学伟．电力系统中热缩绝缘件对开关柜寿命的影响[J]．电子技术与软件工程，2015(22)：237．

[22]廖艳安．400V 抽屉式开关柜存在的缺陷及对策[J]．广西电业，2016(9)：68 - 70．

[23]孟令闻．基于 FMECA 的电力电缆故障分析方法[J]．河北电力技术，2015，34(1)：15 - 17．

[24]陈鹏洪．电力电缆故障分析及探测技术研究[J]．通信电源技术，2016，33(3)：164 - 165．

[25]庞丹，戴斌，田家龙，等．电力电缆故障原因及检测方法研究[J]．电子制作，2016(18)：86．

[26]GB/T 12706.1—2008，额定电压 1kV($U_m = 1.2kV$)到 35kV($U_m = 40.5kV$)挤包绝缘电力电缆及附件 第 1 部分：额定电压 1kV($U_m = 1.2kV$)和 3kV($U_m = 3.6kV$)电缆．

第6章 仪表系统的可靠性

在石油化工生产中，仪表可比喻为石油化工生产的眼睛、耳朵和鼻子。仪表对石油化工生产过程情况进行感知，进而控制石油化工的生产运行，因此仪表是非常重要的设备。随着信息技术的不断进步，自动化仪表在石油化工行业的应用越来越广泛，而且因其引入了微型计算机编程、分析功能以及随时存储器，使其具有更为强大的计算能力、信息存储能力、数据处理能力以及精确控制能力，使其在石油化工行业获得更加宽阔的应用范围。

自动化仪表分类方法很多，根据不同原则可进行相应分类。通常按仪表在测量与控制系统中的功能进行划分，一般分为检测仪表、显示仪表、调节（控制）仪表和执行器4大类。如按所使用能源可分为气动仪表、电动仪表、液动仪表。按仪表信号可分为模拟仪表和数字仪表。按生产参数可分为温度仪表、流量仪表、压力仪表、物位仪表和分析仪表等。针对安装位置，仪表可分为现场仪表、室内仪表（控制仪表）。现场仪表主要指温度、压力、流量、液（物）位检测仪表及阀门、风门、机组等安装在现场的控制设备；室内仪表大多是控制仪表，主要指安装在控制室的、对现场仪表进行调节的仪表及 DCS、PLC、ESD 等控制系统。

因为本文讨论仪表的可靠性，所以主要从仪表的测量功能、控制功能和调节功能的可靠性进行讨论。

图6-1是一具有简单控制功能的系统——汽包液位控制系统。

汽包液位通常是指由一个被控对象、一个液位检测元件 LT-101 及传感器（变送器）、一个调节器（通常由室内 DCS 控制）和一个执行器（调节阀 LV-101）构成的单闭环控制系统，有时也称单回路控制系统。图中变送器把汽包水位转换成相应的电（气）动测量信号，

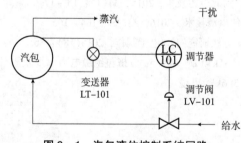

图6-1 汽包液位控制系统回路

并传送给调节器，当水位高度与正常给定水位之间出现偏差时，调节器就会根据偏差的大小调节送给执行器的输出信号，而执行器就会根据调节信号改变阀门开度，使给水流量增大或减小，从而使水位回到给定值上，实现汽包水位的自动控制。

将上述控制回路简化为三个部分：第一部分为工艺参数的测量部分，这部分由液位测量仪表来实现，并通过变送器将测量信号转变成控制器能识别的信号；第二部分为控制部分，可将测量信号通过计算转变为控制信号，这部分由控制仪表来完成；第三部分为调节部分或称执行部分，如调节阀等，接受控制器传来的信号，实现对工艺参数的调节，完成

整个控制回路的功能。这三部分任何功能故障都无法完成整个回路的控制功能，从而发生回路的控制功能故障。因此，整个控制回路功能的可靠性可表示为：

$$R_{控制回路} = R_{测量} \cdot R_{控制} \cdot R_{调节}$$

仪表的失效后果主要体现在控制回路功能失效后果上，由于控制回路功能不同，失效后果也不相同，对于具有连锁保护功能的回路一般都涉及安全、环境，一旦失效，具有安全、环境后果。一般控制回路主要功能是控制产品产量和质量，具有经济后果。而具有测量功能的仪表，如果在连锁回路上，一定按照冗余设计，单个测量仪表失效不会导致连锁功能失效，因此只有使用性后果。如果测量仪表在控制产品产量和质量回路上，没有冗余，测量仪表失效会产生经济性的非使用性后果。

6.1　测量仪表的可靠性 $R_{测量}$

检测仪表是能确定所感受的被测变量大小的仪表。是感知，信号变送和自身兼有检出元件和显示装置的仪表。有的只显示测量参数而不参与控制，大部分测量参数送到控制器参与控制。测量仪表本身的可靠性直接影响控制功能的实现，测量部分的可靠性可以通过增加测量仪表数量进行冗余设计来提高。石油化工生产测量仪表主要分以下几种。

6.1.1　压力测量仪表

压力测量仪表是用来测量气体或液体压力的工业自动化仪表，又称压力表或压力计。压力仪表主要由压力测量、信号传输、压力显示三部分组成。按照显示地点可分为两种：一种是就地显示不带远传功能的现场显示仪表，这种一般叫作压力表；另一种通过压力传感器将测量的压力信号转换为电信号，并通过变送器转换成标准信号，可以就地显示，更多的是带远传功能到控制室的远传仪表。根据压力测量原理不同，压力表按其转换原理大致分为以下几种。

6.1.1.1　液柱式压力表

液柱式压力测量是根据静力学原理，将被测压力转换成液柱高度来进行压力测量的。这类仪表包括 U 形管压力计、单管压力计、斜管压力计等，见图 6-2。常用的测压指示液体有酒精、水、四氯化碳和水银。这类仪表的优点是结构简单、反应灵敏、测量准确；缺点是受到液体密度的限制，测压范围较窄，在压力剧烈波动时，液柱不稳定，而且对安

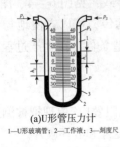

(a)U形管压力计
1—U形玻璃管；2—工作液；3—刻度尺

(b)单管压力计

(c)斜管压力计

图 6-2　液柱式压力表

装位置和姿势有严格要求。一般仅用于测量低压和真空度，多在实验室中使用，对其可靠性不做讨论。

6.1.1.2 弹性式压力表

弹性式压力表是根据弹性元件受力变形的原理，将被测压力转换成元件的位移来测量压力的。常见的有弹簧管压力表、波纹管压力表、膜片（或膜盒）压力表。这类测压仪表结构简单，牢固耐用，价格便宜，工作可靠，测量范围宽，适用于低压、中压、高压多种生产场合，是工业中应用最广泛的一类压力测量仪表。但是弹性式压力表的测量精度不是很高，且多数采用机械指针输出，主要用于生产现场的就地指示。由表内机芯的转换机构将压力形变传导至指针，引起指针转动来显示压力。见图 6－3。当需要信号远传时，必须配上附加装置。

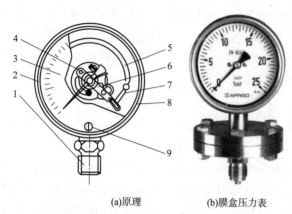

(a)原理　　　　(b)膜盒压力表

图 6－3　弹性式压力表

1—接头；2—衬帽；3—度盘；4—指针；5—弹簧管；
6—传动机构（机芯）；7—连杆；8—表壳；9—调零装置

由于这种仪表在石油化工装置现场大量使用，不但具有现场显示功能，还要具有与室内显示仪表比对的作用。压力表显示是通过一系列机械机构来完成的，压力表的可靠性由组成仪表机械结构部件可靠性决定。压力表如果损坏或指示超过规定偏差，直接更换，在石油化工企业维修策略中它是不可修复设备，其可靠性与制造厂的质量和使用介质及环境相关。仪表在石油化工企业压力测量至少有两种，一种在室外用压力表显示，另一种通过变送器在室内显示，因此，对压力表的检修策略是故障后维修，即发现问题才去更换。但压力表的检查是定期进行的，校验的周期是三个月一次，检查方式是每个班一次。

6.1.1.3 压力传感器

压力传感器是利用物体某些物理特性，通过不同的转换元件将被测压力转换成各种电量信号，并根据这些信号的变化来间接测量压力的。根据转换元件的不同，压力传感器可分为压阻式、应变式、电容式、电感式、压电式、霍尔片等形式，见图 6－4、图 6－5。这类压力测量仪表的最大特点就是输出信号是电信号，易于远传，可以方便地与各种显示、记录和调节仪表配套使用，从而为压力集中监测和控制创造条件，在生产过程自动化系统中被大量采用。

（1）压阻式压力传感器

当固体受到作用力后，其电阻率会发生变化，根据这种"压阻效应"原理把被测压力变换为电阻变化的传感器。常用的压阻元件是粘贴式的半导体应变片和硅环膜片。

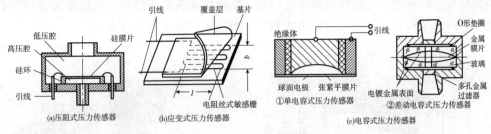

图 6 - 4　压力传感器

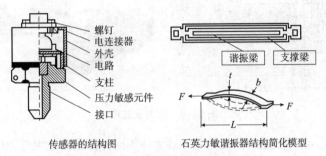

传感器的结构图　　　石英力敏谐振器结构简化模型

图 6 - 5　谐振式压力传感器

压阻式压力传感器主要由压阻芯片和外壳组成。特点是易于小型化。

（2）应变式压力传感器

应变式压力传感器是通过测量各种弹性元件的应变来间接测量压力的传感器。被测压力使应变片的电阻值产生变化，再由桥式电路获得相应的毫伏级电信号。

（3）电容式压力传感器

电容式压力传感器采用变电容原理，用弹性元件的变形改变可变电容的电容量，用测量电容的方法测出电容量，便可知被测压力的大小，从而实现电容—压力的转换。它一般采用圆形金属薄膜或镀金属薄膜作为电容器的一个电极，当薄膜感受压力而变形时，薄膜与固定电极之间形成的电容量发生变化，通过测量电路即可输出与电压成一定关系的电信号。

（4）谐振式压力传感器

谐振式压力传感器靠被测压力所形成的应力改变弹性元件的谐振频率，经过适当的电路输出频率信号进行压力测试。

6.1.1.4　变送器

变送器是把传感器的感知元件感受到的信号变成标准电信号，再输出给控制器。感知压力测量信号并转换成标准电信号的变送器就是压力变送器，见图 6 - 6。压力变送器与其他变送器相比只是感知元件感知功能原理不同，但进入变送器的来源信号都是电信号，对变送器的功能要求都一样，因此，其他种变送器的可靠性讨论与压力变送器相同。

压力变送器主要功能是将测压元件传感器感受到的气体、液体等物理压力参数转变成标准的电信号（如 4～20mA 等），以供给指示报警仪、记录仪、调节器等二次仪表进行测量、指示和过程调节。变送器的输出信号也可像压力表一样就地显示，但一般传输到中控室进行压力指示、记录，更重要的是能传输到控制仪表进行压力控制。压力变送器的作用是将测量元件的物理变化特性转变成电信号，变成标准的电子信号，从功能来讲它没有测量功能，但由于压力变送器一般安装在现场，故把它归类于测量仪表内。

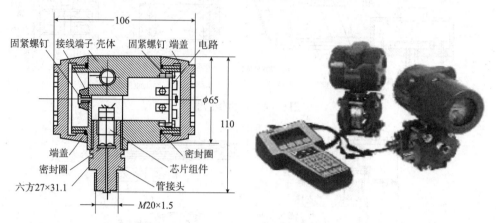

图6－6　压力变送器

从维修角度看，各种变送器的结构和原理大体相同，都是由一电气元件如芯片组成的转换电路板及密封结构。其不同的是测量部分，由于测量原理不同，因而测量转换后的电信号不同，如线性关系、补偿关系、放大关系等不同，因而内部电路结构是不同的。不同变送器对变送器失效模式分析没有影响，失效模式基本一致。

压力仪表测量和变送器均为不可修复产品，检修一般直接更换，其可靠性由设计制作厂决定，也可由第三方专业机构做可靠性实验得到。在智能仪表中有变送器的自检功能，能显示出故障的原因。变送器的常见失效模式及影响分析见表6－1。

表6－1　变送器的常见失效模式及影响分析

失效模式	失效现象	失效原因	失效后果	失效分布	根原因	
					自然机理	管理因素
电源失效	变送器无显示或显示最大值	电源元器件老化、腐蚀	经济性	韦布尔分布	老化	
		安全删失效		随机指数分布		安装
		静电接地失效		随机指数分布		安装
元器件失效	变送器无显示或显示最大值	元器件电路故障、老化腐蚀		韦布尔分布	老化	
		密封失效，进气、进水		随机指数分布	极端潮湿天气	质量
接线松动	显示异常	振动、腐蚀		韦布尔分布	腐蚀、振动	
				随机指数分布		安装
接线断裂	显示异常	振动、腐蚀		韦布尔分布	腐蚀、振动	
						安装
环境干扰	显示异常	电磁干扰		随机指数分布	环境	

6.1.1.5 压力测量仪表可靠性

各种压力测量仪表虽然原理不同，但都有元器件老化问题，另外，由于压力测量必须与介质接触，有些介质不但易燃易爆，还有很强的腐蚀性或毒性，如何将介质安全引至测量元件需要一个系统结构。如在设备和管线上要有一个根部阀，要有导向管，有时还要隔离罐和隔离液，这些系统如果发生故障也导致压力测量失效，取压系统的可靠性往往更低。它们的可靠性可以通过对失效模式的分析来确定。压力测量仪表常见的失效模式及影响分析见表6-2。

表6-2 压力测量仪表常见的失效模式及影响分析

失效模式	失效现象	失效原因	失效后果	失效分布	根原因	
					自然机理	管理因素
元器件老化	输出不正常或测量不准确	长期使用/使用环境变化	经济性	韦布尔分布	老化	
根部阀堵塞	压力指示低或不变	根部结焦		韦布尔分布	结焦	
		形成聚合物			聚合	
		污垢			沉积	
负压测进水	负压波动	密封失效		随机指数分布	极端潮湿天气	质量
排污阀泄漏	泄漏	排污阀密封磨损	安全、环境	韦布尔分布	磨损	
		污物卡死			沉积	
		阀座变形		随机指数分布		操作
引压管泄漏	泄漏	腐蚀或振动疲劳断裂等		韦布尔分布	腐蚀、疲劳	

6.1.2 温度测量仪表

温度测量是用测温仪器对物体的温度作定量的测量。目前，温度测量的方法已达数十种。石油化工生产常用的温度测量方法有以下几种。

6.1.2.1 膨胀测温法

采用几何量(体积、长度)作为温度的标志。最常见的有双金属温度计、定压气体温度计和利用液体的体积变化来指示温度的玻璃液体温度计等，如日常用的体温计等，在石油化工应用中以双金属温度计最为常见。

双金属温度计把两种线膨胀系数不同的金属组合在一起，一端固定，当温度变化时，因两种金属的伸长率不同，另一端产生位移，带动指针偏转以指示温度。工业用双金属温度计由测温杆(包括感温元件和保护管)和表盘(包括指针、刻度盘和玻璃护面)组成。测温范围为 -80~600℃。它适用于工业上对精度要求不高的温度测量，见图6-7(a)。

6.1.2.2　压力测温法

压力测温法采用压强作为温度的标志。属于这一类的温度计有工业用压力表式温度计、定容式气体温度计和低温下的蒸气压温度计三种。

压力表式温度计其密闭系统由温泡、连接毛细管和压力计弹簧组成[图6-7(b)]，在密闭系统中充有某种媒质。当温泡受热时，其中所增加的压力由毛细管传到压力计弹簧。弹簧的弹性形变使指针偏转以指示温度。温泡中的工作媒质有三种：气体、蒸气和液体。①气体媒质温度计如用氮气作媒质，最高可测温度为500～550℃；用氢气作媒质，最低可测温度为-120℃。②蒸气媒质温度计常用某些低沸点的液体如氯乙烷、氯甲烷、乙醚作媒质。温泡的一部分容积中放入这种液体，其余部分中充满它们的饱和蒸气。③液体媒质一般用水银。这类温度计适用于工业上对测量精度要求不高的温度测量。

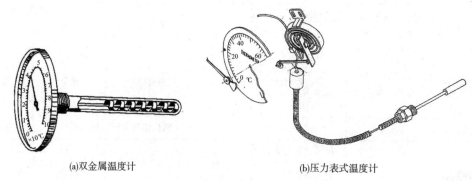

(a)双金属温度计　　　　　　　　　　(b)压力表式温度计

图6-7　双金属温度计和压力表式温度计

6.1.2.3　电学测温法

电学测温法，采用某些随温度变化的电学量作为温度的标志，温度传感器输出的一般为电压或电流信号，需要转换才能显示。属于这一类的温度计主要有热电偶温度计、电阻温度计和半导体热敏电阻温度计。

（1）热电偶温度计

热电偶温度计是一种在工业上使用极广泛的测温仪器。热电偶由两种不同材料的金属丝组成。两种丝材的一端焊接在一起，形成工作端，置于被测温度处；另一端称为自由端，与测量仪表相连，形成一个封闭回路，见图6-8。当工作端与自由端的温度不同时，回路中就会出现热电动势(见温差电现象)。当自由端温度固定时(如0℃)，热电偶产生的电动势就由工作端的温度决定，因而在回路中形成一定大小的电流，热电偶就是根据这种热电效应来进行测温的。

热电偶是化工企业上最常用的温度检测元件之一，它是直接式测温，测量精度高；测量范围可从-50℃到+1600℃，某些特殊热电偶最低可测-269℃，最高可测+2800℃；结构简单，使用方便。

由于热电偶的材料一般都比较贵重，而测温点到仪表距离都很远，为了节省热电偶的材料，降低成本，通常采用补偿导线把热电偶的冷端(自由端)延伸到温度比较稳定的控制室内，连接到仪表端子上。补偿导线仅起延长热电极的作用，它对冷端温度变化而可能引起的测温误差是无法消除的，因此需其他方法来消除冷端温度不保持0℃时对测温的影响。在热电偶的补偿导线使用中，不同热电偶需不同补偿导线，且极性不能接错，补偿导线与热电偶的连接端温度不能超过100℃。

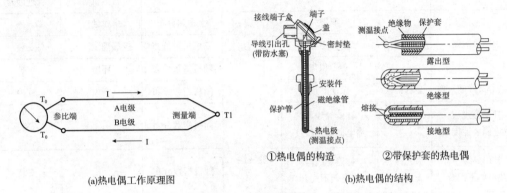

(a)热电偶工作原理图　　　　　(b)热电偶的结构

图 6 - 8　热电偶温度计

热电偶按用途不同可分为：普通型、铠装型（又称缆式）、表面型、薄膜型、快速消耗型。

热电偶具有一定的生命期限，热电偶的寿命与很多因素密切相关，这些因素不容易定量。我国标准中仅对热电偶的稳定性有要求，即规定在某一温度下经200h，使用前后热电动势的变化，但是，尚未发现对使用寿命有规定。

在实际使用时，装配式热电偶通常有保护管，只有在特殊情况下才裸丝使用。因此，在多数场合下，保护管的寿命决定了热电偶寿命。对热电偶的实际使用寿命的判断，必须是通过长期收集、积累实际使用状态下的数据，才有可能给出较准确的结果。

由于铠装热电偶有套管保护与外界环境隔绝，因此使用环境与套管材质对铠装热电偶的寿命影响很大，必须根据用途选择热电偶丝及金属套管。当材质选定后，其寿命又随着铠装热电偶直径的增大而增加。铠装热电偶同装配式热电偶相比，虽有许多优点，但使用寿命往往低于装配式热电偶。

在选择购买热电偶的时候，除了考虑性能及价格之外，它的生命期限也是不得不考虑的一个因素，只有每个细节都顾全周到，才能选择到符合标准且性价比高的产品。在使用热电偶时，也应当注意使用时间，而不是一味地使用却不关心，这样才能避免造成损失。热电偶常见失效模式及影响分析见表 6 - 3。

（2）电阻温度计

电阻温度计根据导体电阻随温度的变化规律来测量温度。最常用的电阻温度计都采用金属丝绕制成的感温元件。电阻温度计主要有铂电阻温度计和铜电阻温度计，低温下还使用铑铁、碳和锗电阻温度计。

热电阻是中低温区最常用的一种温度仪表，它的主要特点是精度高，性能稳定。

热电阻测温是基于金属导体的电阻值随温度的增加而增加这一特性来进行温度测量的。其关系式为：

$$R_t = R_{t_0} \left[1 + \alpha (t - t_0) \right]$$

热电偶常见失效模式及影响分析见表6-3。

表6-3 热电偶常见失效模式及影响分析

失效模式	失效现象	失效原因	失效后果	失效分布	根原因	
					自然机理	管理因素
热电极短路	显示偏低	腐蚀	经济性	韦布尔分布	腐蚀	
		绝缘损坏		随机指数分布	极端潮湿天气	安装
		端子积灰		随机指数分布	环境	维护
补偿导线线间短路	显示偏低	振动磨损		随机指数分布	磨损	维护
补偿导线与热电偶极性接反	显示偏低	补偿导线与热电偶极性接反		随机指数分布		安装
补偿导线与热电偶不配套	显示偏低	补偿导线与热电偶不配套		随机指数分布		安装
	显示偏高					
冷端温度补偿偏差	显示偏低	冷端温度补偿偏差		随机指数分布		安装
	显示偏高					
接线松动	显示异常	振动、腐蚀		韦布尔分布	腐蚀、振动	
				随机指数分布		安装
环境干扰	显示异常	电磁干扰		随机指数分布	环境	
套管裂纹、断裂	介子泄漏	冲刷、腐蚀、结焦选材	安全	韦布尔分布	冲刷、腐蚀	
				随机指数分布		质量

热电阻是由电阻体、绝缘套管和接线盒等主要部件组成。

热电阻是把温度变化转换为电阻值变化的一次元件，通常需要把电阻信号通过引线传递到计算机控制装置或者其他一次仪表上。工业用热电阻安装在生产现场，与控制室之间存在一定的距离，因此热电阻的引线对测量结果会有较大的影响。

目前热电阻的引线主要有三种方式(图6-9)：

二线制：在热电阻的两端各连接一根导线来引出电阻信号的方式叫二线制，这种引线方法很简单，但由于连接导线必然存在引线电阻 r，r 大小与导线的材质和长度有关，因此这种引线方式只适用于测量精度较低的场合。

三线制：在热电阻的根部一端连接一根引线，另一端连接两根引线的方式称为三线制，这种方式通常与电桥配套使用，可以较好地消除引线电阻的影响，在工业过程控制中最常用。

四线制：在热电阻的根部两端各连接两根导线的方式称为四线制，其中两根引线为热电阻提供恒定电流 I，把 R 转换成电压信号 U，再通过另两根引线把 U 引至二次仪表。这种引线方式可完全消除引线的电阻影响，主要用于高精度的温度检测。

热电阻按用途不同，常用的形式有：普通型、铠装型、端面型、隔爆型。热电阻测温仪表一般由热电阻、连接导线和显示仪组成，见图6-10，常见失效模式及影响分析见表6-4。

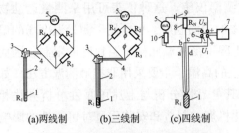

(a)两线制　(b)三线制　(c)四线制

图 6-9　热电阻的几种引线方式

1—热电阻感温元件；2、4—引线；3—接线盒；
5—显示仪表；6—转换开关；7—电位差计；
8—标准电阻；9—电池；10—滑线电阻

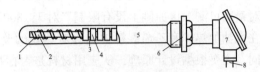

图 6-10　热电阻的结构

1—热电阻丝；2—电阻体支架；3—引线；
4—绝缘瓷管；5—保护套管；6—连接法兰；
7—接线盒；8—引线孔

表 6-4　热电阻常见失效模式及影响分析

失效模式	失效现象	失效原因	失效后果	失效分布	根原因	
					自然机理	管理因素
断路	显示仪表指示无穷大	保护管内有金属屑、灰尘，接线柱间脏污及密封失效导致积水，接线端子松动	经济性	韦布尔分布	老化	
				指数分布		质量
短路	显示仪表为 0 或指示负值			韦布尔分布	老化	
				指数分布		质量
显示不稳	显示仪表指示值比实际值低或示值不稳	热电阻元件插入深度不够、接地不良、动力线干扰		韦布尔分布	老化	
				指数分布		质量
				指数分布		安装
偏差逐渐增加	阻值与温度关系有变化	热电阻丝材料受腐蚀变质		韦布尔分布	腐蚀	

（3）热电偶和热电阻的不同

热电偶和热电阻从仪表外形上很难区分，但本质不同：

①材料不同，热电阻是一种具有温度敏感变化的金属材料，热电偶是双金属材料，即两种不同的金属，由于温度的变化，在两个不同金属丝的两端产生电势差；

②它们的测温范围不同，热电偶使用在温度较高的环境，一般用于 500℃ 以上的较高温度环境，在中低温度环境下，一般使用热电阻，测温范围为 -200～500℃，并且还可测较低的温度；

③热电阻不需要热电偶那样的为了消除节点到仪表端子温差热电电势的补偿导线，一般比热电偶便宜；

④热电阻同样温度下输出信号较大，易于测量，但必须借助外加电源；

⑤热电阻感温部分尺寸较大，而热电偶工作端是很小的焊点，因而热电阻测温的反应速度比热电偶慢。

上面介绍的温度计接温度传感器的检测部分与被测对象均有良好的接触，又称接触式温度计、半接触式温度计，除上述介绍的常用测量温度计，还有半导体热敏电阻温度计、磁学测温法、声学测温法、频率测温法、光纤测温法等。此外，温度计还有非接触式，它的敏感元件与被测对象互不接触，又称非接触式测温仪表。这种仪表可用来测量运动物体、小目标和热容量小或温度变化迅速（瞬变）对象的表面温度，也可用于测量温度场的温度分布。常见的有可见光、红外线温度计，测量上限不受感温元件耐温程度的限制，因而对最高可测温度原则上没有限制。对于1800℃以上的高温，主要采用非接触测温方法。如在炼油加热炉和乙烯裂解炉上等对炉管的监控。其可靠性分析与上述可靠性分析方法相同，主要根据设计原理，从应用材料是否存在老化机理，制造和安装质量对可靠性的影响分析。

6.1.3 流量仪表

测量流量的仪表称流量计，能指示和记录某一瞬时流体的流量值。流量计的类型多种多样，不同的测量原理有不同的特点、不同的介质和适用范围。根据是否与测量介质接触可分为接触式与非接触式，根据测量形式可分为速度式、容积式、质量式、电磁流量计等。

（1）速度式流量计

以测量流体在管道中流速作为测量依据：包括差压式流量计（孔板流量计，V形内锥式差压流量计、均速管流量计）、转子流量计、电磁流量计、涡轮流量计、旋涡流量计、超声波流量计、激光流量计、靶式流量计、冲击式流量计等。

（2）容积式流量计

以单位时间内所排出的流体固定容积数目作为测量依据，采用固定容积的容器测量流体的体积方法，利用机械测量元件把流体连续不断地分割（隔离）成单个的体积部分，然后根据测量元件的动作次数计算出流体的总体积。

容积式流量计主要用来测量不含固体杂质的液体，如油类、冷凝液、树脂等黏稠流体的流量，适用于高黏度介质，且容积式流量计精度高。常用容积流量计包括：椭圆齿轮流量计、腰轮流量计、刮板式流量计、活塞式流量计、伺服式容积流量计及湿式气体流量计等。

（3）质量式流量计

质量式流量计以测量与物质质量有关的物理效应为基础，检测单位时间内流经管道的流体质量。质量式流量计分为直接式、推导式两种：直接式质量式流量计利用与质量流量直接有关的原理（如牛顿第二定律）进行测量，包括科氏力质量流量计（科里奥里）、量热式流量计、角动量式流量计、振动陀螺式流量计等；推导式质量式流量计是同时测取流体的密度和体积流量，通过运算而推导出质量流量的，也可以同时连续测量温度、压力，将其值转换成密度，再与体积流量进行运算而得到质量流量，工业上大多采用温度、压力补偿式。

下面介绍在石油化工生产中常应用的流量计。

6.1.3.1 差压式流量计

差压式流量计是由一次检测件（节流件）和二次装置（差压变送器和流量显示仪）组成的，广泛应用于气体如蒸汽和液体的流量测量。具有结构简单、维修方便、性能稳定的优点。

目前炼油化工企业中应用最广的流量仪表主要有孔板、喷嘴、文丘利管等。其原理是：在管道中流动的流体具有动能和位能，在一定条件下这两种能力可以相互转换，但参加转换的能量总和是不变的。使流体流经节流装置时由于节流装置的前后截面、结构不一致，产生前后压力变化，而压力变化的平方与流量成正比，这样经过一定流量系数的计算可得出所需流量值。差压式流量计根据节流装置不同而发明了不同的流量计。

(1)孔板流量计

孔板流量计是最基本的流量计，其节流装置为孔板，见图 6 – 11。孔板流量计是将标准孔板与多参数差压变送器(或差压变送器、温度变送器及压力变送器)配套组成的高量程比差压流量装置，可测量气体、蒸汽、液体的流量，广泛应用于石油、化工、冶金、电力、供热、供水等领域的过程控制和测量。

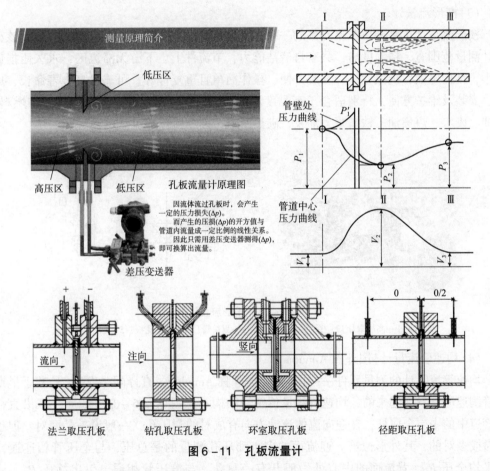

图 6 – 11　孔板流量计

节流装置在用于测量流量的同时，使流体产生压力损失，对装置生产来说是一种能量的损失。在节流装置测量流量的理论推导中有两个假设，即流体流动是连续的，并且流体流动过程中遵守能量守恒定律。因此，孔板不能安装在气液两相并存的地方，以免增大测量误差。

(2)V 形内锥式差压流量计

专门设计和加工出来的 V 形锥体是 V 形内锥节流装置具有优异性能的关键。结构示意图见图 6 – 12。

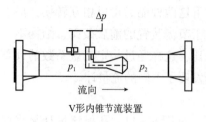

图 6 – 12　V 形内锥流量计

使流体朝向管内壁，逐渐收缩，即形成环形面积逐渐缩小的环状收缩，在此收缩过程中流体被加速。由于尖圆锥体在管道中心轴线上，使它能更有效地作用于速度分布的高速中心区，而沿锥体外廓与管内壁之间的环隙是无阻挡的，因此，它的节流作用要比孔板小些，流通能力要比孔板大些。在相同的流量下，V 形内锥流量计的差压约为孔板差压的 1/2。由于差压小，压损自然小，所以能耗小。除此外 V 形内锥节流装置还具备降噪功能、自清扫功能、混合功能。

（3）楔形流量计

楔形流量计也是差压节流元件的一种，其结构见图 6 – 13。其检测件为 V 形，该型流量计测量范围宽、精确度高，具有自清洁能力，节流件上、下游无滞流区，永久压损比孔板小，结构坚固、抗振性好、安装方便、操作简单且重复性好、可靠性高、寿命长、成本低、安装及维护方便，特别适合于高黏度流体、含固体颗粒液体、浆状流体，如燃料油、原油、废水、煤焦油、铁矿浆、油浆、碳黑溶液、两相流体等流量的测量。

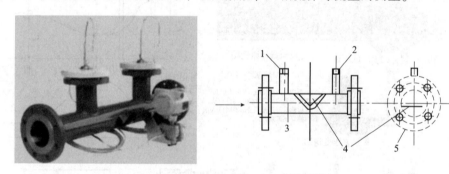

图 6 – 13　楔形流量计
1—高压取压口；2—低压取压口；3—测量管；4—楔形孔板；5—法兰

（4）均速管流量计（国外称 Annubar）

均速管流量计的测量元件——均速管（国外称 Annubar，直译阿牛巴），是基于早期皮托管测速原理发展起来的，均速管流量传感器结构示意图见图 6 – 14，它是一根沿直径插入管道中的中空金属杆，在迎向流体流动方向有成对的测压孔，一般说来是两对，但也有一对或多对的，其外形似笛。迎流面的多点测压孔测量的是总压，与全压管相连通，引出平均全压 P_1，背流面的中心处一般开有一只孔，与静压管相通，引出静压 P_2。均速管是利用测量流体的全压与静压之差来测量流速的。均速管的输出差压（ΔP）和流体平均速度（v），可根据经典的伯努利方程得出。总之，由流量的基本公式可知，只要有效地测出均速管的输出差压 ΔP，就可测出流体的流量值，这就是均速管流量传感器的测量原理。

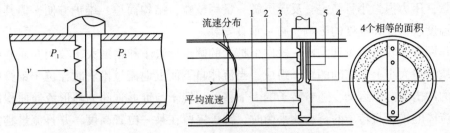

图 6-14　均速管流量计传感器结构
1—全压孔(迎流孔)；2—检测杆；3—总压均值管；4—静压孔；5—静压引出管

均速管的优点是：结构上较为简单，压力损失小，安装、拆卸方便，维护量小。该流量计由于生产成本低、价格低廉，因此在市场上较为畅销，在众多的流量仪表中占有了一席之地。特别是由于其压力损失小(与孔板相比较，仅为孔板的 5% 以下)，大大减少了动力消耗，节能效果显著。

均速管流量计从设计、制造到安装使用，都要求十分严格，只要其中一个环节稍加不慎，就可造成很大误差。

(5)差压式流量计可靠性

前面介绍的都是带取压接管的差压式流量计，虽然节流装置不同，但它们的失效模式基本相同，其失效模式及影响分析见表 6-5。

表 6-5　差压式流量计失效模式及影响分析

流量计类型	失效模式	失效现象	失效原因	失效后果	失效分布	根原因	
						自然机理	管理因素
所有型号	引压管路泄漏	介质外露	腐蚀、密封失效	安全	韦布尔分布	腐蚀	
					随机指数分布		安装质量
	引压管堵塞	无显示或偏差、波动	介质杂质堵塞、凝固、冻堵	经济性	韦布尔分布	介质特性	
	节流元件冲刷腐蚀	流量偏大	冲刷、腐蚀		韦布尔分布	腐蚀	
	变送器故障	见表 6-2					
	正负导压管不平衡	流量偏大或偏小、不稳	平衡管积液	经济性	随机指数分布		操作
孔板、均匀管	节流元件堵塞	显示流量偏小	孔板附着异物		韦布尔分布	介质特性	
V 形内锥式	介质非满管	流量信号不稳	间歇性的非满管		随机指数分布		操作

6.1.3.2　转子流量计

转子流量计的材质有金属和玻璃两种。玻璃管转子流量计一般为就地显示，金属管转子流量计则通过磁耦合传到刻度盘指示流量或制成流量变送器。转子流量计又称面积式流量计或恒压降式流量计，可测量多种介质的流量，特别适用于测量中小管径雷诺数较低的中小流量，压力损失小且稳定，反应灵敏，量程较宽，结构简单，维护方便，但其精度受介质的温度、密度和黏度的影响，必须垂直安装。

工作原理：转子流量计是由一段向上扩大的圆锥形管子和密度大于被测介质并能随着被测介质流量大小上下移动的转子组成，当流体自下而上地流过锥管时，位于锥管中转子受流体的冲击而向上运动，随着转子的上下移动，转子与锥形管间的环形流通面积由小增大，当流体的推力与转子的重力相平衡时，转子停留在某一位置高度，并且流量越大，转子的平衡位置越高，根据转子悬浮的高度就可测知流量的大小。在转子受到推力和重力平衡时，其上下压降是固定的，故转子流量计又称恒压降式流量计。在转子流量计中当被测流体的雷诺数低于一定的界限时，流量系数便不等于常数，流量计的测量精度便受到影响，为了适合不同流体的雷诺数，转子被做成各种形状，转子流量计见图 6-15。

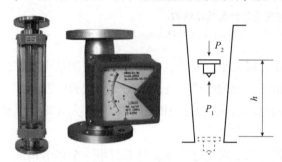

图 6-15　转子流量计

转子流量计失效模式及影响分析见表 6-6。

表 6-6　转子流量计失效模式及影响分析

失效模式	失效现象	失效原因	失效后果	失效分布	根原因	
					自然机理	管理因素
介质影响	偏差较大、波动	介质密度、温度变化、流态变化	经济性	随机指数分布		管理
	积累偏差较大	腐蚀		韦布尔分布	腐蚀	
	积累偏差较大	浮子沉积垢污		韦布尔分布	垢污沉积	
附件松动	偏差较大、波动	传感、旋转磁钢、指针、配重松动		随机指数分布		安装
外部环境影响	偏差较大、波动	强磁场干扰		随机指数分布		安装
		管线振动				
卡死	指针不动	流量冲击		随机指数分布		操作
变送器故障			见表 6-2			

6.1.3.3　椭圆齿轮流量计

椭圆齿轮流量计是直读累积式仪表，是计量流经管道内液体流量总和的容积式流量计。其优点是测量准确度比较高，对上游的流动状态不太敏感，因而在工业生产中和商品交换中得到广泛应用。其缺点是比较笨重。

椭圆齿轮流量计测量部件由两个相互齿合的椭圆齿轮、轴和壳体组成，其原理见图 6-16。

图 6 -16　椭圆齿轮流量计

当流体流过齿轮流量计时，流体带动齿轮绕轴转动，椭圆齿轮每旋转一周，就有一定数量的流体流过，只要用传动及累积机构将椭圆齿轮转动数量记录下来，就能知道被测流体的流量数。

在椭圆齿轮流量计的入口端必须加装过滤器，以防止流体中的固体颗粒造成齿轮磨损而引起测量误差，也可避免流体中进入机械硬物。

6.1.3.4　腰轮流量计

腰轮流量计测量流量的基本原理与椭圆齿轮流量计相同，只是轮子的形状不同，腰轮流量计除能测液体流量外，还能测大流量的气体流量，由于两腰轮上无齿，所以对流体中杂质没有椭圆齿轮流量计那样敏感，腰轮流量计见图 6 -17。

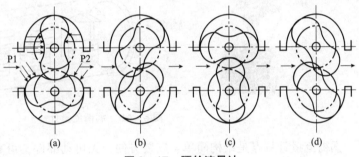

图 6 -17　腰轮流量计

齿轮、腰轮流量计失效模式及影响分析见表 6 -7。

表 6 -7　齿轮、腰轮流量计失效模式及影响分析

失效模式	失效现象	失效原因	失效后果	失效分布	根原因	
					自然机理	管理因素
齿轮、腰轮与壳体相碰	振动和噪声	轴承磨损、驱动轮键松动		韦布尔分布	磨损、疲劳	
齿轮、腰轮不转	腰轮不转，流量为 0、振动噪声	脏物卡住管道或者是被测液体凝固、过滤器损坏	经济性	随机指数分布	介质特性	
		联轴器故障		见第 3 章联轴器		
变速器故障	腰轮转动而指示不动或时走时停	变速器进入脏物		随机指数分布		维护保养
		发信器元器件失效				
介质影响	误差变化大	液体脉动较大或者含有气体		随机指数分布		操作
外部泄漏	外部泄漏	密封、填料老化、磨损	安全、环境	韦布尔分布	老化	

6.1.3.5 漩涡流量计

漩涡流量计又称涡街流量计或卡门漩涡流量计，是 20 世纪 60 年代末期发展起来的，它利用流体振荡原理进行测量。当流体以足够大的流速流过垂直于流体方向的物体时，若该物体的几何尺寸适当，则在物体的后面，在两条平行直线上产生整齐排列、转向相反的涡列。涡列的个数，即为涡街的频率，其和流体的速度成正比。通过测量漩涡的频率可知流体速度，从而测出流体的流量。它分流体强迫振荡的漩涡进动型和自然振荡的卡门漩涡型。由于它具有其他流量计不可兼得的优点，自 20 世纪 70 年代以来得到了迅速的发展。

涡街流量计(VSF)由传感器和转换器两部分组成，见图 6-18。传感器包括旋涡发生体(阻流体)、检测元件、仪表表体等；转换器包括前置放大器、滤波整形电路、D/A 转换电路、输出接口电路、端子、支架和防护罩等。近年来智能式流量计还把微处理器、显示通信及其他功能模块也装在转换器内。

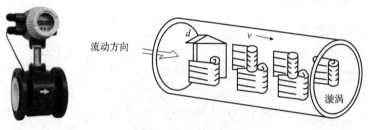

流动方向

图 6-18 涡街流量计

涡街流量计特点是结构简单、安装方便，无可动部件，可靠性高，适合长期运行。检测传感器不直接接触被测介质，性能稳定，寿命长。输出与流量成正比的脉冲信号，无零点漂移，精度高。测量范围宽，量程比可达 1:10。压力损失较小(约为孔板流量计1/4～1/2)，在一定的雷诺数范围内，输出信号频率不受流体物性(密度，黏度)和组分变化的影响，仪表系数仅与旋涡发生体的形状和尺寸有关，测量流体体积流量时无须补偿，调换配件后一般无须重新标定仪表系数。应用范围广，蒸汽、气体、液体的流量均可测量。缺点是不适用于低雷诺数测量，需较长直管段，仪表系数较低(与涡轮流量计相比)，仪表在脉动流、多相流中尚缺乏应用经验。涡街流量计常见失效模式及影响分析见表6-8。

表 6-8 涡街流量计常见失效模式及影响分析

失效模式	失效现象	失效原因	失效后果	失效分布	根原因	
					自然机理	管理因素
探头不振动	无流量显示	杂物卡在探头与管壁之间	经济性	随机指数分布	介质特性	
流量波动	振动、噪声	管线振动、介质脉冲				操作
		介质中杂着块状固体、长纤维或带状物			介质特性	
变送器故障	见表 6-2					

6.1.3.6 电磁流量计(EMF)

电磁流量计(Electromagnetism Mass Flowmeter)简称 EMF,是利用法拉第电磁感应定律制成的一种测量导电液体体积流量的仪表。20 世纪 50 年代初 EMF 实现了工业化应用,近年来世界范围 EMF 产量约占工业流量仪表台数的 5% ~6.5%。

电磁流量计 EMF 的基本原理是法拉第电磁感应定律,即导体在磁场中切割磁力线运动时在其两端产生感应电动势。电磁流量计见图 6 - 19(a),导电性液体在垂直于磁场的非磁性测量管内流动,与流动方向垂直的方向上产生与流量成比例的感应电势,电动势的方向按"弗来明右手规则"。

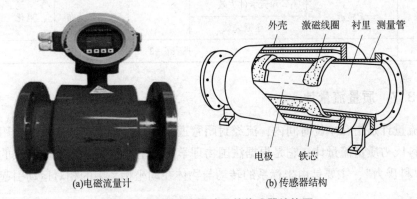

(a)电磁流量计 (b)传感器结构

图 6 - 19 电磁流量计及其传感器结构图

EMF 由流量传感器和转换器两大部分组成。传感器典型结构示意见图 6 - 19(b),测量管上、下装有激磁线圈,通激磁电流后产生磁场穿过测量管,一对电极装在测量管内壁与液体相接触,引出感应电势,送到转换器变为标准信号传出。激磁电流则由转换器提供。

电磁流量计 EMF 的测量通道是一段无阻流检测件的光滑直管,因不易阻塞适用于测量含有固体颗粒或纤维的液固二相流体,如纸浆、煤水浆、矿浆、泥浆和污水等。EMF 不产生因检测流量所形成的压力损失,测量范围大,所测得的体积流量,实际上不受流体密度、黏度、温度、压力和电导率(只要在某阈值以上)变化明显的影响。与其他大部分流量仪表相比,前置直管段要求较低。EMF 的口径范围比其他品种流量仪表宽,从几毫米到3m。可测正反双向流量,也可测脉动流量,只要脉动频率低于激磁频率很多,可应用于腐蚀性流体。仪表输出在本质上是线性的。

电磁流量计的缺点是 EMF 不能测量电导率很低的液体,如石油制品和有机溶剂等;不能测量气体、蒸汽和含有较多较大气泡的液体。通用型 EMF 由于衬里材料和电气绝缘材料限制,不能用于较高温度的液体;有些型号仪表用于过低于室温的液体,因测量管外凝露(或霜)而破坏绝缘。电磁流量计常见的失效模式及影响分析见表 6 -9。

表 6-9   电磁流量计常见的失效模式及影响分析

失效模式	失效现象	失效原因	失效后果	失效分布	根原因	
					自然机理	管理因素
环境影响	显示波动	电磁场干扰		随机指数分布		安装
介质影响	显示波动	液体没充满或产生气泡		随机指数分布		操作
内壁结垢	显示偏差大	导管内壁有积垢层		韦布尔分布	介质特性	
接地故障	显示波动或无显示	接地不良		韦布尔分布		安装
电极故障	偏差大或无显示	电极腐蚀	经济性	韦布尔分布	腐蚀	
衬里故障	偏差大或无显示	衬里损坏、磨损、老化		韦布尔分布	老化	
电源故障	无显示	单元卡件失效		韦布尔分布	老化	
		安全栅失效				
变送器故障	见表 6-2					

6.1.3.7   质量流量计

质量流量计是指在单位时间内，流经封闭管道截面处流体的质量。我们所用质量流量计一般为科氏力质量流量计，它是根据法国物理学家科里奥利加速度理论制成的。科里奥利力简称"科氏力"，主要是由坐标系的转动与物体在动坐标系中的相对运动引起的，表达式为：

$$F_C = 2mv\omega$$

式中，F_C 为科氏力；m 为运动物体质量；v 为运动物体的矢量速度；ω 为旋转体系的矢量角速度。

测量原理：让被测流体通过一个转动测量管，从而带动流体产生一个固定角速度 ω，当具有一定质量 m 的流体沿旋转或振动的测量管以速度 v 流动时，将产生导致测量管弯曲的科氏力 F_C，根据科氏力公式可知，科氏力与运动流体的质量 m、速度 v 成正比，即与流体的质量流量(质量和流速的乘积)成正比。因而，通过测量作用在管道中的科氏力，便可以测量其质量流量。

在商品化产品设计中，通过测量系统旋转产生科氏力是不切合实际的，因而均采用使测量管振动的方式替代旋转运动。以此同样实现科氏力对测量管的作用，并使得测量管在科氏力的作用下产生位移。由于测量管的两端是固定的，而作用在测量管上各点的力是不同的，所引起的位移也各不相同，因此在测量管上形成一个附加的扭曲。测量这个扭曲的过程在不同点上的相位差，就可得到流过测量管的流体的质量流量。

这种质量流量计的测量管形状较多，不同厂家有不同形状，如 Rosemount 公司的 U 形管、E+H 公司的直形管，还有 S 形管、Ω 形管。科氏力流量计主要由传感器、变送器、显示仪三部分组成，传感器也就是测量管，虽形状不一致，但其原理基本一致：通过激励线圈使管子产生振动(代替旋转)，流动的流体在振动管中产生科氏力，由于测量管进、出侧所受方向相反，所以管子会产生扭曲，再通过电磁检测器或光电检测器，将测量管的扭曲程度转变为电信号，进入变送器即可知道测量值。

科氏力质量流量计有很多种结构形式，见图 6 - 20。最简单的 U 形管见图 6 - 21。

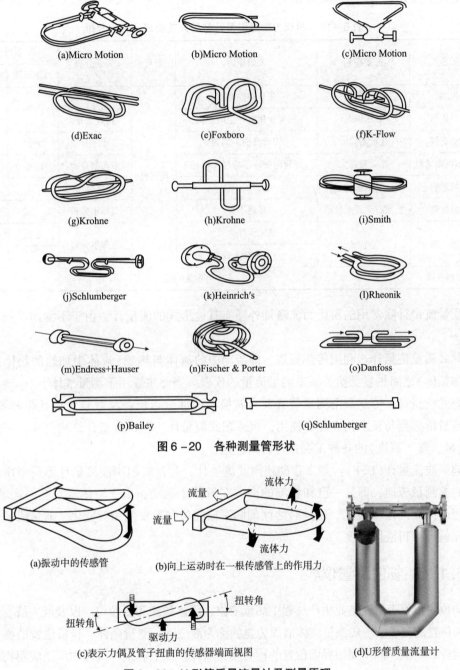

(a)Micro Motion	(b)Micro Motion	(c)Micro Motion
(d)Exac	(e)Foxboro	(f)K-Flow
(g)Krohne	(h)Krohne	(i)Smith
(j)Schlumberger	(k)Heinrich's	(l)Rheonik
(m)Endress+Hauser	(n)Fischer & Porter	(o)Danfoss
(p)Bailey	(q)Schlumberger	

图 6 - 20　各种测量管形状

(a)振动中的传感管　　(b)向上运动时在一根传感管上的作用力

(c)表示力偶及管子扭曲的传感器端面视图　　(d)U形管质量流量计

图 6 - 21　U 形管质量流量计及测量原理

科氏力质量流量计具有测量精度高、量程比宽、稳定性好、维护量低等特点。可测量流体范围广泛，包括高黏度液的各种液体、含有固形物的浆液、含有微量气体的液体、有足够密度的中高压气体。测量管路内无阻碍件和活动件，无上下游直管段要求。测量值对流体黏度不敏感，流体密度变化对测量值的影响微小。

缺点是零点不稳定易形成零点漂移，影响其精确度的进一步提高，不能用于测量低密度介质和低压气体；液体中含气量超过某一限值会显著影响测量值。科氏力质量流量计常见失效模式及影响分析见表 6 – 10。

表 6 – 10　科氏力质量流量计常见失效模式及影响分析

失效模式	失效现象	失效原因	失效后果	失效分布	根原因	
					自然机理	管理因素
振动	显示波动	非对称性衰减		指数分布		安装
介质影响	显示偏差	黏度变化或产生两项流		指数分布		操作
管壁磨损	显示偏差大	管壁磨损不均匀		韦布尔分布	磨损	
内壁结垢或堵塞	显示偏差大	导管内壁有积垢层、堵塞	经济性	韦布尔分布	结垢	
环境影响	显示波动	电磁场干扰		指数分布		安装
接地故障	显示波动或无显示	接地不良		韦布尔分布		安装
电源故障	无显示	单元卡件失效		韦布尔分布	老化	
		安全栅失效				安装
变送器故障		见表 6 – 2				

　　质量流量计除常用的科氏力流量计外还有其他形式的流量计，由于不常用，只做简单介绍。

　　热式质量流量计：利用传热原理，即流动中的流体与热源（流体中加热的物体或测量管外加热体）之间热量交换关系来测量流量的仪表。当前主要用于测量气体。

　　靶式流量计：传感器由测量装置及力转换器两部分组成；测量装置包括靶和测量管。靶式流量传感器与显示仪表配套使用，组成靶式流量计。靶式流量计结构简单，一般流体介质（液、气、蒸汽）的各种工况条件皆可应用。

　　超声波流量计（USF）：如多普勒超声波流量计、时差式超声波流量计等是利用相位差法或时差测量流速，即某一已知频率的声波在流体中运动，由于液体本身有一运动速度，导致超声波在两接收器（或发射器）之间的频率或相位时差发生相对变化，通过测量这一相对变化就可获得液体速度。

6.1.4　物位测量仪表

　　物位测量仪表是在工业生产过程中测量液位、固体颗粒和粉粒位，以及液—液、液—固相界面位置的仪表。一般测量液体液面位置的称为液位计，测量固体、粉料位置的称为料位计，测量液—液、液—固相界面位置的称为相界面计。在工业生产过程中广泛应用物位测量仪表，如测量锅炉水位的液位计。发电厂大容量锅炉水位是十分重要的工艺参数，水位过高、过低都会引起严重安全事故，因此要求准确地测量和控制锅炉水位。水塔的水位、油罐的油液位、煤仓的煤块堆积高度、化工生产的反应塔溶液液位等，都需要采用物位测量仪表测量。

　　物位测量仪表按所使用的物理原理可分为直读式物位仪表、差压式物位仪表（包括压力式）、浮力式物位仪表、电测式（电阻式，电容式与电感式）物位仪表、超声式物位仪表、核辐射式物位仪表等。总的来说液位计结构比压力计和温度计要复杂得多，维修工作量要大得多。

6.1.4.1　直读式物位仪表

从测量机构上可直接读出液位，玻璃管（或玻璃板）液位计就是利用连通器原理，用旁通玻璃管（或玻璃板）读数。根据测量要求，有透光式和反射式等型式，见图 6 – 22。玻璃液位计不带远传功能，一般为就地现场显示。

6.1.4.2　浮力式物位仪表

利用液面上的浮子或沉浸在液体中的浮筒（也称沉筒）受到浮力作用而工作。这类仪表分为两种：一种是在测量过程中浮力维持不变，如浮球液位计、浮标液位计，工作时浮标随液面高低变化，通过杠杆或钢丝绳等机构将浮标位移传递出去，再经电位器、数码盘等转换为模拟或数字信号；另一种是在测量过程中浮力发生变化，如浮筒式液位计，液位改变时浮筒在液体内浸没的程度不同，所受的浮力也不同，将浮力的变化量转换成差动变压器铁芯的位移，就可输出相应的电信号，转换成液位信号发挥

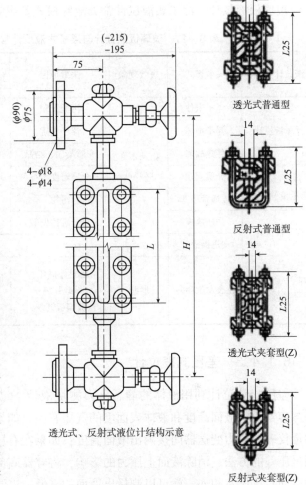

透光式、反射式液位计结构示意

图 6 – 22　玻璃液位计

指示、记录、报警和调节之用，也可远距离传送，浮力式物位仪见图 6 – 23。

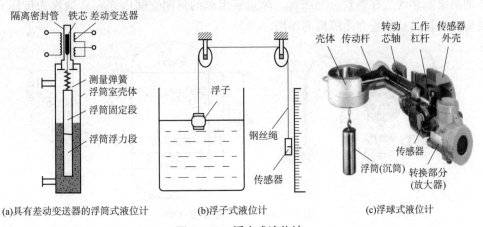

(a)具有差动变送器的浮筒式液位计　　(b)浮子式液位计　　(c)浮球式液位计

图 6 – 23　浮力式液位计

储罐常用钢带浮子式液位计、浮筒液位计、磁性翻板液位计；高压容器常用浮球式液位计，既可就地指示，也可用变换器(如差动变压器)变换成电信号进行远传控制。

玻璃板液位计与浮子式液位计常见故障模式及影响分析见表6–11。

表6–11 玻璃板液位计与浮子式液位计常见故障模式及影响分析

液位计类型	失效模式	失效现象	失效原因	失效后果	失效分布	根原因	
						自然机理	管理因素
浮子液位计	浮子卡住	指示不变或异常	污泥沉积	经济性	韦布尔分布	沉积	
	浮子损坏		浮子失磁		韦布尔分布	老化	
	伴热故障		介质凝固、结晶		韦布尔分布		维护
浮子/玻璃板液位计	介质问题		介质密度不符		指数分布		操作
	连通管堵塞		污物		韦布尔分布	沉积	
浮子液位计	翻柱故障		部分翻柱失磁		韦布尔分布	老化	
	变送器故障	见表6–2					
浮子/玻璃板液位计	仪表发生渗漏	泄漏	密封件损坏、焊缝开裂、玻璃板开裂	安全环境后果	指数分布		制造/安装

6.1.4.3 差压式液位计

差压式液位计利用液体的静态压力测量液位，结构及原理见图6–24。液体底部压力与容器内的液面高度和液体表面上的气压有关。如果测量敞口容器内液位，则可用压力测量仪表或压力变送器间接测出液面高度；如果在有压力的密封容器内测量液位，则采用测量压差的方法，消除液面上压力的影响，将容器底部与差压变送器正压室相连，液面上的空间与负压室相连，就可以测量出液面的高低。当测量具有腐蚀性或含有颗粒、黏度大易凝固等介质的液位时，为解决引压管的腐蚀或堵塞问题，可以用法兰式差压变送器，见图6–24。变送器的法兰与容器上的法兰连接，作为敏感元件的金属膜盒经过毛细管与变送器的测量室相连，在膜盒、毛细管、测量室组成的封闭空间内充有硅油作为传压介质，起到将变送器与被测量介质隔离的作用。

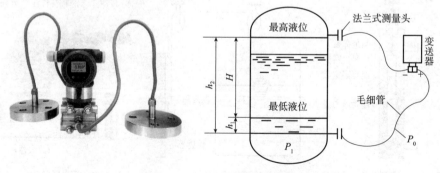

图6–24 法兰式差压变送器

由于差压液位计从原理上和结构上与压力测量相同，因此其失效模式及影响分析与压力测量相同，见表 6 – 1。

6.1.4.4　电接点液位计（电测式物位仪表）

电接点液位计（图 6 – 25）是由物位测量筒、电接点和数值显示仪等部分组成，由于气液的导电性差别很大，当液体浸没电接点时，通过气体与液体将物位变化转换为电参数（如电阻、电容、电感）的变化，再变成电信号输出。这类仪表又分为电阻式、电容式和电感式三种。

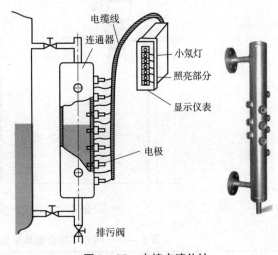

图 6 – 25　电接点液位计

这种仪表虽然结构简单，但应用范围不广泛，主要用作高压液位定点报警和控制，很少用于连续测量。电接点液位计失效模式及影响分析见表 6 – 12。

表 6 – 12　电接点液位计失效模式及影响分析

失效模式	失效现象	失效原因	失效后果	失效分布	根原因	
					自然机理	管理因素
指示偏差大	指示偏差大	如出现污垢、生锈、腐蚀等引起表面接触电阻变化	经济性	韦布尔分布	腐蚀/沉积	
显示不稳	显示忽大忽小	筒因水浪冲击电极挂水		指数分布		操作
变送器故障	见表 6 – 2					

6.1.4.5　超声波物位仪表

超声波液位计工作原理是：由超声波换能器（探头）发出高频脉冲声波遇到被测物位（物料）表面被反射折回，反射回波被换能器接收转换成电信号，声波传播时间与声波的发出点到物体表面的距离成正比，声波传输距离 S 与声速 C 和声波传输时间 T 的关系可用公式表示：$S = C \times T/2$。探头部分发射出超声波，超声波遇到与空气密度相差较大的介质会形成反射，反射波被探头部分再接收，探头到液（物）面的距离和超声波经过的时间成比例：距离 $[m]$ ＝时间 × 声速/2 $[m]$，通过测量由声波的发射和接收之间的时间来计算传感器到被测液体表面的距离。

超声波液位计由三部分组成：超声波换能器（探头）、驱动电路（模块）、电子液晶显示模块，见图 6 – 26。

由于采用非接触的测量，被测介质几乎不受限制，可广泛用于各种液体和固体物料高度的测量，特别适合于强腐蚀性、高压、有毒、高黏度液体液位的测量。超声波液位计的缺点是不能承受高温。声速受到介质的温度、压力等影响，不能测量有气泡的悬浮物的液位；被测液面有很大波动时，在测量上会引起超声波反射混乱，产生测量误差；电路复杂、造价较高。超声波物位仪表常见失效模式及影响分析见表6－13。

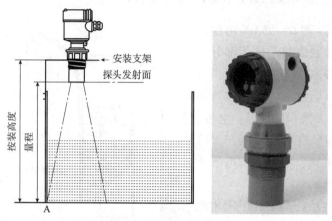

图6－26　超声波液位计

表6－13　超声波物位仪表常见失效模式及影响分析

失效模式	失效现象	失效原因	失效后果	失效分布	根原因	
					自然机理	管理因素
操作故障	显示任意数据	进入盲区	经济后果	指数分布		操作
介质影响	无信号、或波动	液面波动，如搅拌、或气泡、泡沫	经济后果	指数分布		操作
环境影响	显示与实际偏差大	探头介质结露珠	经济后果	指数分布	环境	
探头不灵敏	液位低时回波弱	换能器老化、衰减	经济后果	韦布尔分布	老化	
变送器故障	见表6－2					

6.1.4.6　雷达液位计

雷达液位计是依据用雷达波基于时间行程原理的测量仪表，与超声波的区别是声波不同，雷达波是电磁波，其频率范围为30～300000MHz，相应波长为10m～1mm，频率越高，波长越小，精度越高。各种电磁波的波长及应用范围见图6－27。石油化工物位探测计波长需要厘米级别即3G以上，但高于15GHz时，空气水分子吸收严重；高于30GHz时，大气吸收急剧增大，雷达设备加工困难，接收机内部噪声增大。因此，雷达液位计的频率一般在3～30GHz之间。在这个频率范围内精度是1cm左右。更高的精度、更低的成本是其将来发展的目标。根据《环境电磁波卫生标准》，频率为0.1MHz～300GHz的设备，只要不超过标准规定的等效辐射功率，就可以免于管理。由于雷达液位计的功率不高，在免于管理的范围。雷达液位计的结构见图6－28。

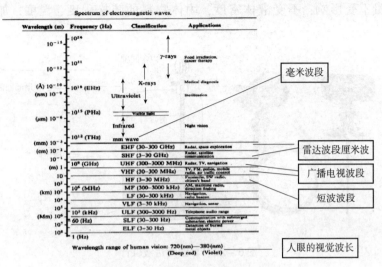

图6-27　电磁波波长及应用范围

雷达波以光速运行,运行时间可以通过电子部件被转换成物位信号。雷达液位计有两种测量方式:第一种途径是设定好的发射频次固定。液位计到物料表面的间距定义为H;微波传递的速率设定成v;脉冲行程的耗费时间设定成t;空罐距离设定成F;雷达液位计的量程设定成D。那么,被检定出来的液位L,可表示为公式:$L = F - vt/2$。第二种途径是调

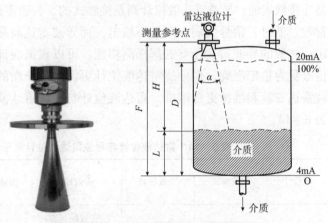

图6-28　雷达液位计及其结构

频连续波。天线发射的这种微波是调制得来的连续波。回波被吸纳时,微波发射原初的频次已经被更替。回波特有的频次差值,与天线直至液面的间隔成正比关系。

雷达液位计可以测量液体和固体介质如原油、浆料、原煤、粉煤、挥发性液体等,可以在真空中测量,可以测量所有介质常数>1.2的介质,测量范围可达70m。由于是非接触式测量,安装方便,采用极其稳定的材料,牢固耐用。不受噪声、蒸汽、粉尘、真空等工况影响,不受介质密度和温度的变化影响,过程压力可达400bar,介质温度可达-200~800℃,安装方式有多种可以选择:顶部安装、侧面安装、旁通管安装、导波管安装。但雷达液位计不能安装在入料口的上方和中心位置,如果安装在中心位置,会产生多重虚假回波,干扰回波会导致信号丢失。

6.1.4.7　导波雷达液位计

导波雷达液位计是雷达液位计的一种,所不同的是增加了导波杆,见图6-29。雷达波是通过导波杆传播的,因此克服了通过空间介质传播的缺点,对蒸汽和泡沫有很强的抑

制能力，测量不受影响；不受液体密度，固体物料的疏松程度、温度，加料时的粉尘影响。

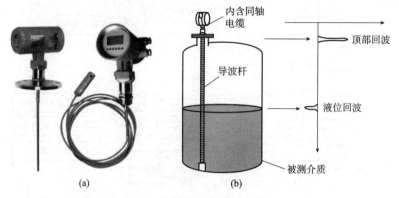

图 6 – 29　导波雷达液位计

雷达液位计与导波雷达液位计都是发射电磁波，但与物料接触方式不同，雷达液位计是非接触式的，导波雷达液位计则是接触式的。普通雷达发射的波是发散的，当介质介电常数过低时，信号太弱，测量不稳定，而导波雷达波是沿导波杆传播信号，测量相对稳定，一般的导波雷达还有底部探测功能，可以根据底部回波信号能测量值加以修正，使信号更为稳定准确。但导波雷达液位计更需考虑介质的腐蚀性和黏附性，而且过长的导波雷达安装和维护更加困难。雷达液位计与导波雷达液位计常见失效模式及影响分析见表 6 – 14。

表 6 – 14　雷达液位计与导波雷达液位计常见失效模式及影响分析

液位计	失效模式	失效现象	失效原因	失效后果	失效分布	根原因	
						自然机理	管理因素
雷达	罐内环境影响	显示偏差大	天线附近有聚合物干扰	经济性	指数分布	聚合	
	介质影响	无信号或波动	液面波动，如搅拌或气泡、泡沫		指数分布		操作
	天线故障	回波曲线图是直线	天线被介质堵塞、污损、结疤		指数分布	污物	
导波雷达	导波筒污染	显示偏差大	钢缆表面、导波筒内有附着物		韦布尔分布	沉积	
	钢缆波动	显示波动	钢缆摆动、紧固松动		指数分布		
雷达/导波雷达液位计	介质影响	规律的向低液位跳动现象	被测介质组成变化，介电常数数据偏差		指数分布		操作
	变送器故障	见表 6 – 2					

6.1.4.8　核辐射式物位仪表

核辐射式物位仪表利用物质对核辐射的吸收，使射线强度减弱的原理来测量物位，见图 6 - 30。核辐射能穿透较厚的钢板和其他固体，所以这类仪表可进行不接触测量，对容器不必开孔，能在强光、浓烟、高压、高温等恶劣的工作条件下对高黏度、易爆、腐蚀性强的介质进行液位测量，由于接触式液位计发射装置与管内介子接触，即使非接触的雷达液位计也需要罐上开口，不适应上述条件，因此只能用核辐射液位计，这是与其他类型的物位仪表相比最大的优点。但核辐射影响人体健康，需要采取现场劳动防护措施，这在一定程度上限制了核辐射物位仪表的推广应用。

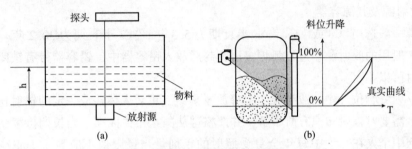

图 6 - 30　核辐射式物位仪表

核辐射式物位仪表主要为 γ 射线物位计。γ 射线物位计是利用物料对 γ 射线的阻挡作用进行物位测量的仪表。除了 γ 射线物位计，还有中子物位计等用其他类型的射线进行物位测量的仪表，都属于同位素物位计。

核辐射式物位仪表的被测物质可以为粉末或颗粒固体，也可以为液体。γ 射线物位计一般只用于两相界面的测量，而不适用于多界面的测量。中子物位计可测量多界面，但由于中子物位计发射性强，因此应用较少。石油化工应用的多为 γ 射线物位计。γ 射线为波长极短($10^{-7} \sim 10^{-10}$mm)的电磁辐射，对介质有很强的穿透能力，其穿过物料前后的强度变化遵循朗伯 - 贝尔定律，按指数规律衰减，射线衰减程度符合下列公式：

$$I = I_0 e - \mu h$$

式中，I 为入射强度；I_0 为出射强度；μ 为物料对 γ 射线的线性吸收系数；h 为液位高度。

此种测量方式，在物料高度线性增加时，探头部位的射线剂量呈指数衰减，物料高度增加到一定值时，所需放射源的活度很大，带来防护上的困难，造价也大大增加。此测量方式一般应用在物料高度较小的特殊场合。在大多情况下，选用图 6 - 29(b)测量方式，图中，放射源在料仓一侧，另一侧的探测器探测到的射线总量就可以被换算为物料的变化。

γ 射线物位计由探测器、变送器(信号转换器)和放射源及容器四部分组成。探测器、放射源及容器安装在测量现场，变送器(信号转换器)一般安装在控制室，也可安装在现场，通过专用电缆与探测器连接。

(1)探测器

探测器也称探头、接收器，主要用于探测射线，并将射线产生的光信号转化为电信号。主流探测器内部主要元器件为：闪烁晶体、光电倍增管、前置电路。也有电离室探测器和计数管探测器，探测效率比较低，市场使用率很小。

射线照射到闪烁晶体上会产生光子，光子与光电倍增管表面涂的光感材料(称为光阴极)撞击，光子的能量被光阴极材料中的电子吸收，电子获得能量，离开光阴极材料。光电倍增管将光阴极接受到的电子进行倍增后，输出给前置电路部分进行整形、滤波、运算等处理。当前主流的闪烁晶体主要有 NaI、PVT、光纤等。

(2)变送器(信号转换器)

变送器(在核仪表也常叫信号转换器)用于将探测器输出的电信号转换为触点信号或标准电流信号输出给 DCS 或其他外围设备。由于核仪表现场有辐射，与常规变送器不同，一般置于远离辐射区非防爆的机柜间，转换器上带有显示表。当前很多较为先进的仪表会将探测器和信号转换器整合为一体，统称为探测器。

(3)放射源及其源容器

放射源一般选用 ^{60}Co 或 ^{137}Cs，^{60}Co 半衰期为 5.3 年，^{137}Cs 半衰期为 30.2 年。放射源外形很小，一般用的放射源经过氩弧焊多层密封后放入铅容器中，铅容器带有锁闭装置，不用放射源时可以关闭。

由于 γ 射线物位计中的放射源主要释放 γ 射线，可对人体造成一定的辐射伤害，在实际使用中，需要对辐射知识有所了解，并严格遵从国家相关标准。当长期持续受放射性照射时，公众中个人在一生中每年全身受照射的年剂量当量限值不应高于 1mSv(0.1rem)，且以上这些限制不包括天然本体照射和医疗照射。对发射低能放射源外边界 5cm 处剂量小于 2.5usv/h。核辐射式物位计常见失效模式及影响分析见表 6-15。

表 6-15　核辐射式物位计常见失效模式及影响分析

失效模式	失效现象	失效原因	失效后果	失效分布	根原因	
					自然机理	管理因素
介质影响	偏差大	开停车介质密度偏差	经济后果	指数分布		操作
探测器故障	无显示	探测器老化	经济后果	韦布尔分布	老化	
环境影响	显示波动	探伤作用	经济后果	指数分布	环境干扰	
	偏差大	保温/冷却故障		韦布尔分布	老化/结垢	
放射源衰减	偏差增大	放射源衰减	经济后果	韦布尔分布 ^{60}Co 5~15 年	衰减	
变送器故障	见表 6-2					

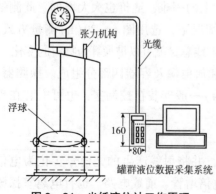

图 6-31　光纤液位计工作原理

6.1.4.9　光纤液位计

光纤液位计其本质测量部分是浮筒液位计，传输部分是光纤传感器，在储罐区经常使用。光纤液位计工作原理图见 6-31。光纤液位计利用力平衡原理实现液位的检测，当被测介质液面变化时，测量浮子上下移动，测量钢丝带动光纤传感器内光码盘转动，同时光纤传感器内两组光学探头输出两组光脉信号，经光缆传输到光电转换器，光电转换器将这两组带有液位变化信息的光脉信号转变为电脉信号，并进行放大整形，传给二次表，经二次表判向计数后，显示出储罐内液位值，同时输出信号给计算机，实现罐区液位自动监测。

其常用失效模式与浮筒液位计和变送器基本相同。

6.1.5　分析仪表

分析仪表也是一种测量仪表，是用以测量物质成分和含量及某些物理特性的仪器总称，用于实验室的称为实验室分析仪器，用于工业生产过程中的分析仪器称在线分析仪。仪表专业检维修管理部分主要是管理在线分析仪表。

6.1.5.1　分析仪表组成

与一般传感器测量仪表不同，分析仪表的分析过程是对介质的处理过程，对需分析介质不同的成分采用不同的原理，一般的分析仪表主要由四部分组成。

(1)采样、预处理及进样系统

这部分的作用是从流程中取出具有代表性的样品，并使其成分符合分析检查对样品状态条件的要求，送入分析器。为了保证生产过程能连续自动地供给分析器合格的样品，正确地取样并进行预处理是非常重要的。

(2)分析器

分析器的功能是将被分析样品的成分量(或物性量)转换成可以测量的量。随着科学技术的进步，分析器可以采用各种非电量电测法中所使用的各种敏感元件，如光敏电阻、热敏电阻以及各种化学传感器等。

(3)显示及数据处理系统

用来指示、记录分析结果的数据，并将其转换成相应的电信号送入自动控制系统，以实现生产过程自动化。目前很多分析仪器都配有微机，用来对数据进行处理或自动补偿，并对整个仪器的分析过程进行控制，组成智能分析仪器仪表。

(4)电源和电子线路

对仪表各部分供电，控制仪表各部分的工作，将分析器送来的电信号放大后，输出至显示、记录器，或同时送至自动控制器或电子计算机。

过程分析仪表按工作原理可分为磁导式分析仪、红外线分析仪、工业色谱仪、电化学式分析仪、热化学式分析仪等。在我们企业中按照分析仪表功能及在实际应用中的作用可分为质量分析仪表和安全分析仪表。安全分析仪表主要是指可燃气分析仪、硫化氢分析仪、氨气分析仪等测量有毒有害和易燃易爆物质的分析仪。

分析仪表的特点是专用性强，每种分析仪的适用范围都很有限，同一类分析仪，即使有相同的测量范围，但由于待测的试样的背景组成不同，并不一定都适用。分析仪表的主要性能指标：精度、灵敏度、响应时间。

对于在线分析仪表来说，采样计预处理系统是自动完成的，对于离线分析来说这部分工作由人工完成，采样在现场进行，分析在分析室进行。目前分析的仪器都是由专业厂家设计制造的，由于专业性强，问题的处理一般也由专业厂家来进行维修。一般分析仪表只显示结果，不反馈给控制系统。但随着计算机软件的完善、选进控制系统的应用，分析结果参与控制将成为发展趋势。由于在线分析仪器本身是一个系统，它们的故障模式分预处理系统和分析系统两部分的故障模式，分析系统的故障模式即分析仪器的故障模式，一般由专业厂家负责维修，预处理部分与常规装置流程没有太大区别，主要由管线、阀门、过滤器、缓冲罐等组成，因此主要的故障模式是管路和测量元器件的污染、堵塞、腐蚀、泄漏等常见的故障模式，具体仪表要具体分析。

6.1.5.2　色谱仪

色谱分析是一种物理化学的分析方法，特点是使被分析的混合物通过色谱柱将各组分进行分离，并通过检测器后输出与组分的量成比例的信号。图6-32为气相色谱工作原理。

由气瓶提供的载气经过流量调节阀和转子流量计后进入进样阀，被测试样从进样阀注入，并随载气一起进入色谱柱。色谱柱内的固定相是一些吸附剂或吸收剂，吸附剂对不同物质有不同的吸附能力，因此当样品流过固定相表面时，样品中各个组分流动相和固定相中的分配比例不同，使得各组分在色谱柱中的流动速度不同，进而使各组分离开色谱柱进入检查器的时间不一样。检测器根据样品到达的先后次序测定各组分及浓度信号，各组分的含量确定最简单方法是按色谱图中各峰波面积的相对大小来计算。色谱图见图6-33。液相色谱仪器的谱图横坐标是时间，单位是min；纵坐标是响应值，单位是mAU，是光的毫米吸光度单位。

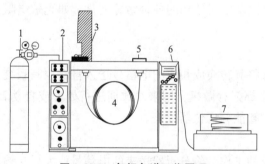

图6-32　气相色谱工作原理

1—气源；2—气路控制系统；3—进样系统；4—柱系统；
5—检测系统；6—控制系统；7—数据处理系统

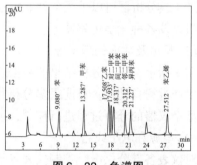

图6-33　色谱图

6.1.5.3　氧含量分析仪

氧含量分析仪主要用来分析混合气中含氧的量。它大致可分两类：一类是根据电化学法制成，如原电池、固体电介质法（如氧化镉）等；另一类是根据物理法制成，如热磁式等。电化学法灵敏度高，选择性好，但响应速度慢，维护工作量大，目前常用于微氧分析。物位法响应较快，不消耗被分析气体，使用维护方便，广泛用于常量分析。

6.1.5.4　热导式气体分析仪

热导式气体分析仪是一种物理式气体分析仪，它结构简单，性能稳定，价格便宜，常用来分析混合气体中某一组分的含量。它是根据混合气体中待测组分含量的变化，引起混合气体总的导热系数变化这一物理特性来进行测量的。由于气体的导热率很小，直接测量困难，因此，在工业上常常把导热率的变化转化成热敏元件的阻值变化，从而可由测点的电阻值的变化确定待测组分的含量。

在理论上讲，热导式分析仪只能正确测定二元混合气体的组分含量，在分析三元以上混合气体时必须满足以下条件：

(1)三元混合气体中某一组分含量保持恒定后变动很小。

(2)被测组分的导热率与其他组分相差较大，且其余组分的导热率基本相近。

(3)在背景其他的导热率保持恒定时，才能正确测量。

6.1.5.5　红外线分析仪

红外线分析仪是根据气体(或液体、固体)对红外线吸收的原理制成的一种物理式分析仪。其工作原理如图 6-34。

各种多原子气体(SO_2、CO_2、CO_2、CH_4 等)对红外线都有一定吸收能力，不同的气体吸收的红外线的波长也不同。红外线分析仪就是基于某些气体对不同波长的红外辐射能具有选择性吸收的特性，当红外线通过混合气体时，气体中的被测组分吸收红外线的辐射能，使整个混合气体因受热而引起五大压力的增加，而这种温度与压力的变化与被测气体的组分浓度相关，把这种变化转换成其他形式的能量变化，就能确定被测组分的浓度了。

根据上述原理制造的红外线分析仪器也叫主动红外线分析仪器，近年出现了一种被动红外气体测量仪器，其原理是根据物体红外热成像原理结合算法来确定气体组分的仪器，但由于精度较低，只能在泄漏检测等定性要求的场合下使用。

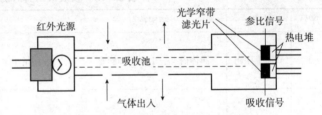

图 6-34　红外线分析仪工作原理

6.1.5.6　工业 pH 计

pH 计又称酸度计，能连续测量工业流程中水溶液的氢离子浓度的仪器。工业 pH 计一般由发送器和测量器组成，发送器由玻璃电极和甘汞电极组成，它的作用是把 pH 值转换成直流信号。测量仪器大多采用电位差进行测量。

电位差测量法基本原理是在被测溶液中插入两个不同的电极，其中一个电极的电位随溶液氢离子浓度的改变而改变，称工作电极；另一个电极具有固定的电位，称参比电极，这两电极形成一个原电池，测得两电极间的电势即可得到被测溶液的 pH 值。

6.2　调节仪表的可靠性 $R_{调节}$

石油化工行业中调节仪表是在自动控制系统中将代表被控对象实际值的检测信号与给定值相比较，确定误差并按照预定的规律执行控制指令的工业自动化仪表，还可以称为执行器。石油化工行业应用中调节仪表种类很多，如轴流风机的静叶调整机构，透平的调速机构，但应用最多的是调节阀门，因此本节主要以调节阀来介绍调节仪表的可靠性。

调节阀又名控制阀，在工业自动化过程控制领域中，通过接受调节控制单元输出的控制信号，借助动力操作去改变介质流量、压力、温度、液位等工艺参数的最终控制元件。

调节阀按执行机构使用的动力可分为电动、气动和液动调节阀，根据有无信号作用时开关状态可分故障关式 FC 和故障开式 FO 两种，根据结构形式可分为柱塞式、V 型、窗口型、蝶型、笼式型等几种。根据开关特性可分为快开、线性、抛物性和对数（等百分比），根据阀芯结构可分为单芯阀、双芯阀及隔膜片，根据流体的流通性可分为直通阀、角形阀及三通阀，根据阀的耐温情况可分为高温阀、普通阀及低温阀，根据传动机构可分为薄膜式、活塞（气缸）式、直程式及杠杆式等。

分析调节阀的可靠性，从功能上分可以分为阀体、执行机构。

6.2.1 调节阀体

调节阀体与一般常规阀门大体相同，都是由壳体，阀芯和阀杆密封组成，所不同的是驱动形式不同，由于调节作用是其主要功能，因此阀芯结构有很多特殊设计。表 6–16 是常用阀门的说明。

表 6–16　仪表常用阀门说明

序号	名称	结构特点	性能	图示
1	直通单座阀	阀体内有一个阀芯和阀座	泄漏量小，阀前后压差小	
2	直通双座阀	阀体内有两个阀芯和阀座	流量系数及允许使用压差比同口径单座阀大，但耐压较低	
3	角形阀	除阀体为直角形外，其他结构与直通阀相似	适用于高黏度或含悬浮颗粒的流体，但输入输出管道需呈角形安装	
4	隔膜阀	用耐腐蚀衬里和耐腐蚀隔膜代替阀座和阀芯组件	适用于强腐蚀、高黏度或含悬浮颗粒及纤维的流体，但耐压耐温较低	
5	偏心旋转阀	由球面阀芯、阀座、转轴、推杆等部件组成。球面阀芯的中心线与转轴中心线偏离，动作时转轴带动阀芯作偏心旋转	流路阻力小，流量系数较好，密封好，适用于压差大、黏度大及有颗粒的介质，一般耐压小于 6.4MPa	
6	蝶阀	又称翻板阀，由阀体、阀板、阀板轴等部件组成	适用于大口径、大流量和浓稠浆液及悬浮颗粒的场合，但流体对阀体产生不平衡力矩大，一般蝶阀允许压差小	

续表

序号	名称	结构特点	性能	图示
7	套筒阀	又称笼式阀，它的阀体与一般直通单座阀相似，阀内有一圆柱形套筒，阀芯在套筒内移动	适用于液体产生闪蒸、空化和气体在缩流面处流速超过音速的场合；不适用于含颗粒介质	

阀芯：

一般阀门除紧急切断阀门主要起到开关作用外，控制阀门主要起到控制条件作用，阀门的调节部分与调节介质直接接触，在执行机构的推动下，改变阀芯与阀座间的流通面积，从而达到调节流量的目的，所以阀芯除与上面介绍的结构不同外，具体结构上还要满足流量特性，因而演变出不同的结构，见图 6−35。

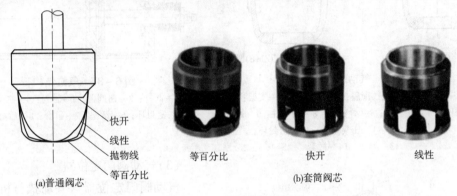

(a)普通阀芯　　　(b)套筒阀芯

图 6−35　不同结构的阀芯

6.2.2　执行机构

调节阀的调节功能是通过执行机构来实现的，执行机构就是阀门的推动部分，它按控制信号的大小产生相应的推力，通过阀杆使阀门阀芯产生相应的位移。

按能源来分，执行器可分气动、电动、液动三类。

6.2.2.1　气动执行机构

气动执行机构常应用的是气动薄膜执行机构和气动活塞执行机构。

（1）气动薄膜执行机构

气动薄膜执行机构是一种最常用的执行机构，它的传统机构见图 6−36。它的结构简单，动作可靠，维修方便，价格低廉。气动薄膜执行机构，主要由上、下膜盖、O 型圈、推杆、弹簧、调节件、支架等零部件组成。当信号压力输入薄膜气室中，产生推力，使推杆部件移动，弹簧被压缩产生的反作用力与信号压力在薄膜上产生的推力相平衡。推杆的移动即气动薄膜执行机构的行程。

（2）气动活塞执行机构

气动活塞执行机构，其基本部分为气缸，气缸内置活塞，活塞起密封作用，活塞随气缸两侧压差而移动。两侧可以分别输入一个固定信号和一个变动信号，或两侧都输入变动信号。活塞执行机构一般用于大推力应用上，多用于角行程阀门如蝶阀、球阀，和长行程的控制阀上。气缸结构见图6-37。

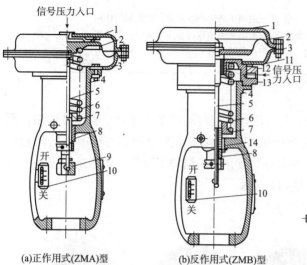

(a)正作用式(ZMA)型　　(b)反作用式(ZMB)型

图6-36　气动薄膜执行机构

1—上膜盖；2—波纹薄膜；3—下膜盖；4—支架；
5—推杆；6—压缩弹簧；7—弹簧座；8—调节件；9—螺母；
10—行程标尺；11—密封垫片；12—密封环；
13—填块；14—衬套

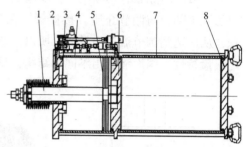

图6-37　气缸结构

1—阀杆；2—前阀盖；3—轴封；4—缸套；
5—密封环；6—活塞；7—缸套；8—后缸盖

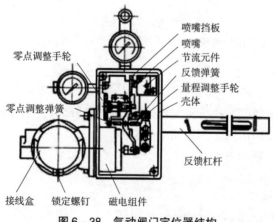

图6-38　气动阀门定位器结构

6.2.2.2　电动执行机构

电动执行机构是以电能为动力的执行单元，根据自动调节信号或手动操作信号去操作调节机构(阀门、挡板等)，从而改变被调量的大小，以满足生产过程的需要，结构见图6-39。

电动执行机构接受标准的4~20mA信号，通过电机输出直接带动涡轮蜗杆减速机构实现对

(3)气动阀门定位器

气动阀门定位器与气动执行机构共同构成自控单元，结构见图6-38。气动阀门定位器接收来自控制器或控制系统中4~20mA等弱电信号，并向气动执行机构输送空气信号来控制阀门位置的装置。气动阀门定位器是按力矩平衡原理工作的，内部有波纹管、主杠杆、喷嘴挡板、喷嘴、放大器等，机构比较复杂，一般为不可修复部件。有问题直接更换或返厂家修复。

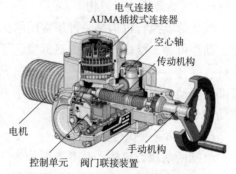

图6-39　电动执行机构结构

各类蝶阀调节阀、风门等的自动调节。

6.2.2.3 液动执行机构

液动执行机构相当于把气动机构的气体换成液体，液动执行器和气缸相近，只是比气缸能耐更高的压力，它的工作需要外部的液压系统，工厂中需要配备液压站和输油管路，当需要异常的抗偏离能力和高的推力以及快的形成速度时，我们往往选用液动执行机构。因为液体的不可压缩性，采用液动执行器的优点就是较优的抗偏离能力，这对于调节工况是很重要的，因为当调节元件接近阀座时节流工况是不稳定的，越是压差大，这种情况越厉害。另外，液动执行机构运行起来非常平稳，响应快，所以能实现高精度的控制。

电液执行机构：电液执行器作为液动执行器衍生的一种动力装置，是将电机、油泵、电液伺服阀集成于一体，只要接入电源和控制信号即可工作。集合了液压、控制、机电、计算机、通信等技术，可以快速、稳定地对被控对象的位置进行精确控制，构简单、紧凑、体积小、传动平稳、可以获得很大的输出力矩、速度调节方便、控制容易、容易防止过载等优点，有总体价格便宜、容易维护、适用范围广的特点。如催化裂化装置高温的反再系统阀门多用电液执行机构，工业汽轮机的控制系统也用电液控制执行机构。

电液执行机构输入标准信号(4~20mA，D.C.)通过电液转换、液压放大并转变为与输入信号相对应的0度到90度转角位移输出力矩或直线位移输出力，电液执行器部件较多，如电动机－泵单元、伺服或比例控制阀、液压缸、位置反馈组件、压力表、液位和温度报警传感器、过滤器、溢流阀、单向阀等，伺服阀为电液伺服执行器的控制核心，既是电液转换元件，又是功率放大元件，其功用是将小功率的电信号输入转换为大功率液压能(压力和流量)输出，能够对输出流量和压力进行连续双向控制，从而实现对执行器位移、速度、加速度和力的控制。结构见图6-40。

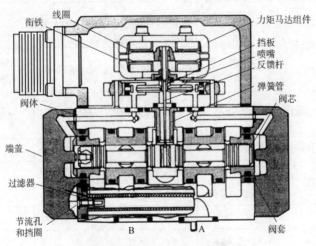

图6-40 电液执行机构结构

6.2.3 调节仪表常见故障模式

由于调节仪表形式多样，不同的仪表有不同的故障模式，应具体问题具体分析，表6-17列举了调节阀的常见失效模式及影响分析。

表6-17　调节阀常见失效模式及影响分析

失效模式	失效现象	失效原因	失效后果	失效频率及分布	根原因	
					自然机理	管理因素
定位器节流孔堵塞	调节阀不动作	气源带水	完全失效相应后果	随机指数分布		气源质量
		过滤器坏	完全失效相应后果	随机指数分布		过滤器制造质量
反馈杆故障	不能全开或全关，内泄漏或限量	反馈杆松动、位置变动	部分失效相应后果	随机指数分布		安装质量
定位器喷嘴挡板有脏污	调节阀状态不稳，产生振荡	长时间使用积灰	部分失效相应后果	韦布尔分布	积垢	
定位器密封不严	调节阀状态不稳，产生振荡	密封老化	部分失效相应后果	韦布尔分布	老化	
行程调节过短	内部泄漏	调零不准	部分失效相应后果	随机指数分布		安装质量
调节阀卡堵	调节阀卡死或动作缓慢	阀内结焦	部分失效相应后果	随机指数分布	结焦	
		填料压得过紧	部分失效相应后果	随机指数分布		安装质量
		阀杆弯曲、划伤	部分失效相应后果	随机指数分布		安装质量
		阀芯脱落	完全失效相应后果	随机指数分布		安装质量
				韦布尔分布	腐蚀	
气缸卡堵	气缸卡死或动作缓慢	气缸磨损	部分失效相应后果	韦布尔分布	磨损	
		密封圈老化或断裂	部分失效相应后果	韦布尔分布	磨损、老化	
阀芯变形	内部泄漏	阀芯和阀座有杂质	部分失效相应后果	随机指数分布	系统杂物残留	
		阀芯和阀座冲刷腐蚀	部分失效相应后果	韦布尔分布	腐蚀、冲刷	
填料、密封泄漏	外部泄漏	填料老化	安全、环境后果	韦布尔分布	老化	
弹簧故障	振动	弹簧刚性不足	部分失效相应后果	随机指数分布		质量
系统共振	振动	某流量下共振	部分失效相应后果	随机指数分布		操作
		系统刚度低	部分失效相应后果	随机指数分布		制造
噪声大	噪声大	气蚀	部分失效相应后果	随机指数分布		操作
阀体泄漏	外泄漏	阀体冲刷、腐蚀	安全、环境后果	韦布尔分布	腐蚀、冲刷	
膜片破损	突然全关	疲劳破坏	完全失效相应后果	韦布尔分布	疲劳	
失电	不动作	端子处松动	部分失效相应后果	随机指数分布		安装质量

注：对只起控制功能的阀门其失效后果为经济后果，对具有紧急开工功能的阀门不但有经济后果，可能还有安全、环境后果，应根据功能具体阀门分析，本表只列出控制功能的失效后果。

6.3　控制仪表的可靠性 $R_{控制}$

控制仪表指接受测量仪表的信号，经过控制仪表的换算，给执行器输出调节信号的仪表，本处控制仪表多种多样，在石油化工企业生产中，主要指 DCS、PLC、SIS 等系统。

6.3.1　自动控制系统

以 6.1 的汽包控制系统来举例说明。该系统用以实现自动调节的自动化装置由三部分组成，一是测量液位的装置，其作用是将液位的变化转化成相应的气压、电流或其他信号，称为测量变送器；二是自动调节器，它根据变送器来的信号与工艺上需要保持的液位高度变化信号相比较，按已经设计好的运算规律算出结果，然后将此结果用特定的信号（如气压或电流）发送出去；三是调节阀，它和普通阀门的功能一样，只不过它能根据调节器送经的信号自动地改变阀门的开启度，实现了调节作用。第一部分测量和第三部分调节仪表我们在前面进行了讨论，本章讨论的控制系统是第二部分调节器即自动调节仪表部分。

6.3.2　控制系统分类

按控制原理的不同控制系统总体分为两大类，即开环控制系统和闭环控制系统。

开环控制系统的输出（被控变量）不反馈到系统的输入端，因而也不对控制作用产生影响。

闭环控制系统的输出（被控变量）通过测量变送环节，又返回到系统的输入端，整个系统构成了一个封闭的反馈回路。无论是由于干扰造成的，还是由于结构参数的变化引起的，只要被控变量出现偏差，系统就自动纠偏。闭环控制系统也称反馈控制系统，反馈控制系统是自动控制系统中最基本的控制方式，在生产过程中得到了广泛的应用。

按给定信号分类，自动控制系统可分为定值控制系统、随动控制系统和程序控制系统。

定值控制系统的给定值是恒定不变的，控制系统克服扰动的影响使被控变量保持在给定值或在允许的范围内。

随动控制系统也称自动跟踪系统，这类控制系统的给定值是一个未知的变化量，控制系统使被控变量跟踪给定值的变化，而不考虑扰动对被控变量的影响，如某些比值控制系统。

程序控制系统也称顺序控制系统，这类控制系统的给定值是变化的，为时间的函数，即给定值按一定的时间顺序变化。如某些机泵的启动控制系统和某些反应器的升温控制系统就是程序控制系统。

6.3.3　闭环控制系统过渡过程及其品质指标

一个合格的、稳定的控制系统，当受到外界干扰后，被控变量的变化应是一条衰减的

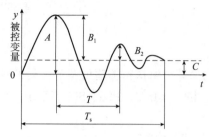

图 6 – 41　一个控制系统的控制过程曲线

曲线，见图 6 – 41。

描述控制过程曲线的常用指标：

衰减比：是表征系统受到干扰后，被控变量衰减程度的指标。其值为前后两个相邻峰值之比，即图中 B_1/B_2，一般在 4∶1 到 10∶1 之间。

余差：是指系统受到干扰后，过渡过程结束时被控变量的残余偏差。即图中的 C，C 值也就是被控变量在扰动后的稳态值与给定值之差。控制系统的余差要满足工艺要求，有的控制系统工艺上不允许有余差，即 $C=0$。

最大偏差：表示被控变量偏离给定值的最大限度。对于一个衰减的过渡过程，最大偏差就是第一个波的峰值，即图中的 A 值。

过渡过程时间：又称调节时间，表示从干扰的时刻起，直到被控变量建立起新的平衡状态为止的这一段时间，图中以 T_s 来表示。过渡过程时间越短越好。

振荡周期：用被控变量相邻两个波峰之间的时间来表示。图中以 T 来表示。在衰减比相同的条件下，周期与过渡时间成正比，因此一般希望周期也是越短越好。

6.3.4　调节器控制规律的选择

调节器在一定的输入信号（偏差）作用下，其输出信号随时间变化的规律，称为调节器的特性或调节作用规律。

常用的主要有三种：比例控制规律、比例积分控制规律和比例积分微分控制规律，分别简写为 P、PI 和 PID。选择哪种控制规律主要根据调节器的特点和工艺要求来决定。

比例控制规律特点：输出与偏差成比例，阀门位置与偏差有一一对应关系，调节及时有力但存在余差，是最基本的控制规律。

比例积分控制规律特点：输出与偏差的积分成比例，无余差，但稳定性降低，是应用最广泛的控制器。

比例度：表示比例调节作用的强弱程度，用 δ 表示。

$$\delta = 输入变化量/输出变化量 \times 100\%$$

积分时间：在阶跃输入偏差作用下，取积分作用输出等于比例作用的输出的一段时间，用 T_i 表示。

微分时间：在阶跃输入偏差作用下，取微分作用输出等于比例作用的输出的一段时间，用 T_d 表示。

压力、流量的调节一般不采用微分规律，而温度、成分调节多采用微分调节规律。对于压力、流量等被调参数来说，对象调节通道时间常数 T 较小，而负荷又变化较快，这时微分作用和积分作用都会引起振荡，对调节质量影响很大，故不用微分调节规律，而对于温度、成分等测量通道和调节通道的时间常数较大的系统来说，采用微分规律这种超前作用能够收到较好的效果。就像我们在冲凉房里冲凉，流量小了按比例直接开大阀门流量，温度高低的调整就要一点一点地调节，类似微分和积分的调节。

6.3.5 调节器参数整定

当方案确定后对象各通道的特性已定，这时控制质量只决定于控制的参数整定了。即按照已定的控制方案，求取使控制质量最好的控制器参数值。具体来说，就是确定最合适的控制器比例度 δ、积分时间 T_i 和微分时间 T_d。

在一个自动控制系统投运时，控制器的参数必须整定，才能获得满意的控制质量。同时在生产过程中，如果工艺操作条件改变，或负荷有很大变化，被控对象的特性就要改变，因此，控制器的参数必须重新整定。由此可见，整定控制器参数是经常要做的工作，对工艺人员和仪表人员来说，都是需要掌握的。常用的整定方法有：临界比例度法、衰减曲线法和经验凑试法。

6.3.6 控制系统的控制方式

控制系统的控制方式大致可以分为以下几种：

(1)串级控制系统

串级控制系统是由其结构上的特征而得名的，它是主、副两个调节器串级工作的，主调节器的输出作为副调节器给定值，副调节器的输出去操纵调节阀，以实现对主变量的定值控制。串级控制系统主要应用于：对象的滞后和时间常数很大、干扰作用强而频繁、负荷变化大、对控制质量要求较高的场合。

(2)均匀控制系统

均匀控制系统是为了解决前后工序的供求矛盾，使两个变量之间能够相互兼顾和协调操作的控制系统。特点是其控制结果不像其他控制系统那样，不是为了使被控变量保持不变，而是使两个相互联系的变量都在允许的范围内缓慢变化。均匀控制系统中调节器一般采用纯比例作用，且比例度较大，必要时才引入少量的积分作用。

(3)比值控制系统

实现两个或两个以上的参数符合一定比例关系的控制系统，称比值控制系统。通常为流量比值控制系统，用来保持两种物料的流量保持一定的比值关系。如制氢转化炉原料和蒸汽流量比值控制系统，蒸汽流量根据原料流量变化保持一定的(水碳比)比值系数。

比值控制系统有变比值和定比值；变比值是相对于定比值而言的。当要求两种物料的比值能灵活地随第三变量的需求而加以调整时，就要求设计比值不是恒定的比值控制系统，即变比值控制系统。

(4)选择控制系统

选择控制系统又称取代控制系统或超驰控制系统，在正常工况下，选择器选中正常调节器 I，使之输出送至调节阀，实现对参数 I 的正常控制。一旦工况发生突变，参数 II 达到设定的值，选择器将自动选中调节器 II 的信号，从而取代调节器 I 控制调节阀，等到工况稳定，参数 II 恢复到正常值，则仍有调节器 I 取代调节器 II 的控制。

(5)分程控制系统

分程控制系统的特点是一个调节器的输出同时控制几个工作范围不同的调节阀。分程控制系统每个调节阀根据工艺的要求在调节器输出的一段信号范围内动作。设置分程调节系统的主要目的是扩大可调范围。

(6)前馈控制系统

简单控制系统属于反馈控制，其特点是按被控变量的偏差进行控制，因此只有在偏差产生后，调节器才对操纵变量进行控制，以补偿扰动变量对被控变量的影响。前馈控制是按干扰作用的大小来进行控制的，当扰动一出现，就能根据扰动的测量信号控制操纵变量，及时补偿扰动对被控变量的影响，控制及时，如果补偿作用完善，则可以使被控变量不发生偏差。单纯的前馈调节是一种能对干扰量的变化进行补偿的开环控制系统。在实际工业生产中，由于干扰往往有很多个，而且有些变量无法测量，因此单纯的前馈调节在应用上有较大局限性，为克服这一弊端，常选用前馈—反馈控制系统，确保被控变量的稳定和及时有效地克服主要干扰。如热交换器的热焓控制和锅炉汽包液位的三冲量控制等。

(7)其他特殊控制系统

如采样控制、非线性控制等系统则在较特殊工艺中应用。

采样控制属离散控制，其测量和控制作用是通过采样开关每隔一定时间进行一次，这种断续的控制方法称采样控制。其主要用于两类工艺：一类为被控变量的测量信息本身为断续的，如工业色谱仪输出的分析测量数据。另一类为具有特大纯滞后的工艺对象。

非线性控制是一种比例增益可变的控制作用，常用于具有严重非线性特性的工艺对象。

(8)新型控制系统

随着计算机技术的发展，近几年新发展起来许多新型控制系统，如自适应控制系统、预测控制系统、智能控制系统与专家系统等，与传统的 PID 控制相比，控制性能有了明显的提高。这些控制系统的出现是因为计算机技术的快速发展，如内存增加，运行速度加快，使得模糊数学、神经网络计算、遗传算法在计算机中计算并迅速得出结果达到控制精度的要求成为可能，因此出现了模糊控制、神经元网络控制等先进的控制方法。但传统的 PID 调节仍然是最简单有效、成本低廉的控制方法。

6.3.7 控制系统

传统的 PID 调节及控制器组合可以应用多种方法实现，但在电子信息发展的今天多用半导体技术去完成，在半导体技术发展到集成电路的今天，在石油化工行业中，对工艺参数进行控制的控制器主要指 PLC、DCS、ESD 等控制系统。

6.3.7.1 PLC

在工业生产过程中，大量的开关量顺序控制，它按照逻辑条件进行顺序动作，并按照逻辑关系进行连锁保护动作的控制及大量离散量的数据采集。传统上，这些功能是通过气动或电气继电器控制系统来实现的。1968 年美国 GM(通用汽车)公司提出取代继电气控制装置的要求，第二年，美国数字公司研制出了基于集成电路和电子技术的控制装置，首次采用程序化的手段应用于电气控制，这就是第一代可编程序控制器，称 Programmable Controller(PC)。最早用于替代传统的继电器控制装置，功能上只有逻辑计算、计时、计数以及顺序控制等，且只能进行开关量控制，PLC 是"Programmable Logic Controller"的简称，中文为可编程逻辑控制器。PLC 的前期，主要使用固态逻辑系统，它是一种具有特定逻辑功能的集成电路块组成的专用电路，它是在集成电路技术发展的初期形成的。电路采用模块化结构，结构紧凑，采用独立的固态逻辑集成为基本逻辑单元，也是通过接线编程，灵活性不够。由于采用了集成电路技术，使其具备了一些继电器系统所没有的优点：安装密度高，容易分散布置，低电压、易散热，可串行口通信，具有自诊断功能。缺点是灵活性差，无报告文档，大系统费用高，施工复杂。

而现在随科学技术的进步，特别是计算机技术的发展，现有的 PLC 功能已大大超过原有的概念，不但能处理开关量，还能处理模拟量信号、数字信号，以及具有与其他设备通信，进行数据传送、获取的功能。现在工业上使用的可编程逻辑控制器已经相当或接近于一台紧凑型电脑的主机，其在扩展性和可靠性方面的优势使其被广泛应用于目前的各类工业控制领域。不管是在计算机直接控制系统还是集中分散式控制系统 DCS，或者现场总线控制系统 FCS 中，总是有各类 PLC 控制器的大量使用。

（1）PLC 基本组成

PLC 一般由中央处理单元(CPU 板、内存块、通信卡)、I/O 模块、电源、通信接口、显示面板、编程器等组成，见图 6 - 42。分为固定式和组合式，固定式是将这些元素与底板机架组合成一个不可拆卸的整体。而组合式是可以将这些模块按照一定规则组合配置。

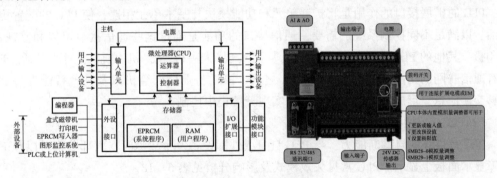

图 6 - 42　PLC 组成结构

一般组合式：把用于显示、编程或控制参数修改等作用放在控制室的电脑，称为操作站(OS)或工程师站(ES)，为上位机。其他组合式的现场控制为系统的控制站，称为下位机。

①中央处理单元

中央处理单元主要包括 CPU 板、内存块、通信卡等，是整个 PLC 的核心，其 CPU 型号、规格决定了 PLC 的控制和处理能力，存储器的大小随 PLC 的机型不同而不同。通信卡主要负责 I/O 卡与中央处理单元间的通信，以及负责上下位机间的数据传递，CPU 速度和内存容量是 PLC 的重要参数，它们决定着 PLC 的工作速度、I/O 数量及软件容量等，因此限制着控制规模。

②I/O 模块

I/O 模块包括了输入和输出及 I/O 扩展模块。PLC 与电气回路的接口是通过输入输出部分(I/O)完成的。I/O 模块集成了 PLC 的 I/O 电路，输入模块将电信号变换成数字信号输入 PLC 系统，输出模块相反。I/O 分为开关量输入（DI）、开关量输出（DO）、模拟量输入（AI）、模拟量输出（AO）等模块。

常用的 I/O 分类如下：

按 I/O 点数确定模块规格及数量，I/O 模块可多可少，但其最大数量受 CPU 所能管理的基本配置的能力，即受最大的底板或机架槽数限制。有 I/O 扩展接口。

a. 电源模块

PLC 电源用于为 PLC 各模块的集成电路提供工作电源。同时，有的还为输入电路提供 24V 的工作电源。电源输入类型有：交流电源（220VAC 或 110VAC），直流电源（常用的为 24VDC）。

b. 底板或机架

大多数模块式 PLC 使用底板或机架，其作用是：电气上，实现各模块间的联系，使 CPU 能访问底板上的所有模块；机械上，实现各模块间的连接，使各模块构成一个整体。

c. 编程设备

编程器是 PLC 开发应用、监测运行、检查维护不可或缺的器件，用于编程、对系统作一些设定、监控 PLC 及 PLC 所控制的系统的工作状况，但它不直接参与现场控制运行。小编程器 PLC 一般有手持型编程器，目前一般由计算机（运行编程软件）充当编程器。也就是我们系统的上位机。

d. 扩展通信接口

PLC 的扩展接口的作用是将扩展单元和功能模块与基本单元相连，使 PLC 的配置更加灵活，以满足不同控制系统的需要；通信接口的功能是通过这些通信接口可以和监视器、打印机、其他的 PLC 或是计算机相连，从而实现"人—机"或"机—机"之间的对话。PLC 具有通信联网的功能，它使 PLC 与 PLC 之间、PLC 与上位计算机以及其他智能设备之间能够交换信息，形成一个统一的整体，实现分散集中控制。

（2）PLC 常发生的故障模式

PLC 有很强的自诊断能力，当 PLC 自身或外围设备发生故障时，大部分都可以在 PLC 故障显示面板上显示。PLC 常见失效模式及影响分析见表 6-18。

表 6-18　PLC 常见失效模式及影响分析

失效模式	失效现象	失效原因	失效后果	失效概率及分布	根原因	
					自然机理	管理因素
无法启动	无法启动	程序错误	经济后果	随机指数分布		制造、安装质量
程序丢失	程序丢失	电源发生闪失	安全或经济后果	随机指数分布		质量
电源故障	电源故障指示灯亮	过热、电压和电流的波动冲击、保险丝熔断、电路板损坏	安全或经济后果	随机指数分布		环境

续表

失效模式	失效现象	失效原因	失效后果	失效概率及分布	根原因	
					自然机理	管理因素
电池故障	BAT 灯亮	电池没电	安全或经济后果	韦布尔分布 安全寿命 3 年	老化	
通信网络故障	故障指示灯亮、接收端数据异常	外部干扰	安全或经济后果	随机指数分布		外部环境
		印刷板或底板、接插件接口等处的总线磨损损坏	安全或经济后果	韦布尔分布 安全寿命 10 年	磨损、腐蚀	
		总线的塑料老化、印刷线路的老化、腐蚀	安全或经济后果	韦布尔分布 安全寿命 10 年	老化、腐蚀	
I/O 端口故障	通道故障指示灯亮	外部各种干扰	经济后果	随机指数分布		外部环境
		接线松动	经济后果	随机指数分布		安装质量
		腐蚀、接头脏	经济后果	韦布尔分布	腐蚀、老化	
CPU 故障	故障指示灯亮	CPU 内部元件损坏	安全或经济后果	韦布尔分布	腐蚀、老化	

注：故障后果根据 PLC 在生产流程中的作用来判断，如果其安全连锁的作用，PLC 的功能失效将带来安全后果、如果只起简单逻辑控制作用，一般只有经济后果。如果故障只是 PLC 功能的部分丧失一般也是经济后果。

6.3.7.2　DCS

DCS 为"Distributed Control System"的缩写，又名集中分散控制系统(简称集散控制系统)，也叫分布式控制系统，是集计算机技术、控制技术、通信技术和 CRT 技术于一体的综合性控制系统，它的集中指监视、操作、管理集中，分散为对工艺过程控制分散、危险的分散。克服了常规仪表太分散和集中式仪表太集中的缺点，结合两者的优点，以其可靠性、灵活性、人机界面友好等特点被广泛应用。

(1)DCS 基本结构及特点

前面介绍的 PLC 是从传统的继电器回路发展而来的，最初的 PLC 甚至没有模拟量的处理能力，虽然现代 PLC 也具备了模拟量的处理能力，但 PLC 从开始就强调的是逻辑运算能力。而与 PLC 不同，DCS 是从传统的仪表发展而来的。因此，DCS 从先天性来说较为侧重仪表的控制。

首先，DCS 是一系统网络，它是 DCS 的骨架、基础和核心，多数厂家的 DCS 均采用双总线、环形或双重星形的网络拓扑结构，系统网络具有很强的在线网络重构功能。

其次，系统上分布着一种完全对现场 I/O 处理并实现直接数字控制(DDC)功能的网络节点。一般一套 DCS 中要设置若干现场 I/O 控制站，用以分担整个系统的 I/O 和控制功能。这样既可以避免由于一个站点失效造成整个系统的失效，提高系统可靠性，也可以使各站点分担数据采集和控制功能，有利于提高整个系统的性能。

DCS 的操作站是处理一切与运行操作有关的人机界面功能的网络节点。

工程师站是对 DCS 进行离线的配置、组态工作和在线的系统监督、控制、维护的网络节点，其主要功能是提供对 DCS 进行组态，配置工作的工具软件（即组态软件），并在 DCS 在线运行时实时地监视 DCS 网络上各个节点的运行情况，使系统工程师可以通过工程师站及时调整系统配置及一些系统参数的设定，使 DCS 随时处在最佳的工作状态之下。因此 DCS 具有控制功能多样化、可靠性高、操作简便、人机界面友好，可挂接多种输入输出设备、系统便于扩展、维护方便、系统上各节点都有自诊断功能等特点。

（2）DCS 基本组成

DCS 可分控制站、操作站（工程师站）、通信三部分（现场网络 Snet，控制网络 Cnet，监控网络 Snet，管理网络 Mnet）和现场仪表组成。基本框图见图 6-43。

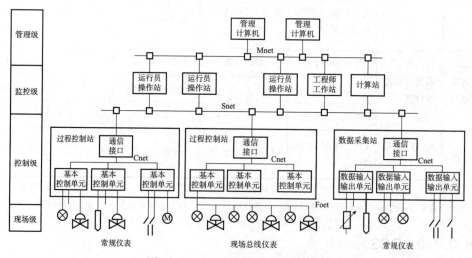

图 6-43　DCS 典型结构基本框图

管理级是指生产计划维修等生产管理输入输出站，如 MIS 系统，设备管理系统等，管理层一般不控制现场仪表，只是采集现场部分仪表数据进行管理。但有些企业将控制归类管理级别，这时要通过工程师站管理现场仪表。

监控级主要指操作站、工程师站，操作站、工程师站一般采用专用工作站或通用的 PC 作主机，外配专用操作员键盘、报警/报表打印机等设备组成人机界面，实现集中显示、操作、管理；工程师站主要用来进行系统组态、诊断、维护。

控制级即控制站，由 CPU 单元、内存、电源、I/O 卡件、通信接口等组成，可对现场信号进行采集、控制，有强大的 PID 整定、串级、分程等各种控制方案的组合，及各种运算功能，内嵌许多控制算法，能自主地完成回路的控制任务，从而能实现分散控制的目的。控制站处理器还可挂接远程 I/O 站，实现远程控制。

通信部分又称高速数据通路，是实现分散控制和集中管理的关键，其连接 DCS 的操作站、工程师站、控制站等设备，完成信息数据传送。一般而言 DCS 的通信部分为冗余设备。

现场级是现场测量即控制仪表部分。

对 DCS 来说，控制功能主要是由现场控制站(FCS)来实现的，在控制站(FCS)中，除了根据 I/O 点数配置 I/O 卡件以外，还可以通过通信接口与 PLC 或数采系统相连，也可以利用现场总线的通信卡连接现场总线仪表。

（3）控制站的构成

控制站主要由电源、现场控制单元 FCU、节点单元 NU、I/O 卡件、内部总线、V 网接口单元等构成，见图 6 - 44。

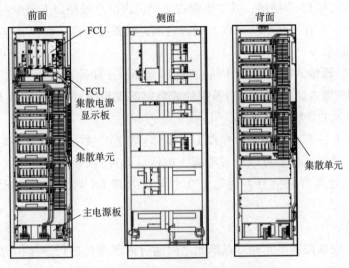

图 6 - 44　DCS 典型控制站控制柜结构

①现场控制单元(Field Control Unit，简称 FCU)

现场控制单元 FCU 用于过程控制和计算，主要由处理器单元、内部总线接口单元、电源单元和电池单元组成。对于冗余的 FCU，电源单元、电池单元都是双重化冗余的，见图 6 - 45。

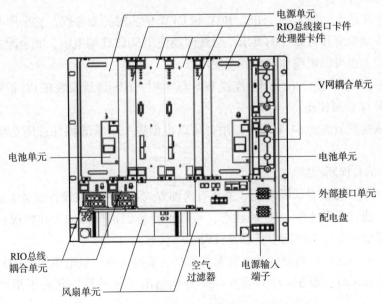

图 6 - 45　典型 DCS 现场控制单元 FCU 结构

不同类型的 FCU，内部总线接口单元的型号不同。节点单元（NodeUnit，简称 UN）和 I/O 卡件完成数据信号的转换，将来自现场设备的模拟或数字的过程 I/O 信号传输给 FCU 的信号处理单元，将 FCU 的输出信号转换为现场信号送给现场设备。节点单元有本地节点和远程节点两种类型。FCU 和节点单元之间通过 ESB 总线连接。

节点单元和 FCU 一起安装在专用机柜里，一般是架装或盘装。每个 FCU 最多可以有 10 各节点单元，前面安装 1 个 FCU、5 个节点单元；后面安装 5 个节点单元。

每个节点单元有 12 个插槽，其中电源占 2 个，内部总线接口卡至少占 2 个，I/O 卡件最多可以占 8 个。本地节点可以和 FCU 通过内部总线直接连接，远程节点必须通过本地节点才能与 FCU 通信。

②I/O 模块，即输入输出模件（Input Output Module，简称 IOM）

I/O 模件用来输入、转换和输出模拟的或数字的现场信号。I/O 模块与内部总线接口模块通过节点单元的背板总线通信。

FCS 的 I/O 卡件有三种类型：模拟 I/O 卡件（表 1）、数字 I/O 卡件（表 2）和通信 I/O 卡件（表 3）。模拟 I/O 卡可以处理电流、电压、脉冲/频率、热电阻、热电偶等信号；数字 I/O 卡可以处理开关信号；通信 I/O 卡可以处理 RS–232/RS–485、现场总线等信号。

③内部总线

在 FCS 中，现场控制单元和节点单元之间通过内部总线进行连接，内部总线有两种：ESB 总线和 ER 总线。

ESB 总线连接现场控制单元 FCU 和本地节点单元，使用多芯电缆，长度不超过 10m；ER 总线连接本地节点单元和远程节点单元或用于远程节点单元之间的连接，当控制站配置远程节点单元时，需要通过 ER 总线与本地节点相连，ER 总线使用同轴电缆，细缆长度不超过 185m，粗缆不超过 500m，也可以使用光纤。

④控制总线 V 网（Vnet）

V 网是连接站点，如 FCS、HIS、BCV 和 CVW 的实时控制总线，它采用令牌总线传输协议，满足快速响应和可靠性的要求。总线两端使用 50Ω 终端电阻，冗余配置，可以采用粗缆或者细缆，也可以粗缆和细缆混合使用。

FCU 有一对 Vnet 接口单元用于连接 FCS 与 V 网，HIS 通过安装在 PC 扩展插槽中的控制总线接口卡与 V 网相连。

当一个域达到最大的 64 个站时，用户可以再创建一个新的域并且用总线转换器 BCV 进行连接。

（4）DCS 的自诊断功能

一般 DCS 有丰富的自诊断功能。主要有两种方式：一种是在硬件设备上提供各种工作状态显示灯，通过查看这些 LED 的状态，可以很容易识别模件的工作情况；另一种是在操作站上的系统状态显示画面中查看硬件设备的状态。

可以实现自诊断功能的硬件主要有系统网络、系统站点、供电单元、I/O 模件等。

硬件设备指示灯：表 6–19～表 6–21 分别给出了各种模件状态下指示灯的类型和功能。

表6-19　公共模件和输入/输出模件状态下指示灯显示的类型和功能

模件名称	指示灯	灯亮意义	灯灭意义
电源模块	SYS	+5V DC 输出正常	+5V DC 输出异常
	FLD	+24V DC 输出正常	+24V DC 输出异常
ESB 总线从接口模件	STATUS	硬件正常	硬件异常
	SEL	向 I/O 模件发送数据期间	不接收数据
	RSP	向 I/O 模件接收数据期间	不发送数据
ER 总线主接口模件	STATUS	硬件正常	硬件异常
	ACT	模件工作正常	模件等待
	DX	模件置于双冗余操作	模件置于单操作
	RCV-1	接收数据	不接收数据
	SND-1	发送数据	不发送数据
ER 总线从接口模件	STATUS	硬件正常	硬件异常
	RCV	接收数据	不接收数据
	SND	发送数据	不发送数据
I/O 模件	STATUS	硬件正常	硬件异常
	ACT	执行输入/输出	输入/输出操作停止
	DX	模件置于双冗余操作	模件置于单操作

表6-20　以太网通信模件状态下指示灯显示的类型和功能

模件名称	指示灯	灯亮意义	灯灭意义
以太网通信模件 ALE111	STATUS	硬件工作正常	硬件故障
	ACT	工作正常	工作异常
	DX	模件置于双冗余操作	模件置于单操作
	RCV	接收以太	等待状态
	SND	发送以太	等待状态
	LINK	以太 LINK 状态	等待状态

表6-21　通信模件状态下指示灯显示的类型和功能

模件名称	指示灯	灯亮意义	灯灭意义
串行通信模件 ALR111、ALR121	STATUS	硬件工作正常	硬件故障
	ACT	控制状态	等待状态
	DX	模件置于双冗余操作	模件置于单操作
	RCV1	接收 RS1	等待状态
	SND1	发送 RS1	等待状态
	RCV2	接收 RS2	等待状态
	SND2	发送 RS2	等待状态

续表

模件名称	指示灯	灯亮意义	灯灭意义
现场总线通信模件 ALF111	STATUS	硬件工作正常	硬件故障
	ACT	控制状态	等待状态
	DX	模件置于双冗余操作	模件置于单操作
	RCV1	接收 HI1	等待状态
	SND1	发送 HI1	等待状态
	RCV2	接收 HI2	等待状态
	SND2	发送 HI2	等待状态
	RCV3	接收 HI3	等待状态
	SND3	发送 HI3	等待状态
	RCV4	接收 HI4	等待状态
	SND4	发送 HI4	等待状态

另一种是在显示器上可以显示硬件设备状态诊断画面、其他维护信息。如过程报告、显示控制站 FCS 中所有工位当前的状态，包括报警状态，当前测量值、运行方式、操作挂牌等内容。

（5）DCS 的可靠性冗余技术

冗余技术是计算机系统可靠性设计中常采用的一种技术，是提高计算机系统可靠性的最有效方法之一，冗余技术概要：冗余技术就是增加多余的设备，以保证系统更加可靠、安全地工作。冗余的分类方法多种多样，按照在系统中所处的位置，冗余可分为元件级、部件级和系统级；按照冗余的程度可分为 1:1 冗余、1:2 冗余、1:n 冗余等多种。

控制站内部件都采取了冗余设计，关键部件还采取了双冗余设计，冗余设备始终处于冗余热备待机状态，设备自诊断监控，发现故障无间断平滑切换。一般 DCS 上每块 I/O 卡有若干通道，可以将某通道备用，I/O 卡件冗余、电源冗余、主控制器冗余、网络系统冗余都采取双冗余设计。因此，我们在上表故障模式 FMEA 分析时，由于 DCS 上的控制点一般不参与连锁，并且 DCS 系统上有冗余设计，在正常维护策略下，其故障后果都应该是经济性的。

（6）DCS 可靠性

下面列出的是 DCS 常见故障模式的 FMEA 分析，由于 DCS 重要模块冗余设计，可靠性较高，相对于其他常规控制器，根原因为 DCS 软件及操作管理不当引起的故障较多。DCS 失效模式及影响分析见表 6-22。

表 6-22 DCS 失效模式及影响分析

失效分类	失效模式	失效现象	失效原因	失效后果	统计频率及分布	根原因 自然机理	管理因素
外部故障	外部信号故障	外部故障灯亮	测量、变送等故障，连线、松动等	经济后果	随机指数分布		安装
					韦布尔分布	腐蚀	

续表

失效分类	失效模式	失效现象	失效原因	失效后果	统计频率及分布	根原因	
						自然机理	管理因素
外部故障	I/O 等辅助功能模块故障	故障指示灯亮	老化、积灰、腐蚀、保险丝坏、安全栅故障	经济后果	韦布尔分布	老化、腐蚀、积灰	
			内部接线松动、杂物	经济后果	随机指数分布		安装
			模块元器件线路故障	经济后果	韦布尔分布		制造
			静电接地故障	经济后果	随机指数分布		安装
	CPU 故障	故障指示灯亮	模块元器件故障	经济后果	韦布尔分布	老化	
			静电接地故障	经济后果	随机指数分布		安装
	电源故障	电源故障指示灯亮	电源元器件故障	经济后果	韦布尔分布	老化	
			静电接地故障	经济后果	随机指数分布		安装
		UPS 故障指示灯亮	UPS 电池寿命到期	经济后果	韦布尔分布安全寿命 3 年	老化	
	风扇故障	机柜温度上升	风机电源故障	经济后果	韦布尔分布	老化	
		控制柜不启动	电容器损坏	经济后果	韦布尔分布	老化	
	现场显示错误	显示屏显示数据与实际不符	量程、补偿参数错误	经济后果	随机指数分布		操作
软件故障	病毒感染	系统不能正常工作	病毒感染	经济后果	随机指数分布		管理
	程序丢失	数据或程序丢失	非法操作	经济后果	随机指数分布		管理
	网络堵塞	系统运行慢或死机	组态不规范	经济后果	随机指数分布		操作
			操作窗口过多	经济后果	随机指数分布		操作
	控制器内存故障	显示器死机	内存读取错误	经济后果	随机指数分布		操作
			内存不足	经济后果	韦布尔分布		管理

注：后果分析取决于控制仪表在功能，由于 DCS 主要是对控制仪表进行控制，控制仪表失效大多只产生经济后果。

总体 DCS 的可靠性可以根据各个模块或回路的可靠性来进行计算。

6.3.7.3 现场总线(FCS)

根据国际电工委员会 IEC 标准和现场总线基金会 FF(Fieidbus Foundation)的定义：现场总线是连接智能现场设备和自动化系统的数字式、双向传输、多分支结构的通信网络。

一般把现场总线系统称为第五代控制系统，也称作 FCS 现场总线控制系统。人们一般把 20 世纪 50 年代前的气动信号控制系统 PCS 称作第一代，把 4~20mA 等电动模拟信号控制系统称为第二代，把数字计算机集中式控制系统称为第三代，而把 20 世纪 70 年代中期以来的集散式分布控制系统 DCS 称作第四代。现场总线控制系统 FCS 则作为新一代控制系统。

现场总线 FCS 是随着智能仪表、网络技术的发展而发展起来的，随着电子技术的发展，智能变送器已广泛应用于各家智能仪表产品上，如将 A/D 转换器、微处理器也放在变送器中，将解调器的电流转换成数字信号，其值被微处理器用来判定输入压力值。微处理器控制变送器的工作。现场总线的系统是以单个分散的、数字化、智能化的测量和控制设备作为网络的节点，用总线相连实现信息的相互交换，使得不同网络，不同现场设备之间可以信息共享，现场设备的各种运行参数状态信息以及故障信息等通过总线传送到远离现场的控制中心，而控制中心又可以将各种控制维护组态命令又送往相关的设备从而建立起了具有自动控制功能的网络。

1. 现场总线的技术特点

(1)与 DCS 控制功能都在上层不同，虽然现场总线上层控制器也有控制功能，但功能下放较彻底，信息处理现场化、数字智能现场装置的广泛采用，使得上层控制器功能与重要性相对减弱，改善了调节性能。由于控制功能进一步分散，风险也相对分散，可靠性相对进一步提升。

(2)现场总线系统的接线十分简单，由于一对双绞线或一条电缆上通常可挂接多个设备，因而电缆、端子、槽盒、桥架的用量大大减少，连线设计与接头校对的工作量也大大减少。

(3)从控制室到现场设备的双向数字通信总线，是互联的、双向的、串行多节点、开放的数字通信系统，FCS 的信号传输实现了全数字化，为企业的 MES 和 ERP 提供了强有力的支持，更重要的是它还可以对现场装置进行远程诊断、维护和组态。

2. 典型现场总线简介

目前国际上有 40 多种现场总线，但没有任何一种现场总线能覆盖所有的应用面，它们具有各自的特点，而应用过程控制的现场总线主要有基金会现场总线、PRFIBUS、HART 总线等。

(1)基金会现场总线

基金会现场总线，即 Foundation Fieldbus，简称 FF，这是在过程自动化领域得到广泛支持和具有良好发展前景的技术。其前身是以美国 Fisher - Rousemount 公司为首，联合 Foxboro、横河、ABB、西门子等 80 家公司制订的 ISP 协议和以 Honeywell 公司为首，联合欧洲等地的 150 家公司制订的 WorldFIP 协议。屈于用户的压力，这两大集团于 1994 年 9 月合并，成立了现场总线基金会，致力于开发出国际上统一的现场总线协议。

(2)WORLDFIP 现场总线

WORLDFIP 现场总线是法国 FIP 公司在 1988 年最先推出的现场总线技术。实际上，

WORLDFIP 最早提供了现场总线网络的基本结构，使现场总线系统初步具有了信息化的技术特征。WORLDFIP 在全系统采用统一的通信协议和进程协议，以满足控制和仪器系统对实时和背景信息传递的需要。

（3）PRFIBUS

PRFIBUS 是在欧洲工业界得到应用的一个现场总线标准。其基本行规标准是在德国政府的支持下，由 ABB、HoneyWell、Bosch、Siemens 等近 20 家公司，从 1987—1990 年，花费了 4 年的时间研究制订的，这个行规标准就是目前的 DIN19245 和欧洲标准 PREN50170 的现场总线。应用领域包括加工制造、过程控制、建筑自动化。自 1991 年推出后，目前已经发展得比较完善，并已生产出用于系统结构的专用集成电路。

（4）HART

HART 是 Highway Addressable Remote Transducer 的缩写。最早由 Rosemount 公司开发并得到 80 多家著名仪表公司的支持，于 1993 年成立了 HART 通信基金会。这种被称为可寻址远程传感高速通道的开放通信协议，其特点是现有模拟信号传输线上实现数字通信，属于模拟系统向数字系统转变过程中工业过程控制的过渡性产品，因而在当前的过渡时期具有较强的市场竞争能力，得到了较好的发展。

在石油化工生产装置应用 FF 总线和 HART 总线较多，发电企业多用 PRFIBUS 总线，虽然现场总线与 DCS 相比有很多优势，但目前也不能完全取代 DCS。由于现场总线与 DCS 相比主要是将仪表的大多数控制功能分散到智能仪表上，上层控制器的控制功能减少，一次总体风险和可靠性提高，上层控制器的可靠性提高，但底层由于智能仪表的复杂程度提高，I/O 卡、A/D 转换、PID 功能等都在底层现场仪表，因此现场底层的维修工作量增加，但由于智能仪表的自我诊断功能更强大，因此对故障模式的判断、预警都更智能化，为维护保养提供了依据，提高了可靠性，现场总线的发展趋势不可避免。

3. 现场总线可靠性

由于现场总线智能仪表具有独立的控制功能，单个现场仪表故障只影响到本身，相比 DCS 系统失效风险更加分散，由于智能仪表具有自检测功能，大多问题能及时发现及处理，系统可靠性更高。其常见失效模式除去大多与 DCS 相同的以外，主要就通信故障方面予以说明，其常见失效模式及影响分析见表 6-23。

表 6-23 现场总线部分失效模式及影响分析

失效模式	失效现象	失效原因	失效后果	统计频率及分布	根原因	
					自然机理	管理因素
通信失效	在设备运行中变频传动装置网络闪断	接头接线松动	经济后果	随机指数分布		安装
				韦布尔分布	腐蚀	
		通信电缆屏蔽层未接好	经济后果	随机指数分布		质量
	信号中断导致控制误动作	电缆回路阻值大	经济后果	随机指数分布		安装
		终端电阻损坏	经济后果	韦布尔分布	老化	
		静电接地故障	经济后果	韦布尔分布		安装
		模块供电电压偏低	经济后果	随机指数分布		环境

续表

失效模式	失效现象	失效原因	失效后果	统计频率及分布	根原因	
					自然机理	管理因素
智能仪表失效	控制	参考 DCS、PLC				
	传感	参考传感部分				
	执行	参考条件阀				

注：后果分析由于取决控制仪表的功能，由于现场总线主要是对控制仪表进行控制，控制仪表失效大多只产生经济后果。

6.3.7.4　安全仪表系统 SIS

1. 安全仪表系统的概念

随着技术的发展，生产装置日益朝着大型化的方向发展，控制精度要求高。同时，石油化工生产在高温、高压、易燃、易爆环境下进行，生产过程高度复杂，安全性的要求不断提高。控制系统虽然也考虑了安全控制功能，但对高安全系统的生产需要专门在安全仪表系统。历史上安全仪表系统有很多名字，紧急停车系统(ESD)、安全联锁系统(SIS)、仪表保护系统(IPS)、故障安全控制系统(FSC)等，这是对安全仪表在可靠性方面不断提高而发展的，现在均可称为安全仪表系统(SIS)。

安全仪表系统，Safety Instrumentation System，简称 SIS；又称为安全联锁系统(Safety Interlocking System)。广义的安全仪表系统是对具有安全保护功能仪表整个控制回路，包括测量传感器、监测逻辑运算、控制系统的总称。主要为工厂控制系统中报警和联锁部分，对控制系统中检测的结果实施报警动作或调节或停机控制，是工厂企业自动控制中的重要组成部分。狭义的指信号从输入到输出对信号进行监控及逻辑运算部分。

要了解安全仪表系统(SIS)就要了解保护层分析法(LOPA)。保护层分析法(LOPA)是一种简化的半定量对某一场景的风险进行识别评价的方法。

保护层分析的目的是在定性危险分析的基础上，进一步对具体的场景的风险进行相对量化(准确到数量级)的研究，包括对场景的准确表述及识别已有的独立保护层，从而判定该场景发生时系统所处的风险水平是否达到可容许风险标准的要求，并根据需要增加适当的保护层，以将风险降低至可容许风险标准所要求的水平。

LOPA 也存在其不足之处。与定性分析方法相比较，它每次只是针对一个特定的场景进行分析，不能反映各种场景之间相互影响。

在石油化工风险分析中，一般在定性的风险分析如 HAZOP 分析完成后，对得到的结果过于复杂、过于危险的场景，可进一步分析，来确定是否需要 SIS 的一种方法。

(1)保护层概念

用来防止不期望事件的发生或降低不期望事件后果严重性从而降低过程风险的设备、设施或方案。如具有检测、预防或减缓特定事故、潜在的危险事件(如反应器飞温、物料溢出、爆炸等)的保护措施。石油化工行业将保护分为八层，见表6-24、图6-46。

表6-24　石油化工行业保护层说明

层次	名称	说明
第一层	过程设计	过程设计中实现本质安全工厂
第二层	基本过程控制系统(BPCS)	如DCS,以正常运行的监控为目的
第三层	区别于BPCS的重要报警	操作员介入需要有一定的必要余度
第四层	安全仪表系统(SIS)	系统自动地使工厂安全停车
第五层	物理防护层(一)	安全阀泄压、过压保护系统
第六层	物理防护层(二)	将泄漏液体局限在局部区域的防护堤
第七层	工厂内部紧急应对计划	工厂内部的应急计划
第八层	周边区域防灾计划	周边居民、公共设施的应急计划

(2)保护层的模型(洋葱模型)

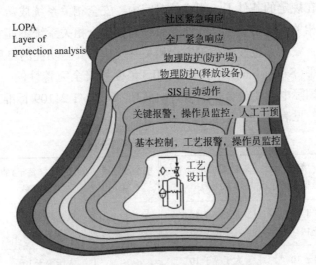

图6-46　石油化工行业保护层的模型

　　生产装置在最初的工程设计、设备选型及安装等阶段,都对生产过程和设备的安全性进行了考虑,所以生产装置本身就构成了安全的第一道防线。采用过程控制系统对工艺过程进行连续控制,使装置在设定值下平稳运行,从而使装置的风险又降低一个等级,这是第二道防线。当出现报警时进行人为控制,这是第三道防线,在这之前都是人为控制,当危险进一步上升,这时装置开始进行自动控制,首先通过安全仪表系统(SIS)进行控制,对生产过程进行检测和保护,这是第四道防线。如果危险继续发展,物理防护层介入,如安全阀等启跳,把危险介质排放到火炬或其他密闭系统,这是第五道防线.如果危险再发展物理防护层将介质排放到相对比较安全的空间,如防火堤内,这是第六道防线。后面的第七和第八道防线如紧急撤离为减小损伤的范围内了。

　　风险并非越低越好,而要遵循在合理的前提下越低越好(As Low As Reasonable Practice,ALARP)的原则。无穷小的风险意味着无穷大的投入。因此以最低可接受风险为基础,在合理的前提下尽可能地降低风险,见图6-47。

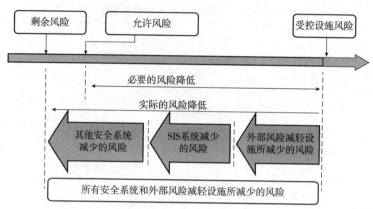

图 6-47　风险降低原则

2. 安全完整性水平

安全完整性指在规定的条件下、规定的时间内，安全相关系统成功实现所要求的安全功能的概率。安全相关系统的安全完整性等级越高，安全相关系统不能实现所要求的安全功能的概率就越低；安全完整性着重于安全相关系统执行安全功能的可靠性。

安全完整性水平（Safety Integrity Level，SIL）是度量安全完整性的一种分级表示方法。石油化工领域应用国际电工委员会标准 IEC 61511，即 GB/T 21109 标准，该标准将 SIS 的安全等级分成 4 级，见表 6-25。

表 6-25　SIS 安全等级分级

安全度等级（SIL）	低要求时（每年）的失效概率	高要求时（每年）的失效概率	安全度等级（SIL）	低要求时（每年）的失效概率	高要求时（每年）的失效概率
4	大于等于 10^{-5} 小于 10^{-4}	大于等于 10^{-9} 小于 10^{-8}	2	大于等于 10^{-3} 小于 10^{-2}	大于等于 10^{-7} 小于 10^{-6}
3	大于等于 10^{-4} 小于 10^{-3}	大于等于 10^{-8} 小于 10^{-7}	1	大于等于 10^{-2} 小于 10^{-1}	大于等于 10^{-6} 小于 10^{-6}

安全完整性水平是安全系统的核心，安全系统的设计、安装、检验评估、维护等都是围绕 SIL 来进行的。安全完整性水平代表着安全系统使过程风险降低的数量级。一个安全系统可能有多个安全功能，如既有过压保护，又有过载保护。对具体的一个安全功能，应在设计时定义定量的安全性能等级。

确定安全功能在完整性水平首先要对石油化工企业生产过程所需要的安全与可操作性进行评估，这个过程为 Hazop 分析，一般由设计、生产人员参加，可以由专门第三方评估组织确定，评价出一般对安全功能需要的安全等级。然后仪表计设计人员根据需要的安全等级选定通过第三方如 TUV 认证的、能够达到需要安全等级的仪表系统。

评估的标准为 IEC 61508/IEC 61511。IEC 61508 是由国际电工委员会在 2000 年 5 月正式发布的电气和电子部件行业相关标准。是针对由电气、电子、可编程电子部件构成的如包括传感器、逻辑运算器、最终执行元件及相应软件等实现安全功能作用系统的一个基础的评价方法。IEC 61511 是针对流程工业的具体标准。

3. SIS 和 DCS、PLC 的区别

上节介绍了 PLS 与 DCS 的不同，它们也适用于 SIS 和 DCS 的区别。SIS 和 DCS 在生产装置的控制中所起的作用是完全不同的。DCS 主要用于生产过程的连续测量、常规控制，保证生产装置的平稳运行，在正常情况下，DCS 是"动态"系统，它始终对过程变量进行连续检测、运算和控制，对生产过程进行动态控制，确保产品的质量和产量。而 SIS 系统则是对一些关键的工艺及设备参数进行连续监测，对出现异常的工况迅速进行处理，使危害降到最低，使人员和生产装置处于安全状态，相对 DCS，SIS 是"静态"系统。正常工况时，它始终监视生产装置的运行，系统输出不变，对生产过程不产生影响；非正常工况下时，它将按照预先设计的程序逻辑采取相应的安全动作，使装置保持在一定的安全水平上。另一个不同是由于 SIS 系统是安全生产的最后一道防线，因此 SIS 比 DCS 在可靠性、可用性上要求更严格。仪表 DCS 冗余为双冗余，而 SIS 要用电三重、四重冗余。

SIS 与 PLC 的不同要从 SIS 的发展说起，SIS 经历了从继电器、固态逻辑系统、PLC 的发展过程。可编程逻辑控制器(PLC)系统的出现，使 SIS 发生了质的飞跃。PLC 采用模块化结构，通过微处理器及软件执行逻辑运算，通过软件编程，使用灵活，有自诊断功能，能实施串行通信，有报告文档。但是，其可靠性、保密性不够，与其他设备通信时的互操作性不够。后者，随着计算机硬件技术和诊断技术的发展，PLC 被 DCS 所取代，但 PLC 在小型成套设备经常使用，并且可以融入大型 DCS 系统中。但目前随着计算机技术的发展，SIS 系统与 PLC 从功能上已经难以区别。由于一般 PLC 的可靠性、安全性不足，在传统 PLC 系统的基础上，提高了 PLC 的可靠性和安全性，出现了经过安全认证的专用于工厂安全等级控制 SIS。SIS 本质上是通过了有关的安全认证的专用的 PLC 系统，它通过特殊设计的电路、软件、冗余、容错等手段，使其可靠性比一般 PLC 高很多，其可靠率达到 99.999%。

可见，SIS 和 DCS、PLC 在过程工业中所起的作用是不同的，两者既有分工，又互为补充，IEC 61508、IEC 61511、ISAS 84.01、SH/T 3018 等标准中，推荐 SIS 与 DCS 硬件独立设置。如国际电子技术委员会规定，所有 4 级工业过程应采取分离措施，应尽可能使安全关联功能及非安全关联功能分离。美国化学工程师学会——化学工业过程安全中心(化工过程自动化安全指南，1993)规定：一般情况下，基本过程控制系统和安全系统的传感器、执行器、逻辑部分、I/O 模块以及机柜等，都应在物理上和功能上加以分离。

4. SIS 实现可靠性的主要方法，容错能力及冗余

SIS 针对故障提高了容错及冗余能力，故障容错冗余系统具有故障检测和切换功能。对于一般的检测系统采用一选一系统，而对于 SIS 系统多采用二选一，或三选二甚至四取二的逻辑表决方式，并且带自诊断功能。安全仪表系统的冗余由两部分组成：其一是逻辑结构单元本身的冗余；其二是传感器和执行器的冗余。同时，还要考虑冗余部件之间的软件逻辑关系。针对不同的场合，多重冗余的设备套数及实现冗余的软逻辑不同，不只是用双重冗余，还经常应用到三重甚至四重冗余结构。图 6-48 2oo3 三通道系统典型配置如 Ticon 系统，图 6-49 2oo4D 四通道系统。

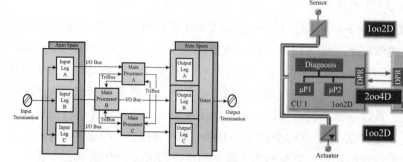

图 6 - 48 Ticon 系统的 2oo3 三通道系统典型配置   图 6 - 49 HIMA 的 2oo4D 四通道系统

安全仪表系统首先要保证安全性，即安全仪表的可靠性，防止拒动作，同时保证要有一定的可用性，防止误动作。它们是相互关联、互相影响的，不同的冗余设计可靠性和可用性不同，要选择合适的冗余，如二取一的方式容易产生误动作，一般采取三取二的方式，它既防止拒动作，又不易产生误动作。

5. 关于 SIS 的认证

SIS 的重要性决定了 SIS 必须符合安全标准，并经过有关部门的认证。国际上的安全认证机构有很多，其中 TÜV 是国际公认的权威性 SIS 认证机构。获得 TÜV 认证已成为用户选用 SIS 系统的重要前提。TÜV 将安全等级分为 8 级(AK1 ~ AK8)，AK2、AK3 对应于 SIL1，AK4 对应于 SIL2，AK5、AK6 对应于 SIL3，AK7 对应于 SIL4，AK8 是目前最高级别的安全标准。

6. SIS 设备的故障模式及危害分析

SIS 系统各模块的功能与 PLC 及 DCS 并无区别，相应的控制器系统由以下模件构成：处理器模件 CPU、通信总线、DI 模件、DO 模件、AI 模件、AO 模件、端子模件、通信模件、电源模件，因此 PLC 及 DCS 中讨论的故障模式基本上可以应用到 SIS 系统中。因为 SIS 系统采用多重化冗余，可靠性大大提高。内部模块有时出现故障，但由于有自诊断功能，能及时发现进行修复，可以保证总体 SIS 的可靠性。

广义的 SIS 系统除了控制部分包括了测量部分与执行部分，因为如果测量部分和执行部分发生故障，安全联锁保护功能是不能实现的。考虑到联锁执行的目的及后果，可将联锁系统仪器仪表的故障类型分为两类：一类是需要执行联锁功能而未能执行的，即拒动作；另一类是不需要执行联锁功能而执行的，即误跳车。引起仪器仪表拒动作或误跳车的原因多种多样，但大多问题是出在没有冗余的现场执行仪表上，如执行仪表的传感器断电、线圈损坏、电磁阀损坏、电磁干扰、阀门定位器，内外结构组件等。与控制器相比，测量传感器容易通过冗余设计提高安全性高，有时采取不同测量方式如三取二液位传感器，可采用两个浮球测量，一个差压测量传感器测量液位，提高安全性。

对于 SIS 的控制部分，多从安全性角度考虑，系统多采用多重冗余，但要兼顾安全性和可用性，误动作和拒动作，因此必须适当地选择测量仪表的冗余。并有自诊断功能，避免有影响总体控制系统的故障如主电磁干扰和接地等系统问题。

SIS 系统一般失效模式为隐性失效模式，失效后果为具有安全、环境后果，或对严重影响产生的操作性后果多重失效，应采取失效检查的维修策略，进行失效检查时要做好应急预案防止次生情况发生。

6.3.7.5　其他控制仪表

其他控制仪表一般包括在线监测系统，如本特利 3500 系统，大型机组监测系统、先进控制技术、AM 仪表智能设备管理系统等，它们不参加控制，在控制器之上加了复杂的软件算法，它们都是在基础测量、控制、执行仪表上叠加的功能，具有非操作性后果，多采取事后维修的维修策略。

参考文献

[1] 何超超. 压力测量仪表选型和安装使用实例[J]. 山东化工，2017，46(7).

[2] 宋德涛. 热电阻测温系统的维护与故障处理[J]. 江西煤炭科技，2011，1.

[3] 刘卫王，周鑫，刘玉江. 热电阻在化工设备中常见在问题及对策[J]. 中国石油化工标准与质量，2013，3.

[4] 杜美婷，王雅鸿，曹占飞. 悬浮床反应器内部热电偶断裂的原因分析及改进方案[J]. 石油化工设备技术，2016，37(5).

[5] 刘丹英，张宇飞. 热电偶失效机理及其在热处理炉测试中的应用[J]. 计量、测试与校准，2009，29(4).

[6] 徐得森. 柔性多点热电偶在再生器测温中的应用[J]. 电工技术，2019，2.

[7] 谢庆生，张迎君. 加氢反应器热电偶管泄漏原因及修复[J]. 石油化工设备，2006，9.

[8] 王雨霞. 现场常用流量测量仪表的应用及故障处理[J]. 泸天化科技，2015，3.

[9] 郭恭厚. 流量测量仪表的防腐实践[J]. 石油化工自动化，2003，3.

[10] 郭守英. 科里奥利质量流量计在铝电解阳极生产中的应用[J]. 冶金设备，2017，10.

[11] 冯春蕾. 化工装置常用液位测量仪表选型应用[J]. 仪器仪表用户，2017，24(10).

[12] 胡发录. 雷达液位计在化工罐区储罐液位测量中的应用研究[J]. 化工管理，2019，3.

[13] 龙茜茜，李小平. 高温高压浮筒液位计在锅炉汽包液位测量方面的应用探讨[J]. 技术研究，2015，3.

[14] 刘冰. 雷达液位计的测量原理与应用[J]. 广州化工，2012，21(12).

[15] 张利冰. 导波雷达变送器在核电厂的应用[J]. 仪器仪表用户，2017，23(4).

[16] 何丽华，陈云，于涛. 基于韦布尔分布的核电厂仪表校验周期延长论证分析[J]. 南华大学学报，2019，33(6).

[17] 蔡敢涛. 放射性液位计在三聚氰胺装置中的应用[J]. 化工自动化仪表，2015，43(1).

[18] 贾春阳. 光纤液位计的原理及其特点[J]. 石油化工自动化，2000，1.

[19] 高枝荣，王川，张育红，等. 在线色谱分析及其在石化中的应用问题探讨[J]. 化工自动化及表，2009，36.(1).

[20] 许新普，李大胜，陈以俊. 近红外分析技术在汽油调合中的应用[J]. 甘肃科技，2008，7.

[21] 何正. 自动控制设计中调节阀的选型[J]. 化学工业与工程技术，2000，21(3).

[22] 于蕾. 聚乙烯装置的调节阀选型[J]. 石油化工自动化，2012，8.

[23] 郭剑. 智能阀门定位器在化工中的应用进展[J]. 当代化工研究，2017，5.

[24]徐寿永，丁丰，朱国琴，等．阀门定位器的选用[J]．聚酯工业，2009，9．

[25]赵毅，李晓晖．PLC控制系统可靠性的研究[J]．煤矿机械，2006，4．

[26]许新普，李大胜，陈以俊．近红外分析技术在汽油调合中的应用[J]．甘肃科技，2008，7．

[27]赵毅，李晓晖．PLC控制系统可靠性的研究[J]．煤矿机械，2006，4．

[28]王承纲．化工装置PLC控制应用故障分析与处理[J]．化工设计通信，2016，8．

[29]王志凯．DCS技术在化工过程控制中的应用[J]．电气传动自动化，2019，41：1．

[30]公民，张谊，黄鹏，等．安全级DCS典型故障及处理方法[J]．仪器仪表用户，2019，11．

[31]武平丽，高国光，李升远．DCS在流程工业控制中的可靠性设计[J]．盐业与化工，2012，41(10)．

[32]王成镇，张凤武，刁鲁南．PRFIBUS DP现场总线常见故障[J]．山东冶金，2010，2．

[33]李春文．现场总线控制系统的设计[J]．炼油与化工，2004，4(14)．

[34]刘志军，崔彩艳．1050MW火电厂现场总线故障诊断研究[J]．测控技术，2018，12(37)．

[35]陈俊．FF现场总线在某引进装置中的实际使用及评述[J]．医药工程设计，2006，27(3)．

[36]姜芹．浅议现场总线在石化行业自动控制中的应用[J]．合成技术及应用，2012，27(3)．

[37]王立奉．安全仪表系统(SIS)在石化装置上的应用[J]．安全控制技术，2010，1．

[38]张建国．SIS在过程工业应用中的典型问题探讨[J]．石油化工自动化，2010，1．

[39]周世军，孙健．SIS故障分析以及应对策略[J]．工业仪表与自动化装置，2016，6．

[40]祝敬辉．SIS设计中可用性和安全性浅析[J]．仪器仪表标准化与计量，2010，4．